湖北省公益学术著作出版专项资金

工程斜坡病害防治理念与方案优化

成永刚 著

GONGCHENG XIEPO BINGHAI
FANGZHI LINIAN YU FANG'AN YOUHUA

中国地质大学出版社
ZHONGGUO DIZHI DAXUE CHUBANSHE

内容提要

本书理论结合实践,从工程防治的角度阐述了工程斜坡病害的防治理念、边坡与滑坡病害的防治方案优化以及工程措施的合理应用,内容包括岩土工程的处治理念、边坡与滑坡病害防治关键参数的确定、不同类型填挖方边坡和滑坡病害防治方案优化以及常规工程措施和新型工程措施的应用。本书适用于岩土工程管理、勘察、设计、施工和监理人员,也可供科研院所和高校相关专业人员参考使用。

图书在版编目(CIP)数据

工程斜坡病害防治理念与方案优化/成永刚著. —武汉:中国地质大学出版社,2022.5
(2023.3重印)

ISBN 978-7-5625-5153-9

Ⅰ.①工… Ⅱ.①成… Ⅲ.①斜坡-工程地质-灾害防治-研究 Ⅳ.①P694②P642

中国版本图书馆 CIP 数据核字(2021)第 233422 号

工程斜坡病害防治理念与方案优化			成永刚 著
责任编辑:谢媛华 韦有福	选题策划:谢媛华		责任校对:徐蕾蕾
出版发行:中国地质大学出版社(武汉市洪山区鲁磨路388号)			邮政编码:430074
电　　话:(027)67883511	传　　真:(027)67883580		E-mail:cbb@cug.edu.cn
经　　销:全国新华书店			http://cugp.cug.edu.cn
开本:787毫米×1092毫米 1/16		字数:634千字	印张:24.75
版次:2022年5月第1版		印次:2023年3月第2次印刷	
印刷:武汉中远印务有限公司		印数:1601—2600册	
ISBN 978-7-5625-5153-9			定价:178.00元

如有印装质量问题请与印刷厂联系调换

作者简介

成永刚,男,1972年生,甘肃定西人,工学博士,教授级高级工程师,注册土木(岩土)工程师,中国岩石力学与工程学会滑坡与工程边坡分会理事,中国土木工程学会土力学及岩土工程分会非饱和土与特殊土专业委员会常务委员、交通岩土工程专业委员会委员,国际工程地质与环境协会会员,国家公路建设项目评标专家,四川省交通运输专业人才教育专家,西南交通大学兼职教授,四川城乡发展工程设计有限公司总工程师。

二十多年来,先后从事地基基础、路基工程、地质灾害的施工、设计、咨询工作,指导和负责了国内外公路、铁路、文物、房建、国防、管道、水利、电力、矿山、市政等行业的千余处地质病害防治,200余条不同等级公路、近万千米不同阶段的路基施工、设计,以及相应的工程咨询、审查与应急处治工作;长期在国内各省(自治区、直辖市)举办的滑坡、高边坡、崩塌、锚固工程、公路路基技术和应急抢险培训班授课,线上、线下参与人数过万;独立运营维护灾害工程与岩土工程微信公众号"悠游2019",每日坚持更新发布原创作品,迄今已有千余篇,国内外关注量达3万余人,且呈不断攀升态势。

基于系统的工程地质与结构知识、长期的工作实践与总结,对工程斜坡病害的机理分析和防治具有独到的见解,在支挡工程结构和锚固工程的理论与应用方面多有创新,有效推进了工程实践中亟需的工程斜坡病害防治技术革新,解决了大量工程问题;以第一发明人取得实用新型发明专利8项,以第一作者在国内核心期刊和国际会议中发表论文40余篇,出版专著《滑坡区域性分布规律与防治》和《公路工程斜坡病害防治理论与实践》("十三五"国家重点出版物出版规划项目),合著《滑坡的识别监测与避灾防治》(第二作者),参编《边坡与滑坡工程治理》《山区高速公路高边坡病害防治实例》;多次获得甘肃省、广东省、四川省省部级优秀设计和咨询成果一、二、三等奖,以及勘察设计先进质量管理小组称号。

微信公众号"悠游2019"文章汇编

前 言

笔者自2019年2月20日开通灾害工程与岩土工程微信公众号"悠游2019"以来,对自己在工程实践中所遇到的工程斜坡问题进行总结,并与国内外岩土工作者进行技术探讨,在帮助同仁解决工程实践问题的同时,获得了大家的广泛支持。在此,应广大岩土工作者的强烈要求,笔者对公众号文章进行精选、汇总、修编、提炼成册,方便大家参阅。

笔者建立微信公众号的目的是与大家共享在工程实践中的所见所闻和相关的经验教训,将自己的一知半解、心得体会以及在理论与实践之间徘徊的足迹展示于众,以求能以"中庸之道"与大家一起探讨工程斜坡病害防治问题。笔者给微信公众号取名"悠游2019",是希望能够在技术领域不受约束,悠哉游哉地根据事物的实际情况纯粹地讨论技术。自微信公众号开通以来,无论是在工作之余夜晚加班,还是在出差路上休整,笔者都持之以恒地确保每天及时更新。

我国地质条件复杂,基础建设工程规模大,形成的工程斜坡病害数量大、种类多、治理难度大。笔者每年在全国亲身处治的工程斜坡病害就达300处以上,我国西南地区地质灾害尤为严重,这也是笔者当年在"5·12"汶川地震后执意离开广东来到四川参与灾后重建的原因。

工程斜坡病害防治,以"理论导向、实测定量、经验判断、检验验证"为基本原则,利用定性分析与定量计算相结合、理论与实践相统一的防治方法,贯彻"小心求证、大胆处治"的理念,从而为防治工程安全、经济、环保、便捷奠定基础。

工程斜坡病害防治遵循"以定性分析为基础,以定量计算为手段"的原则。即对于斜坡稳定性分析,在全面掌握地质资料的基础上,首先要对病害的原因进行定性分析,只有准确掌握病害产生的原因,才能合理地定量开具"治病的处方和相应的药量"。也就是说,工程斜坡病害防治首先要依据全面掌握的地质资料,建立合理的地质模型,在此基础上去除不重要的部分,保留实质、核心内容,再通过合理的抽象建立概念模型。只有这样才能为下一步建立有效的力学计算模型或仿真数值模型奠定基础,使结果最大限度地反映真实的坡体情况。

工程斜坡病害防治是理论与实践的结合体。工程斜坡病害问题的解决总是以理论分析和经验判断为主要工作方法,不能脱离经验而单一地依赖理论,也不能脱离理论而单一地依赖经验,而宜结合经验探讨理论,在理论的指导下进行实践。只有不断地总结经验,然后与理论核对,才能达到事半功倍的效果。太沙基在建立系统土力学理论之时,避免采用单一的、圆满的理论分析复杂的岩土体,而是通过不断的实践对理论进行打磨校正。实践的验证为太沙基理论系统的形成奠定了基础,工程斜坡病害的防治也是如此。

工程斜坡病害防治应有严谨的工作方法。不断学习他人的理论著作,借鉴成功的经验,汲取失败的教训,并将它们应用于理论探索与工程实践中必大有裨益。笔者有幸多次受到岩土工程界泰斗徐邦栋、郑颖人、张倬元等前辈大师的指点，得到了敬爱的岳父王恭先老先生的长期谆谆教导。他们无一不是理论、实践方面的巨匠，他们理论联系实践的工程斜坡病害防治理念，犹如灯塔一般指引着我们在岩土工程领域中前行。他们博大的胸怀、无私的授人以渔的精神，时时激励着我们。这也是笔者建立微信公众号"悠游2019"的起因。

全书共分4章，归纳整理了笔者20余年来亲身负责或参与的不同国家与地区以及国内各个地形地貌区不同类型的公路、铁路、电力、文物、市政、水利、国防、房建、管道、矿山等数千处工程斜坡病害防治案例，对工程斜坡病害防治理念和处治方案的选择与优化进行"现身说法"。

第一章"工程斜坡病害防治理念"，对技术人员的成长、知识储备、工作方法和工程实践中容易模糊的关键理论进行了系统的阐述；第二章"边坡病害防治与方案优化"，选用不同类型的边坡病害，对其成因的分析方法、防治的基本原则和防治方案的确定与优化进行了系统的论述；第三章"滑坡病害防治与方案优化"，采用不同类型的滑坡案例，对滑坡病害成因分析方法和防治方案的优化进行了系统性的归纳总结；第四章"工程斜坡病害防治措施探讨"，对工程斜坡病害防治理论与实践中存在的一些分歧或争论，以工程实践中已验证成功的案例进行了说明，以期在工程斜坡病害防治中为广大岩土工作者提供新的思路。

在今后的工作中，笔者仍时刻以"纯粹的技术探讨"为理念独立维护微信公众号"悠游2019"，以开放的心态与广大技术人员进行交流。有些读者不理解笔者辛苦维护微信公众号的原因，其实笔者是乐在其中的，从事自己喜欢的专业，何来辛苦之说。希望"悠游2019"和本书能成为广大岩土工作者的朋友，能为祖国的工程斜坡病害防治尽绵薄之力。因笔者水平有限，书中难免有不妥之处，敬请广大读者批评指正。

2020年7月

目 录

第一章 工程斜坡病害防治理念 …………………………………………………… (1)
- 第一节 论岩土工程的理论与实践 ……………………………………………… (2)
- 第二节 论岩土工程实践的重要性 ……………………………………………… (5)
- 第三节 论岩土工程专家的严谨态度 …………………………………………… (7)
- 第四节 论岩土工程设计人员成长 ……………………………………………… (8)
- 第五节 论岩土工程的设计与施工 ……………………………………………… (10)
- 第六节 论岩土工程的地质基础与工程结构 …………………………………… (11)
- 第七节 论工程斜坡病害处治计算和数值模拟的合理应用 …………………… (12)
- 第八节 论地质选线的重要性 …………………………………………………… (14)
- 第九节 论水对滑坡的作用 ……………………………………………………… (16)
- 第十节 论边坡的稳定系数与安全系数 ………………………………………… (18)
- 第十一节 坡体的稳定性细部分析 ……………………………………………… (21)
- 第十二节 斜坡变形机制分析 …………………………………………………… (23)
- 第十三节 岩体结构对岩体稳定性的影响 ……………………………………… (28)
- 第十四节 岩质边坡的坡体结构及变形破坏模型 ……………………………… (30)
- 第十五节 岩质坡体稳定性力学分析 …………………………………………… (31)
- 第十六节 岩土体特性及其工程问题和工作方法 ……………………………… (32)
- 第十七节 土体强度指标应用 …………………………………………………… (34)
- 第十八节 坡体参数选取探讨 …………………………………………………… (35)
- 第十九节 高边坡稳定性评价的定性分析与定量计算参数选取 ……………… (37)
- 第二十节 滑坡的稳定性及运动状态分析 ……………………………………… (39)
- 第二十一节 不同工况下坡体相关参数的取值 ………………………………… (42)
- 第二十二节 地震工况下的路堑边坡及滑坡安全系数选用探讨 ……………… (43)
- 第二十三节 滑面参数反算与下滑力和抗力分布特征 ………………………… (46)

第二十四节　答读者问:坡体稳定性及地下水对其影响的表述……(49)

第二十五节　楔形体主滑方向的赤平投影分析法……(50)

第二十六节　顺层边坡开挖是否一定需要加固……(51)

第二十七节　岩质顺向坡斜向成拱有效性机理分析……(52)

第二十八节　关于几个问题的答复……(54)

第二十九节　既有公路加宽的边坡设计理念探讨……(58)

第三十节　软弱地基工程处治原理……(61)

第三十一节　《公路滑坡防治设计规范》(JTG/T 3334—2018)问题探讨……(62)

第三十二节　说说图审的那些事……(65)

第二章　边坡病害防治与方案优化……(67)

第一节　高边坡稳定性影响因素与设计原则……(68)

第二节　M型地貌边坡防护探讨……(71)

第三节　路基病害造成的路面开裂特征及处治……(72)

第四节　几类填方边坡病害处治方案优化……(75)

第五节　路堤病害特征判断及处治……(80)

第六节　高填线路通过软弱地基段方案比选……(82)

第七节　边坡工程反压平台的合理设置……(84)

第八节　高填方路堤设计方案探讨……(87)

第九节　富水区高填坡体病害处治方案优化……(89)

第十节　高填路堤水害处治……(91)

第十一节　40m高填路堤地表水和地下水处治……(93)

第十二节　某路堤病害处治方案探讨……(95)

第十三节　桩板墙+加筋土处治高填路堤病害……(97)

第十四节　膨胀土及其滑坡特征探析……(99)

第十五节　东南亚某国膨胀土填方边坡设计关键要点……(103)

第十六节　东南亚某国膨胀土挖方边坡病害处治……(104)

第十七节　非洲某膨胀土边坡病害处治方案探讨……(106)

第十八节　几处不同类型的滑(溜)塌边坡病害处治……(108)

第十九节　拉森板临防式截水盲沟+边坡渗沟处治饱水边坡病害……(113)

第二十节　高边坡的"固脚强腰"加固 …………………………………………… (114)

第二十一节　高边坡收坡防护方案分析 …………………………………………… (116)

第二十二节　高边坡分级加固探讨 ………………………………………………… (119)

第二十三节　保护重要结构物的高边坡加固方案探讨 …………………………… (124)

第二十四节　生活用水导致的高边坡病害分析及处治 …………………………… (126)

第二十五节　富水半成岩高边坡病害处治方案探讨 ……………………………… (129)

第二十六节　二元结构边坡病害处治方案的确定 ………………………………… (134)

第二十七节　平推式坡体病害处治 ………………………………………………… (137)

第二十八节　浅层滑塌体病害处治方案探讨 ……………………………………… (139)

第二十九节　顺层边坡预加固长度确定方法探讨 ………………………………… (141)

第三十节　顺层坡体削坡放缓坡率的警示 ………………………………………… (145)

第三十一节　顺层边坡防护方案优化探讨 ………………………………………… (146)

第三十二节　顺层岩质滑坡病害特征及处治 ……………………………………… (151)

第三十三节　量测产状失误造成顺层坡体多次失稳探析 ………………………… (153)

第三十四节　破碎岩质高边坡加固方案探讨 ……………………………………… (154)

第三十五节　断层破碎带高边坡病害特征及处治方案探讨 ……………………… (156)

第三十六节　切层岩质边坡防护方案优化 ………………………………………… (158)

第三十七节　煤系地层高边坡病害分析及处治 …………………………………… (160)

第三十八节　川藏高速公路某高大陡崖病害属性分析 …………………………… (163)

第三十九节　结构面控制的边坡病害处治理念 …………………………………… (166)

第四十节　楔形变形模式高边坡病害处治 ………………………………………… (168)

第四十一节　浅议黄土高边坡设计 ………………………………………………… (170)

第四十二节　"剥山皮"式边坡设计优化 …………………………………………… (177)

第四十三节　库岸公路路基病害处治 ……………………………………………… (181)

第四十四节　路堑式抗滑桩设置优化 ……………………………………………… (182)

第四十五节　堆积体高边坡病害处治方案优化思路 ……………………………… (185)

第四十六节　高山峡谷斜坡段路基支挡防护方案优化 …………………………… (187)

第四十七节　工程地质类比在边坡防护中的应用 ………………………………… (189)

第四十八节　3处不同性质的高边坡病害处治方案探讨 ………………………… (191)

第三章　滑坡病害防治与方案优化 ……………………………………………………………… (195)

第一节　滑坡滑面参数反算、下滑力与抗力计算示例 …………………………………… (196)

第二节　滑坡下滑力计算探讨 …………………………………………………………… (200)

第三节　坡体下滑力的反向核查方法 …………………………………………………… (203)

第四节　工程滑坡病害机理分析与处治 ………………………………………………… (204)

第五节　川藏高速公路某滑坡病害处治方案探讨 ……………………………………… (207)

第六节　盘山公路段顺层滑坡分级加固探讨 …………………………………………… (212)

第七节　某国基坑开挖引发的膨胀土＋煤系地层滑坡病害处治 ……………………… (213)

第八节　某富水滑坡病害桩基托梁挡墙方案优化 ……………………………………… (216)

第九节　轻型支挡与排水工程在大变形坡体中的应用 ………………………………… (218)

第十节　富水黄土滑坡病害处治 ………………………………………………………… (220)

第十一节　基于几处坡体病害抢险工程的反思 ………………………………………… (224)

第十二节　坡体病害应急抢险方案讨论 ………………………………………………… (228)

第十三节　路堤滑坡病害的应急与永久处治方案确定 ………………………………… (232)

第十四节　泡沫轻质土在路堤滑坡病害处治中的应用 ………………………………… (235)

第十五节　结构物设置于滑坡区时的反压工程应用原则 ……………………………… (237)

第十六节　浅谈滑坡病害治理中的排水、卸载和反压 ………………………………… (241)

第十七节　"成也水，败也水"的路堤滑坡病害处治 …………………………………… (243)

第十八节　平推式滑坡特征及病害处治 ………………………………………………… (245)

第十九节　错落式滑坡病害处治方案探讨 ……………………………………………… (248)

第二十节　高边坡式工程滑坡病害处治方案探讨 ……………………………………… (253)

第二十一节　富水花岗岩类土质工程滑坡病害处治 …………………………………… (255)

第二十二节　高海拔草甸区碎屑流滑坡病害处治 ……………………………………… (260)

第二十三节　支撑渗沟在富水坡体病害中的应用 ……………………………………… (262)

第二十四节　以保护结构物为原则的滑坡病害处治方案探讨 ………………………… (270)

第二十五节　半坡桩滑坡病害处治方案优化 …………………………………………… (275)

第二十六节　桩基托梁挡墙处治路堤滑坡病害 ………………………………………… (277)

第二十七节　复杂构造边坡病害成因分析及处治方案探讨 …………………………… (279)

第二十八节　管桩处治的软土路堤滑坡病害成因分析 ………………………………… (283)

第二十九节　大型—巨型滑坡病害的现场辨别与稳定性分析……………………(286)
第三十节　裂缝在坡体病害性质识别中的作用…………………………………(288)
第三十一节　连续曲面型顺层高边坡病害处治方案探讨………………………(291)

第四章　工程斜坡病害防治措施探讨……………………………………………(295)

第一节　我国公路工程斜坡防护工程的现状及发展趋势………………………(296)
第二节　埋入式抗滑桩的设置原则………………………………………………(302)
第三节　抗滑桩病害分析及补救工程……………………………………………(303)
第四节　半坡桩病害特征及处治…………………………………………………(308)
第五节　抗滑桩设计关键之横向地基承载力……………………………………(311)
第六节　抗滑桩桩间支护结构杂谈………………………………………………(313)
第七节　锚索拉力对抗滑桩受力效果的探讨……………………………………(315)
第八节　桩基托梁挡墙之高承台与低承台………………………………………(316)
第九节　工程实践中双排桩设置要点……………………………………………(318)
第十节　对人工挖孔抗滑桩被限制或禁止使用的思考…………………………(319)
第十一节　抗滑桩桩周土体加固范围的确定……………………………………(320)
第十二节　锚固工程的一些问题讨论……………………………………………(322)
第十三节　锚固工程框架施作工艺争论杂谈……………………………………(326)
第十四节　锚索工程的几个概念答析……………………………………………(328)
第十五节　锚固工程"家族"杂谈…………………………………………………(330)
第十六节　锚固工程的预应力设置………………………………………………(331)
第十七节　提高黄土锚固力的工艺………………………………………………(333)
第十八节　论压力分散型锚索……………………………………………………(333)
第十九节　微型桩工程应用探讨…………………………………………………(335)
第二十节　青藏高原格宾挡墙和截水盲沟的应用………………………………(339)
第二十一节　崩塌病害处治工程措施应用探讨…………………………………(340)
第二十二节　泡沫轻质土在路基工程中的应用…………………………………(342)
第二十三节　轻型支挡工程之锚杆、锚索挡墙设置原理………………………(347)
第二十四节　轻型支挡工程之加筋土挡墙设置原理……………………………(349)
第二十五节　轻型微型桩挡墙的应用……………………………………………(352)

第二十六节　轻型锚杆挡墙在路堑和路堤边坡中的应用…………………………（354）

第二十七节　路堤桩板墙设计优化探讨……………………………………………（356）

第二十八节　病害挡墙分析及补救…………………………………………………（361）

第二十九节　挡墙在路堤工程中的应用……………………………………………（370）

第三十节　　轻型微型桩挡墙在富水二元结构边坡病害中的应用………………（372）

第三十一节　路基通过堆填土的处治方案探讨……………………………………（374）

第三十二节　富水软弱杂填土边坡与路基病害处治………………………………（376）

第三十三节　公路路基"三背"注浆杂谈……………………………………………（377）

第三十四节　公路路基注浆工艺杂谈………………………………………………（379）

第一章 工程斜坡病害防治理念

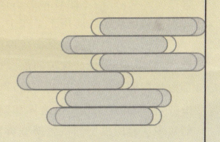

树立正确的工程斜坡病害防治理念是合理处治工程斜坡病害的前提，正如在正确思想指引下的部队，因拥有强大的军魂而无往不胜。

第一节　论岩土工程的理论与实践

岩土体是大自然长期演变的产物，具有复杂的特性。由于岩土体的复杂性，岩土理论中有了很多的假设与近似和定性的经验。因此，在解决由岩土体变异性、多相性和不连续性造成的强度、渗透和变形三大工程问题时，理论联系实践是必备选项和基础，同时还须贯彻"理论导向、实测定量、经验判断、检验验证"的基本原则。理论与实践是岩土工程的两大支柱，两者相辅相成，不可有任何的偏颇。任何否定理论与实践其中一方面的理念，都是不可取的。只有以丰富的理论知识为依托，通过试验、模拟、定量分析，加之经验判断，并最终通过时间检验，才能有效推动岩土工程问题的解决，即处理岩土工程问题应以定性分析为基础，以定量计算为手段，两者相辅相成，缺一不可。

在岩土工程领域，经验的确无可替代，但理论却具有导向性的作用，是我们认知、改造世界的重要方法。毛泽东说过："没有理论指导的实践是盲目的实践。"这句话应用于"老中医"式的岩土工程是再合适不过的了。只有以丰富的理论为指导，积累的经验才具有建设性、系统性的意义，我们才能对岩土工程问题有更深刻的认识和领悟，才能活学活用，将自己的合理理论和正确经验应用于工作中。

岩土工程理论就是对构成坡体的岩土体性质、坡体结构类型、地形地貌等反映的力学性质、变形模式、定量计算等的深刻认识。岩土工程实践就是通过现场调查、钻探、物探等勘察手段掌握坡体的地质基础资料，再通过现场原位试验或室内土工试验掌握岩土体相关力学参数，合理确定工程斜坡边界和模型。只有理论与实践相结合的工程斜坡病害处治方案，才能实现从地质模型到概念模型再到力学模型或数值模型的合理确定，处治方案才具有更高的安全性、经济性和可实施性。

岩土工程理论是岩土工程进步的阶梯，没有理论的指导，岩土工程实践将可能是本能的活动和原地踏步的作业。岩土工程是理论与实践的结合体，但理论传承的延续性远大于经验。一代大师逝去，往往会带走他的大部分经验，尤其是岩土工程中那部分"只能意会而不能言传"的经验。也就是说，岩土工程理论的发展趋势就像是一条较为平顺的上升曲线，它可以以文字的形式表达出来，它的传承是相对平稳的；而岩土工程经验的发展趋势更像是一条上下跃动的曲线，它的传承具有较大的离散性，很难以文字的形式表达出来，有些甚至用语言也难以表达而只能意会，它往往随着大师的离去而成为巨大的损失。

在岩土工程理论研究中，岩土体的离散性往往会造成研究成果出现多因性和多解性，研究成果与岩土体的真实属性存在较大差异，甚至是存在很大的差异也属正常。即使采用相同的材料、边界条件、参数和研究方法，重复同样的试验也不大可能出现完全一致的结果。这就需要岩土工作者加强理论研究的归纳总结，寻找其中的规律，合理应用一定的假设条件，从而将规律上升为半经验式的理论，最大化地还原真实情况，用于指导工程实践，推动岩土工程的进步。需要注意的是，岩土工程理论不是完美的曲线、冗余的参数和复杂的公式，在一些理论研究文献中常见到与真实情况完全吻合的曲线，让人顿时怀疑是"先射箭后画靶"的模拟结果。

岩土工作者是"接地气"的,因为岩土工程本来就是很"土"的。有时给很"土"的岩土体穿上华丽的外衣其实是禁锢了它的发展,过于理想化、抽象化是不符合岩土体基本性质的。岩土工作者应耐得住寂寞,具有勇于面对失败的担当精神。有的岩土工作者利用一台计算机、一个程序,就可以用华丽的模拟去"迷惑"有些决策者,这其实是一种误人、误己、误事的行为,这在工程实践中导致地质体性质被误判是实实在在发生过的。

记得某高位滑坡发生时,在缺乏现场认真调查、没有完全掌握地质资料的情况下,岩土工程师仅通过数值模拟就认为在短时间内会产生大型高速远程滑坡,其"完美"的模拟图像和理论分析直接否定了不同意见,导致工程变更,净增造价约4亿元。几年后,那仍悬挂于半山之上静止不动的滑坡让人感受到了闭门造车式学术理论的可怕与悲哀。

岩土工程有太多的不确定性,纯粹的理论计算和数值模拟很难有效解决问题,而应合理地应用工程经验对岩土体参数、边界等进行适当调整。沈珠江院士说过:"科学崇尚适用。"这对非连续、大变异的岩土工程是非常适用的,也说明了依据理论使用边界条件的必要性和工程实践的重要性。岩土工程需要有扎实的理论研究基础,并不断在工程实践中检验,只有经得起实践检验的理论才能切切实实地推动岩土工程的进步,这就需要岩土工作者具有研究、探讨的担当精神,切切实实为工程实践指引前进的方向。

如国内有的规范或教材中,要求锚索的二次注浆在一次注浆完成28d或24h或浆体强度达到5MPa后才能进行,但笔者通过不同岩土体的大量现场试验发现,锚索在一次注浆完成2h后进行二次注浆时工程效果良好,并在工程实践中推广后取得了很好的效果。这不但提高了注浆的可实施性,也实现了二次注浆对锚索锚固力的大幅提高。同时,笔者在现场试验中发现,二次注浆在大多数原状地层中提高锚固力的因素是注浆时的高压,而有些规范或教材中认为劈裂注浆形成树根状形态扩大锚固力的机制反而相对较少见。

岩土工程理论的探知依赖于实践,不能完全依靠现有经验和理论,不能固步自封,阻碍理论与实践的发展。毛泽东说过:"有工作经验的人,要向理论方面学习,要认真读书,然后才可以使经验带上条理性、综合性,上升为理论,然后才可以不把局部经验误认为即是普遍真理,才可以不犯经验主义的错误。"盲目地崇拜披上似理论外衣的经验分析,是岩土工程界可怕的敌人,因为它往往具有很强的欺骗性,尤其是对于岩土工程,有时会出现难以精确量化表达和只可意会而不可言传的情况,它就成为了具有一些"理论感觉"和"经验丰富"的人的幌子。

例如某深层湖相软基承载力只有30~40kPa,施工方平整场地时加载了厚约3m的填土,造成30m以外的软基出现了高约2m的鼓胀。一位老专家认为由于软基已经破坏,原设计的复合地基不能采用,需改用桥梁通过,并赢得了在场同志的一致认可。他们不应该忘记,深层软基处治时都存在施工扰动后强度衰减的触变效应。这些技术人员连基本的理论概念都模糊不清,实在是要不得的。技术人员不能依靠感觉从事岩土工程,而要以理论为指导认识事物的普遍规律,继而利用前人和自己合理的经验掌握具体事物的规律,这样才能防止走弯路或误入歧途。

在岩土工程实践中,应一直秉持"以定性分析为基础,以定量计算为手段"的理念。这就需要岩土工作者在丰富理论知识的指引下,通过传承前人的成果和积累大量的工程经验,灵活应用知识去处理纷繁复杂的岩土体问题。一个好的岩土工程师,往往可以在认知事物本质的基础上,采用"四两拨千斤"的技术解决问题,这其实就是担当的表现。有些岩土工作者缺乏担当精神,常常用简单的工程堆砌去处治岩土工程问题,这就相当于"用一毛钱能解决的事却花费了千元甚至是万元去解决",造成了极大的社会成本压力。岩土工程病害治理中,事前拍板的人少,"事后诸葛亮"却是层出不穷。诚然,岩土体具有多相性、变异性和不连续性的特点,但如果能认真地进行资料研究、现场调查,利用丰富的理论知识和工程经验,也还是有规律可循的。

岩土工程实践中,要反对没有严谨的现场调查,以及没有正确经验或理论指导下的想当然拍板,不然会造成严重的后果。

如某滑坡发生导致公路断道后,有些技术人员拍板认为后续不会再发生滑坡了,可以进行公路抢通工程的实施。然而,实际情况却是人刚离开现场不久,滑坡就又大规模地发生了,差点造成大规模的安全事故。

再如某区域性断裂带内的花岗岩体,其典型的圈椅状地貌让科研人员和技术人员从开始就认为是大型滑坡体而进行线路绕避。可是一年后某大型工程通过该区域时进行地质调查发现,该地质体为区域性断裂带内的花岗岩体,并非大型滑坡体,但改线已施作一年有余,造成的损失已无法挽回。这诚然与滑坡的复杂性有关,但的确也与现场资料掌握欠佳有关。缺乏担当精神、按"最不利"考虑问题才能求得心理安慰是不应该的。

反之,有些岩土工程师抛弃试验与经验辅助分析,单纯地依靠理论分析计算,也是不合理的,这往往造成岩土工程的边界、参数及模型失真,计算、模拟结果与实际情况大相径庭。尤其是计算机及岩土软件的发展,大大提高了岩土工程的计算和模拟能力,使有些岩土工作者过分依赖于这些纯粹的计算工具。殊不知,这种具有华丽外表、完美曲线、深奥公式和与现实工程完美拟合的计算与模拟,相当一部分已脱离实际。

如有些岩土工作者一味地采用圆弧搜索法分析中风化、微风化岩体稳定性,没有地质体的结构面配套,也没有相关的岩体性质分析。这种没有地质理论基础的岩土工作者是"瘸腿"的,因为地质是岩土工程的基础,给予了岩土工作者进行分析与计算的边界。

有的岩土工作者认为,岩土工程理论的重要性远大于实践,那种强调岩土工程实践的人是因为理论没有学通,这种想法是片面的。岩土工程中很难有精确的计算,往往需要结合经验对计算结论进行必要的核查。譬如土力学理论中就有很多的假设和根据经验调整的系数,它们似乎导致岩土工程的精确计算和科学严谨的体系受到了一定的冲击。其实,这些假设和经验经过了长期的工程实践锤炼,是大浪淘沙,去其糟粕、留其精华的结果,是经得起实践检验的,没有它们,土力学可能很难在岩土工程界立足。当然,随着理论体系的发展和人们认知的不断完善,这些假设和经验系数仍可能需要不断微调,但这并不影响它们在岩土工程中的指导作用。

李广信教授说过:"岩土工程强调现场勘察、科学试验和工程实践的唯物主义思想和工作方法。"岩土工作者都是辩证唯物主义的执行者,因为大自然不会因为某一个人的喜好而改变自有的属性。岩土工程师只有掌握认识自然的基本理论,不断通过实践认识自然的真实属性和差异性,将理论与实践结合,才能有效解决岩土工程问题,只有"小心求证"的严谨,才能有"大胆处治"的担当。

在岩土工程中，我们既要"防理论大于一切的空头理论家，也要防经验是一切的经验主义者"。只有将具有使用边界条件的正确理论和经过实践检验的有效经验，有针对性地应用于具有多相性、变异性和不连续性的岩土体，才能有效解决"独一无二的"岩土工程问题。"理论指导实践，实践佐证理论；理论延展实践，实践补充理论"的良性循环，才是岩土工程的应用之道。"从现场中来，到现场中去"，才能得出符合实际情况的工程处治方案。

我们要感谢这个时代，感谢我国大规模的基础建设工程，是这个伟大的时代给予了我们机会，在广阔的工程实践中认知千变万化的大自然，解决大自然的岩土工程问题。愿我们岩土工作者以理论为导向，以实践为基础，为祖国的岩土工程事业多作有益的贡献。

第二节　论岩土工程实践的重要性

岩土工程作为一门应用性很强的学科，理论参考书往往不能做到尽善尽美地对其进行表达，一些细节问题也很难精准表述，甚至有很多问题只可意会而不可言传。这需要岩土工作者去实践、去揣测，然后归纳总结，形成自己的经验后再上升为半理论或理论，最后又反馈于岩土工程实践。正如博大精深的中国美食被世人所喜爱，可菜谱中的描述多为"盐少许、酱油少许……"，完全没有肯德基、麦当劳这些欧美食物标准化生产中"盐1.2g、橄榄油1.55g……"的严苛规定。因为中国菜烹饪技术应用性很强，只有以理论为基础，通过后期不断的学习、实践，才能掌握要领。甚至是同一个师傅教出来的徒弟做同一种菜，也可能会有不同的风味。岩土工程又何尝不是如此。在掌握了具有一定普遍性的理论后，由于后期工程实践的环境不一，跟随的师傅不一（就算是同一个师傅，实践知识的掌握也具有"师其意而不师其辞"的特点），每个人对岩土工程的理解都具有独特性。这种独特性的理解是否具备现实中的可行性，就需要在长期的工程实践中探索、验证。

岩土工程作为一门应用性学科，经验占有相当重要的地位。古代人没有较为完善和系统的岩土工程理论，但仍然依据经验总结将金字塔、长城、大运河、秦皇陵……修建得如此雄伟。这些实践走在理论前面的现象在岩土工程中常常发生，实际工作中多存在"摸着石头过河"的情况。从一定意义上说，岩土工程的理论奠基是近代太沙基提出土力学的基本构架，这就充分说明了工程经验对于岩土工程的重要性。

岩土工程往往是先实践，然后总结成功的经验和失败的教训，再通过大量的归纳、思考，加以应用数学等理论学科进行总结，从而得出半经验、半理论的应用公式，继而抽象、上升为理论，用于指导实践。因此，严格来说岩土工程可能不是一门标准的学科，因为很多东西无法单纯地在理论上进行精确量化，这是由岩土体的多相性、变异性和不连续性所决定的，但这并不妨碍岩土工程成为一门伟大的学科。

在理论诞生之前，岩土工程起始于人的本能。正如兔子天生会打洞，并且不会在易坍塌的砂土、易积水的洼地设置自己的洞穴，往往是"狡兔三窟"。它们将各个洞穴相互串联，使复杂的洞穴冬暖夏凉、空气流通。这种本能使它们成为了自然界杰出的"岩土工作者"，与之类似的动物在自然界可谓是不胜枚举。动物出色的本能可以使其成为优秀的"岩土工作者",但因缺乏经验总结和化抽象为理论的能力,它们亿万年来只能不断地重复这个过程和依靠基因代代相传,无法产生质变的升华。作为自然界的一员,人类对岩土工程的研究亦起步于本能,但由于具有自然界独一无二的经验总结能力和思考能力,人类能通过漫长的发展将经验逐渐升华为理论,这与自然界其他动物的本能存在本质区别。

在岩土工程处治中,只偏重于理论或实践的某一方面,都可能会对工程本身造成一定甚至是致命性的危害。岩土工程工作中一定要借鉴前人的理论与经验,避免不断地出现"秦人不暇自哀,而后人哀之;后人哀之而不鉴之,亦使后人而复哀后人也"的局面,应坚持以事实为依据,不断地总结经验教训,尽可能将抽象思维上升为规则、理论进行传承和完善,并指导实践,且应有"道常无为,而无不为"的理念和敬畏、顺应自然的态度,切忌没有理论指导的盲目实践,也切忌没有实践验证的虚无理论。

笔者多次听闻某些"资深人士"发表的一些不切理论、不切实际的言论,让一些管理者和年轻人趋之若鹜。作为一门应用性学科,岩土工程中有些不合理的经验会披上华丽而唬人的外衣,从一些"权威人士"口中说出时具有很强的误导性,这就需要我们有一双慧眼去分辨,防止被带到误区中去。

譬如某新发布的规范,要求锚索锚固段进入基岩。其实,只要稍微想一想,在广东、福建这些风化很强、很深的地区,尤其是我国黄土地区,其土层或类土层厚度往往深达几十米,甚至上百米,根本没有把锚索做到上百米而进入所谓的基岩的必要。再如有些所谓"权威人士"说出一大堆危言耸听的道理,认为锚固工程不能在库水淹没区应用。其实,我国水电站应用的锚固工程何尝不是有大量位于库水位以下,就连赫赫有名的三峡船闸不也是用锚索加固的吗?这种以规范形式发布的条文,以所谓"权威人士"散布的言论,具有非常强的误导性,需要我们借鉴成功的案例和经验去甄别,防止自己误学后害人害己。

岩土工程实践中的"传、帮、带"是非常重要的。前人的指点往往会胜过自己在黑暗中盲目摸索。笔者就曾非常幸运地在20余年里得到了以王恭先老先生为代表的很多老前辈的教导,每次和他们一起勘察现场、讨论……都能感觉到自己又有了升华。现在回想起来,那是多么珍贵的经历,是这些老前辈给予了笔者攀登岩土工程高峰的扶手。

有些人说从事岩土工作太辛苦,不喜欢去现场,而是喜欢在办公室建模、画图,这样的岩土工作者,不亲自上"战场"参与"战斗",抑或是连最基本的"演习"都不参加,恐怕最多也只能是空头理论家,而非实干家。岩土工程的精确计算往往只能作为参考,基于正确经验的分析判断才是最为关键的,脱离实际的计算只不过是数学游戏。

如在某高山峡谷区勘察现场时,笔者远观了滑坡的基本形态后,要求技术人员一起上山察看滑坡细部特征,技术人员却因山上危岩、落石发育以及满山是带刺的植物而坚决拒绝。笔者没有勉强,而是带上两位工人,拿着绳索、砍刀一起上山。通过将近一天的认真调查,笔者否定了施工不合理引发滑坡的观点,而认为是设计阶段遗漏老滑坡所造成的危害,并且认为老滑坡的复活变形可能会在短时间内造成地表发生大规模崩塌,故下山后马上通知下部施工人员撤离。当天下午6时许,山体发生了约300m³的危岩崩塌,造成下部大量脚手架被损坏。幸运的是,由于撤离及时,没有人员伤亡。试想一下,如果当初笔者不重视现场实地调查,只是通过远眺观察,将导致大量人员伤亡的事故发生。

岩土工程与中医的原理有着千丝万缕的"精神"联系,甚至是等同的,都讲究"望、闻、问、切"和概念诊治。正如《黄帝内经》强调的"天地人时",天指客观规律,地指因地制宜,人指人道,时指时机,也就是说,中医诊治要顺应客观规律,因地制宜地考虑人与自然的和谐,抓住有利时机对病症进行医治。其实,岩土工程不也正是遵循理论导向、经验判断的诊治理念吗?因此,我们既然选择了从事岩土工作,就一定要重视工程实践,这不但是对别人负责,也是对自己负责,不因为"大师"而有所懈怠,不因为通过了注册岩土工程师测试而自满,这些只能证明自己这块"地基"适合建"高楼",但能不能建成"高楼",取决于后期的工作实践和经验积累,不能自足、自满。总之,小心求证、大胆处治、理论导向、经验判断是对岩土工作者最基本的要求,也是最好的工作方式。

第三节 论岩土工程专家的严谨态度

如今社会分工进一步细化,各种专家纷繁迭出。虽然社会上对专家有"砖家"的戏谑之词,但总的来说,专家这个词在现实中还是正面的。有真才实学的专家往往具有丰富的理论与实践知识,以及常人所不具备的专业知识。岩土工程界中的专家,给人一种朴实无华、"接地气"、满身泥土气息的印象,因为真正的岩土工程专家应该是"从现场中来,到现场中去"的,在一线亲身寻找解决问题的"密匙"。他们认真调查现场,以求发现问题的本质。他们具有"没有调查就没有发言权"的良好涵养,发言往往有理有据。他们对待原则性问题的论据让人信服,不但能针对性地指出他人方案中的欠缺点,更能提出相对较优的方案供技术人员参考。

徐邦栋、王恭先等老一辈岩土工作者为查看一条细小的裂缝,全然不顾年过八旬,跋山涉水,细细地"品味"每一个细小构造,亲手"抚摸"每一个滑面。建立在翔实资料基础上的调查,再结合几十年的沉淀,他们的发言总是让人信服。在他们心中,每一个工点都值得认真探究,我们每个人都应该作为大自然的"学生"不断地去认知、探索。他们是真正的专家、大家。

有的专家是本专业的翘楚,但有时喜欢跨界去评述其他专业,实是做了一件得不偿失的事。在跨界领域夸夸其谈,是欠妥的,毕竟"术业有专攻"。"非本专业概不发言"或许是专家应有的底线。"知之为知之,不知为不知,是知也。"专家应对知识具有敬畏之心,明晓自己知识的边界,要有不僭越自己知识边界的无妄之心和安分守拙的平常之心。

对于岩土工程,每个人都有一定的与生俱来的本能。正如河狸天生会修建巧夺天工的"水坝",蜜蜂天生会建造结构精巧的蜂巢……这种对岩土工程与生俱来的感性认识,往往让人们可以或浅或深地说上几句指导他人的"意见",但这并不能代表河狸天生具有修建三峡大坝的能力,蜜蜂具有修建摩天大楼的本事。因此,"宁可失语,不可妄言",是一个专家从事岩土工作的底线。做好自己份内的事,应是专家价值系统的重要组成部分。

"君子尊德性而道问学",能不能提出高质量的问题或建议,能不能精准地抓住问题的核心,是一个专家知识能力的体现。不以"领导"好恶跟风,客观公正是一个专家应有的品质,有时候可能有很多的无奈,但不为虎作伥是一个专家最起码的品质。若趋炎附势,则会有欺世盗名之感,不仅误导普通群众,也误导决策者,实是不应该。这种误人、误事、误名的专家,应是越少越好。

在现实中,有能修改错别字的专家,有能修改病句的专家,有能指出方案缺点的专家,也有能推翻你的方案但却提不出更优方案的专家。作为专家,不能只会一味地推翻他人的方案,还应有提出更优方案的能力。记得有位老领导说过:"作为专家,如果提不出比被审查的更优的方案,就把自己的嘴闭上。"此话虽然比较粗糙,但说出了一个道理,就是批评他人不对时,应有一个能让他人优化的方案。否则,若专家与被审查的技术人员互换位置,技术人员也可以说出一大堆意见。因此,要做真正的专家,就要慎言、有担当。只有提出更安全、更经济、更便捷的方案,才能体现专家的价值。

现代社会教授、学者各种头衔多如繁星,"官本位"学术屡有所见,专业标准行政化也层出不穷,甚至行业规范也不能免受其苦。有的"专家""平台"较好,就助长了不严谨的不良风气,甚至造成有些规范与长期的工程实践经验相左,直接影响了一个行业的正常发展。人常说,能力越大,责任越大。如果让一个没有能力的人作为专家去指导一个行业,那灾难往往是与其指导的工作成指数增长的。因此,作为专家,一定要"入行",换句话说就是"专业的人干专业的事"。

作为岩土工作者,无论学历多高、头衔多大、著作论文多厚,如果没有去过现场,或没有在现场中认真进行调查,那解决问题的真实性就要大打折扣,提出的方案甚至有可能是不合理的。因此,到现场中去,是一个岩土工作者,尤其是技术决策专家的基本工作准则。对于岩土工程,"实践是检验真理的唯一标准"是永远适用的。

当然,有些技术人员的确比较固执。专家的话音还未落,这边就已经反驳之声不绝。其实,作为专家,大多数的建议还是有一定道理的,技术人员可在听完后细细品味,精华者取之,糟粕者弃之,大可不必因自己"龙鳞"被揭而热血上涌、面红耳赤。

有的专家,生怕他人学走自己的"看家"本领,对他人请教的问题总是有所保留,这样的格局注定不会有大的作为。只有授人以渔,并激励自己不断进步,才能成为合格的专家。作为专家,要有职业道德底线,要有实事求是的勇气,要有授人以渔的胸襟,这是基本品质。愿我们的岩土工程专家,具有与大地一样朴实的品质,具有实事求是的辩证唯物主义思想,勇于担当,为祖国的岩土工程事业奉献自己的智慧与才干。

第四节　论岩土工程设计人员成长

近年来,随着我国基础建设的迅猛发展,岩土工程建设对管理、设计、施工等各个环节的要求标准不断提高。尤其是随着我国高速铁路、高速公路等高标准交通工程的建设,岩土工程的容错标准不断提升,安全性、经济性、环保性等工程品质标准不断提高,而设计作为其中的一个至关重要的环节,具有统筹全局、承上启下的枢纽作用,其重要性在整个建设产业链中居于核心地位。"设计是灵魂",正是设计在岩土工程产业链中的真实写照。为了有效控制工程质量、造价和品质,作为"灵魂"的设计是工程建设中相关各方重点关注的对象,是整个工程建设产业链的"命门"。一个优秀的设计人员,其设计作品应具有"管理满意、同行服气、造价节省、施工便捷"的特点。

作为设计人员,必须具有"如果是我去管理,或是我去施工,我该怎么设计"的换位思考理念。记得 20 年前,笔者有一次在某特殊地形的滑坡地段设计抗滑桩时,很短时间内就完成了任务,但当技术领导看了图纸,让笔者考虑如何用自己设计的图纸去施工时,笔者一时语塞。因为笔者提交的图纸用于现场施作难度实在太大,与其说是具有技术含量的设计,不如说是简单的图纸绘制。这件事完全改变了笔者一生的设计理念,让笔者在今后的工作中时刻牢记设计的真正内涵。作为国内滑坡、高边坡和地质灾害治理翘楚的技术单位,当年的铁道部科学研究院西北分院(现中铁西北科学研究院)对设计人员的成长培养理念就值得参考和借鉴。

(1)刚大学毕业在单位报到后,就会分配到施工现场,在老前辈的带领下一起在现场进行施工、勘察和设计。笔者作为其中一员,当年就曾参与和负责了多处现场施工,在工地与工人们同吃同住,扛水泥、开钻机、露天睡……前后经历了 5 年时间。那几年,手粗得像树皮,钻机开得比一般的技术人员还要熟练,粗野的露天睡觉方式也由于有损形象遭到相关单位的投诉……

(2)经过现场锻炼的技术人员分配到设计部门后仍需去现场,并与地质勘察人员一起探讨,从根本上掌握设计所需要的地质资料。毕竟地质是岩土工程的基础,不能有效地掌握地质知识,设计人员就可能成为无源之水而受制于人,成长空间也将受到限制。

(3)刚进入设计部门的新人,师傅严禁直接使用相关计算软件,而是在通过手算熟练掌握软件"黑匣子"中的关键参数选用以及能针对性地对"幕后"问题进行斟酌后,才允许使用软件进行工程设计。这一培训流程让年轻人受益无穷。他们掌握了现场施工的关键,明白了岩土工程理论与现场实际如何有效结合,理解了软件计算所需要考虑的基本要素,为今后一生的工作奠定了良好的基础。多少年过去了,虽然笔者早已忘记软件程序怎么使用,但手算却仍然铭记于心。

(4)每年定期举办老、中、青三代人的技术交流会,即通过老专家的"传"、同事之间的"帮"和技术骨干的"带",帮助技术人员提高设计水平。记得当年铁道部科学研究院西北分院最热闹的时候,就是徐邦栋、王恭先等 10 个老研究员和赵肃菖、方建生等技术骨干的授课,以及年轻人在一起"脸红脖粗"的争论。这样的氛围为新人的快速成长提供了良好的环境。

(5)要求每个技术人员都养成记笔记的习惯,并且每年发表科技论文,不要求论文发表的期刊级别,但要尽量对工作进行总结。只有不断地对前期所从事的工作进行总结,才能不断提高自己的技术素养。也就是说,要成为一个合格的设计人员,应有"积沙成塔、集腋成裘"的耐心和恒心。

(6)要求技术人员有严谨的现场调查态度。作为岩土工程设计人员,应时刻保持"没有调查就没有发言权"的严谨工作态度。

记得当年在江油涡轮发动机厂滑坡治理中,80 多岁的徐邦栋老先生正在病中,但仍然让笔者陪同从兰州辗转来到工地,在工人背、抱的帮助下,一丝不苟地完成了现场调查。他从滑坡所在山体的形成地质历史,一直讲到了抗滑桩中挖出的岩块,最后确定的滑坡处治方案几乎没有任何异议就获得了与会专家的一致认可。王恭先老先生 70 多岁时踏勘现场,每天在山中行走数千米是常态,即使脚崴了也仍然拄着随手捡来的树棍坚持完成调查。老一辈对踏勘现场的重视和严谨的工作态度,正是每一个岩土工作者应具备的基本素质。这种精神是吾辈所应继承和发扬的,没有"小心求证,大胆处治",而是一味地采用过于保守的设计理念,非一个合格技术人员应有的品质。他们老人家七八十岁尚且能仔细调查现场,吾辈怎么能仅站在远处瞭望、拍几张照片就作为设计的基础资料呢?此实是吾辈设计人员的最大忌讳。

总之,岩土工程设计除了要具备扎实的地质知识和工程结构理论基础外,还应具备严谨的工作态度,并不断地实践以积累经验,只有多看、多想、多总结,才有可能成为独当一面的优秀设计人员。"吃亏是福"在这方面就体现得淋漓尽致,有的年轻人不喜欢去现场,其实是非常可惜的,只有多去现场调查和校核,通过实战演练,才能为成为一个优秀的设计人员打下基础,否则只能是纸上谈兵,一旦进入实战就可能露馅,害人害己。

当然,随着科技的发展,无人机等高科技设备的出现大大丰富了技术人员的现场调查手段,但它们永远只能是现场调查手段的有益补充,而不能代替技术人员亲临现场,技术人员不能把全部希望寄托于这些高科技设备。有些设计人员疏于现场调查,不珍惜作为现场设计代表接触"地气"的机遇,真是令人恨铁不成钢。其实,往大处说,学到本事是为了更好地建设祖国;往小处说,学到本事是为提升自身能力,是自己今后的立身之本。这种利国利己的事,何乐而不为呢?

第五节 论岩土工程的设计与施工

每一处岩土体都具有独一无二的工程特性。作为一门应用性极强的学科,岩土工程问题的解决,除了需要综合理论知识和工程试验,也格外需要现场工程师的经验。也就是说,岩土工程的实施,离不开设计人员与施工人员的协作。

岩土工程设计是典型的概念设计,岩土体性质与地质结构的复杂性、地下水位的不确定性、现场与室内试验的差异性以及相关计算理论的不一致性等,都会使设计结果具有一定的不确定性。因此,岩土工程设计遵循"动态设计、信息化施工"的原则,应在施工过程中不断更新对地质体的认知,及时调整设计中的瑕疵。岩土工程中要反对两种情况:一是设计的不可调整性,即有关人员认为岩土工程设计一旦成型,就不能变更,这似乎维护了设计的权威性,但却背离了岩土工程的初衷;二是设计的滞后性,即有关人员认为岩土体既然如此复杂,就没有必要认真进行事前勘察和精细化设计,待边坡开挖揭露地层后再进行设计即可。这两种情况在工程实践中是常见现象,实在是有违岩土工程的基本处治理念。

在岩土工程设计中,技术人员应时刻牢记工程的安全性、经济性和现场可实施性。安全性作为岩土工程的最基本指标,在工程中普遍得到了重视,但安全性指标的实现,不应以过分牺牲其他指标为前提。如有的技术人员不认真对岩土工程的模型、边界、参数等进行分析,导致出现了"采用原子弹去解决一颗子弹所能解决的事"的现象,甚至因分析有误造成工程方案的大方向严重偏离。有的技术人员进行大量铜墙铁壁式的工程堆砌,导致工程的经济性指标明显偏低。正如医生对病症的诊断是准确的,但却将简单处理即可痊愈的病人送进重症监护室进行救治,其结果是病痛虽然痊愈了,但却浪费了太多的人力、物力和财力。有的技术人员绘制的图纸"缺斤短两",套图、使用软件的"黑匣子"操作,照猫画虎,不求甚解,造成图纸与理论、实践严重脱节,甚至无法实施。

记得有一处高约400m的崩塌落石,设计人员采用挂网喷混凝土进行防护。这种几乎难以实现的工程措施被现场施工人员指出后,设计人员的回答却是:"我画出来了你们就要实现,至于怎么实现,你们自己想办法。"呜呼,这是多么可怕的思想,若将设计人员换位成施工人员,不知他们又有何感想。

反之,在岩土工程施作中,现场施工人员应对设计有精准的理解,切忌浑浑噩噩、凭感觉施工。工程的关键点控制不住,就可能造成危害,因此而产生的由不平衡报价、投标单价偏低造成的损失也只能由自己承担,更不能以偷工减料或拖延工期等方式寻求变通。其实,作为施工方,由于在岩土工程产业链中居于"最下游"的位置,也是产业链中最容易被各方"踩踏"的弱势一方,一旦出现非自然病害,总是首当其冲地受到问责。有的施工人员怕"得罪"管理、设计、监理单位而一味地委屈求全,殊不知,"和平不是求来的,而是凭实力打出来的"。现场施工人员只有具备过硬的技术水平才会得到尊重。

作为施工方的工程师,应认真掌握设计的精髓,做到发现问题及时反馈。因为设计也会出现失误,世上没有完美无瑕的设计,不能一味地照图施工。尤其是对于一些没有经验或缺乏现场实践的设计师,有时也会犯低级的错误。

从事岩土工程,不加班熬夜都不好意思说自己曾经做过设计;不扛水泥、开钻机,没有和工人们在一个床铺上睡过觉、不在一个锅里吃过饭也不好意思说自己做过施工。但正是这种先后从事施工和设计工作的经历,为之后设计时考虑现场施工因素、施工时精准掌握设计意图打下了坚实的基础。若没有相关的施工和设计经历,就不能体会换位思考的重要性。

在岩土工程设计中,设计人员的一念之差,有时可能会导致工程的经济消耗"差之千里"。只要安全、不要经济是缺少担当精神的不合理做法,应当杜绝;不要技术、只凭感性是缺少责任心的不合理做法,亦应杜绝。

总之,在岩土工程设计与施工中,设计人员要时刻牢记换位思考,设计作品完成前应先在自己的脑海中细细演练一遍如何施工;施工人员要精准领会设计意图,核查现场地质环境与设计是否符合。设计人员与施工人员只有通力合作、换位思考,形成命运共同体,才能顺利完成岩土工程各个环节中不同分工而又不可分割的任务。

第六节 论岩土工程的地质基础与工程结构

岩土工程是人类改造自然、顺应自然的最直接手段,但自然界的运行有其规律,不以人的意志转移。顺应自然,敬畏自然,与自然和谐相处,才能确保天人和谐,即应将人类和人类工程看作是大自然的组成部分,而不应是入侵者。荀子曰:"天行有常,不为尧存,不为桀亡。应之以治则吉,应之以乱则凶。"这充分说明人对自然的改造应建立在充分认识自然、掌握其规律的基础上。地质基础与工程结构是岩土工作者的"两条腿",只单纯掌握其中之一就会

"瘸腿",在改造自然的过程中就会与自然不相适应,甚至会遭受自然的惩罚。

认知岩土工程的地质基础,是人类改造自然的第一步,也是最为关键的一步。而岩土工程的工程结构则是人类改造自然的工具,它的应用必须与地质体相适应、相协调,违背岩土体性质而设置的工程结构将成为自然机体的"异物",势必遭到自然的"排异"。因此,只有同时掌握了地质知识和工程结构的岩土工作者,才能称为岩土工程师,否则只能称作地质工程师或结构工程师。

全国很多设计单位的岩土工作者都存在"瘸腿"现象。有的岩土工作者出身于地质专业,对自然的认知相对到位,往往知道该怎么去改造自然,但相对缺乏工程结构的知识,这可就难为他们了。

记得治理某滑坡时,对工程结构认知存在偏差的技术人员,居然设置了3级共9排各长35m的锚杆去支挡体积为 $10\times10^4 m^3$ 的滑坡。姑且不说这点"螳臂当车"的锚杆如何支挡得住滑坡,就是35m长的锚杆如何下孔都是问题。又譬如有的技术人员认为微型桩只能竖向设置,殊不知,竖向设置只不过是微型桩的一种特殊形式,微型桩"家族"中更多的是可以适应不同地质体特性而任意设置角度的"成员"。有些技术人员隐约知道圆形抗滑桩的抗弯能力不如矩形抗滑桩,但是不知差多少、如何计算,只能以莫须有的经验去设置,结果必然是两种:要么桩体被剪断,要么桩体过于粗大而无从谈及工程的经济性。

作为结构专业出身的岩土工作者,他们对改造自然的工具有着相对正确的认知,往往知道如何有效使用这些工具,但他们相对缺乏地质方面的知识。

记得某隧道洞口因浅埋偏压,坡体开裂,结构设计人员认为坡体出现滑坡而设置了两排抗滑桩进行支挡,完全没有弄清裂缝的性质与斜坡陡坎的来源。后来笔者建议仅在隧道开挖的斜坡区采用钢管注浆就解决了病害问题。又如某玄武岩隧道开挖时,在距洞口约120m的岩体中发现了擦痕,结构设计人员认为是老滑坡活动所致,便设置了60m长的抗滑桩支挡工程,殊不知该擦痕为构造擦痕。后来笔者建议采用洞内长锚杆支护解决了问题,避免了大量的工程浪费。再如近期发布的某规范明确规定锚索框架采用简支梁或连续梁计算模型,殊不知作为岩土工程的锚索框架应采用弹性地基梁进行计算,因为框架结构设计必须考虑下伏的岩土体性质,毕竟设置于坡面的锚索框架不是架于空中的桥梁而可以单纯地考虑结构问题。还有在岩土工程中常见的抗滑桩倾倒问题,就是结构设计人员偏重于抗滑桩结构的计算,仅仅考虑了抗滑桩结构的弯矩和剪力的内力,忽略了桩周岩土体对桩的锚固力所致。

综上所述,一个合格的岩土工程师应该是地质工程师与结构工程师的综合体,只有"两手都要抓、两手都要硬",才能确保自己所提供的方案具有可行性。

第七节　论工程斜坡病害处治计算和数值模拟的合理应用

工程实践中经常听到有些技术人员说:"这个坡体的下滑力是算出来的,就是这么大""地质勘察和试验得出的参数就是这么大,因此滑面参数就是这么小""滑坡的滑面用圆弧搜索法搜出来就是这样"……这些都反映出技术人员没有正确掌握工程斜坡病害的处治理念。

第一章　工程斜坡病害防治理念

众所周知,工程斜坡病害处治的宗旨是"以定性分析为基础,以定量计算为手段"。诸如王恭先、李广信等很多大师说过类似的话:工程技术的先行者实践后,总结出了一个结论,即岩土工程是"粗犷"的,不要纠结于1kN或0.1mm的细枝末节。如果把病害体的病因和病害的程度弄错了、滑面定错了,却仍固执地给计算披上华丽的外衣,给出具有一大串参数的公式和完美的模拟曲线还有意义吗?抛开合理的定性分析,单纯地建立失真的模型,给出一大串的假设,那计算结果就可能脱离实际。

由于地质体的复杂性和不重复性,工程斜坡病害处治应是在定性分析的基础上,合理确定模型、边界和参数,继而进行计算,这样才能基本反映所分析坡体的真实属性。没有合理的定性分析,单纯地以所谓的计算结果对工程斜坡病害进行处治,就如同没有查清病因而盲目给病人做手术,或如同没有查清病因却在斤斤计较下药量,这就有些舍本逐末了。当然,没有合理的定量计算,就无法量化工程的设计,也就无法给出准确的"药量"。此外,工程实践中常有经验主义者,全盘否认试验参数或计算结果,也是不可取的。

记得很多年前,笔者刚毕业没有多久,在滑坡的滑面确定、参数反算和下滑力计算时,一个早上往返于王恭先老先生的办公室10余次,不停地将计算和数值模拟结论告诉他。每次王恭先老先生都会让笔者不停地调整参数,直至他"嗯"了一声为止。这让当初的笔者感到非常不可理解,滑坡的计算和模拟结论怎么会是老专家的一声"嗯"确定的呢?

在此后20多年的工作中,笔者慢慢理解了地质模型对于计算和模拟的基础作用。如在广东某滑坡应急抢险中,笔者准确配套出了浅、中、深3层滑面,经后期深孔监测验证,误差只有0.5m;在柬埔寨某公路滑坡应急抢险中,笔者准确推测出了滑面位置,后期勘察验证了推测几乎没有误差;在四川某高速公路滑坡应急抢险中,笔者准确推测出了抢险旋挖桩处的控制性滑面深30m,其上还存在多个浅层滑面,且抢险旋挖桩长度和抗滑力明显不足,这些在后期的深孔监测和勘察中均得到了验证。这些合理的地质模型的建立,为后来工程斜坡病害处治奠定了坚实的基础。

再如某滑坡病害治理时,技术人员经计算后拟采用抗滑桩支挡,笔者通过工程地质分析并结合工程经验,建议采用排水+锚杆进行处治,该建议方案实施后取得了成功,节约了大量的工程费用;某高边坡病害处治时,技术人员经计算后拟采用全坡面锚索加固,笔者分析后建议采用锚杆加固即可,事后证明笔者的建议是合理的。

这些后期得到验证的成功案例,并不是表面一声"嗯"那么轻松的。这一声简单的"嗯",包含了技术人员多个日日夜夜的学习和总结,以及一丝不苟的现场调查、翔实地质资料的掌握、不断的经验积累和理论应用。"台上一分钟,台下十年功",每一场完美的舞台表演,都包含了台下的诸多磨砺,甚至是血泪。具备了丰富的理论知识和实践经验以及认真的工作态度,我们每一个人都可以"嗯"。

因此,每一个技术人员只有掌握了扎实的理论知识,并且将其与实践相结合,长期积累、总结,才可以看准"病因",掌握病害的程度,合理确定"治病"方案。随着科技的进步,计算机的强大计算能力使一些复杂的岩土工程计算和模拟获得了空前的、飞跃式的进步,但计算机的计算和模拟能力主要取决于编程者的水平和建模者的岩土工程素养。岩土工程需要数值模拟,尤其是在有些特殊地段,数值模拟具有其他方法所不可比拟的优势,它的出现大大丰富了岩土工程问题的处理手段和方法。但如果岩土工程师在没有认真踏勘现场、分析岩土体性质、缺乏相关试验资料的基础上，通过非常简单而不可靠的地形测量，就想当然地给出岩土体的参数和模型，进行想当然的数值模拟，后果可想而知。

李广信教授批判先射箭、后画靶的先箭后靶式数值模拟，他对那种采用"程序＋参数＋基础资料＝天衣无缝"的模拟是持批判态度的。其实，这种依据假想的结论进行计算或数值模拟在岩土工程中并不少见。如某高速公路上部约750m的部位发生高位滑坡，技术人员在没有认真的现场调查、严谨的边界确定和有效的参数选用的情况下，仅经过计算和数值模拟，便认为高位滑坡将发生45m/s的高速滑动而威胁下部在建高速公路。这导致了该段高速公路变更工程，增加造价达4亿元以上。然而，多年来的时间证明，该滑坡在缓慢滑移两个月后静静地停在了半坡，至今一直保持稳定。这就是不合理的计算和数值模拟严重误导处治方向的案例，实在是让人痛心却又无可奈何。

第八节　论地质选线的重要性

地质是岩土工程的基础，同样也是交通选线工程的基础，合理的地质选线可以有效避开滑坡等地质灾害对线路的影响。对地质选线认识不到位或对地质选线不重视，后期工程建设和运营阶段可能会因地质灾害处于相当被动的境地，从而浪费大量的人力、物力、财力。

新中国成立不久，我国掀起了第一次大规模的基础工程建设热潮。当时我国地质基础薄弱，不可避免地出现了误判、漏判滑坡等大型地质灾害体的事件，造成工期延误或花费巨资治理地质灾害。

例如20世纪50年代修建"蜀道之难，难于上青天"的宝成铁路时，由于人们对滑坡缺少认识，许多车站设在了老滑坡上，施工开挖后老滑坡复活，为处治这些滑坡，宝成铁路延迟了一年才通车。20世纪60年代修建地质条件更为复杂的成昆铁路时，人们对滑坡与地质选线有了初步的概念和认识，选线时避开了100多处大型滑坡，但在工程建设期间仍因开挖引发多处大型滑坡，且在1970年通车后的几十年里，成昆铁路仍多次发生掩埋车站、中断交通和被迫改线的大型滑坡灾害，教训十分深刻。

随着人们对滑坡和地质选线认识的深入，20世纪90年代修建的南昆铁路有效地绕避了大量滑坡，但因地质分析失误造成大型滑坡对工程产生严重不利影响的事件仍有发生。如因误判将八渡车站设在 $500×10^4 m^3$ 的大型滑坡上，1997年7月南盘江发生洪水时，老滑坡大规模复活，最终花费9000余万元才有效处治了滑坡。

改革开放以来，我国经济迅速发展，高速公路建设也随之迅猛发展，但公路系统由于多种原因也发生了类似于铁路系统的地质灾害。随着公路部门自身认识的加深和不断向铁路部门学习，地质灾害造成的危害大大减轻，但教训仍然是深刻的、惨痛的，具体事例如下。

20世纪90年代，京珠高速公路粤北段长300km，由于对地质认识存在一定偏差，工程建设期间滑坡和高边坡病害发生频率高、治理难度大，导致直接工程治理费用达8亿多元。21世纪初，云南省元磨高速公路长147km，由于对地质选线认识不足，全线形成了330多处高边坡,工程建设期间有130余处发生病害,治理滑坡和高边坡病害增加投资6亿多元;同期修建的重庆市万梁高速公路,由于忽视了地质构造对线路的影响,选线时将20km的路段设置于大型背斜一翼的砂泥岩顺层地段,形成了30处顺层滑坡,治理费用达2.5亿元。2007年,福建省永武高速公路修建时,由于对箭丰尾滑坡判断失误,工程施工期间体积达$1000\times10^4 m^3$的老滑坡复活,其工程治理费用累计达2.0亿元,创下了公路交通建设单个滑坡治理费用之最;2016—2020年,四川省某高速公路由于忽视了对线路安全具有控制性的区域性断裂,根据地形选线后将线路布设于区域性大断裂带部位,工程施工诱发了大量工程滑坡,并使大量老滑坡复活,滑坡密度达到了2.5处/km,工程建设局面相当被动。

这些因对地质选线认识深度不足导致施工过程中发生大规模滑坡等地质灾害的事件,既有客观原因,也有主观原因。

客观原因:我国山区丘陵分布面积大,地质条件复杂,工程建设中不可避免地会产生地质灾害。但随着科学技术的不断发展,我国的工程建设已经具备充分的理论知识与实践经验。因此,只要有严谨的地质调查、分析,并将其应用于选线,是能够有效避免滑坡等大型地质灾害的。

主观原因:主观上忽视地质的基础性导致选线出现战略性误判是目前病害发生的主要因素。这与管理方面需要进一步完善有关,也与地质技术人员在工程建设中所处的尴尬地位有关。管理方面的因素有工期偏紧、工程勘察投入偏少(甚至有的管理人员轻视前期勘察工作而要求完全采用"动态设计"),以及市场竞争制度不完善使有些技术单位在"旱涝保收"的情况下工作深度不足等。而技术方面则是在交通工程建设中,"重桥隧、轻路基,重地形、轻地质"的情况比较普遍,加之岩土工程是一门应用性学科,很多非专业人员也都可以"说上一两句"。

可喜的是,近年来我国很多省份在高速公路建设中逐渐开始重视第三方评估的全过程咨询,即从前期的工程可行性研究阶段、中期的设计阶段到后期的施工阶段,开展专家全过程咨询,大幅减少了影响线路走向的大型地质灾害的发生,效果显著。

如2005—2008年,云南省地质条件十分复杂的保山至龙陵高速公路,采用地质灾害全过程咨询,及时调整了线路,避免了设计阶段多处大型滑坡被错判、漏判可能造成的线路安全隐患,且根据现场实际情况对全线48处滑坡、100多个高边坡进行了针对性的咨询,合理的工程处治方案得到了建设指挥部和设计院的认同与支持,遵循了"动态设计、信息化施工"的原则。这不但节省了大量的工程建设资金,按期完成了任务,而且在高速公路通车10余年来没有一处滑坡和高边坡发生病害,保证了公路的运营畅通。

自2008年"5·12"汶川地震以来,四川省开展了公路工程建设的全过程咨询,通过地质选线不但避免了线路通过大量的地质灾害体,有力地支持了灾后重建,也大幅减小了施工难度,节约了大量的工程资金,获得了领导放心、业主满意、同行认可、造价节约和施工便捷的良好效果。

综上所述,工程建设中只要能有效贯彻地质选线的理念,在良好的管理模式、认真严谨的地质调查分析、有针对性的高品质设计和高质量的工程施作基础上,就可以预判并提前处治对线路安全有影响的地质灾害。

第九节　论水对滑坡的作用

滑坡的产生取决于组成斜坡的岩土体性质、坡体结构等内在因子。外在因子如水的作用、地震、人为活动等,通过改变斜坡岩土体的性质、坡体结构等内在因子而诱发滑坡。滑坡的产生与水有着极为密切的联系,业界有"十滑九水"的说法,形象地说明了水是滑坡的重要诱发因子。下面从5个方面分析水在滑坡形成中的作用。

1. 从水文地质环境分析

对于滑坡而言,滑体性质的变化是相对缓慢的,而滑体的坡面流和地下径流变化却是相对迅速的,并受滑体汇流性质的控制。

(1)滑体的地表形态、软弱结构面空间组合以及地表植被等因素,决定了整个滑体的径流效应和相应的分配功能。当强降雨超过坡面的渗透能力时,就会形成坡面流。但关键的是,当降雨下渗到达滑带(面)的相对隔水层,形成受滑带(面)制约的地下水时,就成为了影响滑坡的重要动态因子。

(2)有利的坡度和临空面是滑坡发生的基础条件。沟谷强烈切割作用或人类开挖坡脚导致斜坡附近岩土体松弛,在松弛部位的滞水及潜水自松弛带和卸荷裂隙向坡脚渗流,滑体附近的水文地质条件随滑体的变形而改变,改变后的水文地质条件促使滑体向不稳定方向发展。

(3)地表水系中的水流不断冲刷和切割岸坡,使岸坡增高、变陡,有时水流冲蚀淘空岸坡的完整岩层,暴露出滑体内部的软弱面,河水水位的上升、下降使其与地下水补给关系发生变化,在滑体内形成很大的动水压力。这些作用造成滑体稳定性降低,有利于滑坡的产生。

2. 从滑坡产生和发育过程分析

从产生和发育过程分析,滑坡主要分为两个阶段,即蠕动挤压变形阶段和滑动破坏阶段。

(1)蠕动挤压变形阶段:斜坡内岩土体某一部分因抗剪强度小于剪切应力而首先发生变形,滑坡出口附近渗水浑浊。水在此过程中起催化剂作用。

(2)滑动破坏阶段:滑坡在整体滑动时,滑带(面)土因剪胀作用湿度增大、强度降低,促使滑坡加速滑动。水在此过程中起润滑剂作用。

3. 从地层岩性和应力场分析

水对滑坡最重要的作用是增大滑带(面)剪应力和降低滑带(面)抗剪强度,加剧滑体的渐进性变形。

从地下水的长期效应分析,滑体大都属准连续介质,地下水对滑体的侵蚀将导致这种准连续介质的连续性、整体性降低,强度衰减,使之向松散介质转化。各种软弱面的力学性质受地下水的影响而弱化,抗剪强度降低。

从地下水的短期效应分析,一方面,滑体系统内的应力改变会直接或间接改变地下水的运移通道,这就是滑体系统内应力场对渗流场的影响;另一方面,滑体系统内的地下水通过物理、化学作用改变滑体的结构,施加给滑体静水压力和动水压力,这就是滑体系统内渗流场对应力场的影响。在一定时期内,滑体中渗流场与应力场通过某种方式维系着一种动态平衡关系,当其中一方发生变化时,另一方都会通过它们之间的联接方式自动调整,以达到新的平衡。如果渗流场变化超过一定幅度,这个平衡体系就会被破坏,从而发生滑坡灾害。

由 Barton 公式 $\tau=\sigma_n \tan[JRC \cdot \lg(JCS/\sigma_n)+\varphi_r]$($JRC$ 为结构面粗糙系数,JCS 为结构面面壁岩石的单轴抗压强度)分析地下水的长期效应及短期效应:地下水通过化学、水力学作用,促使岩体结构面的亲水性和可溶性矿物成分及显微结构发生变化,减小结构面的残余摩擦角(φ_r),并随着地下水位的上升,中性压力上升导致有效应力下降,进而降低作用于结构面上的法向应力(σ_n),从而直接导致了岩体结构面抗剪强度(τ)的衰减,由此削弱了上、下岩体之间的联系,增加了岩体结构面的自由度和活动度,最终加大了滑体滑动的可能性。

滑体的变形破坏与地下水压力作用密切相关。静水压力主要减小滑体在滑带(面)上的正应力和摩阻力,进而降低抗滑力,对滑体产生推力,并由"水楔"作用推动裂缝的扩展进程。在拉裂缝形成以前,静水压力的作用不明显;拉裂缝形成以后,缝隙中积聚的重力水对隙壁的静水压力,就对滑体的滑移起了一定的促进作用。动水压力主要是因地下水渗流受岩土体阻碍而对滑体产生推力,并引起渗透变形和破坏。尤其是在地下水流速较高、剧烈动态变化的条件下,动水压力是地下水影响滑体应力场的重要因子。

由库仑破坏准则 $\tau=c'+\sigma'\tan\varphi'$($c'$ 为有效黏聚力,σ' 为剪切面有效垂直应力,φ' 为有效内摩擦角)可以看出,如果填方中未能有效设置排水工程,随着填方加载填料中垂直应力的不断加大,孔隙水压力将不断上升,从而导致土体中的有效垂直应力(σ')不断降低,剪应力(τ)不断减小,严重时将导致土体液化悬浮,土方体破坏。从库仑破坏准则也可以看出,填方体最危险的时间段是填方刚刚完成之时,而后期随着水压力的不断消散和土体中结合水的不断减少,土体因压实固结稳定性将不断提高。

反之,从坡体排水效果来看,随着水压力下降,土体中的有效应力增加,滑面发生固结后抗剪强度不断提高。这也就是滑坡中设置截水、引水、排水工程后有利于坡体长期稳定的原因。当然,滑面固结使得抗剪强度提高的过程是缓慢的,并非一朝一夕所能实现,尤其是对于黏性土构成的滑面,这个过程更加漫长。其实,设置截水、引水、排水工程能快速起到提高坡体稳定性的原因是降低了坡体中的水压力,即排出了坡体中的自由水,从而直接减小了下滑力。也就是说,从库仑破坏准则也可以看出,设置了合理的排水工程的坡体,随着时间的推移,滑面固结排水,坡体的稳定性会不断提高。

4. 从地质构造分析

一个地区的地质构造环境对滑坡的影响是多方面的。在某些情况下,构造对滑体结构、滑坡边界及滑体的地貌形态等起着控制作用,并为水对滑体产生不利影响提供条件。由于构造应力场作用的方向性和滑体介质的各向异性,滑体及其周围的地质体对水具有不同的赋存性,这决定了滑坡区水的分布、状态、运动规律和作用类型,从而不同程度地影响着滑坡的产生和发展。

张性或张扭性构造裂隙透水性好,蓄水量大,有良好的含水和过水作用,所以断裂带及其影响范围内的岩石均可储存地下水,常对滑坡有着良好的供水作用。压性、扭性或压扭性的构造裂隙多为密闭型,透水性差,含水量小,可以起隔水作用。当它位于滑体下部、倾向与滑体一致时,其后部在较高的地下水位作用下有较大的水压力,这对滑体是相当不利的;而若它位于滑体上部、倾向与坡向相反时,则阻止水的渗入,这对滑体是有利的。此外,层面、节理面及地层的不整合面也为水的活动提供了重要通道。

5. 从滑坡产生的季节分析

从长时段的季节分析,滑坡大多发生在雨季,降雨是触发滑坡的一个重要外界因子,但滑坡却与降雨表现出不同步性。受水源距离的影响,在多层水作用下,不同季节中不同类型滑坡的变形也不相同。对于浅层滑坡,因地表水直接渗入量大,常在雨季前期滑动;对于中层滑坡,由于上层滑床阻水,地表水渗至中层滑带(面)的量少,多在雨季中因周围地下水汇集而滑动;对于深层滑坡,雨季后期远方的地下水才能流至滑体,此时滑体才开始滑动。因此,滑坡的发生滞后于降雨的特性是由水进入滑体的时间所决定的。

此外,经过旱季的滑体,地下水位出现不同程度的降低,形成深厚的非饱和区。继之而来的连续强降雨使地下水位对地表水进入过程反应敏感,雨水不断地下渗至滑带(面),汇流贯通后,会浸润相对干燥的滑带(面),从而降低滑带(面)的摩阻力。此外,雨水的下渗使滑体某一部分的水头迅速抬高,在较短的时间内形成较大的水头差,产生较大的水力梯度,从而形成较大的静、动水压力,成为滑体失稳的诱发因子。

综上所述:

(1)滑坡的稳定性受滑坡的物质条件、结构条件和环境条件三方面因素的综合影响。物质条件和结构条件是滑坡本身固有的,处于相对平衡状态,是相对稳定的;环境条件是外界给予的,是影响滑坡稳定性最活跃的重要因子。

(2)水文地质结构控制着滑坡的地下水补给、径流及排泄条件。滑坡多分布于水作用强烈地区,受水与滑体材料力学作用的控制。

(3)水对滑体的作用按属性可分为物理化学作用和力学作用。前者主要改变滑体的物理化学性质和环境,后者则决定了水力学作用类型。

第十节 论边坡的稳定系数与安全系数

很多规范和书籍中,对边坡的稳定度采用稳定安全系数或稳定系数与安全系数混用的不合理表述。其实,边坡的稳定系数和安全系数是两个不同的概念。

1. 边坡稳定系数与安全系数的关系

稳定系数指边坡在自然状态下的稳定度,是一种自然属性。安全系数是稳定系数在发展历程中,人为量化规定的满足特定需求的安全度指标,具有人为属性,与人类对边坡稳定度的认知、要求程度密切相关,具有可人为调整的特点。因此,不影响人类活动的边坡稳定性就不存在安全系数的概念。但稳定系数与安全系数两者都不是恒定不变的,而是不断变化的具有时效性的数值,如图1-1。它们之间具有一定的关联,即稳定系数高的边坡,其安全系数也相应较高,反之亦然。当然,边坡的安全系数不仅仅是边坡稳定性概念,而是一个综合概念。

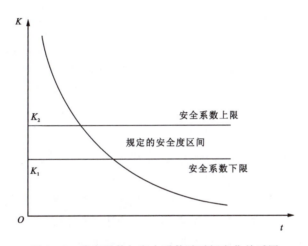

图1-1 稳定系数与安全系数随时间变化关系图

如软弱地基上的路堤安全系数就包括了路堤的沉降和路堤的稳定性两个方面。路堤的沉降量过大影响路堤边坡稳定时,或差异沉降过大影响行车安全时,均需要进行工程干预。

此外,不同的行业对沉降标准的要求是不一样的。高速公路普通路堤要求工后沉降量不大于30cm,差异沉降量在路基设计规范中并没有明确规定,而只在路面养护规范中有不大于0.5%的不影响行车舒适性的要求;高速铁路无渣轨道的普通路堤要求工后沉降量不大于3cm,且规定差异沉降量不得大于0.075%,以确保高铁的行车安全。

任何边坡都具有一定的稳定状态,即稳定系数。只要边坡的稳定度满足人类活动的安全度需要,即稳定系数不小于安全系数时,就可以不进行工程干预。如任何一个土质边坡,只要采用圆弧搜索法去搜索,总会得到一个潜在滑面,但只有依附于这个潜在滑面的坡体稳定系数小于安全系数时,工程干预才具有意义,否则应予以忽略。

此外,当边坡的稳定度小于人为的安全度要求时,边坡并不一定就会出现失稳破坏,也有可能仅是出现了一定的变形。如边坡处于基本稳定或欠稳定状态时,可能出现不同程度的开裂,但并未失稳。这时如果不进行工程干预,随着稳定度的不断下降,量变就可能突破临界点达到质变,边坡将产生失稳破坏的灾害。

2. 边坡安全系数的选用

安全系数是反映人们对边坡稳定性要求程度的安全储备量化值。安全系数主要是考虑到边坡在使用年限范围内,稳定度会随着时效作用不断衰减,为防止稳定度小于人为设定的安全界限下限值进而产生安全隐患而特意设定的。此外,为防止产生较大的经济成本压力,边坡的安全储备量化值不宜过大。也就是说,边坡的安全系数是一个满足人们使用要求的量化的区间值,受以下因素的影响。

(1)对边坡所在复杂地质体的认知程度:人类对复杂地质体的认知越透彻,对坡体的稳定性评价越接近真实情况时,所选用的安全系数就越接近规范的下限值,反之越接近规范的上限值。

(2)边坡影响区内保护对象的重要程度:边坡影响区内保护的对象越重要,发生灾害后产生的后果越严重,所选用的安全系数就越接近规范的上限值,反之越接近规范的下限值。如公路等级越高,边坡失稳的致灾后果就越严重,选用的边坡安全系数就越大。再如,高速铁路对边坡的失稳和位移管控更为严格,往往当边坡高度只有10m左右时,技术人员就采用抗滑桩进行支挡防护,目的就是获得更高的安全冗余。当然,核电站场区所在的边坡,安全系数更是达到了"大震不坏"的超高冗余。

(3)人为或自然因素对边坡的影响程度:人为或自然因素对边坡的影响程度越大,所选用的安全系数就越接近规范的上限值,反之越接近规范的下限值。

(4)计算模型的选用:对于同一个边坡,不同的边坡稳定性计算模型所得出的稳定度是有差异的,故应依据不同的计算模型选用不同的边坡安全系数。如运用瑞典条分法计算所得的边坡稳定度明显偏于保守,而运用简化毕肖普法计算所得的边坡稳定度比较符合实际情况。因此,在采用这两个模型计算边坡的稳定度时,应分别选取不同的安全系数。

(5)边坡的使用年限:边坡的使用年限不同,选用的安全系数就相应不同。如临时性边坡为降低工程成本或减少工程浪费,只要边坡能满足短时间内的正常使用要求即可,故取较小的安全系数。反之,永久性边坡在使用期内,对稳定性存在影响的内、外因素较多,故选用的安全系数相应较大。

(6)边坡使用期的不利工况:暴雨工况下,滑体取全饱和状态参数进行计算时,边坡的真实稳定度明显高于计算值,这时边坡的安全系数宜取小值。边坡稳定度计算时,若没有考虑到坡体的卸荷松弛,此时反算所得的黏聚力(c)、内摩擦角(φ)值往往为当前状态下的峰值。但后期在开挖、降雨、震动、钻孔、抗滑桩施工等工况下,边坡 c、φ 值必然会出现不同程度的下降,故选用安全系数时应考虑使用期内的影响因子。

(7)其他如经济实力、工期要求、边坡高度等也会对边坡安全系数的选用产生一定影响。

3. 边坡安全系数的应用

(1)边坡安全系数包括边坡的整体稳定性安全系数和局部稳定性安全系数,两者均应满足规范的要求,这就是高边坡加固时要求贯彻"固脚强腰、分级加固,兼顾整体与局部"理念的原因。

（2）任何一个边坡，无论其稳定性如何，都存在潜在滑动面，但只要边坡的潜在滑动面满足规定的安全系数要求，就可以不采取工程干预措施，而如果边坡的潜在滑动面不能满足规定的安全系数要求，就应采取工程干预措施，使边坡的稳定度达到正常使用要求。

（3）当边坡的稳定度不满足相应规定的安全系数要求时，采取的工程干预措施是人们对边坡安全标准度要求的反映。不同行业对边坡致灾后果的"焦虑和索取"是不一样的，"焦虑"越大，安全系数取值就越大，反之亦然。

对于"焦虑"，如电站大坝的坝肩边坡就具有较大的安全系数，电站大坝除了对坝肩边坡稳定度有较高要求外，也严格控制位移，这时的边坡安全系数就是边坡稳定度和变形位移的综合反映。反之，低等级公路只有相对较低的边坡稳定度安全系数要求，而对变形位移没有要求。

对于"索取"，如露天采矿时为了获得更多矿产，就在陡坡处或深挖处设置工程加固措施进行补偿，使边坡达到一定的安全储备。这时的边坡工程干预就直接与经济利益挂钩。

总之，边坡的安全系数与稳定系数是两个不同的概念，稳定系数是边坡的自然属性，不以人的意志改变，而是随着岩土体的时效性不断改变；安全系数的选用是以确保边坡工程安全、经济为主，兼顾环保、人文等因素的一个综合考虑的结果，体现了人们对边坡稳定性的"焦虑和索取"程度，是一个动态变化的数值。因此，边坡在后期使用中应定期进行评估，确保其稳定性能满足人们的期望。

第十一节　坡体的稳定性细部分析

笔者的一篇公众号文章《论边坡的稳定系数与安全系数》，即本章第十节在同行中反响热烈。有读者指出，该文中"安全系数与稳定系数关系图"中，坡体稳定系数随时间呈现单调的下降函数曲线形式是欠合理的。笔者感谢这位读者的严谨，并在此对该文进行续写，从而对特殊坡体稳定系数与时间的关系进行论述，就当是《论边坡的稳定系数与安全系数》一文的补充。

自然界中的坡体，从地质历史的角度来说，都有降低自身能量的属性，故最终都会湮灭。也就是说，从大的演变规律来说，坡体的稳定性是随时间推移而不断降低的。这也是"安全系数与稳定系数关系图"中描述的一般规律。但在岩土工程中，很难有一个理论能具有普适性，所有的理论都有使用边界。因此，从严谨的定义来说，该关系图应定名为"一般情况下的坡体安全系数与稳定系数关系图"。

从坡体发展的全局性来说，在整个地质历史进程中，坡体的稳定性整体呈现不断降低的趋势，但这种演变进程往往会受到某些因素影响而出现回升与下降反复循环、加速下降或螺旋下降等多种形式，这种阶段性的稳定性"短暂突变"不会改变坡体整体稳定性降低的趋势，如图1-2。

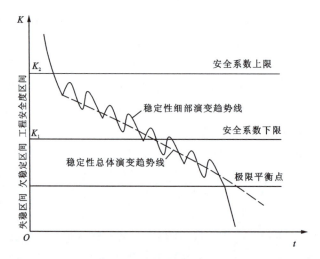

图 1-2 时滑时停的老滑坡稳定性随时间变化示意图

虽然坡体最终整体湮灭的趋势无法阻挡,但由于工程斜坡的安全使用期远远小于地质历史演变期,我们对坡体稳定性"短期"内呈非单调下降的规律应有一定的认识,从而更有针对性地处治坡体病害。换句话说,坡体的这种稳定性短暂反复现象可能会在一定程度上影响人类对坡体安全性的索求。

如在降雨后,坡体稳定性都会有一定程度的降低,而在一段时间后,当降雨的影响减弱或消失,坡体的稳定性又会出现一定的回升。也就是说,只要这种稳定性的降低不低于人类对坡体安全性的要求,就可以忽略降雨对坡体稳定性的影响,并不是所有的坡体稳定性降低都会引发人们对坡体安全性的"焦虑"。当然,如果暴雨连续不断,就可能加速坡体稳定性的降低速率,这时就需在工程边坡设计前进行暴雨工况计算,防止设防范围内的暴雨造成坡体失稳。这种暴雨的设防边界是与工程的重要性和使用年限等密切相关的。

例如,有的富水老滑坡暴雨时因水压力等作用,坡体稳定性降低,滑体可能出现一定的变形。但在一定的变形范围内,随着滑体变形能量释放,滑坡的稳定性将会出现一定的回升,这也就造成了有的老滑坡具有时滑时停的特点。当然,这种滑坡的稳定性短暂回升是不会改变滑坡稳定性逐渐被削弱的趋势的。

如果老滑坡这种时滑时停的稳定性呈螺旋式反复降低的状态没有低于人类的安全性要求下限,那就是安全的,不需要进行工程干预。反之,一旦稳定性突破人类对坡体的安全性要求下限,就需要及时进行工程干预,防止坡体稳定性在突破安全性要求下限后继续降低,直至突破极限而发生整体失稳滑移。当然,在滑坡能量耗散后,随着滑体的压密固结,坡体的稳定性将不断提高,直至下一次稳定性演变循环。

再如软弱地基上的填土路堤,其最低的稳定性出现在人工填土加载至路基标高时停止填方的那一个"点",只要这个"点"处的路堤稳定性满足工程安全性指标,那么后期随着软弱地基土固结、人工填土压密,路堤的稳定性将逐渐提高,也就是说,坡体的安全性将不断提高。但在这个路堤稳定性演变的"线性"进程中,路堤的稳定性将在越过某一个高点后不可避免地下降,如图1-3。这就要求我们不但要关注路堤在某一个"点"的稳定性能否满足工程的安全性需求,同时也要关注路堤在某一段"线"的稳定性能否满足工程的安全性需求。

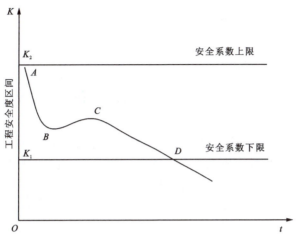

图1-3 填方路堤稳定性随时间变化示意图

图1-3中AB段为填方加载安全系数降低段,BC段为固结安全系数提高段,CD段为填方体稳定性自然演变下降段,B点为填方最高点,D点为工程干预临界点。

因此,坡体的稳定性正如《矛盾论》中所说,要在掌握矛盾的普遍性的基础上,同时掌握矛盾的特殊性。对于坡体稳定度的矛盾来说,特殊性一定要特殊对待,不能超越其使用边界,要在坡体稳定性随时间不断降低的普遍性基础上,针对性地掌握坡体稳定性出现反复升高、降低的特殊性,明确坡体稳定性螺旋式发展的普遍规律,从而更好地为岩土工程事业服务。

第十二节 斜坡变形机制分析

由张倬元等(2009)编著的《工程地质分析原理》是笔者最喜爱的图书之一,常读常新,它对斜坡变形机制的探讨可谓经典。目前国内外对斜坡变形机制的分类多种多样,该书的分类方法是笔者推崇的分类方法之一。笔者依据该书分类方法,结合工程实践中遇到的案例对斜坡变形机制进行探讨,供大家参考。

岩土工程遵循"以定性分析为基础,以定量计算为手段"的原则,在斜坡工程中就表现为首先要有一个资料全面的斜坡地质模型,在此基础上剔除对斜坡病害分析不重要的部分,保留核心内容,从而建立抽象的概念模型。有了以上这两部分的合理定性分析,才能为下一步建立计算的力学模型或仿真的数值模型奠定基础,使计算和仿真结果最大限度地反映真实的坡体病害情况。因此,斜坡的变形机制分析在斜坡病害防治中具有奠基性的作用。

依据变形机制,斜坡变形分为蠕滑拉裂、滑移拉裂、弯曲拉裂、塑流拉裂、压致拉裂和滑移弯曲6类。从以上6类斜坡变形机制名称可以看出,斜坡岩土体没有压坏的,都是通过强度更低的剪切或拉张破坏的。即使岩土体受到的是纯粹的压力,压应力也最终会表现为剪应力或拉应力而使坡体变形、破坏。

1. 蠕滑拉裂

蠕滑拉裂主要发生在均质体或类均质体的潜在滑体中,坡体变形初期表现为地表变形大、下部变形小的倒三角形分布形态,深层滑面贯通后,表现为下部变形大、上部变形小的正三角形分布形态。

此类变形首先表现为地表浅层的蠕滑,蠕滑导致坡体后部拉裂,造成坡体前缘剪应力集中而变形,即一般情况下坡体先出现后缘拉裂缝,继而出现前缘剪切滑面。在后期的时效变形作用下,斜坡中部滑面与前后缘滑面逐渐贯通导致滑坡发生(图1-4)。此类斜坡的滑面由剪应力控制,故滑面形态多为圆弧状或类圆弧状,滑面是后期在斜坡变形过程中逐渐形成的。

图1-4 蠕滑拉裂

2. 滑移拉裂

滑移拉裂主要发生在顺层斜坡或顺倾临空结构面贯通的切层斜坡中,如具有明显外倾贯通性结构面的沉积岩和变质岩的顺层斜坡、岩浆岩的似层状外倾斜坡、切层结构面贯通外倾的岩质斜坡等,如图1-5~图1-7。即斜坡有一个先天的软弱层,坡体利用该软弱层发生滑移变形,变形表现为斜坡地表与坡体下部近于一致的矩形分布形态。

此类变形在斜坡倾角大于软弱层综合内摩擦角时出现,一般没有明显的抗滑段、主滑段或牵引段,表现为斜坡某一部分在外因作用下出现整体滑移,后部岩体拉裂后向临空面发生滑移。该坡体病害的发生由于受软弱层的控制,在工程实践中多表现为顺层、似层状滑坡,滑面形态多为层状。

图1-5 顺层滑移拉裂及其滑面

图1-6 滑移拉裂解体　　　　　　图1-7 楔形体滑移拉裂

3. 弯曲拉裂

弯曲拉裂主要发生在陡立顺倾或反倾层状与似层状软岩或较软岩中,以及外倾追踪结构面发育的硬岩或较硬岩中。

这是由于软岩或较软岩延性较好,在陡立顺倾或反倾层状岩体重力作用下,各个"层状悬臂梁"发生延性弯曲而最终折断形成贯通性破坏面(滑面),如图1-8、图1-9。硬岩或较硬岩由于刚度大无法发生延性变形,故往往利用岩体中的结构面发展成似弯曲折断的贯通性破坏面(滑面),如图1-10。

此类变形首先是斜坡表层发生卸荷回弹而出现拉裂,裂缝在重力作用下不断向坡体深部发展,在多个"层状悬臂梁"的共同作用下,坡体就会形成一个贯通性的破坏面而出现"低头哈腰"形态。这类斜坡病害的一个重要特征就是拉裂缝呈上大下小的"V"形,并在折断面处尖灭,一般不会出现如滑移拉裂模式中拉裂缝呈上下近于一致的形态。当折断面贯通后,上部弯曲岩体就会依附于该折断面发生类似于滑移或蠕滑拉裂模式的滑坡,其病害在工程实践中多表现为倾倒体变形模式。

图 1-8　较软岩弯曲拉裂形态及拉裂槽

图 1-9　较软岩弯曲拉裂
（$30×10^4 m^3$ 的大型倾倒体）

图 1-10　较硬岩弯曲拉裂

4. 塑流拉裂

塑流拉裂主要发生在斜坡体厚度较大的软弱带（软弱岩体、断层破碎带）或采空区中，上部岩土体在重力作用下挤压下部软弱带使之变形或向采空区缓慢变形，随着软弱带变形，上部岩土体依附于后部陡倾结构面下错而发生病害。

这类变形发生的一个主要基础条件是下部具有一定厚度的、可以压缩的软弱带或采空区，即底错带，类似于在软土上部加载填方的破坏形式。底错带过薄时，上部岩土体无法挤压下部软弱带，故很难发生塑流拉裂变形。

此类变形首先发生在上覆岩土体与底错带交界部位，这是因为底错带在上部硬岩或完整土体的重力作用下发生变形，造成上部岩土体依附于结构面发生拉裂解体而与后部斜坡体脱离，如图 1-11、图 1-12。病害初期表现为坡体的竖向位移大于水平位移，在工程实践中称为错落，常会出现较大的下错后壁。若不加以处治，错落病害后期会利用底错带发育错落式滑坡，此时坡体的水平位移大于竖向位移。

图 1-11　塑流拉裂（变质砂岩错落体）　　　图 1-12　塑流拉裂（黄土错落体）

5. 压致拉裂

压致拉裂主要发生在发育近水平状缓倾结构面或薄层状软弱夹层的斜坡体中，在不利因素作用下，上部岩体向临空面蠕滑，导致局部拉应力集中而形成与滑移面近于垂直的拉张裂缝。如果岩体中存在陡倾结构面，此时在拉应力作用下坡体就会依附于陡倾结构面形成拉张裂缝。

此类斜坡（发育近水平状缓倾结构面或薄层状软弱夹层的斜坡）在沟谷长期切割或人工开挖作用下，不同性质的岩体中会出现差异卸荷回弹，使得接触面部位岩体出现拉张裂缝。这种裂缝随着时效变形的发展自下而上（有时也会出现自上而下）不断扩容、追踪贯通（图 1-13、图 1-14），最终由于累进性破坏而形成贯通性滑面，其病害在工程实践中多表现为平推式滑坡。

图 1-13　压致拉裂地表裂缝　　　图 1-14　压致拉裂扩容裂缝

6. 滑移弯曲

滑移弯曲主要发生于长大、倾角较陡的顺层斜坡中，且多出现在薄层状岩体中。这是因为顺层坡体长度较小或倾角较小时，很难提供较大的下滑力使下部岩体发生剪切破坏；

岩层厚度过大则往往因具有较强抗剪能力而能抵抗后部较大的下滑力,故也较难发生弯曲破坏。

此类变形表现为后部坡体首先发生滑移拉裂,后部滑体对下部岩体发生挤压,造成下部岩体发生纵向弯曲破裂,如图1-15。对于平面型斜坡,其下部出现扩容和层状岩体隆起,最终在弯曲部位形成贯通切层剪切面,导致后部滑体沿该剪切面发生滑动。对于上陡下缓式斜坡,弯曲部位往往发生在层面转折处,且可能不在弯曲部位发育切层滑面而直接依附原层面滑移,尤其是在水库蓄水作用下,下部缓倾抗滑段岩体抗力减小更易发生滑移弯曲,滑坡在整体上表现为以后部顺层滑移为主、以下部切层变形为辅的变形模式。此类病害与滑移拉裂破坏模式的区别在于前部弯曲部位附近的滑动岩体与前部未动的岩体在产状上有很大的差异,在工程实践中多表现为顺层溃曲式滑坡或上陡下缓式顺层-切层滑坡。

图1-15　滑移弯曲

以上工程斜坡变形机制分析是基于《工程地质分析原理》进行的。当然,不同的行业具有不同的斜坡变形机制分类方法,但不管怎样分类均是殊途同归,只要有利于斜坡病害的治理,都是好的分类方法,岩土工作者根据具体的行业习惯和坡体变形特征选用即可。

第十三节　岩体结构对岩体稳定性的影响

不均一性、不连续性、变异性形象地说明了岩体的特征,这种特征主要体现在形成岩体结构的两个要素上,即结构面和结构体。

岩体的结构面主要指具有一定方向性和延伸性的地质分异面或不连续界面;岩体的结构体主要指由结构面切割形成的岩石块体。岩体的结构面与结构体组合决定了岩体的稳定性,即结构面的性质及其配套组合与结构体的形态和力学性质是决定坡体(由岩体构成)稳定性的基本因素。

1. 结构面

岩体的结构面主要有沉积结构面、火成结构面、变质结构面、构造结构面和次生结构面5种类型。

（1）沉积结构面主要指沉积岩在沉积过程中形成的层面、不整合面、假整合面、原生软弱夹层。其中，海相沉积结构面较为稳定，成岩作用相对较好，陆相沉积结构面较不稳定，多有尖面、透镜体。

（2）火成结构面主要指岩浆入侵、喷流与冷凝过程中形成的结构面，包括岩浆侵入原岩界面和多期岩浆界面及其影响带、冷凝节理等。

（3）变质结构面主要指由正变质作用形成的片麻结构、副变质作用形成的片理结构等矿物定向或再结晶结构面。

（4）构造结构面主要指岩体在后期构造作用下形成的节理、断层、层间错动带等。

（5）次生结构面主要指岩体在卸荷、风化、水等作用下形成的卸荷裂隙、风化界面、泥化夹层或后期充填形成的次生泥化夹层等结构面。

结构面的力学性质受成因、物质组成、贯通性、平整度和发育密度等因素的综合影响。结构面成因决定了岩体变形的基本趋势，结构面物质组成决定了岩体变形的难易程度，结构面贯通性决定了岩体变形的规模，结构面平整度决定了岩体的抗变形能力，结构面发育密度决定了岩体的完整程度。

2. 结构体

不同形态、不同产状和不同受力方向的结构体对岩体的稳定性具有重要影响。根据结构类型，结构体可分为厚层状和巨厚层状沉积岩、火成岩等块状岩体，薄层沉积岩和副变质岩等层状岩体，构造作用形成的碎裂状岩体，岩浆侵入和正变质作用形成的镶嵌状岩体，以及断层破碎带、强烈风化破碎带散体状岩体等。一般来说，块状结构的岩体稳定性较好，其余形态的结构体稳定性不同程度变差。

3. 岩体的性质

结构面和结构体是岩体性质不均一、不连续的关键因素，是影响岩体稳定性的基本因素。

（1）岩体的不均一性反映在岩性不均一、构造不均一和风化不均一等方面。岩性不均一主要指构成岩体的岩性有差异；构造不均一主要指构造作用下形成的岩体结构有差异，如破裂带、碎裂岩、糜棱岩、断层泥等；风化不均一主要指岩体风化造成的岩体力学性质有差异。

（2）岩体的不连续性主要指岩体应力的不连续和岩体强度的不连续。岩体应力的不连续主要指结构面的存在造成岩体有些部位应力集中，有些部位应力削弱，有些部位应力轨迹发生偏转和应力不连续。对于具有软弱夹层的层状岩体，法向应力在软弱夹层部位使部分应力能转化为应变能，导致压应力减弱甚至转化为张应力，切向应力导致软弱夹层发生剪切变形而使剪应力有所增加。对于碎裂状岩体，可按类均质体结构进行考虑，完整性较好的块状结构可在一定范围内按弹性体考虑。岩体强度的不连续主要指应力与岩石强度相差较大,但达到了岩体结构面的强度,就会引起结构面的破坏而导致岩体发生破坏。也就是说,控制岩体强度的是结构面强度而非岩石强度,它们之间是不连续的。

综上,岩体结构面与结构体的性质、特征对岩体的稳定性具有至关重要的影响,是分析岩质边坡稳定性的基本地质资料。

第十四节　岩质边坡的坡体结构及变形破坏模型

岩质边坡稳定性的一个主要控制因素是坡体结构,分析坡体的稳定性首先要查清坡体结构,继而才能判断坡体的变形分析模型与变形发展趋势和稳定状态。岩质边坡的坡体结构主要可分为层状(含似层状)、块状、破碎状和散体状四大类。

1. 层状(含似层状)坡体结构

层状(含似层状)坡体一般由相互平行的岩层构成,层与层之间为贯通性较好的多成因结构面,坡体岩性可以是单一的,也可以是多类的,岩层可以是多层、互层或夹层的。此类坡体包括沉积岩(如砂泥岩、页岩、灰岩等)、部分变质岩(如片麻岩、片岩、板岩等)及沉积型火山岩(火山角砾岩、凝灰岩等)。其中最为常见的是沉积岩。

层状(含似层状)坡体结构属于不连续介质模型,坡体在结构上、岩性组合上往往是不均一的,为典型的各向异性结构,坡体的稳定性主要取决于层间结构段的性质与临空面的配套组合。

层状(含似层状)坡体结构可以形成水平状、斜交状、顺倾状或反倾状。一般情况下反倾状、水平状坡体稳定性相对较高,而顺倾状坡体往往稳定性较低,尤其是存在层间软弱夹层时,层面的力学性质和稳定性大幅降低。对于层面与临空面处于斜交状态的坡体,其稳定性与层面和临空面的夹角有直接关系。夹角越大,稳定性相对越高;夹角越小,稳定性相对越低。因此,有的规范以 $40°\sim45°$ 为界划分层面与临空面的夹角,以此作为判断边坡是否属于顺层的分界点。层状的反倾状坡体多属于由依附于多组结构面追踪形成的贯通性结构面构成的变形体模型,为切层变形;水平状坡体则多属于依附于层间软化、泥化层形成的平推式或错落式的变形体模型。

2. 块状坡体结构

块状坡体结构主要由厚层或巨厚层沉积岩、岩浆岩及部分变质岩组成,常见的有厚层或巨厚层的砂岩、砾岩、灰岩、花岗岩、闪长岩、玄武岩、大理岩、石英岩等。

块状坡体结构完整性较好时可近似为均一连续的弹性介质模型,而当坡体中存在发育较好的结构面、小断层等时,则表现为不连续介质模型。一般来说,块状坡体结构往往因岩体强度较大,其稳定性相对较好,可形成高大的陡崖、山体。但如果坡体中存在贯通性结构面、流面、断层时,坡体的稳定性则大幅降低。如某试验场地的中—微风化花岗岩高边坡,就是因在坡脚开挖揭穿了宽约1.0m的断层,坡体依附于贯通的外倾结构面和断层发生了大规模滑坡。

3. 破碎状坡体结构

破碎状坡体结构多位于地质构造强烈使得岩体严重揉皱、破碎的坡体或突出的岩性较软的坡体中。在长期风化、卸荷作用下,坡体中结构面发育,由结构面切割的结构体块径较小,岩体支离破碎,坡体多表现为不连续介质模型。

破碎状坡体结构的边坡稳定性主要取决于多组结构面的贯通程度和控制坡体碎裂程度的断层发育特征。如某破碎的火山碎屑岩高边坡,坡体多次变形后虽然采取了缓坡率削方减载的措施,但由于没有有效解决多组外倾结构面形成的追踪贯通性结构面,在暴雨作用下,坡体仍发生了依附于追踪结构面的大型滑坡。

4. 散体状坡体结构

散体状坡体结构往往与区域性大断裂的构造作用、岩浆岩大规模入侵的挤压作用相关,坡体中结构面非常密集,岩体多呈散体状。由于岩体极度破碎,坡体往往可近似为连续介质模型。

散体状坡体结构的边坡表现为类土质性质,坡体的稳定性主要受岩体强度控制,故往往可采用圆弧搜索法进行分析计算。如有些区域性大断裂宽度较大,断层物质呈糜棱状的散体,这类物质的边坡稳定性往往可采用圆弧搜索法进行检算。

以上四大类为岩质边坡的主要坡体结构形式,是分析岩质边坡稳定性的前提。当然,坡体结构的划分有不同的模式,但无论何种划分模式,能有效说明坡体特征和解决工程实际问题的就是好的划分模式,不必拘泥于某一模式。

第十五节　岩质坡体稳定性力学分析

坡体的稳定性实质是下滑力与抗滑力之间矛盾的较量。坡体受结构面控制时,稳定性分析内容包括坡体变形破坏模型边界分析、力学参数选用、受力条件确定和稳定性计算公式选用。

1. 坡体变形破坏模型边界分析

岩质坡体的变形破坏往往是依附于某个或某些结构面发生剪切滑移,同时沿某个或某些结构面发生拉裂,并向临空面发生变形。坡体的变形破坏边界条件分析就是明确变形破坏的结构面与结构体、充当边界的结构面以及变形破坏的临空面。因此,边界条件一般包括滑移面、张拉面和临空面。

滑移面是坡体变形破坏时的结构面,也就是说,没有结构面的坡体多是稳定的。当存在结构面时,坡体的稳定性取决于滑移结构面上抗滑力与下滑力的转变。滑移面可能是单一的结构面(如顺层滑坡),也可能是多组结构面的组合(如楔形体滑坡)。

张拉面是将变形破坏的结构体与后部稳定坡体的结构体分开的结构面。由于岩体中往往有多组结构面发育,故张拉面往往在下滑力的作用下沿某个或某些结构面拉张形成。

临空面是坡体变形破坏的必要条件,只有有了临空面,坡体才有了自由变形破坏的空间,才能储存变形破坏的能量。当然,临空面也可以是易于压缩的软弱岩体。

2. 力学参数选用

分析坡体变形破坏的结构面和结构体时选用的基本参数主要有重度、内摩擦角、黏聚力、弹性模量等,其中对坡体变形破坏影响最大的是控制性结构面的内摩擦角和黏聚力。它们的选用主要依据相关土工试验、反算结果、工程经验和地区经验等综合确定。

3. 受力条件确定

一般根据岩质坡体的工程开挖方式并结合岩体中控制坡体变形破坏的结构面性质,确定变形破坏结构体的受力大小与方向。这些力包括重力、水压力、地震力、工程措施支挡加固力等。

4. 稳定性计算公式选用

坡体的稳定性系数是抗滑力与下滑力的比值,以量化表征坡体的稳定度。坡体的稳定性计算公式主要依据岩体的力学性质选用。如弹塑性变形体可选用应力平衡法,以及考虑到岩体应力难以确定而假定的刚性体极限平衡法。

对于力学计算确定的坡体稳定性系数,考虑到岩体的复杂性,应依据工程经验、工程地质类比等进行对照核查,综合评价坡体的稳定程度,为下一步坡体病害的治理提供依据。

第十六节 岩土体特性及其工程问题和工作方法

1. 岩土体的特性

岩土体具有不连续性、多相性和变异性3类主要特征。

(1)不连续性主要指土体的碎散性和岩体结构面的切割离散性,以及物质成分、颗粒大小、节理裂隙分布、坡体结构等造成岩土体性质出现的不均匀性。

(2)多相性主要指岩土体中结合水、自由水、气体等与土体中的土颗粒和岩体中的岩块等,共同导致岩土体的性质随同这些相的变化而变化,随着相的组成的不同而不同,相之间不同的比例和相互作用导致岩土体形成了复杂的物理力学性质。

(3)变异性主要指岩土体是在漫长的地质历史中形成的,每一粒土体、每一块岩体都是经历风化、沉积、岩浆运动、应力作用等地质活动的产物,各自都具有独特的物质成分和相关性质。

岩土体的以上3类主要特征,决定了工程应用中应首先充分认识岩土体的具体地质条件,建立合理的地质模型。在此基础上,排除与研究对象本质无关或关联度很小的因素,建立合理的概念模型,然后提炼岩土体本质特性,对其理想化、抽象化,建立合理的计算模型或数值模型,继而通过数学手段对问题进行分析、模拟、量化。

从这个过程可以明显看出,岩土体的工程问题分析通过了一定的假设和理想化来得出结论,因此,分析计算的结果往往与传统经典力学直接计算的结果以及工程实际情况存在较大的偏差,这是可以理解的。如理论力学中的质点假设以及材料力学与结构力学中的线弹性假设,都是解决复杂问题的基础理论,但完全符合假设的岩土体在实际中是不存在的。解决岩土工程实际问题时需采用抽象化、理想化的理论去近似地解决问题。这也说明了工程经验在岩土体计算分析中非常重要,由其提供的修正系数是必不可少的,大量工程实例归纳总结形成的经验公式在解决岩土工程问题时是行之有效的。那种认为可以完全通过精确计算解决岩土工程问题的观点是不合理的,那种认为可以单纯依靠计算机进行模拟解决岩土工程问题的观点也是不可取的。由于岩土工程的复杂性、计算理论的局限性,计算结果往往存在一因多果或一果多因的情况。

2. 岩土工程问题

岩土工程主要解决岩土体的强度、变形和渗透三大问题。

(1)这里的强度主要指影响岩土体稳定性的剪切强度。理论上,岩土体是不抗拉的,而真正被压坏的岩土体几乎不存在,因为岩土体是通过压剪、拉剪的形式破坏的。因此,岩土体的抗剪强度研究是岩土工程的核心。对于土体来说,它的强度本质上是由土颗粒之间的摩擦力和黏聚力所决定的,主要由土体固结情况、物质成分、含水率和水敏性等因素共同决定;对于岩体来说,它的强度主要是由结构面的性质决定的,即主要由结构面的闭合情况、胶结特征、形态、充填物、贯通性、含水率与水敏性等因素共同决定。

(2)这里的变形主要指土体中的土颗粒、岩体中的结构面相对位置发生变化,或土颗粒破碎、岩体破裂、孔隙压缩。土体因孔隙率较高,在力的作用下变形量一般远大于岩体。岩土体中的含水率越高,有效应力就越低,其力学性质就越差。换句话说,力学性质越差的岩土体在内外应力作用下抗变形的能力就越差。这也就是松散土质坡体往往较岩质坡体、富水坡体往往较干燥坡体更易发生沉降与失稳的原因,也是填方工程严格要求压实度、孔隙率的原因。

(3)这里的渗透主要指岩土体中的自由水和弱结合水传递静水压力或动水压力。对于土体而言,主要指存在于孔隙中的自由水或与土体结合的弱结合水;对于岩体而言,主要指存在于结构面、岩块孔隙中的基岩裂隙水。由于多种原因,水在岩土体中不等势而发生移动,就会对岩土体产生推挤或拖曳作用,影响岩土体的稳定性。

岩土体的强度、变形和渗透往往是相互关联而非孤立的。岩土体强度的衰减往往伴随着变形,变形与渗流耦合对岩土体的有效应力和渗流场产生影响,继而影响岩土体的强度。因此,将三者割裂开来解决岩土工程问题是不合理的。岩土体病害治理中,一味强调工程支挡而忽视地下水或地表水的截、疏、排是不合理的,轻则导致工程造价大幅攀升,重则导致岩土体变形、失稳。

3. 岩土工程的工作方法

岩土工程设计是典型的概念设计,解决岩土工程问题最基本的工作方法是理论与实践相结合、土工试验与工程经验相结合,且必须在合理定性分析的基础上。由于岩土体的复杂性,土工试验对认识岩土体的性质具有相当重要的作用,是合理选取计算模型与数值模型的必要环节。不重视土工试验而全凭经验建立模型和选取参数的经验主义是不可取的。如软土地基处治,有的设计采用一个点的试验结果覆盖整个待处治范围,或采用多年前的一个经验数据分析整个计算区内的软土,是以点概面和顽固经验主义的典型。

人们常说"基础不牢,地动山摇",地质模型和计算模型的偏差或错误将直接影响模拟和计算结果的准确性。对于实践性很强的岩土工程,应始终贯彻"从现场中来、到现场中去"的基本理念,最忌讳的是纸上谈兵。只有在现场获得大量直观的感性认识,合理确定地质条件与计算边界,才能为理性认识岩土工程奠定基础。只有掌握了丰富的理论知识,然后在实践中打磨,积累大量的工程经验,才能依据合理的模型得出更准确的结论,从而提出更为有效的符合具体岩土体性质的工程方案。

第十七节　土体强度指标应用

土体由固、液、气三相构成,它们在土体中所占有的比例和相互作用对土体的抗剪性能具有很大的影响。土体的抗剪强度指标在工程应用中占有举足轻重的地位,可通过工程经验、地区经验、分析计算和土工试验确定。在工程应用中,不管哪种方法确定的土体强度指标,均应尽量做到与实际的土体性质、工程施作时的具体工艺和状况相近。否则,抛开土体的现场实际状态和在工程中的时效性质,处治方案就可能出现偏差。

(1)岩土工程实践性很强,工程经验具有相当重要的地位。合理的、经过实践检验的经验,对于土体强度的指标选用具有很高的参考价值。工程经验的应用中反对没有经过实践检验或忽视应用边界的所谓经验。

(2)岩土工程采用的是"以定性分析为基础,以定量计算为手段"的综合应用方法。定量计算可以精确地将岩土工程参数量化、具体化,从而有效应用到具体的设计工作中。对于土体而言,其指标的定量分析,可通过符合现场实际情况的公式进行计算,或通过符合现场实际情况的土工试验进行测算。

关于符合现场实际情况的公式计算,主要指在合理定性分析的基础上,选择针对性的理论公式对参数进行计算。如滑坡的滑面参数反算,就是在合理确定滑面的抗滑段、主滑段或牵引段的基础上,确定坡体稳定系数,依据传递系数法等公式反算求得主滑段滑面参数;再如可通过动力触探、标贯等现场试验选用针对性的理论公式计算出土体的相应强度等。

关于符合现场实际情况的土工试验,主要指通过直剪或三轴试验测定土体的强度,包括直剪试验中的慢剪、固结快剪、不固结快剪,以及三轴试验中的固结排水、固结不排水等多种形式。

首先，主要依据土体特征、工程施作工艺等合理选定试验形式，如对于颗粒较粗的碎石土、砂土，工程中很少用到三轴固结不排水强度指标。

其次，饱和原状土对取样具有很高的要求，土样一旦发生扰动，试验所测得的参数就会失真。不同状态的土样和不同的试验内容对土体强度具有很大的影响，一定要严格地进行针对性试验。如笔者曾见到有的土工试验报告中，滑面饱和不排水试验所测得的内摩擦角达到了17°，这就说明所测得的可能为快剪试验指标。

再次，非饱和土由固、液、气三相构成，土工试验中往往包含了基质吸力。因此，有些人认为土工试验中没有考虑土体的基质吸力是不合理的，即不应将基质吸力当作是工程的安全储备，而应考虑到暴雨等极端情况下，基质吸力降低或丧失对工程的安全度影响程度。如坡体开挖后在暴雨作用下失稳，其中一个重要因素就是降雨入渗造成坡体基质吸力丧失。

最后，考虑到土体的抗剪强度是由有效应力决定的，与土体中的中性压力无关，因此土体的抗剪强度应尽量选用有效应力强度，即土体中的孔隙水压力或超静水压力可以确定时，土体强度指标就应优先选用有效应力强度。对于一些饱和黏性土，在无法确定孔隙水压力或超静水压力时，可以直接选用总应力状态下的土体强度指标。如在反算滑坡的滑面参数时，孔隙水压力或坡体蠕动时的超静水压力往往难以确定，故往往根据不同工况将水的作用"打包"进行计算，即水土合算。当然，这时可以采用不排水的三轴试验或直剪试验进行分析。

此外，在工程实践中，常见到有些技术人员通过反算后，最终选用的黏土质滑面参数小于天然工况下的土体残余强度，或小于饱和状态下的土体残余强度，造成坡体下滑力严重失真，这是绝对不应该的。因为残余强度是滑面强度最低值，滑面参数反算的强度指标如果小于残余强度，只能说明反算时的坡体稳定系数、滑面形态或反算方法出了偏差，这时就应该对计算模型进行校核。换句话说，土体强度指标的选用守住底线很重要，这和做人是一样的。

总之，土体性质、现场施作、排水工艺等对土体强度具有很大的影响，土体强度的精确选用是一件相当困难的事。在土体强度指标的选用中，技术人员应坚持"结合现场、经验判断、理论分析、定测定量、综合应用"的原则。

第十八节　坡体参数选取探讨

近年来，随着工程建设规模的不断扩大，边坡、滑坡病害处治工程的费用也呈直线增长，其中的一个主要原因就是计算时所采用的坡体参数出现偏差，而导致坡体参数出现偏差的原因是多方面的，值得深思。

1. 不能正确分析滑坡的稳定状态

将稳定滑坡定性为欠稳定滑坡，好像所有滑坡都要马上滑动，对工程产生直接打击似的,不把自然滑坡都计算成为欠稳定或马上失稳的滑坡,不做些加固工程心里就不踏实、不舒服;滑面参数反算时,无论什么状态的坡体,都取为欠稳定或极限平衡状态;稳定了几千、几万年的自然滑坡,取0.9、1.0、1.02等这种处于失稳、欠稳定状态的滑坡特征参数进行反算;无论什么样的滑面,参数取值都是越来越低,计算的下滑力越来越大,工程规模越来越宏伟。以上这些实际中存在的现象,都是不能正确分析滑坡的稳定状态导致的。

如某老滑坡多年来一直处于稳定状态,滑坡体上没有新增裂缝发育,线路在滑坡前缘一定距离通过时,反算所采用的坡体稳定性系数取值为1.0。这就意味着本处于稳定状态的老滑坡已经达到了临界状态,后缘、周界和前缘的拉张、剪切、挤压等性质的裂缝已经一起爆发,需要立刻采取治理措施。因此,对于一个主轴长140m,滑体厚15m的已经稳定的老滑坡,技术人员最终计算出了5900kN/m的下滑力。这是多么的不应该啊!

2. 不能有效区分坡体性质

将边坡问题当作滑坡问题,直接将潜在滑面当作了滑面,也就人为地计算出了过大的下滑力。技术人员一定要区别滑坡与边坡的特征,也就是要区别滑面与潜在滑面,只有这样才能合理选取相应的参数。边坡潜在滑面的力学参数是原状土参数,在工程未扰动的情况下,参数值是峰值或接近峰值,而滑坡的滑面参数往往是扰动土参数,其力学参数较原状土已出现不同程度的下降,两者的差异巨大,不可同日而语。

如某突出山脊由全风化花岗岩组成,自然坡体稳定,但边坡预加固时,用于反算的坡体稳定系数取值为1.02。这就意味着该山脊形成了滑坡状的环状裂缝,坡体处于欠稳定的挤压状态,将自然坡体的潜在滑面参数当作了滑面参数,所得滑面的黏聚力为15kPa,内摩擦角为20°,最终得出下滑力为1350kN/m,需要设置大截面锚索抗滑桩进行处治。

3. 专业知识欠缺或理念偏差

作为岩土工程技术人员,一定要具备地质基础和工程结构两方面的知识,要具有丰富的理论知识与工程经验,否则,"任性"的坡体计算模型将导致工程规模和工程经济性指标失控。作为地质人员,一定要提供严谨的坡体参数。作为设计人员,一定要有基本的地质知识,应对地质勘查单位提供的坡体参数进行再次校核,而不是地质人员给什么就用什么。这方面应该向铁路部门学习,由地质人员和设计人员共同探讨地质模型与计算(数值)模型。毕竟专业不同,看待问题的角度不同,群策群力才能达到更好的效果。

如某高边坡高约100m,由产状反倾的中风化粉砂质泥岩构成,坡体中结构面不发育。高边坡预加固时,地质勘察报告提供的中风化粉砂质泥岩黏聚力为12kPa,内摩擦角为9°。这种如同软弱地基一般的参数,设计人员不假思索地照搬,直接导致工程规模失控。该处治工程在设置缓坡率+宽平台后,仍采用了大规模的锚固和抗滑桩进行加固,实在是非常遗憾和可惜的。

4. 坡体病害处治时安全系数取值越来越大

即使做了大量的地质勘察工作,建立了合理的地质模型和计算模型,仍要采用规范中安全系数的上限值,直接导致了工程规模急剧攀升是目前实际工程中的常见现象。规范给出的安全系数范围,是由地质条件复杂程度、被保护对象的重要程度以及设计人员掌握资料的程度等因素确定的。这也就是说,地质条件越复杂、被保护对象越重要、设计人员掌握的信息越少时,可取规范中安全系数的大值。但如果一个坡体在进行了大量的地质勘察工作后,仍取安全系数的上限值,那地质勘察的作用就被严重削弱了。

如某公路边坡没有重要保护对象,在进行了大量的地质勘察、深孔位移监测工作后,工程处治时设计人员仍将天然工况下的安全系数取为 1.3,将暴雨工况下的安全系数取为 1.2,使得坡体的潜在下滑力达到了 1195kN/m,直接导致了工程规模快速攀升。其实,在具有如此详细资料的基础上,如若将天然工况下的安全系数降为 1.2,将暴雨工况下的安全系数降为 1.1,则坡体的潜在下滑力可大幅降低为 878kN/m,相应的工程规模也就大幅下降了。

作为岩土工程技术人员,有效处治一个滑坡是相对容易的,关键是花多大成本进行处治。对坡体病害进行合理、有效的处治,除了安全性指标外,经济性指标也是不可忽视的。经济性指标也是坡体病害处治的核心内容,失去了经济性指标的坡体处治,只能算是工程的麻木堆砌,毫无技术可言,是人皆可为的事情。

综上,工程斜坡病害的处治,一定要在定性分析的基础上进行定量计算,计算模型的应用也要建立在正确的地质模型的基础上,否则,合理处治只能是水中花、镜中月,轻则造成处治工程规模失控,重则导致处治工程失败。

第十九节 高边坡稳定性评价的定性分析与定量计算参数选取

稳定性的合理评价是有效进行高边坡病害防治的基础。高边坡作为岩土工程的组成部分,其稳定性评价遵循定性分析与定量计算相结合的理念,采用以定性分析为基础、以定量计算为手段的综合评价方法,两者相辅相成、相互验证和补充。

定性分析指合理确定高边坡变形模型、作用因素、潜在滑面位置、参数选定和计算方法,预测坡体变形类型、边界与范围等,即建立合理的地质模型和概念模型。定量计算指依据定性分析结果建立力学模型和数值模型,结合土工试验进行防治工程设计等。

1. 定性分析

(1)从地形地貌分析高边坡的稳定性。斜坡的地形地貌是在长期自然营力作用下,不同性质的岩土体适配自身力学性质的外在表现。如土质或类土质斜坡,老黄土明显较新黄土具有更陡的坡度,崩坡积体明显较冲洪积体具有更大的休止角,砂岩的残坡积体明显较泥岩的残坡积体具有更陡的坡度。岩质自然斜坡中,坡度较陡的多为岩性较好、层面有利、结构面相对不发育的岩体。如石英岩明显较页岩具有更陡的坡度,岩性相对单一的岩浆岩明显较多层旋回、性质差异大的沉积岩具有更高的稳定性等。因此,通过自然斜坡所处的地质条件,结合拟开挖高边坡的临空面形态,就可类比、预测高边坡的稳定性和可能的变形范围以及综合稳定坡率和需要补偿的工程规模。

(2)类比自然斜坡和既有人工边坡预测高边坡变形类型、滑面位置、边界范围。大自然是一个丰富的"实验室",自然界中具有大小不一、形态各异的斜坡,这些斜坡明显要比实验室的土工模型更真实、更全面,更具有参考、类比价值。因此,用自然界中的类型丰富的斜坡和既有人工边坡在自然营力作用下的变形,类比拟开挖高边坡的稳定性,具有十分重要的参考价值。如令技术人员头痛的顺层边坡变形范围,就可以参照区内类似边坡类比确定。这种根据现场相似类型边坡进行类比的方法,在岩土体的性质、结构面分布、地下水形态等各方面明显较实验室的小型人工模型试验更具优势,也明显较人为确定相关参数的数值模拟更具参考价值。因此,类比自然斜坡和既有人工边坡,对预测高边坡的变形类型、滑面位置、边界范围等具有十分重要的意义。

(3)从坡体结构分析高边坡的变形类型、规模、滑面位置。坡体结构指的是构成坡体的岩土位置、层面、结构面(包括断层、不整合面等)等与临空面之间的配套关系。根据结构类型,坡体可分均质与类均质、水平、顺层、逆层、二元、块状和破碎等结构。依据这些坡体结构资料,结合拟开挖的临空面,就可有效分析高边坡的变形类型、规模和滑面位置等。如均质和类均质坡体往往产生圆弧状变形;具有下伏软弱层的水平坡体往往产生错落式或平推式变形;顺层坡体往往产生顺层滑面;逆层坡体往往产生切层滑面;二元结构边坡往往依附于土岩界面发生变形等。因此,依据坡体结构分析,结合赤平投影,可有效分析拟开挖高边坡的稳定性。

(4)从作用因素分析高边坡的稳定性。高边坡的稳定性取决于自然因素和人为因素。这些因素中影响较慢的有风化、卸荷等,影响较快的有降雨、灌溉、库水位变化、河流冲刷等,影响很快的有地震、爆破和大规模的快速开挖等。因此,通过对这些自然和人为因素的强弱、快慢进行分析,就可预判拟开挖高边坡的稳定性。

2. 定量计算参数选取

对于定量计算方法,很多书籍已介绍,此处不再赘述,只对关键参数的选取进行说明。

(1)计算模型的选用。高边坡有坡面的落石掉块、风化剥落等变形,有某一级边坡的滑塌、溜坍、塌坍等变形,有几级边坡整体变形和滑坡等形式的变形。这些不同的变形类型需针对性地选用计算模型。对于均质或类均质土而言,一般可采用圆弧搜索法,但当坡体中存在不同期、不同成因的堆积层面时,圆弧搜索法受控于这些"结构面",切不可"一搜到底";岩质边坡的变形往往受控于岩体中的各种结构面,甚至有可能出现多组结构面控制的潜在滑面,造成分析高边坡整体与局部稳定性时需要考虑多方面的因素,故应采用与结构面配套的方法选用计算模型。此外,岩体结构面配套应依据结构面性质进行分析,切忌"眉毛胡子一把抓"。

如某高边坡玄武岩流面与线路夹角为53°,贯通长15m,坡体中发育的另一组顺倾于线路的结构面长1~2m。因此,高边坡的破坏模型应是结构面与临空面配套后,发生块径为1~2m的危岩落石,而不是玄武岩流面与结构面配套后,形成长127m、与线路夹角约26°的贯通性滑面。该岩体结构面的配套失误，直接造成了改移线路的重大变更，这是非常令人遗憾的。因此，依据坡体地质条件合理选用计算模型是高边坡稳定性计算的基础，也是防治工程设计的前提。

（2）滑面或潜在滑面参数的选用。滑面或潜在滑面参数的合理选用是高边坡稳定性计算中非常关键的一步，它是通过剪切试验＋参数反算＋工程经验综合选取的结果，其中又以参数反算最为重要。当然，土工试验和工程经验也是参数选取过程中必不可少的参考依据。

剪切试验依据岩土体性质、滑面（带）结构、滑坡状态选择，包括：①正在滑动的滑坡，滑带为黏土或残积土时，宜进行多次剪切试验，具体进行几次剪切试验，视滑坡的变形特征而定，当然最保守的是取残余抗剪强度；②滑带稠度不大且滑面明显时，采用滑面重合剪；③滑带为角砾土或与基岩接触时，采用野外大剪；④潜在滑坡或还没有复活的老滑坡，潜在滑面为不透水的饱和度较大的黏土时，采用快剪，潜在滑面为不透水的饱和度较低的黏土时，采用固结快剪。

滑面参数的确定是现场试验、室内试验、工程地质条件类比、经验数据和反算分析综合确定的结果，其中反算分析由于可有效模拟滑坡的特征，在滑面参数的确定中具有相当重要的地位。

总之，坡体稳定性的合理评价和参数的合理选用与中医治病有一定的相似性，一定是建立在丰富的理论和经验基础上的。有的人没有理解中医的精髓，认为中医随意性较大，不断攻击中医为"伪科学"是不科学的。这些都是片面的理解和错误的思路，应杜绝之。切忌没有区别滑面的不同性质而取全滑面的平均值进行滑面参数反算。尤其是当滑坡后缘牵引段具有较长的拉剪破裂面或滑坡前部具有较长的抗滑段时，取平均值反算滑面参数会造成较大的主滑段参数误差，从而导致滑坡下滑力失真而影响工程斜坡病害防治方案的合理确定。切忌"先射箭、再画靶"，即为了得到一个所谓预想的结论而人为地调整滑面参数，这是不负责任的、不科学的行为。

第二十节　滑坡的稳定性及运动状态分析

1. 滑坡的稳定性分析

滑坡稳定系数是滑坡防治的关键参数之一，它的合理选取是滑面参数反算的基础，对滑坡下滑力（潜在下滑力）计算具有直接的影响。

根据各个阶段稳定度的不同特征，可将滑坡划分为稳定阶段、基本稳定阶段、欠稳定阶段、失稳阶段和压密阶段，如图1-16。其中，欠稳定阶段、失稳阶段为滑坡防治的研究重点，欠稳定阶段又细分为蠕变阶段、挤压阶段，失稳阶段又细分为微滑阶段和剧滑阶段。

（1）稳定阶段：坡体的坡形坡率符合岩土体的强度条件，无地下水，坡体的整体和局部稳定系数均符合要求，坡体稳定系数为$K \geqslant 1.15$。

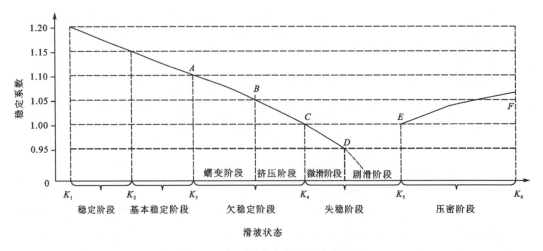

图 1-16　不同状态的滑坡稳定系数

（2）基本稳定阶段：坡体的坡形坡率符合岩土体的强度条件，少有地下水，坡面有冲沟、剥落、落石等，稳定系数为 $1.15>K\geqslant1.10$。

（3）欠稳定阶段：坡体受地下水或其他因素影响，岩土体强度降低，产生不同形态的裂缝和局部坍滑，稳定系数为 $1.10>K\geqslant1.0$。

①蠕变阶段：滑坡后缘出现断续状裂缝，随着时间的推移，裂缝逐渐由断续状向贯通状发展，宽度不断加大。此阶段坡体变形主要集中在滑坡上部，变形是局部的，主滑面还没有形成，滑坡的整体稳定系数为 $1.10>K\geqslant1.05$［图 1-17(a)］。

②挤压阶段：滑坡后缘的拉张裂缝向滑坡两侧逐渐延伸，形成了较为明显的圈椅状主拉裂缝，滑坡两侧界裂缝向下逐渐贯通，且裂缝两侧出现雁列状排列的羽状裂缝，滑坡前缘出现放射状挤压裂缝及鼓胀裂缝，滑坡的整体稳定系数为 $1.05>K\geqslant1.0$［图 1-17(b)］。

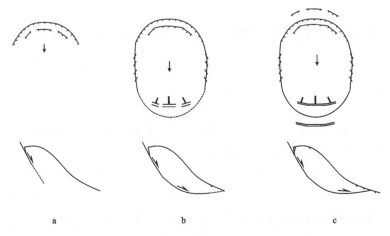

图 1-17　不同稳定状态下的滑坡平面和断面裂缝示意图
(a)蠕变阶段；(b)挤压阶段；(c)微滑阶段

(4)失稳阶段:滑坡坡率不符合岩土体强度条件,滑坡整体发生较大距离的变形,稳定系数为 $K<1.0$。

①微滑阶段:滑坡的滑面及四周不同性质的裂缝已完全贯通,滑坡发生整体微滑变形,滑坡的阻力已由坡体的内摩擦转换为外摩擦,滑坡的整体稳定系数为 $1.0>K\geq0.95$[图 1-17(c)]。

②剧滑阶段:滑坡出现明显的变形滑移,滑体脱离依附的滑面向前发生滑动,能量充分释放,有些大型滑坡在滑动过程中往往伴随着气浪、巨响等现象,滑坡稳定系数为 $K<0.95$。

(5)压密阶段:滑坡由剧滑转向停止的过程中积蓄了较高的稳定度,滑体不断压实,稳定度不断提高,滑坡在较长时期内保持稳定,稳定系数为 $K\geq1.0$。

2. 滑坡的运动状态分析

滑体的岩土体性质不同,其滑动运动状态也表现出不同的特征。

(1)当滑带土为黏性土时,剪切强度超过黏性土的峰值强度(τ_f)后,随着剪切位移(ε)的增加,滑带土的抗剪强度逐渐降低,并最终达到残余强度(τ_r),而当滑带土为砂性土或粗颗粒土、糜棱岩等时,则具有脆性破坏特征,如图 1-18。

(2)典型黏性滑带土的滑坡变形运动一般具有减速蠕变、等速蠕变和加速蠕动变 3 个阶段的特征,相对应滑坡的发育过程可以划分为挤压、蠕变和失稳 3 个阶段,如图 1-19。

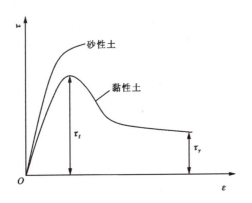

图 1-18 滑带土剪切破坏示意图

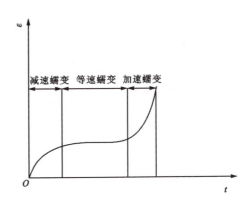

图 1-19 典型黏性滑带土变形与时间关系示意图

从滑坡的"三段论"来说,滑坡的各个部位受力状态是不一样的。其中,主滑段为剪切受力状态,牵引段为拉剪受力状态,而抗滑段为压剪受力状态。各段随滑坡变形达到残余强度的过程也是不一样的。

(3)随着自身岩土体性质和外界影响因素的变化,滑坡滑动过程中可能出现不同的变形特征,如图 1-20。

有的滑坡从发生到破坏表现为持续不断的变形,从而完成一个完整的变形破坏过程。这类滑坡

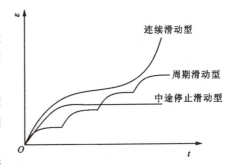

图 1-20 不同性质滑坡的变形特征示意图

的滑带往往坡度较陡或抗滑段较短,造成滑坡变形启动后,随着滑带土强度的不断降低,坡体由等速变形发展至加速变形,直至破坏。

有的滑坡从发生到破坏表现为时滑时停的周期性变形特征。发生这种变形的主要原因:滑体发生位移使得下滑能量减小,导致滑坡暂停;滑体在一次滑动后,地下水位下降导致水压力降低,从而使滑坡暂停;滑体在一次滑动后,滑带扩容使有效应力提高,中性压力减小,导致滑带土强度有所提高而使滑坡暂停。此后,地下水再次蓄积导致滑坡下滑力加大、抗滑力减小,滑坡再次发生变形滑移。如此周而复始,直至滑坡发生破坏。这类滑坡的周期性运动可能持续几年,故往往具有迷惑性。

有的滑坡发生后,由于滑移能量减小、抗滑力增大等因素,滑坡在较长或很长一段时间内停止滑动,形成中途停止滑动型滑坡。这类滑坡可能在一定年限后或特殊工况下再次复活。

综上,通过滑坡的运动状态分析可得:

(1)滑坡处治应贯彻"治早治小"的理念,要充分利用滑带土的强度,防止滑坡随变形距离的不断加大,滑带土强度向残余强度过渡,导致处治工程规模不断加大。当然,对滑坡进行预加固是最为理想的,其工程规模最小,对滑坡的强度利用率最高,但这给决策层带来了一定的难度。

(2)对于周期性滑坡,应充分认识滑坡的阶段性特征,及时采用排水、支挡工程进行处治,千万不能认为滑坡稳定而麻痹大意,不下定决心进行处治,最终导致滑坡变形规模不断扩大,参数不断降低,后期治理工程的难度和强度不断提高。

(3)对于中途停止滑动型滑坡,应核查滑坡中途停止的原因,以及对人类工程的威胁程度,否则,一旦遇上极端工况(如大暴雨、地震),滑坡就可能再次发生变形滑移,从而威胁人类工程。

第二十一节　不同工况下坡体相关参数的取值

1. 天然工况

该工况下岩土体计算参数取天然状态下的容重、黏聚力与内摩擦角。

2. 暴雨工况

暴雨工况包括连续降雨和暴雨状态,该工况参数取值分透水性介质和非透水性介质两类。

(1)透水性介质:地下水位以上岩土体计算参数取天然状态下的容重、黏聚力与内摩擦角。地下水位以下岩土体取浮容重,黏聚力与内摩擦角计算方式可分为将水压力单独计算和水土合算的反算法两种形式,或根据饱和剪切试验取用。

(2)非透水性介质:地下水位以上岩土体计算参数取天然状态下的容重、黏聚力与内摩擦角。地下水位以下岩土体取饱和容重,黏聚力与内摩擦角根据水土合算的反算法取用,或根据饱和剪切试验取用。对于黏性土,尤其是膨胀土,连续降雨和暴雨多影响其大气影响层,而对下部的土体物理力学参数影响有限。因此,连续降雨和暴雨后,大气影响层内的土体可取饱和状态下的容重、黏聚力与内摩擦角。

工程实践中,很难在连续降雨和暴雨后测得实际水位线,因此,暴雨工况下往往依据合理的工程经验将黏聚力与内摩擦角适当折减后选用。黏聚力往往折减 5~10kPa,内摩擦角往往折减 0.5°~1.5°。

3. 地震工况

该工况岩土体计算参数取天然状态下的容重、黏聚力与内摩擦角。

需要说明的是,有些技术人员取暴雨工况与地震工况相结合的工况下的参数,这在公路工程中是不合理的,也许该工况会适用于核电站等特别重要的工程。

4. 其他

对于水库升降影响区的坡体,应参考相应规范进行库水位影响工况计算,这是现行路基设计规范中所没有的,但却是不能忽视的。

第二十二节 地震工况下的路堑边坡及滑坡安全系数选用探讨

川藏高速公路第一阶梯向第二阶梯过渡段,处于我国著名的强烈地震带——北东向龙门山断裂带和北西向鲜水河断裂带及南北向安宁河断裂带构成的"Y"字形构造带。该段山体高大陡峻,峡谷深切,断裂活动频繁,板块构造活跃,地震烈度高,地质灾害发育。据统计,川藏高速公路(北线汶川—马尔康、南线雅安—康定)分别经过基本地震烈度为Ⅶ度、Ⅷ度、Ⅸ度的地区,其中Ⅶ度区占线路总长的57%,Ⅷ度区占线路总长的37%,Ⅸ度区占线路总长的6%,这对地质灾害的处治具有很大的影响。因此,地震工况下的安全系数选用对川藏高速公路边坡、滑坡的处治往往具有控制性作用。安全系数的微小差别可能造成处治工程规模和造价极速攀升。

1.《公路路基设计规范》(JTG D30—2004)中边坡与滑坡安全系数规定

1) 边坡安全系数规定

此规范路堑边坡安全系数规定如表1-1所示。

2) 滑坡安全系数规定

此规范高速公路与一级公路正常工况下滑坡安全系数选用 1.2~1.3,二级及二级以下公路正常工况下滑坡安全系数选用 1.15~1.25;暴雨和地震工况下滑坡安全系数折减 0.05~0.1,即选用(1.05~1.1)~(1.15~1.2)。

表 1-1　路堑边坡安全系数

公路等级	路堑边坡安全系数		公路等级	路堑边坡安全系数	
高速公路、一级公路	正常工况	1.20~1.30	二级及二级以下公路	正常工况	1.15~1.25
	非正常工况Ⅰ	1.10~1.20		非正常工况Ⅰ	1.05~1.15
	非正常工况Ⅱ	1.05~1.10		非正常工况Ⅱ	1.02~1.05

注：①正常工况指天然工况；非正常工况Ⅰ指暴雨或连续降雨工况；非正常工况Ⅱ指地震工况；后同。
②表中安全系数取值应与计算方法对应。

《公路路基设计规范》(JTG D30—2004)的特点是安全系数的规定简单明了，地震工况下的安全系数选用符合"大震不倒、中震可修、小震不坏"的原则，即在设防烈度下，坡体的稳定性可达到基本稳定—欠稳定状态，允许坡体出现一定程度的损坏，只要在震后进行适当的修复就能恢复使用，工程的安全性、经济性都得到了体现。

2.《公路路基设计规范》(JTG D30—2015)和《公路工程抗震规范》(JTG B02—2013)中边坡与滑坡安全系数规定

1) 路堑边坡安全系数规定

《公路路基设计规范》(JTG D30—2015)取消了地震工况的安全系数规定，而依据《公路工程抗震规范》(JTG B02—2013)的安全系数取值，整理后如表1-2所示。

表 1-2　路堑边坡安全系数

公路等级	设计工况			
	正常工况	非正常工况Ⅰ	非正常工况Ⅱ	
			边坡高度(H)<20m	边坡高度(H)≥20m
高速公路、一级公路	1.20~1.30	1.10~1.20	1.10	1.15
二级公路	1.15~1.25	1.05~1.15	1.10	1.15
三、四级公路	1.15~1.25	1.05~1.15	1.05	1.05

注：①路堑边坡地质条件复杂或破坏后危害严重时，安全系数取大值；路堑边坡地质条件简单或破坏后危害较轻时，安全系数可取小值。
②路堑边坡破坏后的影响区域内有重要建筑物（桥梁、隧道、高压输电塔、油气管道等）、村庄和学校时，安全系数取大值。
③施工边坡的临时安全系数不应小于1.05。

2) 滑坡安全系数规定

《公路路基设计规范》(JTG D30—2015)中滑坡安全系数规定参见表1-3。

表 1-3 滑坡安全系数

公路等级	滑坡安全系数	
	正常工况	非正常工况Ⅰ
高速公路、一级公路	1.20~1.30	1.10~1.20
二级公路	1.15~1.20	1.10~1.15
三、四级公路	1.10~1.15	1.05~1.10

注：①滑坡地质条件复杂或危害程度严重时,安全系数可取大值;滑坡地质条件简单或危害程度较轻时,安全系数可取小值。
②滑坡影响区域内有重要建筑物（桥梁、隧道、高压输电管、油气管道等）、村庄和学校时,安全系数可取大值。
③水库区域公路滑坡防治,周期性库水位变化频繁,高水位与低水位间落差大时,安全系数可取大值。
④临时工程或抢险应急工程,滑坡防治工程设计按照正常工况考虑,安全系数可取 1.05。
⑤《公路工程抗震规范》(JTG B02—2013)没有对滑坡在地震工况下的安全系数进行明确规定。

3.《公路滑坡防治设计规范》(JTG/T 3334—2018)中滑坡安全系数规定

此规范对应正常工况和非正常工况的滑坡安全系数选用同《公路路基设计规范》(JTG D30—2015),地震工况滑坡的安全系数建议根据《公路工程抗震规范》(JTG B02—2013)选用。

4. 现行规范非正常工况Ⅱ的安全系数特征

(1)现行规范《公路路基设计规范》(JTG D30—2015)和《公路滑坡防治设计规范》(JTG/T 3334—2018)的特点是对正常工况与暴雨工况下的路堑边坡与滑坡安全系数进行了明确规定,但对地震工况路堤边坡安全系数没有明确的要求。

(2)《公路工程抗震规范》(JTG B02—2013)对路堑边坡的安全系数进行了明确规定,但缺少了对滑坡安全系数的说明。

此外,高度超过 20m 的边坡安全系数选用 $K \geqslant 1.15$,与"大震不倒、中震可修、小震不坏"的原则不符。这是因为边坡的安全系数 $K \geqslant 1.15$,意味着在设防烈度工况下,边坡处于稳定状态,明显不符合"中震可修"的原则,而是达到了"中震不坏"的程度,这将造成必须用偏大的工程规模来提高边坡安全系数,即工程的经济性指标欠佳。

综上所述,建议如下：

(1)由于现行《公路工程抗震规范》(JTG B02—2013)中缺乏地震工况下滑坡的安全系数选用规定,技术人员参照路堑边坡的地震工况安全系数时出现混乱现象,建议该规范与《公路路基设计规范》(JTG D30—2015)一样,明确滑坡在地震工况下的安全系数,方便技术人员选用。尤其是应结合"大震不倒、中震可修、小震不坏"的原则,合理规定安全系数,这样不但能确保工程的安全性,也能提高工程的经济性指标。毕竟工程的安全系数与工程的安全性指标及经济性指标息息相关,不可一味地提高安全系数。

(2)建议在确保安全的前提下兼顾工程的经济性,即无论边坡高低,高速公路、一级公路、二级公路路堑边坡地震工况下的安全系数,宜统一调整为 $K \geqslant 1.1$,三级和四级公路边坡的安全系数 $K \geqslant 1.05$ 是可行的。否则,在地震工况下,若将高烈度地震区的高陡自然边坡和地质灾害广泛分布区内高速公路大于 20m 的路堑边坡和滑坡安全系数均设定为 $K\geqslant 1.15$,将造成较大的工程经济压力,甚至造成工程规模翻番,工程性价比偏低。

第二十三节　滑面参数反算与下滑力和抗力分布特征

1. 典型滑坡特征

典型滑坡可分为牵引段、主滑段和抗滑段 3 段(图 1-21),俗称"三段论"。

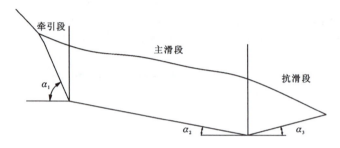

图 1-21　典型滑坡"三段论"示意图

牵引段病害指的是滑坡前部坡体应力调整造成后部坡体松弛,导致滑体出现拉张开裂、下错的现象。对于土质滑坡,牵引将产生一系列的主动破裂面,因此后缘往往出现多条裂缝,但也往往存在一个主要的贯通性破裂面,且多为圈椅状。对于岩质滑坡,后缘多受控于岩体结构面,故后缘多为直线状。牵引段一旦发生下错,后缘裂面将由内摩擦变为外摩擦,在水等外力作用下向下推挤主滑段。

对于土质滑坡,其前部临空面由于应力集中将产生一系列被动挤压破裂面,并形成隆起、压张裂缝,滑坡前缘即为抗滑段。对于岩质滑坡,前缘依附于结构面压剪形成抗滑段。

在后部牵引段与前部抗滑段贯通后,主滑段滑面不断从滑坡上、下两部位贯通,最终导致滑坡发生整体滑移。

对于顺层滑坡,一般无抗滑段,坡体力学性质比较单一,滑体依附于贯通性的滑面剪切下滑。对于均质或类均质滑坡,滑面的产生取决于坡体内部的应力场与强度场,形成的同生面滑面呈对数螺旋形态,工程实践中为了方便计算多近似采用圆弧形,是为圆弧搜索法来源。

从平面形态上分析,岩质滑坡的周界往往不是发展过程中逐渐形成的,而是依附于岩体中既有结构面形成的。土质滑坡的周界则是滑坡在变形滑动过程中因各个部位的受力不同而产生性质不同的裂缝所致。

2. 滑面参数反算工况选择

滑面参数反算工况的选择,应综合考虑滑坡历史上经历最不利工况时的稳定性和滑坡当前的状态,分析滑坡所处的阶段和对应的稳定系数,从而为滑面参数反算提供合理的滑坡稳定系数。

所谓考虑滑坡历史上经历最不利工况时的稳定性，就是指在老滑坡的主滑段参数反算时，应充分考虑老滑坡在历史上可能已经历了，甚至是多次经历了的天然工况、暴雨工况和地震工况，而不仅仅是进行天然工况下的主滑面参数反算，要用可以溯源的暴雨工况和地震工况下的坡体稳定系数去反算。

对于新近发生的滑坡，在进行主滑段参数反算时，可根据诱发滑坡的主要因素，采用合理的工况反算。如为工程开挖诱发的工程滑坡，宜结合开挖规模，采用天然工况反算滑坡的主滑面参数；如为降雨诱发的滑坡，则宜采用暴雨工况反算滑坡的主滑面参数；如为地震诱发的滑坡，则宜采用地震工况反算滑坡的主滑面参数。

3. 不同性质滑面参数的反算

根据典型滑坡牵引段、主滑段和抗滑段的性质，相应各段的滑面物理力学参数分析如下。

(1)牵引段：为滑坡岩土体的主动受力段，由土体主动破裂面或岩体结构面控制。对于堆积体来说，可根据主动破裂面倾角 $\alpha_1=45°+\varphi/2$ 进行反算，得到牵引段滑面的内摩擦角值。此时，由于滑坡后缘裂缝已经拉开，黏聚力数值为零。对于岩体破裂面来说，由于滑坡下滑时受到拉剪作用，结构面的内摩擦角值可根据岩体具体结构面的性质确定，但此时黏聚力数值也为零。

(2)主滑段：位于滑坡中部，为滑面参数反算的核心。将滑坡的稳定系数以及求出的牵引段和抗滑段滑面抗剪参数代入相应的稳定性计算公式，即可得出主滑段滑面的抗剪参数。

(3)抗滑段：为滑坡岩土体的被动受力段。土质或类土质抗滑段滑面由被动挤压形成，可依据被动破裂面倾角 $\alpha_3=45°-\varphi/2-\alpha_2$（$\alpha_2$ 为主滑面倾角）进行反算，得到抗滑段的内摩擦角值。对于抗滑段还未形成的坡体，抗滑段滑面参数可依据滑面原状土的剪切试验和工程经验确定，而由岩体结构面控制的抗滑段滑面参数，可依据现场大剪试验和工程经验确定。

此外，依据前人的成功经验和笔者的总结，反算法中黏聚力和内摩擦角或综合内摩擦角的确定原则如下：①理论上，对于黏粒含量占优的坡体，多采用内摩擦角反算黏聚力；对于粗颗粒含量占优的坡体，多采用黏聚力反算内摩擦角。②在圆弧搜索法中，黏聚力和内摩擦角取值不同会影响潜在滑面的形态，参数选取应慎重。③对于人工勾绘的滑面或潜在滑面，黏聚力和内摩擦角的选用不会影响滑面或潜在滑面形态。黏聚力和内摩擦角选取误差会形成"翘翘板"效应，即黏聚力和内摩擦角其中一个参数选值偏小时，会使另一个参数反算时偏大，这对坡体潜在下滑力的影响较小，不必过于较真。④根据滑坡专家王恭先的经验，当滑面厚度为5m时，可取黏聚力为5kPa，然后反算内摩擦角；当滑面厚度为10m时，可取黏聚力为10kPa，然后反算内摩擦角；当滑面厚度为15m时，可取黏聚力为15kPa，然后反算内摩擦角；当滑面厚度为20m时，可取黏聚力为20kPa，然后反算内摩擦角。但不宜再往下类推了。⑤采用综合内摩擦角计算时，可按照10kPa等同于0.5°进行粗略换算。

4. 滑坡下滑力计算

滑坡下滑力计算是滑坡处治工程的设计依据，滑坡类型不同，下滑力计算采用的假设条件各异。滑坡下滑力的计算依据滑坡的地质条件和边界条件进行,以主轴控制整个滑坡的最大下滑力,其他副轴控制滑坡的局部下滑力。计算应以最后一条贯通性裂缝为终点。也就是说,滑坡后部产生的一系列主动破裂面,并不一定都是滑坡的后缘边界,这是技术人员需要注意的。

滑坡存在多级滑体时,需依据滑坡特征分类计算。如后级滑坡覆盖于前级滑坡后缘,说明前后两级滑坡的滑面可能是不同的,后缘滑坡滑移后因受到前级滑坡支挡而停积。因此,在计算前级滑坡下滑力时,应考虑后级滑坡对前级滑坡的推挤作用。若后级滑坡被前级滑坡的后缘切割,说明后级滑坡是稳定的,因此,在计算前级滑坡下滑力时,不应考虑后级滑坡的下滑力影响。滑坡存在多层滑面时,应根据各个滑体特征分别单独计算。

5. 滑坡推力分布

作用于支挡结构物上的滑坡推力与滑体的岩土体性质直接相关。如滑体由完整性较好的岩体组成,滑体上部与下部的滑动速度近于一致,桩背应力可假定为矩形分布;滑体由松散堆积体或含水量较高的硬塑—流塑状土质或类土质组成时,滑体底部的滑速往往明显大于上部,桩背应力可假定为三角形分布;滑体为密实、胶结较好的堆积体或土体时,桩背应力可假定为梯形分布,如图 1-22。

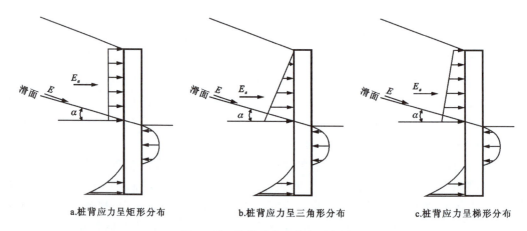

a.桩背应力呈矩形分布　　b.桩背应力呈三角形分布　　c.桩背应力呈梯形分布

图 1-22　抗滑桩应力分布示意图

E.滑坡推力;E_a.滑坡推力水平分力;α.滑面与水平面夹角

这在几十年的工程实践中证明是可行的,也就是说,现行的《公路滑坡防治设计规范》(JTG/T 3334—2018)认为滑坡推力呈三角形分布不安全,是不可取的。因为安全只是一个概念,如果认为三角形分布不安全,那退一步的话,梯形分布也是不安全的了,这肯定是不合理的。因此,工程安全与否取决于对基础资料的掌握、对工程重要性的认识等综合因素,不能一味地提高工程安全度要求,不能"一刀切"地否定某些已在工程实践中成功应用的技术。

滑坡推力计算取单位宽度滑体,相邻两侧的滑体摩阻力可以忽略不计,因为对整个滑坡来说,这种摩阻力是内力。对于折线形滑坡,后部滑体的下滑力应投影于前部滑体滑动方向。对于滑坡推力计算的结果,一定要与相关经验、坡体情况及工程抗力校核,防止出现过大偏差。如对于没有滑动的同生面滑坡,抗滑力为被动土压力;滑体存在结构面时,抗滑力为软弱面的抗剪力,无结构面时,抗滑力为岩块抗剪断力;滑坡推动挡墙等结构物时,推力大于结构物抗滑力而小于结构物前的被动土压力;结构物被剪断时,滑坡推力大于结构物的抗剪力而小于结构物抗滑力与墙前被动土压力之和;结构物被推力推倒时,滑坡推力力矩大于结构物抗倾覆力矩。

第二十四节 答读者问:坡体稳定性及地下水对其影响的表述

有两位研究人员质询有关规范中关于坡体的稳定性划分和坡体中地下水对坡体稳定性的影响表述,在此答复如下。

(1)对坡体稳定阶段中"无地下水"表述和基本稳定阶段中"少有地下水"表述存在异议,认为坡体中的地下水与坡体的稳定性没有必然联系,有水的坡体也可能是稳定的,而不一定要"无地下水"才能确认为坡体稳定,或"少有地下水"才能表述为坡体基本稳定。

答:对人类生产、生活具有影响的坡体稳定性评价,是基于坡体在一段时间范围内能供人类有效使用做出的。也就是说,坡体的稳定性评价要确保坡体在一定年限范围内的安全使用,即坡体的稳定性评价是在一定年限范围内的"动态评价",而非调查时的"即时评价"。尤其是考虑到地下水对坡体的影响有快速的、有慢速的,甚至有用仪器也可能无法在短时间内监测到的"龟速"的,这些都可能对人类使用期内的坡体安全造成影响。

因此,规范和地质工程工作者评价坡体处于稳定阶段时明确坡体中应"无地下水",评价坡体处于基本稳定阶段时明确坡体中应"少有地下水"是合理的、可行的,也是边坡、滑坡工程长期实践验证的结论,是可以信任的。

综上,有些参考书籍,可能只是代表一家之言,哪怕是具有一定权威性的著作,也不能作为工程实践中的强制规定,因为这些书籍没有上升到规范的高度去强制工程人员遵循。毕竟一旦参照参考书籍而没有依据规范进行工程设计或施工时,技术人员是必须要承担相关责任的;研究人员借鉴参考书籍所进行的试验是容许失败而可能不必承担相关责任的,因为试验是允许失败的。当然,具有品质保证的书籍可以作为工程技术人员提升素质、开拓眼界的良师益友,为研究人员撷取灵感提供思路。

(2)认为将滑坡的稳定状态划分为稳定阶段、基本稳定阶段、欠稳定阶段、失稳阶段,缺乏必要的计算,是错误的,坡体的稳定性应该有确切的计算结论作为划分的依据,而不宜定性划分。

答:这个问题其实是一个典型的滑坡定性分析与定量计算关系的问题,地质工程或岩土工程的边坡与滑坡稳定性划分,是依据技术人员长期的工程实践和理论分析总结而来的。也就是说,坡体处于何种稳定状态并非由计算得来,而是坡体自然属性的反映。在工程实践中,要求经过定性分析后,再通过合理的定量计算,尽量反映坡体的真实属性,以此比对计算结论是否满足人们对坡体稳定性的要求。

而这种坡体的稳定性分析,是基于技术人员丰富的理论知识和工程实践经验得出的。正如太沙基就是理论联系实践的大师,他并不一味地要求岩土工程以计算结果为依据,而是结合地质基础,采用定性与定量相结合的方法去解决实际工程问题,并将大量的工程经验总结上升为理论,用于进一步指导工程实践。由于地质体的复杂性和不重复性,坡体工程应是在定性分析的基础上,合理确定计算模型、边界、参数……继而进行定量计算,才可能得出基本反映坡体真实稳定性的数值。没有合理的定性分析,单纯以定量计算进行坡体稳定性判断,就可能有些舍本逐末了。

这位读者认为最难沟通的不是读书不多、没有什么思想的人,而是读书不少、满脑子标准答案的人。在此,笔者认为这需辩证看待,对具有错误理念的"满脑子标准答案的人",笔者也是坚决抵制的;但对于经过实践检验、具有丰富经验的人,笔者向来是来者不拒,以免将来自己走同样的弯路。

第二十五节 楔形体主滑方向的赤平投影分析法

坡体在重力作用下沿结构面倾向滑动潜势能量最大,也就是说,坡体重力沿结构面主滑方向分力最大。同样,由两组结构面和临空面控制的楔形结构体,在重力作用下的滑动方向为两组结构面组合后的最大潜势方向,即下滑力最大方向。因此,可由两组结构面的交线倾向判断楔形结构体的主滑方向。下面以两组结构面 $A-A$ 和 $B-B$ 举例说明。

首先在赤平投影图上做出两组结构面 $A-A$ 和 $B-B$ 的投影,继而给出这两组结构面的倾向线 OA' 与 OB',以及两组结构面的交线 OT,则楔形边坡的主滑方向分为以下几类情况。

(1)当两组结构面的交线 OT 位于两组结构面的倾向线 OA' 与 OB' 之间时,OT 的倾向线方向就是楔形体的主滑方向,即岩体依附于两组结构面 $A-A$ 和 $B-B$ 进行滑移,如图1-23。

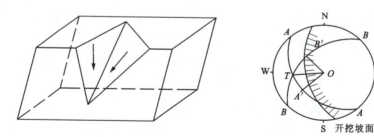

图1-23 结构面的交线倾向为楔形体主滑方向示意图

(2)当两组结构面的交线 OT 位于两组结构面的倾向线 OA' 与 OB' 之外时,交线 OT 和倾向线 OA' 与 OB' 这3条线中,居于中间的那条线的方向为楔形体主滑方向。也就是说,图1-24中结构面 $B-B$ 的倾向线 OB' 为楔形岩体的主滑方向,即楔形体依附于结构面 $B-B$ 发生滑移,而结构面 $A-A$ 只在楔形滑体中起到了侧向切割作用。

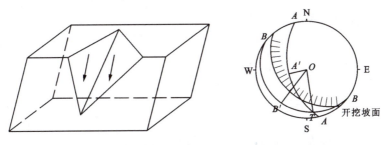

图 1-24　一组结构面倾向为楔形体主滑方向示意图

(3)当两组结构面的交线 OT 与两组结构面倾向线 OA' 和 OB' 的其中之一重叠时,楔形体的主滑方向为重叠结构面的倾向,这时交线 OT 代表楔形体滑移方向,如图 1-25 中的结构面 $B-B$ 倾向线 OB' 为楔形体的主滑方向,楔形体依附于结构面 $B-B$ 发生滑移,而结构面 $A-A$ 只为楔形体的次要滑动面。

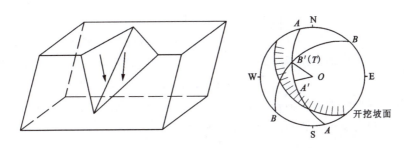

图 1-25　楔形体中依附于结构面的主次滑动方向示意图

第二十六节　顺层边坡开挖是否一定需要加固

在工程中,有些技术人员遇见顺层边坡时往往都会不同程度地紧张,因此在边坡开挖时多会采用工程措施进行加固。但顺层边坡真的都需要加固吗?其实未必!这与顺层边坡的层面倾角、层面力学性质、扰动和卸荷等因素密切相关。

1. 顺层倾角的影响

通过对全国 346 处顺层边坡样本进行分析和归纳总结,得出不同层面倾角对顺层滑坡的贡献率如下。

(1)样本中有 293 处顺层边坡发生滑坡,占全部滑坡的 84.7%,这说明顺层边坡确为易滑坡体结构。

(2)层面倾角为 10°~30° 的 236 处坡体,发生滑坡的有 226 处,占 10°~30° 区间顺层边坡总数的 95.8%,占顺层滑坡总数的 77.1%,是顺层滑坡最为发育的倾角区间。

(3)层面倾角小于10°的72处顺层边坡,发生滑坡的有31处,占层面倾角小于10°顺层边坡的43.1%,占顺层滑坡总数的10.6%。

(4)层面倾角大于35°的38处顺层边坡,发生滑坡的有27处,占层面倾角大于35°顺层边坡的71.1%,占顺层滑坡总数的9.2%;发生崩塌的有8处;未破坏的有3处。

以上层面倾角小于10°和大于35°的顺层边坡对滑坡的贡献率较低。主要原因有:层面倾角过陡易形成崩塌;开挖坡度接近或缓于层面倾角,不易造成顺层滑坡;层面倾角过缓时,坡体的抗滑力往往大于潜在下滑力,不易造成顺层滑坡。

这也就是说,不同倾角的顺层边坡发生滑坡的概率明显不同,且顺层边坡并不一定都会发生滑坡,那种认为顺层边坡开挖后都会发生滑坡的观点是不对的。

2. 结构面力学性质的影响

不同性质的结构面抗滑性能是不一样的,如坚硬、结合好的结构面,其力学性能明显好于软弱、结合差的结构面。因此,只要结构面的力学性能大于结构面的综合内摩擦角力学性能,顺层边坡就不会发生滑动。如结构面的力学性能较好的灰岩顺层边坡,发生滑坡的概率就明显小于结构面力学性能较差的砂泥岩互层顺层边坡。

综上,顺层边坡是否需要采取工程加固措施应依据开挖后的坡体稳定性而定。对处于基本稳定、欠稳定,甚至是开挖后可能会失稳的顺层边坡,就需要采取不同规格的工程措施进行预加固。对于稳定的边坡,只要开挖工艺得当,能有效控制工程扰动造成的不利影响,就可以不采取工程加固措施。也就是说,顺层边坡虽然具有先天不良的工程特性,但并不是所有的顺层边坡都会发生滑坡而需设置工程进行支挡。

第二十七节 岩质顺向坡斜向成拱有效性机理分析

预加固是有效减小后期支挡工程规模的手段,因此尽量减小坡体开挖后卸荷松弛区的范围是技术人员孜孜以求的目标。确定顺向坡的预加固范围(即计算长度)是工程中的一个棘手问题,一直是岩土工作者研究与探讨的对象。

近日,笔者查阅了一些关于岩质顺向坡利用斜向成拱理论计算预加固长度的文章,在阅读后发现现实中顺向坡的变形或滑坡范围与新的拱效应理论(斜向成拱理论)确定的结果有较大出入。为了更好地对工程负责,笔者觉得有必要探讨一下,尽管笔者的观点不一定成熟,也或许担心与探讨是多余的。

(1)关于"在分段开挖的基础上,新的拱效应理论(斜向成拱理论)完美地解决了岩质顺向坡的计算长度问题"。

笔者认为,在完全找不到两个近于相同地质体的岩土工程中,任何理论都不可能完美地解决问题,只能是在一定假设和近似的基础上解决,因此宜慎用"完美"。尤其是在岩土体这种具不连续性、变异性和多相性的介质中,更不宜有用一种理论解决全部问题的想法。

(2)顺向坡工程中取单位宽度进行计算,且"没有考虑两侧岩体的约束是一种较为保守的计算方法"。

笔者认为,边坡问题多是平面应变问题,取单位宽度进行计算,没有考虑两侧岩体的约束并非一种较为保守的计算方法。因为边坡整个最终都会拉槽式开挖,对边坡稳定性有约束的应是整个边坡两侧的岩土体,而计算时取单位宽度、忽略两侧岩体约束的假设,在工后属于整个边坡的"内力",对下滑力计算的影响应该是有限的。

(3)斜向成拱理论基于"开挖宽度小时,斜向拱的计算范围有限"。顺向坡开挖时,通过"大拱化小拱,互为侧向支撑",遵循隧道开挖方法进行"小开挖、多分段、及时支护、勤量测",就可实现斜向成拱,继而可有效减小顺向坡的计算长度。

笔者认为,隧道这种"小断面",甚至本身开挖成拱形的工程存在拱效应问题,是利用坡体"有形的拱形态和无形的拱效应"大大减小隧道的衬砌规模,但隧道这种在横断面上的非平面应变模型应与长大边坡的平面应变模型存在很大的差异。

当然,局部开挖时顺向坡可能存在所谓的拱效应。但随着横向开挖长度的加大,边坡的应力场不断调整,小拱之间相互搭接、互通,如何实现互为支撑可能有待商榷。因为随着小拱两侧边坡的开挖,原拱两侧的支撑功能将可能减小甚至消失,尤其是局部的边坡开挖变形,是不同于最终长大边坡完全拉通成型后的平面应变问题的,因此这种互为支撑成拱的模型可能是不成立和不安全的。在笔者看来,这种"大拱化小拱,互为侧向支撑"实为坡体(潜在滑体)的内力,是内部相互作用因素。因此,斜向成拱理论借助拱形、小断面的隧道模型来解释长大边坡的平面应变问题,笔者是有担心的,还需要有工程实践来证明。

换个思路,如果在一个山坡上同一标高布置一排、多个隧道,那在只开挖一个隧道的情况下,隧道断面在两侧强大端墙的作用下可能存在所谓的拱效应。但随着2个、3个……多个隧道同时搭接开挖,那相邻隧道之间的端墙稳定性如何?受力如何?所谓的拱效应还能存在吗?尤其是如果像开挖边坡一样,将端墙下部开挖成一定的"悬臂",那端墙自身可能都有稳定性问题,此时如何形成拱,这是该斜向成拱模型需要考虑的问题。因为拱效应形成的前提是有强大的支点,如果支点都发生了大变形或破坏,就谈不上拱效应了。

再换个思路,如果一个路堑在坡脚预设置抗滑桩而不开挖桩前岩体,在只开挖桩间后部岩体的情况下,岩质边坡中可能存在所谓的拱效应。但若将桩前岩体挖除,由于前期考虑局部开挖形成的所谓拱效应而减小了抗滑桩预加固的长度,抗滑桩规格偏小,开挖后抗滑桩一旦发生变形或破坏,此时桩后的所谓拱效应将由于失去有效支点而失去存在的可能。拱效应形成的基础是前部有强大的、位移很小或可以忽略的支挡结构,否则,皮之不存,毛将焉附?

(4)对于拱效应,在工程实践中主要应用于土体、类土体或一部分破碎岩体中。桩体的支挡使桩间岩土体具有相较于桩后岩土体的向前变形趋势时便产生拱效应,从而通过拱效应将整个线状边坡的下滑力传递给点状布置的抗滑桩体。这就很形象地说明了拱效应产生的一个基本要素,即桩间岩土体具有相较于桩后岩土体的向前变形趋势(不能出现大变形破坏)。因此,从构成岩体的岩块和结构面两方面来讨论。

其一,由于大多数岩块相对土质或类土质胶结好、刚度大,岩块内部颗粒之间很难有相对变形的趋势,故要在此时产生拱效应是很难的。尤其是完整的硬岩,如果开挖后岩体在弹性变形范围之内,就不应该有拱效应。而如果岩性为软岩,隧道或抗滑桩支挡的边坡开挖后,由于岩体具有一定的位移趋势,那就可能产生拱效应。

其二,控制岩体稳定性的主要因素是结构面,结构面的走向、贯通度、胶结等对岩体的变形趋势具有关键的控制作用。如果岩体结构面相当发育,在结构面不作为控制因素的前提下,岩体近似类土体而存在拱效应。但如果岩体中的结构面为岩体稳定性控制因素,则拱效应可能要"退居二线"。

当然,众所周知的是,如果将抗滑桩之间的挂板做成拱形,其受力效果要明显好于直线挂板。这是利用拱形结构工程受压更好的原理,但这种有形的拱不能与无形的拱效应混为一谈。这也是笔者不认同"拱形、隧道"拱效应模型应用于边坡拱效应的原因。

综上所述,顺向岩质坡体中应用"斜向成拱理论""有效减小顺向坡的计算长度"还有很长的路要走,是否存在拱效应还应区别不同岩性、不同结构面、不同结构支挡能力等因素综合考虑,而不宜"一刀切"地套用"斜向成拱理论"。

第二十八节 关于几个问题的答复

(1)某 25m 高填方路堤下伏厚 12m 的黄土,黄土下部为强—中风化砂岩。若采用公式 $\sigma=\gamma H$(σ 为某部位土体的应力,kPa;γ 为土体的重度,kN/m³;H 为距地表的深度,m)计算,则 25m 高填方所需要的地基承载力为 450kPa,而原状黄土的地基承载力只有 120kPa。这是不满足填方要求的,故拟采用长 12m 的灰土挤密桩处理地基,但处理后复合地基的承载力为 200kPa,仍无法满足高填黄土承载力要求。此时,应该如何解决路堤下部地基承载力问题?

答:填方路堤必须满足工后沉降与稳定性要求,但对地基承载力没有直接要求。虽然地基承载力越高,说明地基的稳定性和抗沉降能力就越高,但由于地基承载力是一个动态的参数,在路堤加载过程中,只要能以一定的合理速率进行填方,确保下伏的地层不出现压剪破坏导致路堤整体失稳或出现过大的沉降即可。随着填方的加载,下伏地层不断压密就能不断提高地基承载能力,也就确保了上部填方的不断有序进行。因此,地基承载力可以作为填方过程中的有益参考,但不作为填方的直接控制性参数,更不能以初始状态的 $\sigma=\gamma H$ 简单估算填方体地基承载力作为填方的控制性指标。

(2)某填高约 4.5m 的路堤经过厚 12m、弃置约 2 年的建筑弃渣区,由于周围环境限制,不能采用强夯或挖除换填进行处治,技术人员拟采用灌浆或碎石桩方案比选进行处治。请问这两个方案的处治效果如何?

答:弃渣粗颗粒较多,空隙率较高,若采用灌浆胶结的方案可能造成工程规模无法控制,即工程的经济性指标偏低,故不宜采用。对于碎石桩方案,考虑到碎石桩主要应用于细颗粒的软弱地基和砂层地层处治,若将其应用于粗颗粒的建筑弃渣处治,则可能无法使粗颗粒建筑弃渣产生变位(或变位较差),从而无法确保地基的密实性,也就无法确保碎石桩的处治效果,故不宜采用。

基于此,考虑到建筑弃渣具有较好的承载力,故宜在翻挖 3m 后采用小型液压机对基底进行夯实,然后采用碎石垫层进行处治。也就是说,不一定要对 12m 深的全部建筑弃渣进行处治,而只要有效利用其相对较好的稳定性,设置合理的垫层确保上部荷载形成的附加应力有效扩散,以满足下伏建筑弃渣的承载力即可。

(3)某既有道路路堤上部加载后,拟在既有挡墙上设置自由段长 15m 且锚固段须入岩 10m 的锚索加固。但在施工过程中,钻孔至 30 余米时仍未见基岩,请问如何解决这个问题?

答:锚索的锚固段可设置于任何地层,只是需要依据工艺的难易程度、经济性进行比选确定。也就是说,锚索的锚固段可以设置在填方体中,尤其是使用多年的路堤填方体中,而不一定要进入基岩。在基岩埋深较大的情况下,一味地将锚固段置于基岩中虽然能提供更大的锚固力,但工程的经济性指标偏低,若在填方体中采用可使锚固力翻番的二次注浆工艺,就可有效解决锚索设置过长的问题。因此,建议在确保锚索锚固段设置于潜在滑面以下的前提下,采用二次注浆工艺对锚索工程进行调整。

(4)锚索框架梁锚头部位菱形扩大设置的原因和依据是什么?

答:岩土工程作为结构工程与地质工程的结合体,锚索框架的计算应遵循岩土工程的设计原则,即框架结构应依据锚索拉力、地层承载力等采用弹性地基梁进行计算。因此,为有效降低梁体对坡面的地基承载力要求和改善梁体结构内力的影响,在锚头部位设置菱形扩大结构用以减小梁体内力和地层承载力,其结构设置的大小依据锚索预应力、地层承载力、纵横梁的规格等综合确定。

(5)预应力锚索为什么有自由段或最小自由段的要求?

答:锚索由自由段和锚固段构成。锚固段实现在锚头部位施加预应力时形成反力,自由段则通过张拉钢绞线时产生一定的伸长量实现预应力。因此,为了有效施加预应力,钢绞线必须设置一定长度的自由段,且应有最小长度要求。如果没有自由伸长的自由段,则作为全黏结结构,在锚头部位施加张拉力时,无法在筋体中形成预应力,且锚索的自由段过短时,也不利于预应力的形成,故规范规定锚索的自由段不宜小于 5m。

(6)为什么无论设置多大规模的工程措施,圆弧搜索法中仍有潜在滑面产生?

答:设置支挡加固工程是为了使坡体的稳定性满足一定的安全性要求。随着工程措施的施加,坡体的安全系数不断升高,依附于某一动态潜在滑面的坡体稳定性也不断提高。坡体的安全系数与潜在滑面是动态变化的,而非固定、唯一的,即坡体的潜在滑面随着坡体加固工程的设置而不断变化。因此,无论设置多大规模的工程,其潜在滑面总是存在的。不同的安全系数要求,有相应的不同潜在滑面形态,但只要这个潜在滑面满足工程的安全性要求,即可停止施加工程措施。

(7)竖向钢管桩与斜向钢锚管框架之间是什么关系?什么时候钢管上需要设置出浆孔,什么时候不需要设置?

答:钢管桩作为微型桩的一种,在工程中多见竖向设置。其实,钢管桩是能以任意角度设置的钢锚管框架中的一种特殊形式。钢管桩与钢锚管框架的设置是根据坡体病害的性质、形态等因素确定的,不能将钢管桩与钢锚管两种结构完全区分开来。

无论是钢管桩还是钢锚管,均可以通过钢管自身的末端出口进行灌浆。因此,在一次注浆工艺中,是不需要在钢管体上设置出浆孔的,这样更能有效地确保孔底返浆,即更能有效地确保注浆压力的实现,从而更好地提高工程的锚固力。而在二次注浆工艺中,由于需利用钢管体进行二次注浆,故必须对钢管打孔,否则只利用钢管末端的出口是无法实现二次注浆的。也就是说,工程实践中无论何种注浆工艺均对钢管桩和钢锚管的钢管体打孔是不合理的,那样不但增加了现场工作量,也不利于钢管自身的结构强度。

(8)低填浅挖路基或浅层软弱地基均需要设置碎石或卵砾石进行换填处治吗?

答:低填浅挖路基或浅层软弱地基采用碎石或卵砾石进行换填处治,虽能更有效地提高上部路面的稳定性,但作为工程措施,需满足安全与经济两个方面的要求,只考虑工程的安全性而忽视工程的经济性是不合理的。因此,只要能保证压实度、加州承载比(CBR)和排水等的要求,就可以采用普通的合格填料替换碎石或卵砾石进行换填处治。因此,在路基两侧边沟下设置截水盲沟的基础上,积极采用普通合格填料对碎石或卵砾石进行替换,可有效减小换填工程对碎石或卵砾石的需求,提高工程的经济性指标。

(9)锚固工程的框架结构在坡面或被加固的结构物上布置时,是按矩形布置还是可以按菱形布置?两者有什么区别?

答:锚固工程框架结构的设置需要从结构受力、现场施作与美观度等方面来考虑。

从锚固工程的框架结构受力方面来说,框架结构是锚固体的反力结构,只要是有效的反力结构,就不需要对其形式进行限制。因此,锚固工程框架只要在坡面或被加固结构物上按一定间距合理布置,形成的虚拟墙能满足锚固工程的要求即可。

从现场施作与美观度方面来说,框架呈矩形分布时相对方便于现场施工支模,施工也相对简单。菱形框架比较美观,但现场施工支模较为麻烦,施工难度较大。从框架对坡面的防护效果来说,矩形布置的框架可以均匀地截排坡面汇水,对保护坡面相对较为有利。菱形框架下部存在尖角,汇水易集中于尖角对坡面局部进行冲刷,故对保护坡面是相对较为不利的。但由于有些管理者或技术人员的审美和喜好,菱形框架在锚固工程中也有一定的应用。

(10)桩基托梁挡墙的应用对象有哪些?设置时需注意哪些问题?

答:桩基托梁挡墙的设置主要针对3个问题。一是地基承载力不足时,设置桩基可以对上部挡墙起到支撑作用。这时桩基的受力模式主要为竖向承载力问题,受力模式比较单一。二是地基承载力与抗滑力均不足时,桩体既对上部挡墙起到支撑作用,也对后部坡体起抗滑支挡作用。即此时的桩基托梁挡墙受力模式为挡墙对其后范围的坡体局部稳定性起到支挡作用,下部桩体对桩后坡体的整体稳定性起到支挡作用,坡体局部和整体稳定性均应得到满足。三是挡墙高度过大或桩板墙悬臂过长造成工程经济性指标偏低时,采用桩基托梁挡墙可有效减小挡墙规格和桩体弯矩,从而可有效优化挡墙规模和桩体的结构规格与配筋。因此,一般情况下,在挡墙高度大于15m或桩板墙悬臂大于15m时,往往需要设置桩基托梁挡墙对工程进行结构优化。

(11)抗滑桩开挖时都需要护壁吗?

答:为防止人工挖孔抗滑桩桩坑发生坍塌和落石掉块,造成抗滑桩难以正常施作和人员伤亡,一般均要求设置一定厚度的护壁确保抗滑桩壁开挖时的临时稳定。对于完整性较好的基岩桩坑,考虑到经济性因素,有些施工人员取消了护壁。在这种情况下,就需要注意落石造成的威胁,故有时采用素喷混凝土进行临时封闭。建议无论如何还是施作一定规格的护壁为宜。

(12)抗滑桩护壁需要配置双排竖向钢筋吗?现场中常见的都是单排的,这样安全吗?

答:抗滑桩护壁作为施工期的临时防护工程(较完整的岩体桩坑可不设护壁,只需对开挖形成的危石进行防护即可),考虑到抗滑桩尺寸一般相对较小,在开挖桩坑时形成的水平向土拱或竖向土拱的作用下,护壁受到的抗压、抗剪作用力相对较小,故不需要配置双层钢筋。当然,当地层性质较差时,护壁的厚度可适当加大;当地层性质较好时,护壁的厚度可适当减小。此外,考虑到护壁为分节开挖,为防止下节护壁开挖造成上部护壁掉落,需在护壁的中部设置逐节连接的竖向钢筋,且考虑到分节重量较小,故不需要设置多层竖向钢筋。

(13)岩土工程中应用分项系数法比应用安全系数法好吗?

答:所谓分项系数法是将荷载的标准值乘以一个大于1的系数,而抗力的标准值除以一个大于1的系数。它的应用是基于可靠度理论的,这对于工程性质变异性较小、介质相对连续的结构工程来说具有更为合理的优势。

所谓安全系数法即为单一安全系数法,是材料的极限承受能力除以某一个大于1的安全系数。这对于具有不连续性、变异性和多相性的岩土工程来说是简单明了的。简单明了的单一安全系数应用于纷繁复杂的岩土工程是可行的,应用分项系数法反而可能导致画蛇添足而适得其反,这也是近些年来可靠度在岩土工程中应用进展缓慢的原因。

(14)滑坡计算中应用水土合算法还是水土分算法?

答:土力学中对于不同性质的土体采用水土合算法还是水土分算法还存在一些争论,总的观点是黏性土采用水土合算法,粗颗粒采用水土分算法。但对于滑面参数反算和滑坡下滑力计算,因岩土体性质复杂,往往难以精确区别水土合算和水土分算,且在滑面参数反算时,无论哪种岩土体性质,只要将其中的水看作是岩土体三相介质中的一相,无论产生什么形式的作用力,它都是滑坡系统中的内力,因此没有必要刻意去分清哪里是水,哪里是岩或土。只要合理确定反算时的稳定系数,反算出的滑面参数就能反映滑坡当前状态下的物理力学性质。也就是说,在滑坡计算中,不必刻意区分水作用与岩土体作用,而应将水看作是三相介质中的一份子,即内力即可。

(15)线路具有一定纵坡时,路基边坡的坡面框架或骨架是按线路纵坡布设还是按水平线布设?

答:线路具有一定纵坡时,相应的路堑边坡也随同线路纵坡具有一定的坡度,这就造成同一级边坡在不同里程段的标高有差别。因此,工程上为了美观,一般情况下要求框架或骨架的纵梁垂直于线路纵坡,横梁平行于线路纵坡,这样会给人一种没有差别的观感。尤其是线路纵坡较大时,如果横梁按水平向布置,纵梁垂直横梁布置,在不同里程段就会出现一定高差的"错台",往往导致观感欠佳。

(16) 锚索的自由段不能注浆,否则锚索就没有自由段了。

答:锚索的自由段与锚固段是由在钢绞线上设置的隔离 PVC 管和涂抹或灌注润滑油决定的,而非由钢绞线注浆体决定的。锚索的自由段注浆是为了防腐,只要在自由段钢绞线上套上 PVC 管并涂抹或灌注润滑油,使钢绞线能在 PVC 管内自由伸缩,就形成了可以施加预应力的自由段。反之,在裸露的钢绞线段进行压力注浆就能形成锚索的锚固段。

(17) 锚索的设计值、锁定值与拉张值之间是什么关系?

答:锚索的设计值、锁定值与张拉值定义在不同的规范中有不同的解释,笔者在此采用较为普遍的定义进行说明。锚索的设计值指能确保边坡安全系数满足设计者要求的规定数值所需配备的锚索拉力值。锚索锁定值指锚索在张拉过程中,千斤顶回缩后锚索实际形成的预应力数值。一般情况下,边坡加固工程中的锁定值大于设计值,滑坡加固工程中的锁定值小于设计值。锚索张拉值指锚索张拉过程中,千斤顶回缩前所达到的最大预应力施加值。一般情况下,考虑到千斤顶回缩后必然会产生较大的预应力损失,故张拉值往往大于锁定值。

(18) 泡沫轻质土的模板可以自稳吗?

答:泡沫轻质土具有良好的自稳性,在采用台阶型开挖和设置良好排水措施与基底的情况下,在坡率不陡于 1∶1 的斜坡段其结构高度可达 17m 左右,如果配以锚杆等锚固工程,其高度和依附的斜坡坡度可大幅提高。工程施工时,泡沫轻质土是利用其自带模板进行浇注的。因模板利用后期浇注于泡沫轻质土内的角钢固定,工程完工后泡沫轻质土将与模板成为一个整体。也就是说,泡沫轻质土模板是可以有效确保其自身稳定性的。随着泡沫轻质土工艺的发展和应用环境的变化,模板的形式也由最初约 4cm 厚的预制安装板,逐渐发展成了在崩塌环境中应用的厚 25~35cm 的钢筋混凝土现浇或预制板,以及施工方便、美观的钢波纹板等多种形式,并且随着材料发展和地理条件的变化,泡沫轻质土模板将衍生出更多形式。

第二十九节　既有公路加宽的边坡设计理念探讨

近 30 年来,我国高速公路的发展日新月异,越来越多的早期建设的高速公路由于日渐不能满足经济发展的需要,已开始加宽以扩张运能。但高速公路使用多年后,车辆饱和度大,公路两侧城镇化水平较高,路基加宽往往伴随着非常复杂的交通管制、土地征用、建筑拆迁以及既有边坡防护工程废弃等不利因素。因此,既有公路路基加宽往往不同于新建公路的建设,需要考虑的因素更多。

近些年来笔者参与了一些既有高速公路的加宽设计和咨询,深感设计理念对路基加宽的关键性指导作用。"设计是灵魂",一个好的设计往往可使公路加宽的社会成本、安全成本、经济成本和环保成本大幅降低。反之,不好的设计不但浪费了大量的社会财富,也造成了相当大的地质病害隐患和交通安全隐患。

1. 路堤段加宽

既有路堤加宽主要需考虑的几个因素：征地拆迁、新旧道路在新增附加应力条件下的差异沉降、加宽材料的来源与运输、工期压力、道路保通等。加宽过程中应尽量减少以上不利因素的制约。

如某高速公路位于河谷的大片优质农田区，技术人员采用碎石土材料放坡加宽（图 1-26、图 1-27），造成大片农田被占用，几十千米道路两侧的行道树被直接挖除，这是非常可惜的。此外，因碎石来源欠佳，工程造价偏高，施工速度受到严重制约，导致高速公路需长期采用保通措施，交通压力极大。

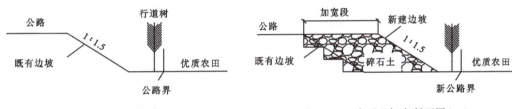

图 1-26　既有公路断面图（一）　　　　图 1-27　碎石土加宽断面图（一）

再如某高速公路位于软弱地基区，原路采用碎石桩复合地基处理，多年来路基保持稳定，但道路加宽时仍采用碎石桩复合地基处理（图 1-28、图 1-29），加宽后既有公路路基在附加应力作用下出现大范围沉降开裂。

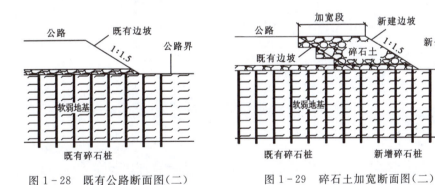

图 1-28　既有公路断面图（二）　　　　图 1-29　碎石土加宽断面图（二）

以上是路基加宽的两个典型案例。若当初采用重量轻、施工速度快、能直立浇注的泡沫轻质土对这两处路基进行加宽（图 1-30、图 1-31），则可以避免大片优质农田被占用和既有公路发生沉降等不利因素，且泡沫轻质土可快速浇注成形，能大幅度压缩工期，环保效果明显。当然，软弱地基也可以采用较碎石桩这类散体桩刚度更大的搅拌桩、水泥粉煤灰碎石桩（CFG 桩）、素混凝土桩等进行加宽处治，但工程经济性指标明显偏低，是不可取的。

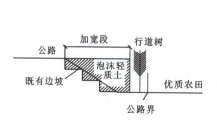

图 1-30 泡沫轻质土加宽断面图(一)

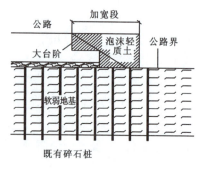

图 1-31 泡沫轻质土加宽断面图(二)

2. 路堑段加宽

既有路堑加宽主要需考虑的几个因素:征地拆迁、对既有边坡的损伤程度、原有加固工程的舍弃考量、弃方的运输与弃置、开挖过程中对运营道路的威胁、雨季和夜间施工的安全性、工期压力、环保绿化等。加宽过程中应尽量减小以上不利因素的制约。

如某高速公路位于低山丘陵区域,既有边坡植被茂盛,多采用锚索、锚杆工程加固(图 1-32)。由于技术人员采用等厚开挖加宽的方法(图 1-33),边坡开挖高度大,大量既有工程报废,雨季施工期间边坡多次滑塌,对既有公路的保通、安全等形成了很大的威胁,且后期支挡加固工程规模宏大,施工速度慢,巨量的弃方对高速公路的保通、弃渣场的征地等都形成了很大的压力。尤其是有些地段挖方直接威胁后部高压输油管道的安全并造成大量电塔被拆迁,这实在是非常可惜的。

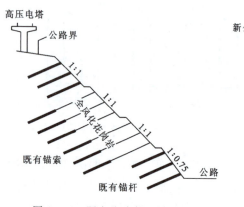

图 1-32 既有公路断面图(三)

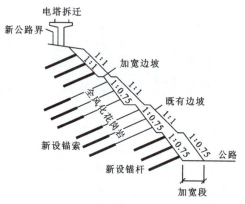

图 1-33 采用等厚开挖加宽断面图

该类路堑段加宽,若在收陡坡率后利用抗剪能力强大的钢锚管工程进行预加固(图 1-34),不仅可以大幅减小边坡高度、支挡加固工程规模和弃土难度,也可以在较短时间内完成边坡开挖和加固,从而缩短工期,还有利于工程的雨季施工以及环境保护。

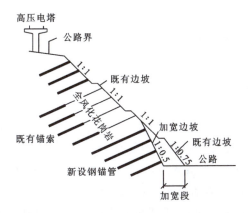

图 1-34 采用预加固+收坡加固开挖加宽断面图

综上,既有公路的加宽有别于新建公路,需综合考虑更多的影响因素。只有具备严谨的工作态度,才能提供品质优良的工程。

第三十节 软弱地基工程处治原理

软弱地基是一个宽泛的概念,其处治措施也是多种多样的,但总的来说无外乎归纳为两大类,即横向增强式和竖向增强式。

1. 横向增强式

横向增强式指的是通过预压(欠载、等载、超载)、换填、强夯、加筋等对软弱地基进行处治,其作用相当于对软弱地基设置垫层,从而将上部荷载形成的附加应力扩散以满足地基承载力或沉降的要求。软弱地基较浅时,可采用合格填料进行完全换填处治;软弱地基较深时,则可采用塑料排水板、袋装砂等进行局部或全部处治。

浅层软弱地基可采用完全换填法或设置盲沟+部分换填法进行处治,可通过路基两侧或场坪外围设置的截水盲沟等实现全部或局部非透水性材料的换填,从而有效降低换填对砂卵石、砂砾石等材料的需求。

深层软弱地基采用排水固结法处治,多根据软弱地基的性质、填高、工期等因素,选择欠载、等载、超载的处治方法。如果深层软弱地基中分布有砂层等透水层,将大大提高软弱地基的排水固结效果,因此应尽量利用砂层的排水作用提高对软弱地基的处治能力。

加筋主要是利用土工材料与土体(换填或自身土体)材料性质的巨大差异,通过两者协调受力实现互补而提高地基承载力。即通过土体对筋体提供的摩阻力和筋体对土体提供的约束力,实现对土体强度与刚度的改良,达到提高地基承载力与减小沉降的目的。筋体的这种改良作用,实质是通过形成的围压提供了一个额外的黏聚力来实现的。

2. 竖向增强式

竖向增强式指的是通过散体桩、柔性桩(半刚性桩)、刚性桩对软弱地基进行处治,其作用相当于对软弱地基进行置换、挤密、胶结等形成复合地基,从而增强地基的竖向受力能力,达到改善软弱地基而满足承载力与沉降要求。除散体桩外,这种复合地基一般均要求桩底位于承载力较好的持力层中。

散体桩一般为碎石桩,主要是利用碎石间咬合力形成的桩体支撑作用和碎石排水作用,使软弱地基排水固结,从而提高软弱地基的承载力。利用散体桩提高软弱地基承载力的实现必须具有一定的桩周围压,如规范中明确规定,应用碎石桩时桩周的围压不得小于20kPa。如果没有足够的围压,在上部荷载的附加应力作用下,桩顶附近一定范围内的碎石桩会发生鼓胀破坏。这也是碎石桩在东南沿海承载力很低的海相软土地基中应用较少,而在西南山区沟谷冲洪积相软弱地基中应用广泛的主要原因。

柔性桩(半刚性桩)主要指搅拌桩、旋喷桩等,刚性桩主要指CFG桩、素混凝土桩、管桩等桩身刚度较大的桩体。这两种桩体的复合地基主要是利用桩身与桩间土共同承担上部荷载或附加应力,但要达到这种共同受力的效果,需在桩顶设置一定厚度的褥垫层,使桩与桩间土的沉降度不同而实现桩与土的协调受力。即通过桩间土的相对较大沉降,使桩体在一定范围内产生负摩阻力,从而减少桩土应力比,充分发挥桩间土的承载能力。为提高桩与土的协调能力,必要时可在褥垫层中设置土工格栅进行调节。如果没有褥垫层的存在,桩体在处治软弱地基时将不再是复合地基,而是纯粹的桩体受力,在上部荷载或附加应力的作用下,桩身可能刺入上部荷载区,应力过大时桩体将损坏。因此,褥垫层的设置与否是桩体形成复合地基还是一般桩基的关键因素。

需要说明的是,由于半刚性桩和刚性桩的桩体刚度较大,复合地基不能同碎石桩等散体桩一样实现较大的变形,因而桩间土体的承载力不能完全发挥,桩体会因桩间土变形过大而损坏。因此,在半刚性桩和刚性桩复合地基承载力公式中,桩间土项中给定了一个折减系数,而在碎石桩复合地基承载力公式中,桩间土项中则没有相关的折减系数。目前,复合地基通用的计算公式均是按面积加权平均后的等效均匀材料承载力和刚度进行计算的。

第三十一节 《公路滑坡防治设计规范》(JTG/T 3334—2018)问题探讨

《公路滑坡防治设计规范》(JTG/T 3334—2018)于2019年3月1日发布了,笔者阅读后觉得有几处需要探讨,供参考。

(1)按物质分类,滑坡分为土质滑坡和岩质滑坡。

建议:按物质分类,滑坡应分为土质滑坡、半成岩滑坡和岩质滑坡3类,这是因为岩土体按物质构成分为土质、半成岩和岩质3类。

(2)土质滑坡分为堆积土滑坡、膨胀土滑坡、黄土滑坡和填土滑坡。

建议:土质滑坡宜分为堆积土滑坡、膨胀土滑坡、黄土滑坡和堆填土滑坡。这是因为填土滑坡易被理解为按一定人工填方标准形成的堆载物滑坡,而堆填土就包括人为随意弃置和按一定标准堆载形成的滑坡。

(3)滑面参数反算时,滑坡处于整体蠕动状态,稳定系数可取 1.0～1.05。

建议:滑坡的变形状态细分为蠕动、挤压、微滑 3 种状态,蠕动状态的稳定系数宜取 1.05～1.1,挤压状态的稳定系数宜取 1.0～1.05,微滑状态取的稳定系数宜取 0.95～1.0。

(4)规范规定的滑坡稳定状态和笔者建议的滑坡的稳定状态划分见表 1-4、表 1-5。

表 1-4 规范规定的滑坡稳定状态划分

滑坡稳定状态	不稳定	欠稳定	基本稳定	稳定
滑坡稳定系数 F_s	$F_s<1.0$	$1.0 \leqslant F_s<1.05$	$1.05 \leqslant F_s<K_s$	$F_s \geqslant K_s$

表 1-5 笔者建议的滑坡稳定状态划分

滑坡稳定状态	不稳定	欠稳定	基本稳定	稳定
滑坡稳定系数 F_s	$F_s<1.0$	$1.0 \leqslant F_s<1.1$	$1.1 \leqslant F_s<K_s$	$F_s \geqslant K_s$

(5)滑坡地震工况的安全系数参见《公路工程抗震设计规范》(JTJ 044—89)。

建议:《公路工程抗震设计规范》(JTJ 044—89)没有给出滑坡的安全系数,只给出了普通边坡和高边坡的安全系数,且参照边坡选取安全系数时,高度超过 20m 的高等级公路边坡地震工况的安全系数为 1.15,不符合"大震不倒、中震可修、小震不坏"的原则。因此,建议规范中明确规定滑坡的安全系数选定宜符合"中震可修"原则,也就是说,在设防烈度地震发生时,滑坡只需要修缮就可以确保正常使用,而不应取安全系数为 1.15(达到"中震不坏"),否则工程的经济性指标无从谈起。

(6)处于蠕动阶段、滑坡体内未有过位移的潜在滑动面(带)滑坡以及潜在滑坡,宜采用峰值强度指标。

建议:处于蠕动阶段说明滑坡已经开始变形,即滑坡牵引段已经基本形成,也就说明滑面的牵引部分滑面参数已经不是峰值强度了,因此没有区别地要求滑面采用峰值强度可能欠妥,应改为蠕动阶段的主滑段和抗滑段潜在滑面取峰值强度指标。

(7)软质岩地段不宜设计高陡路堑边坡;风化严重的软质岩高边坡设计宜采用缓坡率、宽平台的断面形式,并加强坡脚支挡和地下排水工程措施。大型断裂构造带、构造作用强烈、节理裂隙极发育、岩体结构破碎等地段,路堑边坡的设计宜采用缓坡率、宽平台的断面形式,并采取坡脚支挡和边坡锚固相结合的措施。必要时,可设置坡体排水工程。

建议:对于风化严重的软质岩和断裂构造带、构造作用强烈、节理裂隙极发育、岩体结构破碎等地段,路堑边坡设计宜采用缓坡率、宽平台的断面形式可能欠严谨。因为高边坡宜尽量贯彻"固脚强腰"的原则,积极采用工程措施进行收坡,防止过缓坡率造成过大人工创伤面,导致地表强降雨对坡体稳定性产生较大的影响。如某高速公路半成岩边坡,设计坡率为与原自然坡率近于平行的缓坡率,由于设计坡率过缓,工程开挖后强降雨导致大量地表水渗入坡体而发生整体滑坡。

(8)桩前抗力应取滑体处于极限平衡时的推力和桩前被动土压力中的小值。当桩前土体不稳定时,不应考虑其抗力(规范所指的桩前抗力为滑面以上的桩前抗力)。

建议:土体作为大变形体,若桩前抗力选用需产生较大变形才能形成的被动土压力,可能造成抗滑桩位移偏大,不满足抗滑桩的使用要求。如正常情况下,要求普通抗滑桩的桩顶位移不大于10cm,锚索抗滑桩的桩顶位移不大于5cm或不大于桩体悬臂段转角的1/100。因此,规范取桩前抗力为被动土压力是欠合理的,而宜取被动土压力的1/2~1/4,或取静止土压力。

(9)当滑坡体蠕滑明显,预应力锚索张拉锁定锚固力宜为设计锚固力的50%~80%。

建议:滑坡蠕滑时,锚索适当采用欠张拉是可行的,但选取50%的欠张拉说明滑坡滑动位移偏大,这时人工治理的可操作性较差,故锚索张拉锁定锚固力宜为设计锚固力的70%~80%。

(10)预应力锚索宜用于岩质滑坡加固,不宜单独用于土质滑坡。当用于土质滑坡时,锚固段应置于滑动面以下稳定的岩层中,并宜与抗滑桩等其他抗滑结构共同组成抗滑支挡体系,且应考虑由于土体变形引起的锚索预应力损失。

建议:只要能保证锚固力和反力结构的稳定性,锚索可应用于任何地层。锚固力较差的地质体可采用二次注浆、扩大钻孔等工艺有效提高锚固力。坡面承载力较差时,反力结构可采用大截面结构预防锚索预应力损失。如广东省等风化深度很大的地区,土质坡体厚度达几十米,甚至上百米。再如西北地区黄土厚度有时达上百米,但锚索仍然可应用于土质坡体的加固。因此,要求锚索锚固段进入岩层是不合理的,且工程实践证明土质坡体也可以保证锚索的锚固力。

(11)锚索框架梁体嵌入坡面岩体内深度不宜小于0.2m。

建议:框架嵌入坡面的深度主要由框架梁稳定性、坡体岩土体性质和坡面防护等因素综合确定。因此,要求梁体嵌入坡面的深度不宜小于0.2m是欠合理的。如硬岩或较硬岩坡面中的梁体,嵌入坡面的深度宜不大于0.1cm,否则除了必要性欠佳外,会造成现场刻槽施作困难;对于较软岩、软岩坡面中的梁体,嵌入坡面的深度宜为0.1~0.2cm;对于极软岩、土质或类土质坡面的梁体,嵌入坡面的深度宜不小于0.2m,但应确保梁体出露坡面0.05m,以有效提高框架对坡面的分割能力,从而提高坡面的防冲刷能力。

(12)锚索自由段长度受稳定地层界面控制,在设计中应考虑自由段伸入滑动面或潜在滑动面的长度不小于1.0m,且自由段长度不得小于5.0m。

建议:考虑到滑面的起伏特征,宜参照《公路路基设计规范》(JTG D30—2004)中的规定,即自由段伸入滑动面或潜在滑动面的长度不小于2.0m为宜。

(13)预应力锚筋的保护层厚度不应小于20mm。

建议:宜参照《公路路基设计规范》(JTG D30—2004),锚筋的保护层厚度根据永久工程和临时工程分别规定,并建议永久工程保护层不应小于20mm,临时工程保护层不应小于8mm。

(14) 梁内弯矩、剪力按框架梁或连续梁计算；地梁弯矩、剪力应根据梁上锚索的根数，按简支梁或连续梁计算。

建议：考虑到岩土工程属性与框架、地梁等反力结构，应结合下伏坡面的地层承载力性质采用弹性地基梁进行计算，而不应单纯采用简支梁或连续梁的结构形式进行计算。

(15) 注浆的水泥砂浆应采用普通硅酸盐水泥。

建议：注浆体可采用水泥浆和水泥砂浆两种形式实现，且考虑到水泥砂浆中的砂含量较少，对浆体收缩凝固时的抗裂效果与纯水泥浆并没有实质性的差别。而锚固工程注浆的关键是压力注浆，只要能保证压力注浆，无所谓采用水泥浆还是水泥砂浆。

(16) 仰斜式排水孔可用于引排滑坡内的地下水，长度应伸入含水层、地下水富集部位或潜在滑动面，并宜根据滑坡地下水情况成群布置。仰斜式排水孔仰角不宜小于 6°，含水层粉细砂颗粒较多时不宜大于 15°。排水孔钻孔直径宜为 75～150mm，孔内应设置透水管。透水管直径宜为 50～100nm，可选用软式透水管或带孔的塑料管等材料。透水管应外包透水土工布作为反滤层。

建议：仰斜式排水孔在 20 多年前已推荐替换为使用年限和使用效果更好的软式透水管，故宜逐渐淘汰使用效果较差的带孔塑料管，且软式透水管自带土工布，不宜再包透水土工布作为反滤层。此外，硬式透水管也已经逐渐开始应用且效果良好，故规范宜将其作为一种透水材料进行采纳。

(17) 仅对排水隧道疏排滑体地下水时，可适当提高滑面参数。

建议：工程中大直径自流式集水井点降水应用广泛，也可如排水隧道一样用于滑坡排水，故也宜在排水后适当提高滑面参数，而不应只对设置排水隧道的滑坡提高滑面参数。

(18) 应根据滑坡的规模、范围及其危害程度合理确定降雨频率。高速公路、一级公路滑坡，降雨重现期采用 15 年，其他等级公路采用 10 年。

建议：规范表达的是否为滑坡防治安全系数中的暴雨工况降雨重现期？若是，则暴雨工况定为 10 年或 15 年是否合理，因为公路的使用年限是大于 10 年或 15 年的。

(19) 井点降水宜用于滑坡应急抢险工程或施工期临时降低地下水位，也可用于引排滑坡内埋藏较深、分布不均匀的地下水。

建议：作为井点降水的代表工程——集水井，其 3.5～4m 的大直径开挖+放射状仰斜排水孔组合，与排水隧道一样有着良好的地下水截、疏、排功能。因此，井点降水不仅仅宜用于应急抢险工程或施工期临时降低地下水位和引排分布不均匀的地下水。

第三十二节　说说图审的那些事

近来关于图审机构撤销的消息甚嚣尘上，对图审取消利弊的争论也甚是激烈且略有"火药味"。这些其实都是因为每个人所站的位置不同，看待问题的角度各异，导致同一个问题"横看成岭侧成峰"的情况出现。任何事物都应遵循"河有两岸，事有两面"的规律，抓住对方的缺点单方面攻讦、完全漠视对方优点的行为都是欠合理的，是不符合辩证唯物主义和实事求是原则的。

图审机构是时代的产物,正如德国哲学家黑格尔所说"存在即是合理",只要存在的事物合乎天道、地道、人道,能促进社会发展,就有其存在的合理性和必要性。当然,作为时代的产物,图审机构须与时俱进地进行必要的调整,以满足飞速发展的社会需要,毕竟永恒不变的体制有时会在一定程度上阻碍社会的发展。

图审人员的确存在良莠不齐的情况,但绝大多数的图审工作者应是经过设计、施工、监理等各个环节的学习而一步步走过来的,他们的工程建议往往具有合理性。从整个行业来说,应该是绝大多数图审人员有力地推动了行业的发展。有的图审人员可能存在教条的唯规范论思想,导致有些被审人员不满。但规范作为一个行业的准则,大家就是应该遵守,若规范的确有误,说明不遵守的原因即可。图审人员在指出设计文件的问题时,宜及时进行沟通交流;设计人员对图审人员一些意见的抵触情绪,要换位思考。有些图审人员"拿着鸡毛当令箭",肆意挑剌的行为是不合理的,不能因为几个错别字,几个无伤大雅的病句就"上纲上线"而忘记了事物的根本。

从目前大的环境来看,图审人员提出的建议大部分是合理的。从不同的位置、不同的角度看待同一个问题,结论是大不一样的,只要图审人员从不同角度看待工程而有利于设计文件的改进,那图审就有存在的必要。因为设计人员不是完美无缺的人,其作品也非完善无缺。

尤其是近些年来,我国基础建设工程规模"大而急",有些设计机构、人员"疲于奔命",为了完成生产任务而"连轴运转",导致一些图纸的设计质量欠佳,甚至多有原则性的错误。此时,如果不设置一道质量关卡,如何能有效提高设计品质。取消图审貌似取消了套在设计单位的"紧箍咒"而可以使其大展拳脚,可一旦没有合理的约束,谁能保证"孙悟空"不会"大闹天宫"。

其实现实中这样的情况已经是比比皆是,由于目前很多图审机构在工程中没有相应的责任,而是设计机构作为工程主体的责任人,因此很多工程设计人员往往对图审意见"呵呵一笑",但由此带来的教训(甚至血和泪的教训)可不在少数。因此,建立具有连带责任的图审制度是当务之急,而不是直接取消图审制度。

在工作中应坚决反对只从事物的一个角度看待问题,甚至是顽固地坚持从自己角度看待问题,应换位思考,全方位考虑问题,才有利于全面认识事物的本质。其实,图审与设计是工程的两个抓手,它们相辅相成,是共同促进工程建设顺利发展的两个推手。不能因为可能有损自己的一点利益就完全否定对方,否则,一旦对方倒下了,下一个受损的必然也会是自己。善待自己的朋友,往往就是善待自己。如果把朋友错当成敌人,那就太遗憾了。

第二章

边坡病害防治与方案优化

大自然中的边坡复杂多样，只有正确认识各个边坡病害所具有的独特性，才能有针对性地提出合理的防治方案。

工程斜坡病害防治理念与方案优化

第一节　高边坡稳定性影响因素与设计原则

1. 高边坡稳定性影响因素

（1）边坡形态：边坡越高，控制坡体稳定性的因素越多。一般情况下自然坡度越陡，反映坡体的力学性质相对越好；自然坡度越缓，反映坡体的力学性质相对越差。

（2）坡体结构：坡体结构是控制高边坡稳定性的主要内在因素，不同的坡体结构决定了不同的坡体破坏模式。如土质或类土质边坡中的堆积体，其不同成因、不同时期的堆积物接触面往往是堆积体内部的潜在滑移面；二元结构边坡中土岩界面是控制坡体稳定性的一个主要因素；顺层、切层、破碎、块状岩质边坡均因坡体结构的不同而表现出不同的稳定性。

（3）岩体性质：岩体的成因、强度、风化程度是影响其稳定性的因素。

（4）临空面形态：不同性质的岩土体适应不同特征的临空面，临空面开挖过缓则对坡体扰动较大，开挖过陡则可能造成坡体滑塌。

（5）加固防护工程：边坡稳定性往往因坡体开挖受到损伤而降低，故必要时宜采用相应的工程措施进行边坡加固和坡面防护以提高边坡的稳定性。

（6）水的作用：地表水和地下水是影响坡体稳定性的主要因素，所谓"无水不滑"，正是水对边坡稳定性影响因素的真实写照。

（7）其他：开挖速度、开挖方式、季节、施工质量等。

2. 高边坡设计原则

（1）定性分析与定量计算相结合：高边坡设计是典型的概念设计，应依据地质资料建立合理的地质模型，再抽象形成概念模型，确定坡体结构、坡体参数、边界条件等，继而确定相应的计算模型和数值模拟模型，才能依据合理的机理分析和计算结果对高边坡进行加固。

（2）治坡先治水：截排坡体的地下水和地表水，提高坡体自身稳定性，防止坡体力学性质在水的作用下恶化。

（3）固脚、强腰、锁头：对高边坡应力集中的坡脚进行加固，防止剪应力过高导致坡体基底失稳；对高边坡中部进行加固，防止高边坡从中部剪出形成越顶；对高边坡顶部进行适当的防护加固，防止边坡开挖影响后部自然坡体的稳定性。

（4）分级加固，兼顾整体与局部：高边坡由多级边坡组成，高度较大，其稳定包含坡体的整体稳定与局部稳定两个方面。所谓整体稳定，即应确保高边坡作为一个完整体系而保持稳定；所谓局部稳定，即应确保构成完整体系的各个边坡子体系保持稳定。

（5）合理收坡防护：结合地形地貌等地质条件，利用工程措施收陡边坡坡率，减小边坡开挖高度和工程对坡体的扰动及暴露于大气的坡面面积。

（6）即时防护：高边坡开挖后即发生卸荷效应、基质吸力减弱效应、风化效应、降雨入渗效应等负面作用。因此，高边坡开挖应贯彻"开挖一级、防护一级"的原则，及时进行边坡防护,有效减少或消灭恶化坡体稳定性的不利因素。

(7)动态设计、信息化施工:高边坡设计具有预测性和风险性特征,应加强施工过程中的现场地质资料核对,及时依据揭露的地质条件调整加固防护工程。

高边坡设计是一个系统工程,要实现合理化设计,应从认识坡体的地质条件起步,继而依据地质资料,结合每个具体高边坡的自然、人文要求,合理设置防护工程,力求做到安全、经济、环保。

3. 案例

1)案例一

某自然斜坡较陡,由产状为310°∠2°的强—中风化近水平泥岩构成,坡向170°。坡体中发育产状为160°∠70°和240°∠74°的结构面。技术人员拟采用1∶0.75和1∶1的坡率开挖,边坡最大坡高为30m,一、二级边坡设置锚杆框架进行加固,如图2-1。

从地质资料分析,坡体产状、风化程度是有利于坡体稳定的,但坡体中发育的结构面与临空面组合后存在倾向坡外的楔形掉块问题。设计方案采用1∶0.75和1∶1的坡率,与自然边坡坡率近于一致,存在一定的"剥山皮"现象,且坡率与岩体性质对应性较差。

基于此,建议采用1∶0.5的坡率开挖和长9m的锚杆进行加固防护,将边坡高度由30m降低为12m,大大减小了开挖规模和工程防护难度,如图2-2。

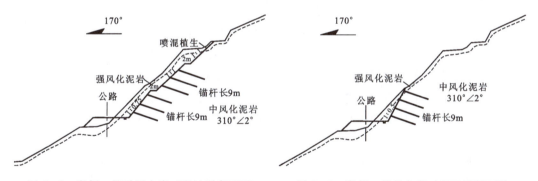

图2-1 案例一拟采用方案工程地质断面图　　图2-2 案例一优化方案工程地质断面图

2)案例二

某自然斜坡由产状为120°∠3°的强—中风化近水平泥质砂岩构成,坡向165°。坡体中发育产状为180°∠78°和100°∠85°的结构面。坡后地形平缓,技术人员拟采用1∶0.75和1∶1的坡率开挖,边坡最大坡高为31m,一、二级边坡设置锚杆框架进行加固,如图2-3。

从地质资料分析,坡体的产状、风化程度是有利于坡体稳定的,但坡体中发育的结构面与临空面组合后存在倾向坡外的小型楔形掉块问题。由于坡后地形平缓,采用1∶0.75和1∶1的坡率有利于提高边坡自身稳定性,且能减小边坡的防护工程规模。

基于此,不建议二级边坡设置锚杆框架,而只保留一级边坡的锚杆框架,以起到"固脚"和限制应力集中的作用,继而通过喷混植生对倾向坡外的小型楔形掉块进行处治,如图2-4。

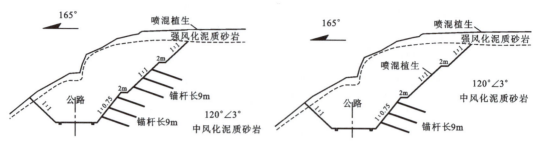

图 2-3 案例二拟采用方案工程地质断面图　　图 2-4 案例二优化方案工程地质断面图

3) 案例三

某自然斜坡上覆（Qp^3）黄土，下伏产状近水平的中风化泥岩。技术人员拟在泥岩中设置 1∶0.5 的坡率，采用 9m 长的锚杆进行防护；拟采用 1∶1.5 的坡率开挖黄土，并对坡面进行防护，且在黄土与泥岩交界面设置 18m 左右的锚杆框架进行加固，边坡最大坡高为 89m，如图 2-5。

从地质资料分析，坡体属于二元结构，故依据岩土体性质差异设置不同坡率是必要的。上部黄土较为密实，故宜采用较陡坡率对黄土坡体进行收坡，以大幅度减小人工边坡汇水面积，减轻地表水对坡面的冲刷。下部的中风化泥岩段边坡高度较大、坡率较陡，应加强边坡防护力度。而泥岩与黄土界面为地下水活动区，容易形成潜在滑面，故需加强该部位的工程防护力度，以确保上部黄土坡体的稳定。

基于此，建议遵循"固脚强腰、分级加固，兼顾整体与局部"的原则，依据不同岩土体性质设置相应的坡率与加固工程对高边坡进行处治。即泥岩部位按 1∶0.5 坡率开挖后，采用锚杆、锚索进行加固。在泥岩与黄土界面设置 10m 宽的大平台将一个高大边坡分为两个次高边坡进行处治，有利于坡体的整体稳定和上部黄土坡体的稳定。在五、六级黄土边坡部位设置锚杆、锚索对泥岩与黄土的接触面进行加固，确保上部黄土坡体的稳定，并兼顾五、六级边坡的稳定，如图 2-6。

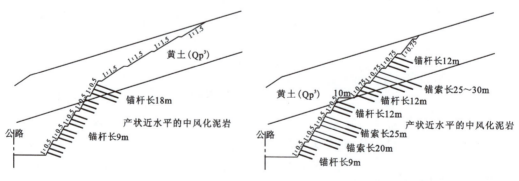

图 2-5 案例三拟采用方案工程地质断面图　　图 2-6 案例三优化方案工程地质断面图

经以上优化后，高边坡的整体与局部均得到了有效加固与防护，坡面过缓导致的后期养护、环保等问题也大幅度减少。

综上,作为一个系统性工程,高边坡设计与普通边坡设计有很大的差异,不但要考虑地质条件,也要考虑环保、土石方平衡问题,还要考虑边坡的整体与局部稳定性以及各级边坡防护问题。

第二节　M型地貌边坡防护探讨

工程建设中边坡常会出现两侧高度较大而中部高度较小的M型地貌,因相对低凹的地段边坡高度较小,技术人员在对边坡进行防护时,往往更加重视两侧高度相对较大的边坡。这往往导致坡体稳定性不足,相对低凹的地段边坡因防护力度不足首先发生变形,继而牵引两侧边坡失稳。

如某高速公路坡体主要由火山角砾岩构成,工程边坡切割自然坡体形成了M型地貌,如图2-7。由于凹槽部位加固和截排水工程设置不足,暴雨后坡体首先在中部的凹槽部位发生变形,最终牵引两侧相对较高的边坡发生变形,导致整个坡体演变为滑坡。

再如某场地高边坡主要由凝灰岩构成,坡体切割后形成了双M型地貌(图2-8)。由于两个凹槽部位加固和截排水工程设置不足,暴雨后坡体中部较大凹槽发生大规模滑坡,较小凹槽出现变形,导致了巨大的工程变更。

图2-7　某高速公路M型地貌

图2-8　某场地双M型地貌

1. M型地貌病害原因分析

(1)M型地貌的相对低凹部位主要由性质相对较弱的岩土体或结构面控制形成。低凹部位往往是地表汇水和地下水丰富的地段,而水是边坡稳定性的"天敌",它会导致低凹部位坡体风化强度、深度大于两侧边坡,使边坡工程性质进一步恶化。

(2)低凹部位的边坡加固力度偏弱。边坡的稳定性由多种因素共同决定,高度只是其中之一,不能因低凹部位边坡高度相对较小就忽略其先天不足的特性,也不能因两侧边坡高度相对较大就认为其稳定性不足而需要相对较强的工程"扶持"。

2. 主要应对措施

(1)查明 M 型地貌的形成原因,从而有针对性地设置边坡防护工程。

(2)加强低凹部位边坡截排水工程,防止坡后汇水渗入坡体和冲刷坡面。

(3)结合坡体的地质条件,综合考虑 M 型地貌低凹和高凸部位的边坡稳定性,合理设置防护工程以提高边坡的"综合实力"。

第三节　路基病害造成的路面开裂特征及处治

公路在使用一段时间后,路面由于多种原因出现开裂。路面开裂的原因多种多样,裂缝的形态也是形形色色,其中由于路基病害造成的路面开裂占有相当大的比重。那么,如何通过路面的开裂现象去分析路基的病害呢? 一些公路养护单位和工程技术人员有不小的困惑。他们有时候将路堤沉降造成的路面开裂当作路堤失稳,导致处治工程规模失控;有时又将路堤失稳造成的路面开裂当作路堤沉降,导致处治后的路基仍不断变形,甚至失稳。下面就导致路面开裂的路基病害和对应的病害处治措施进行说明。

1. 路床 CBR 值、弹性模量等因素造成的路面开裂

这类病害主要由低填段软弱地基承载力不足或路床部位强度不足所致,或由路床部位地下水位上升,公路在车辆不断的振动碾压下出现没有规律的花状裂缝所致,如图 2-9。此类病害的发生与路堤的整体稳定性、沉降没有必然联系,一般情况下主要采取如下措施进行处治:

(1)由路床强度不足造成的病害,可翻挖路床,重新设置相对较高标准的填料,对其进行压实,并在路床顶面设置土工格栅进行调节。

(2)由路床部位地下水位上升造成的翻浆冒泥病害,可在路基两侧边沟下部设置盲沟降低路堤所在地下水位的基础上,通过翻挖路床+路床顶面设置土工格栅进行调节。

图 2-9　地下水位上升和路床强度不足引起的路面开裂

2. 路堤沉降造成的路面开裂

非陡坡地段的填挖交界部位或不同时期的填筑交界部位,因接触面上、下岩土体性质不同,后期可能沿接触面形成曲线或直线裂缝,填筑路堤在使用多年后,也可能因路堤加宽等形成附加应力导致既有路堤产生直线形裂缝,如图2-10。在采用塑料排水板、碎石桩等非刚性复合地基处治的软弱地基段路堤加宽中,此类病害反映得尤为明显。这是因为新增加宽路堤产生的附加应力会使得既有路堤的下伏软弱地基再次发生固结沉降。这类裂缝规模可大可小,与加宽路基的规模和原路堤的软弱地基处治措施相关。

图2-10 路基加宽导致旧路出现裂缝

笔者就曾见路堤加宽导致原路产生长约150m、宽约15cm的直线形沉降裂缝。当初技术人员误认为是发生滑坡而要采用抗滑桩进行处治。笔者调查现场后,取消了主要用于支挡的抗滑桩工程。其实,加宽相当于反压,一般不会产生失稳问题。如果下伏软弱地基是采用刚性复合地基处治的,则这种附加应力产生的沉降是非常小的,甚至是可以忽略不计的,因为它主要来自于路堤填料本身的沉降。这类路基加宽引起的沉降病害,一般与界面形态、加宽的布置走向等相关,且往往不会产生弧状裂缝,尤其是不会产生切穿路堤的坡面裂缝,也就是说不会产生路堤失稳问题。此类病害一般情况下采取如下措施进行处治:

(1)在非陡坡地段的填挖交界部位或不同时期填筑界面产生的裂缝,一般可采用灌缝、封缝带进行处治。沉降差异较大的,可采用加铺路面+土工格栅进行处治。

(2)由附加应力造成的沉降,在路堤加宽完成后的一段时间内,若裂缝规模较小,可采用灌缝、封缝带进行处治,若裂缝规模较大,可采用翻挖路床+重新铺筑路面+土工格栅进行处治。

3. 路堤骨架等设置失误造成的路面开裂

此类裂缝主要形成原因:路堤骨架护坡的顶部与坡面存在高差,骨架形成"截水沟","截水沟"导致路面汇水,大量汇水下渗进入路堤使得路面开裂。这在南方降雨量较大和刚通车不久的路堤病害中比较常见,裂缝往往平行于路肩,呈直线形或近直线形(图2-11),如不能及时进行处治,路堤可能会发生浅层滑塌。

图 2-11 拱形骨架顶部汇水造成的路面开裂

此类病害裂缝长度往往因骨架不合理设置范围较大而可能较长,但切忌因裂缝较长就设置大规模的工程对路堤进行加固。笔者就曾在某刚开通营运半年的高速公路多处病害咨询中发现,技术人员将此类裂缝判断为路堤失稳而拟采用大规模的锚索和锚杆工程进行加固。笔者建议直接回填"截水沟",并采用灌缝、封缝或翻挖路床+重新铺筑路面+土工格栅对开裂路面进行了有效处治,大幅度降低了工程造价,节省了保通费用。

4. 路堤失稳造成的路面开裂

路堤失稳造成的路面开裂危害最为严重。此类裂缝在路面多呈弧状,两端往往向路堤边坡面延伸,即产生土质滑坡的圈椅状裂缝(图 2-12),且裂缝不断发展可延伸至填方坡面、坡脚。因填方路堤与路面、坡面圬工、挡墙等的刚度存在差异,裂缝往往首先在路面、圬工上出现。此类病害成因较为复杂,危害较大,需根据不同成因分类对其进行支挡加固,如图 2-13 所示。

图 2-12 路堤失稳造成的路面开裂

总之,虽然路面开裂的原因是多样的,但病害的症状却总能反映本质原因。因此,只要认真进行现场踏勘,以严谨的态度对待每一处病害,采取合理有效的处治措施,就能达到事半功倍的效果。

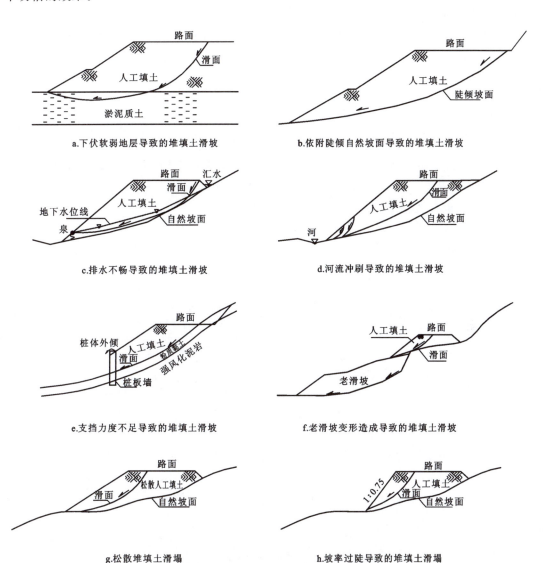

图2-13 路堤失稳造成的路面开裂类型

第四节　几类填方边坡病害处治方案优化

填方路堤的稳定性主要受控于截排水工程、填料性质与压实度、坡形坡率、下伏地形、岩土体性质和支挡工程等多种因素。因此,填方边坡的病害和对应的工程措施是多种多样的,不同的工点可能对应不同的处治措施。

路堤填方的稳定性计算在应严格核查整体稳定性与局部稳定性,即应对近似为均质或类均质填方体内部的圆弧搜索面、堆填体与原自然地表接触面、原自然地层在填方加载后挤压或剪切等多个因素进行逐一分析计算。在工程施工中,既要防止路堤越顶的局部失稳问题,也要防止填方挤压下伏软弱地层造成工程"坐船"的问题;既要防止路堤从半坡剪出,也要防止路堤整体滑动。此外,路堤工程措施既要能确保安全,又要能提高工程的经济性指标和现场的可实施性。下面举几个例子进行说明。

1. 案例一

某场坪高填方边坡位于较陡自然斜坡地段,原地表为厚约10m的中密状碎石土,下伏中风化灰岩。原方案拟采用1∶1.5~1∶2的坡率正常放坡后,在下部村道内侧设置抗滑桩进行"固脚",如图2-14。该处治工程规模较大,且上部场坪高边坡存在依附于原较陡自然坡面形成越顶的可能,也就是说填方边坡是不安全的。

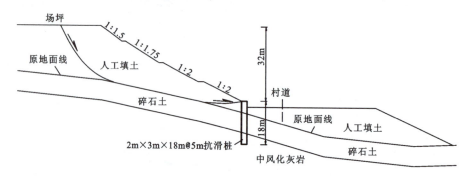

图2-14 案例一原方案工程地质断面图

基于此,考虑到村道线路等级较低,将村道适当外移并抬高纵坡,从而取消位于村道内侧的抗滑桩工程,将场坪高边坡的平台由统一的2m调整为2m、5m和12m,村道内侧的一级边坡坡率由1∶2调整为1∶2.5,从而加大填方体厚度,有效防止路堤出现越顶的情况,如图2-15。

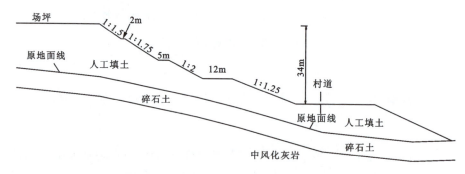

图2-15 案例一优化方案工程地质断面图

优化方案不但消化了大量弃渣,大幅降低了施工难度和工程造价,也有效提高了坡体的整体与局部稳定性。

2. 案例二

某场坪地表存在厚2m左右的可塑状粉质黏土,下伏强风化粉砂岩,场坪填方边坡前部38m外存在高大陡崖。为防止场坪坡脚距前部高大陡崖太近而出现病害,原方案拟采用1:1.5的坡率对填方边坡进行放坡填筑,并在坡脚设置15m的高大挡墙进行"固脚",如图2-16。

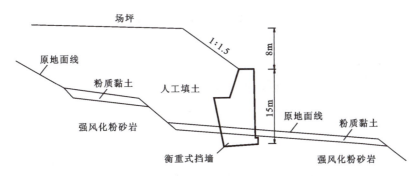

图2-16 案例二原方案工程地质断面图

该处治工程规模大,形成的高大挡墙工程造价高,施工难度大。挡墙与高大陡崖的安全距离设置过大,工程的经济性较差,并且未对填方体下部的可塑状粉质黏土进行彻底处治,不利于填方体的稳定。

基于此,优化方案将填方区厚度较小的可塑状粉质黏土全部清除,有效提高了填方体的稳定性。考虑到区内弃方量较大,故取消原15m的高大挡墙而采用放坡填方,即采用1:1.5~1:2的稳定坡率进行填筑,并依据下伏原自然斜坡地形和岩土体性质,在距高大陡崖10m的部位设置高5.5m的衡重式挡墙进行收坡固脚,如图2-17。这样不但充分利用了填方体的自身稳定性减小支挡工程规模,而且较矮挡墙前部预留的10m安全距离确保了工程的稳定性。该方案工程造价低,施工简单,有效消化了弃方,工程效果明显提高。

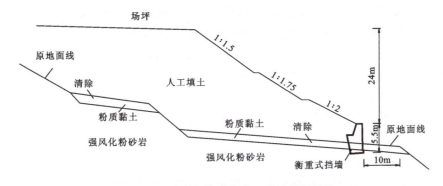

图2-17 案例二优化方案工程地质断面图

3. 案例三

某高速公路位于较陡自然斜坡地段,为半填半挖路基。地表为厚约4m的中密碎石土,下伏强风化粉砂岩。原方案采用高12m的衡重式挡墙进行加宽,如图2-18。

该方案的高大挡墙位于高陡斜坡段,施工期间反挖工程规模大,不利于碎石土坡体的稳定,且挡墙后部填筑空间狭小,施工困难,工程质量难以得到保障。此外,路基填挖交界部位在后期易出现差异沉降。

基于此,对原方案做出如下优化:结合地形地貌和下伏岩土体性质,采用泡沫轻质土对路堤进行加宽。利用直立式泡沫轻质土重量轻、对地基要求较低的特点,将填方高度由12m降低为8.5m。在对中密碎石土进行台阶式开挖后,纵向上每隔5m设置两根长12m的锚杆,进一步提高泡沫轻质土的稳定性,如图2-19。该方案工程造价相对较低,施工速度快,且后期不会发生差异沉降,是相对较优的方案。

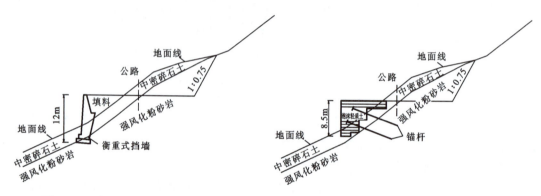

图2-18 案例三原方案工程地质断面图　　图2-19 案例三优化方案工程地质断面图

4. 案例四

高速公路通过自然斜坡高陡的深切峡谷,为半填半挖路基。自然斜坡地表为厚2～3m的强风化(局部碎石土)粉砂岩,下部为中风化粉砂岩。由于路堤外侧地形陡峻,且公路加宽范围有限,原方案拟采用15m高的倒梯形锚杆挡墙对路堤进行加宽,如图2-20。

该方案虽能确保路堤的稳定,但混凝土挡墙重量大、高度高,挡墙重心外倾弯矩较大,且现场支模、台阶开挖等施工难度较大,锚杆布置密集,工程的现场可实施性相对较差。

基于此,采用自带模板、重量小的泡沫轻质土对路基进行加宽,能有效降低工程对原自然斜坡的地质条件需求,减小台阶开挖规模,这样形成的高12m的泡沫轻质土挡墙工程造价明显降低,施工难度大幅减小,工程的安全性也得到了有效改善,如图2-21。

5. 案例五

某高速公路采用路堤桩板墙支挡收坡,但因地质资料存在误差,抗滑桩锚固段多位于可塑状的粉质黏土软弱地层中。由于锚固深度不足,抗滑桩抗力有限,在后部路堤填方体的作用下,抗滑桩发生外倾,严重威胁高速公路的安全,技术人员拟在抗滑桩前设置碎石桩+大规模反压工程进行处治,如图 2-22。

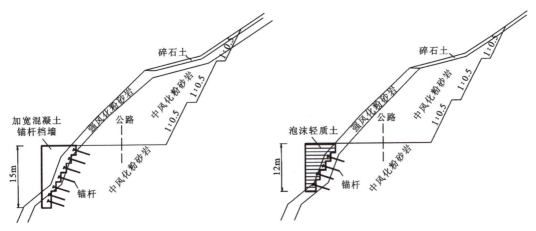

图 2-20　案例四原方案工程地质断面图　　　　图 2-21　案例四优化方案工程地质断面图

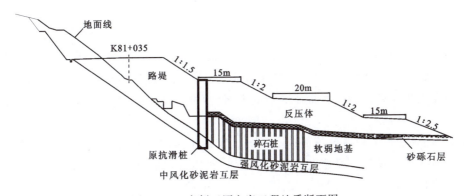

图 2-22　案例五原方案工程地质断面图

然而,该方案中碎石桩施作时必然会对软弱地层形成扰动,扰动后的软弱地层将发生触变效应,其强度也将大幅下降,这会使得抗滑桩的锚固力进一步下降,导致路堤病害进一步恶化。也就是说,该方案是不安全的。此外,大规模的反压需大量征地,极易造成拆迁户的强烈反应,社会影响较差,且大规模的土石方调配相当困难,工程的可实施性较差。

基于此,对原方案做出如下优化:在桩板墙的桩间挂板设置竖向地梁,并在梁体上设置 4 排预应力锚索对病害路堤进行处治,如图 2-23。该方案施工简单快捷,既不影响高速公路的正常通行,也无需新增占地,工程造价为原方案的 10% 左右,是相对较优的方案。

总之,填方边坡病害的类型多种多样、不胜枚举,以上列举的几个代表性案例说明了病害处治的多样性和灵活性。但不管病害如何复杂,工程处治措施如何设置,技术人员均需贯彻"小心求证、大胆处治"的理念,只有通过认真的现场调查、严谨的病害原因分析,才能针对具体病害的特点提出安全、经济、便捷的处治方案。

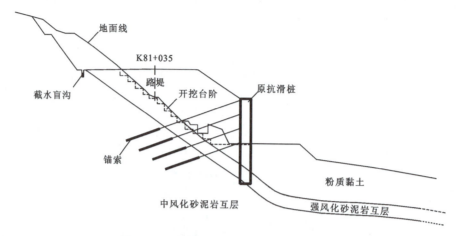

图 2-23 案例五优化方案工程地质断面图

第五节 路堤病害特征判断及处治

岩土工程病害诊断与中医的"望、闻、问、切"相似,通过现场观察、聆听他人描述、询问病害缘由与发展趋势、分析地质条件,就可掌握病害特征,继而提出合理的病害处治方案。否则,在没有掌握地质条件和病害特征的情况下,处治方案就可能出现偏差,导致工程病害不断恶化或反复治理仍不见效。

如某路堤采用泥岩填料填筑而成,高 8m。线路通车一年多以来,右幅路面中部一直存在开裂、沉降问题。虽然该段路堤先后经历了 3 次注浆加固处理,但问题一直没有得到解决,随着时间的推移,路面裂缝变形反而不断加快,形成了一条长 80m、宽 8cm 左右的张拉裂缝,裂缝两侧错台高约 5cm,如图 2-24~图 2-26。基于此,技术人员判断该段路堤存在沉降变形,故拟再次在裂缝两侧设置 10 排注浆孔进行压力注浆,如图 2-27。

图 2-24 路面裂缝走向特征

图 2-25 路面裂缝张开情况特征

图 2-26 路面裂缝下错特征

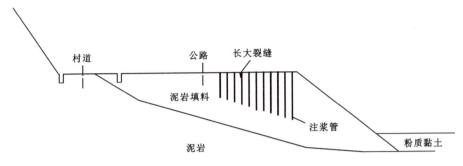

图 2-27 拟采用方案工程地质断面图

从病害的发生、发展、发育和 3 次注浆处治的效果分析,该段路堤病害存在如下特征:

首先,从路面部位只有一条长大裂缝发育的特征分析,该裂缝不是路堤沉降的产物,而是由路堤变形所致。若为沉降裂缝,在裂缝如此长大的情况下,应有多条次级裂缝产生,且长大裂缝两端形成了弯曲状的弧状裂缝,这是坡体稳定性不足的典型变形特征,但由于裂缝目前没有发展至填方坡面,这些特征被技术人员忽视了。

其次,该段路堤先后经历了 3 次注浆处理加固,但问题一直未能解决,这说明了有两种可能性,一是原注浆施工质量欠佳,二是病害原因判断有误,处治方案缺乏针对性。但从施工情况来看,注浆质量尚可。

再次,高速公路内侧村道两侧的边沟破损严重,降雨时大量地表汇水进入高速公路填方体,降低了路堤的稳定性。

基于以上分析,目前路堤病害主要表现为稳定性问题,只是由于路堤处于局部变形的蠕变阶段,即坡体处于滑坡后缘逐渐拉裂贯通、主滑段和抗滑段尚没有形成的阶段。如果不及时进行工程干预,随着坡体稳定性的不断下降,滑坡裂缝会向两侧和下方逐渐发展并贯通,即坡体由蠕变状态向挤压状态直至失稳状态过渡。

因此,本次如若仍采用以注浆为主的处治方案是不能有效解决路堤病害的,宜对处治方案进行如下优化:

首先,依据坡体结构和长大裂缝所在位置,利用圆弧搜索法确定潜在滑面。在此基础上,在路堤坡面上设置多排钢锚管框架以提高路堤稳定性,且可通过钢锚管注浆控制泥岩填料遇水崩解形成的沉降问题,即钢锚管框架工艺兼顾了路堤的稳定性与沉降两个问题。

其次,对高速公路村道两侧的破损边沟进行修复,防止地表水渗入路堤影响坡体稳定性,如图 2-28。

优化方案工程措施针对性强,且工程在路堤坡面施作,避免了在路面施作干扰交通,是一个相对较优的方案。此外,监测资料反馈钢锚管工程实施后坡体变形逐渐收敛直至稳定,这说明优化后的处治方案是合理、有效的。

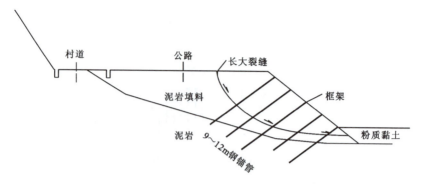

图 2-28 优化方案工程地质断面图

第六节 高填线路通过软弱地基段方案比选

某公路拟采用填方通过自然坡度约 20°的斜坡,斜坡地表为厚 8~10m、承载力约 120kPa 的可塑状粉质黏土,下伏强风化灰岩,拟设置路堤边坡高约 21m。由于建筑红线限制,该段路堤不能采用放坡+反压等工程措施进行处治。该段路堤属典型的高填+陡坡+软弱地基段,对工程的安全性要求较高,工程综合风险较大,路堤一旦失稳,将直接威胁前部建筑红线外的结构物,技术人员拟采用如下 3 个工程处治方案进行比选。

1. 方案一

采用 14.5m 扶臂式挡墙+墙后放坡回填泡沫轻质土进行处治,如图 2-29。此方案存在如下不足:

(1)采用密度为 0.8t/m³ 的泡沫轻质土回填时,路堤有沿下伏可塑状粉质黏土发生剪出变形导致工程"坐船"的可能,工程的安全性存在较大隐患。

(2)扶臂式挡墙高度过大,安全风险偏高。

(3)泡沫轻质土工程没有利用其自稳性较好的特点进行收坡,而采用普通填料的特征进行放坡,导致泡沫轻质土用量偏大,工程经济性偏低。

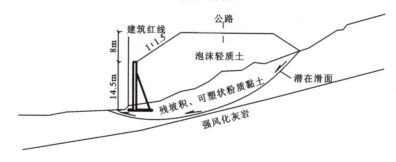

图 2-29 方案一工程地质断面图

基于此,方案一的工程安全性偏低,工程造价偏高(A 万元),故不采用该方案。

2. 方案二

采用 11.5m 扶臂式挡墙＋墙后回填泡沫轻质土进行处治,如图 2-30。此方案存在如下不足:虽然工程的安全性和经济性较方案一有了大幅的提高,但采用密度为 0.8t/m³ 的泡沫轻质土回填时,由于高度较大的扶臂式挡墙位于可塑状软弱地基中,工程有"坐船"的可能,路堤安全性存在较大隐患。

基于此,方案二的工程安全性偏低,且工程造价约为 0.76A 万元,故不采用该方案。

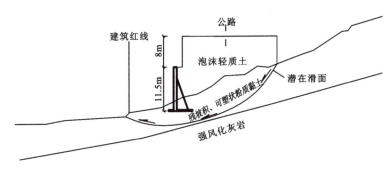

图 2-30　方案二工程地质断面图

3. 方案三

采用桥梁通过方案,如图 2-31。此方案简单易行,能确保线路的安全,故工程的安全性是可靠的,但该方案工程造价约 1.1A 万元,工程的经济性偏低,故不采用该方案。

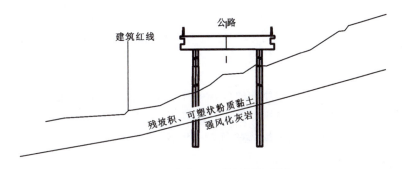

图 2-31　方案三工程地质断面图

4. 方案优化

在以上 3 个方案均不太理想的基础上,考虑到区内弃方量较大,大量弃渣需要消化,建议采用针对性更强的桩基托梁挡墙方案进行处治,在确保工程安全的基础上达到有效提高工程经济性指标的目的(图 2-32)。

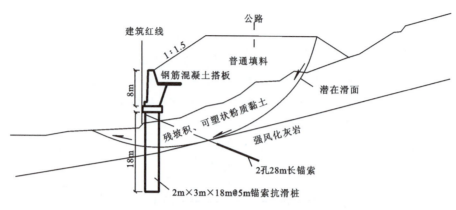

图 2-32 优化方案工程地质断面图

该方案的优点如下：

(1)在红线部位设置 2m×3m×18m@5m 的锚索抗滑桩(桩头设置 2 孔长 28m 的锚索)，确保路堤的整体稳定性。

(2)在桩基上部设置高 8m 的衡重式挡墙，以提高墙后挡墙范围内的路堤局部稳定性，且为有效提高挡墙的稳定性，除适当加大挡墙衡重台宽度外，在衡重台部位设置钢筋混凝土承载板。

(3)该方案通过设置挡墙，避免了设置过长桩板墙造成抗滑桩弯矩过大的局面。通过设置桩头锚索，控制了抗滑桩位移，减小了桩体长度，工程的安全性和经济性均得到有效提高。

该方案工程造价约 0.6A 万元，且工程的安全性指标满足相关规范要求，实施后监测数据显示工程效果良好。

第七节　边坡工程反压平台的合理设置

在挖方与填方工程中，依据坡体地形地貌等地质条件合理设置反压工程，可以有效提高路堑边坡或路堤边坡的稳定性，减小支挡工程的规模。反之，欠合理的反压工程不但增加土地的占用面积，甚至可能增加人造滑体的规模。因此，合理设置反压工程，对提高挖方路堑和填方路堤的稳定性具有重要意义。

1. 案例一

某堆积层坡体在场坪修建时采用 1∶1~1∶1.25 的坡率开挖，坡高约 37m，在边坡中部设置宽大的场坪二。边坡开挖后，坡体后部出现拉张裂缝，坡脚碎石土与砾石土交界部位渗水严重，危及后部民居安全。为防止坡体进一步牵引发展，技术人员拟采用 1∶2 的坡率进行全坡面反压，如图 2-33。

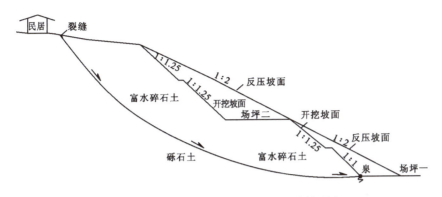

图 2-33 案例一拟采用方案工程地质断面图

从地质条件分析,坡体因开挖后失去支撑,在地下水的作用下引发牵引式滑坡,故反压应在抗滑段进行,且反压前应优先疏排地下水,防止地下水蓄积使反压体失稳。现技术人员采用的反压方案中缺失排水工程,且采用高约 37m 的全坡面反压,尤其是场坪二上部的反压体位于滑坡的主滑段,不但起不到良好的反压效果,甚至人为造成坡体下滑力增加,形成了非常大的安全隐患。此外,作为反压产生的土压力抗力,应有一定的反压平台,否则形成的"三角体"土压力效应非常小,起不到应有的反压效果。

基于此,应在坡脚设置透水性材料的基础上,于坡脚抗滑段的场坪一部位设置反压体,反压体重量应为被反压体重量的 1/10,且反压平台不宜小于 5m,采用不小于 0.9 的压实度,使反压体快速提供抗力,如图 2-34。

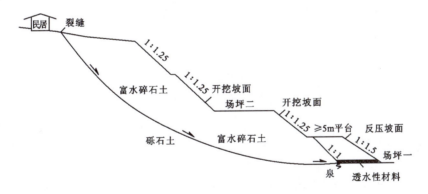

图 2-34 案例一优化方案工程地质断面图

2. 案例二

某高填路堤位于自然斜坡较陡的地段,填方边坡高约 23m,技术人员拟采用 1∶1.5 和 1∶1.75 的坡率,设置两级约 10m 的宽大平台进行反压,如图 2-35。由于占用基本农田,工程征地相当困难。

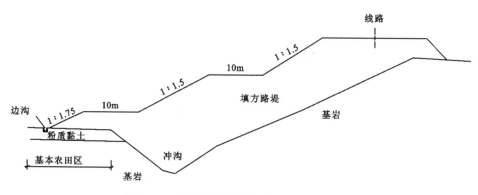

图 2-35 案例二拟采用方案工程地质断面图

从地质条件分析,该路堤为典型的高填陡坡路堤,因坡脚冲沟填方反压非常有利于坡体的整体稳定,填方工程应尽量利用坡脚冲沟收坡,减少对基本农田的占用。

基于此,工程方案调整为利用冲沟形成的抗滑段进行反压,且由于冲沟在暴雨时偶有汇水,故应在填方之前设置渗水盲沟防止坡体积水。此外,为防止路堤外侧的基本农田地下水渗入冲沟,应在坡脚设置截水盲沟对地下水进行截排,如图 2-36。

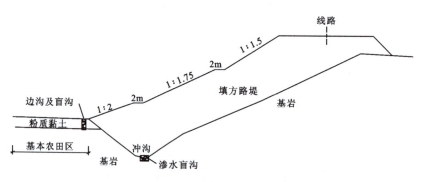

图 2-36 案例二优化方案工程地质断面图

3. 案例三

某高速公路从较陡的自然斜坡段通过,斜坡段砂岩出露。为有效消化弃方,技术人员设置坡率为 1∶1.5～1∶2 的路堤通过,坡脚设置 2m×3m×13m 的抗滑桩进行固脚支挡,路堤填方边坡最大高度为 64m,如图 2-37。

从地质条件分析,该段填方路堤上部自然坡度较陡,属于典型的高填陡坡路堤。技术人员虽然设置坡率为 1∶1.5～1∶2 的路堤通过,但这仅可以确保填方体堤身的局部稳定性,而不能确保填方体依附于原地面的整体稳定性。也就是说,填方体抗滑段的抗力与坡脚设置的 2m×3m×13m 抗滑桩工程抗力存在不能有效平衡陡坡路堤下滑力的可能,填方体存在较大的安全隐患。

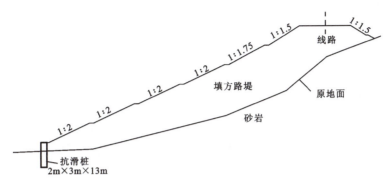

图 2-37　案例三拟采用方案工程地质断面图

基于此,考虑到坡体下部存在较大的缓坡段,可以利用该段缓坡设置反压体,提高填方体的抗滑能力,从而使填方体的安全系数满足相关要求。因此,结合地形地貌,在位于缓坡段的下部两级填方体部位设置宽大平台进行反压,即将填方体的二级平台由 2m 调整为 15m,将坡脚原设计的抗滑桩调整为 3m 高的护脚墙,从而大幅提高高填路堤的稳定性,如图 2-38。该方案不但有效降低了工程造价,提高了工程施作的便捷性,也进一步消化了区内弃渣。

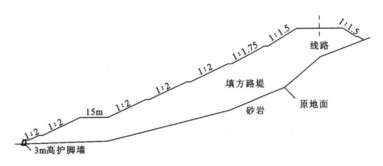

图 2-38　案例三优化方案工程地质断面图

第八节　高填方路堤设计方案探讨

高填方工程作为高边坡的一种形式,贯彻"固脚强腰、兼顾整体与局部"和"治坡先治水"的设计理念。填方工程设置时,应尽量结合规划、还建、地形等合理设置填方体支挡工程的位置和形式,尤其要积极利用有利地形设置反压工程,以提高坡体的整体稳定性,减小支挡工程规模。设计中应进行整体与局部稳定性分析计算,防止高大填方出现整体失稳、半坡剪出以及地下水位变化使坡体安全系数不断降低的不利情况,且应时刻牢记坡体安全系数为动态变化的参数,而非固定不变的值。

1. 案例的基本情况

某高填方路堤穿越 U 型冲沟,沟谷两岸和沟底地表为厚 1～5m 的碎石土,下伏 1.5m 左右厚度的强风化页岩,其下为中风化页岩。沟谷岸坡坡度为 30°～40°,沟谷纵坡坡度为 10°～30°。为消化弃方,拟采用高填路堤形式通过,填方边坡最大高度约 85m,填方采用页岩弃渣,如图 2-39。具体参数如下:

(1)采用 1:1.5～1:4 的坡率放坡,在路堤中、下部设置两道约 14m 的宽大平台,填方路基内侧为低于路基标高约 8m 的宽大广场平台。填方体上部设置满铺式土工格栅,广场下部约 1.5m 设置防渗土工布,并在广场内侧和路基内侧坡脚、各级填方边坡平台设置截水沟,填方体下部设置树枝状排水盲沟。

(2)在填滑坡体坡脚设置 2m×3m×20m 的抗滑桩,在填方体后部设置 2m×3m×24m 的埋入抗滑桩对潜在滑体进行分级支挡。

(3)在原地面部位清除碎石土、强风化页岩后,开挖台阶至中风化页岩层,并采用 1.5m 厚的灰岩进行换填,路堤采用强夯进行补强,减少高填方工后沉降。

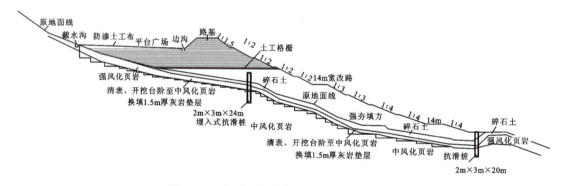

图 2-39 拟采用方案代表性工程地质断面图

2. 设计方案讨论

(1)高填路堤应首先掌握填方区地质条件,建立合理的地质模型,在此基础上去除无关或次要的因素,建立高填方的概念模型,并通过合理的参数选取、工况选择等建立力学计算模型或数值模拟模型。其中,潜在滑面的确定和参数的选择是建立模型的关键。

潜在滑面确定:控制高填方稳定性的潜在主滑面为填方体所依附的较陡自然沟谷,自然沟谷利用后缘填方体中的拉剪面与前部填方体中的压剪面,共同形成影响路堤整体稳定性的潜在滑面。

潜在滑面参数确定:分别选取换填的主滑段、滑坡后缘填方体中的拉张面与滑坡前缘填方体中压剪面的黏聚力和内摩擦角。

(2)填方边坡高度与填方工程规模均较大,应确保填方体的整体与局部稳定性均能满足相关要求。

整体稳定性：该填方属于典型的高填陡坡路堤，防止填方体依附于自然沟谷从填方坡脚剪出是本次治理的重点。

局部稳定性：合理设置填方体坡率与宽大平台，防止填方体从厚度较薄的部位剪出，即原方案的坡脚抗滑桩上部14m宽大平台部位存在越顶剪出的可能。

基于此，结合地形地貌调整填方体宽大平台位置与规格的设置，分别在三级与五级平台设置14m与46m的宽大平台，避免上部填方体从半坡剪出，取消原方案的两排抗滑桩。

(3) 填方体上满铺土工格栅对调节高填方沉降有限，性价比较低，故只保留能有效调节不均匀沉降的路床与广场上部的土工格栅，取消填方体内设置的大量土工格栅，而将其布置于填方边坡下部，有效提高填方整体与局部稳定性。

(4) 治水是保证填方体长期稳定的关键，故在原方案排水工程的基础上，在广场内侧填方体与自然斜坡衔接部位的截水边沟下部增设基底位于中风化基岩的截水盲沟，防止上部自然沟谷汇水渗入填方体；加大路堤与广场平台衔接部位的排水边沟尺寸，防止极端天气时出现广场汇水无法快速通过排水沟得到有效疏排的情况。为了降低排水工程对不均匀沉降的敏感性，截排水沟采用钢波纹管制作。

优化方案（图2-40）高填方工程的安全性、经济性和可实施性大幅提高，且多消化弃方约$13\times10^4 m^3$，工程造价为原方案的67%，是一个相对较优的方案。

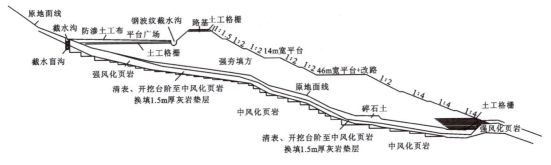

图2-40　优化方案代表性工程地质断面图

第九节　富水区高填坡体病害处治方案优化

合理有效的截排水工程是填方边坡"长治久安"的基本保证。填方区的截排水工程既包括地表水的截、引、排，又包括地下水的截、疏、排。尤其是对斜坡区进行填筑，必然会改变自然坡体的地表水和地下水排泄系统，导致地表排水路径的不畅或地下水位的上升，一旦工程的截排水措施设置欠佳，将可能造成填方的失稳。

如某公路服务区场坪由填方形成，填方区位于陡缓交界的自然斜坡段，斜坡体主要由表层厚约2m的富水粉质黏土和下伏强—中风化的砂岩构成，其中强风化层厚5~7m。后部山体汇水面积较大，雨季期间自然斜坡地下水位距地面约1m，地下水在坡脚低凹部位以泉水的形式渗流。因服务区场坪建设面积要求和坡脚外侧用地红线限制，技术人员拟在清除地表富水粉质黏土后，采用 1∶2 的坡率分两级填筑场坪，且为了有效提高场坪填方体的整体稳定性，特将一级平台加宽至 30m，并在场坪内侧靠山侧和边坡一级平台设置截排水沟，在填方体坡脚原泉水出露部位设置排水盲沟引排地下水，如图 2-41。

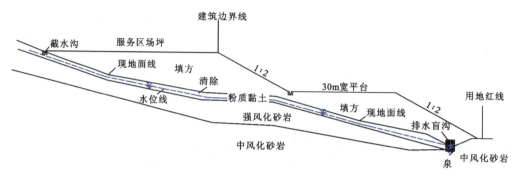

图 2-41　拟采用方案工程地质断面图

从地质资料分析，原方案填方工程存在如下缺点：

(1) 为确保填方安全，对地表富水粉质黏进行清除并进行台阶状开挖是合理的，但没有进一步探究坡体富水的原因。虽然在坡脚原泉水出露的低凹部位设置了排水盲沟，在场坪内侧靠山侧设置了地表截水沟，但由于没有有效截断区内地下水的供给路径，填方的截排水工程存在较大安全隐患。

(2) 为有效提高场坪填方体的整体稳定性，设置宽大平台的反压体是合理的，但宽大平台的设置没有兼顾高填方边坡的局部稳定性，可能造成上部一级填方体沿较陡的自然斜坡从一级平台部位剪出。也就是说，填方体的局部稳定性存在较大的安全隐患。

基于此，依据坡体的地形地貌、水文地质、建设边界线和用地红线对原方案进行优化（图 2-42）。

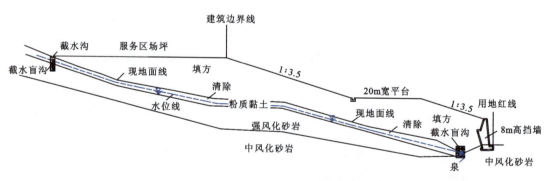

图 2-42　优化方案工程地质断面图

(1) "治坡先治水"。在服务区场坪内侧靠山侧设置截水沟有效截排山后地表汇水的基础上，于边沟下部设置深度 3m 的截水盲沟，从而结合原坡脚低凹部位设置的排水盲沟，有效将地下水位降低至填方区的影响范围外。

（2）在服务区场坪边界不变的情况下，将上部一级边坡的坡率放缓至1∶3.5，并将一级平台宽度减小至20m，通过加大填方厚度避免坡体出现半坡剪出的可能，即确保高填方边坡的局部稳定性能满足填方场地的安全要求。

（3）在用地红线不变的情况下，将下部二级边坡的坡率放缓至1∶3.5，有效加大下部填方体规模，提高高填方边坡的整体稳定性，并可减小下部支挡工程的规模。因此，在坡脚设置8m高的衡重式挡墙，与下部二级边坡共同确保高填边坡的整体稳定性。

总结：

（1）"治坡先治水"，填方工程应首先查明地表水和地下水的来源，通过有效的截排水工程措施，使之成为"无源之水"，从而确保填方体"长治久安"。

（2）高填方边坡作为高边坡的一种形式，应贯彻"固脚强腰、兼顾整体与局部"的理念。即应将高填边坡的设计与处治作为一个完整的体系，只有确保这个完整体系的整体稳定和构成这个体系的各子系统稳定，才能确保高填方边坡的安全。

（3）填方边坡的坡率应根据地质条件和工程需要灵活设置，不应教条地照搬规范中所建议的标准坡率。活学活用，才是岩土工程问题的解决之道。

第十节　高填路堤水害处治

"治坡先治水"，这是填方路堤病害治理时所需考虑的首要问题。从一定程度上来说，路基工程病害治理就是水害治理的全过程反映。但因水害治理工程效果往往难以量化，或水害源头的分析存在一定难度，有些技术人员常常忽略排水工程，偏向于强调支挡工程的设置，结果是虽然设置了大量的支挡工程，但坡体病害却没有得到有效治理，导致事倍功半。

如某高速公路通车10余年，通过了汇水面积很大的砂泥岩崩坡积体，由于忽视了地下水的截排，虽然在路基两侧设置了大量以抗滑桩为主的支挡工程进行了多次处治，但病害仍未能得到根除。

一个合格的路基技术人员，应时刻贯彻"治坡先治水"的理念，只有对水害进行了有效的处治，才能达到事半功倍的效果并确保病害"长治久安"。

如某段高填陡坡路堤所在斜坡自然坡度为15°～20°，最大填高为30m。路堤填筑过程中，因原地面含水量较高的粉质黏土清表和地表水与地下水的截排措施欠佳，路堤填筑基本到位时，坡体出现了滑坡迹象，技术人员在一级平台部位设置了一排圆形旋挖埋入式抗滑桩对病害进行处治。工程施工过程中，旋挖桩孔中地下水沿填方体与原地下面的接触部位成股状渗流（图2-43），填方坡脚有大量的地下水渗流痕迹，填方体上部的涵洞中封存了大量的水（图2-44），填方体内侧积水严重（图2-45），外侧路堤变形明显（图2-46）。

图 2-43 旋挖桩孔中地下水渗流严重

图 2-44 填方体上部的涵洞中封存了大量的水

图 2-45 填方体内侧后部山体积水严重

图 2-46 外侧路堤变形明显

根据现场调查,该段路堤单纯采用抗滑桩支挡而忽略水害的治理使工程存在较大的安全隐患,如图 2-47。

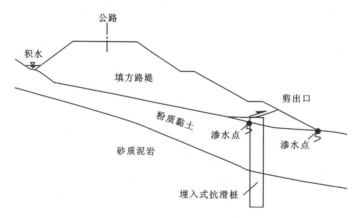
图 2-47 原方案工程地质断面图

(1)地下水长期渗流形成的潜蚀、淘蚀等作用,将导致路堤中的细颗粒被带走而降低路堤稳定性。

(2)地下水渗流将进一步软化填方体和下伏粉质黏土,导致路堤稳定性降低,尤其是可能导致埋入填方体以下约4m的抗滑桩出现越顶事故,或导致锚固段相当一部分位于粉质黏土层中的抗滑桩出现锚固力不足的问题,这些将可能直接导致支挡工程失效。

(3)填方导致坡体原地下水位上升,尤其是填方内侧因排水不畅而积水严重,形成的水压力将降低路堤稳定性。

基于此,特提出如下补救措施:

(1)快速抽排路堤内侧后部山体汇水,继而设置基底位于隔水基岩中深约5m的截水盲沟,截断后部山体汇水对路堤的影响,并在坡体上设置排水边沟,疏排地表汇水。

(2)核查抗滑桩越顶或锚固力不足的问题,及时调整抗滑桩的埋深和桩长。

(3)在坡脚设置长约30m的仰斜排水孔,疏排路堤填方体中的积水,降低坡体地下水位。

总结:

(1)填方工程开始前,应严格进行清表,防止清表不到位形成潜在软弱层从而导致填方加载后出现潜在滑面。

(2)填方工程开始前,应严格沿原地表冲沟部位设置排水盲沟,控制填方后的地下水位上升和疏排坡体中可能存在的地下水。

(3)填方工程设置应严格对圆弧搜索的滑面、原陡坡自然坡面以及填方加载后重力作用下的软弱地层分别进行稳定性分析,并取最不利状况作为路堤稳定性的控制性设计。

(4)由于填方体密实度相对较弱,在填方体中应慎用埋入抗滑桩(抗滑键),防止出现越顶事故。

(5)陡坡段抗滑桩锚固段的设置应扣除3~5倍桩径或5~10m水平距离范围的地层锚固力(尤其是桩前"三角体"),坡体存在地下水影响时,应适当对锚固段予以折减,防止锚固段不足导致桩体倾斜。

第十一节　40m高填路堤地表水和地下水处治

水是路基工程安全的最大威胁因素。对于填方路堤来说,因填方会造成既有水路堵塞、地下水位上升,如果不能有效处治地表水和地下水,路堤将可能沉降或失稳。因此,路堤工程在填筑前应优先对截排、疏排地表水和地下水,这是填方路堤,尤其是高填路堤首先需要考虑的问题。下面以某一高填路堤的地表水和地下水处治案例进行说明。

1. 基本情况

为消化弃方,某长628m的线路采用"桥改路"进行变更。填方路堤的最大边坡高度为40m,消化砂泥岩弃方约$170×10^4 m^3$。线路经过地段属低山丘陵和山间沟谷地貌,地势相对变化较大,上覆 0.9~3.0m 厚的硬—可塑状坡洪积粉质黏土层,地表多有水田分布;下伏上侏罗统蓬莱镇组强风化砂泥岩,其下为中风化砂泥岩,呈中—厚层状构造,钙铁质胶结,岩芯较完整,呈中—长柱状,局部夹薄层泥岩。沟谷底主要接受大气降雨及沟谷上游汇水补给,季节性明显,丰水期谷底可形成较大面积地表径流。地下水主要为孔隙潜水和基岩裂隙水,埋深为 0~4m。

2. 设计理念

(1)区内地表水丰富,地下水位较高,因此高填工程开始前应首先对地表水和地下水进行处治。具体如下:①对沟谷段地表水进行改排或归流引排,防止地表水在路堤后部形成"堰塞湖"而渗入路堤;②在路堤两侧边沟下部设置截水盲沟,进一步防止地表水渗入路堤;③在原沟谷部位设置排水盲沟,有效疏排沿原冲沟渗流的地下水;④区内地下水位较高,尤其是填方势必造成地下水上升而浸泡填方体,故在填方工程开始前,于填方体下部设置一定规格、间距的渗水盲沟,从而有效控制地下水位。以上地表水和地下水的截、疏、排工程之间应相互衔接,并在原冲沟下游设置出水口集中引排,防止影响当地群众的生产和生活。

(2)本段路基填方较高,根据地形条件,且为了尽量消化附近隧道弃方,决定对路堤采用以放坡+反压为主的处治思路。

(3)填方开始前,全部挖除地表 0.9~3.0m 厚的硬—可塑粉质黏土,防止其形成填方体的软弱夹层而影响路堤稳定性。

3. 设置方案

(1)在有效截、引、排地表水和地下水的基础上,根据室内试验、潜在滑面分析及有关专家经验,综合确定潜在滑面的计算参数 $\gamma=20kN/m^3$、$c=15kPa$、$\varphi=19.5°$。

(2)按 1:1.50~1:2.00 设置稳定坡率,且结合土石方消量,将二级平台设置为宽 10m 的反压平台,这不但可以有效提高高填路堤的稳定性,也可进一步消化大量弃方。

(3)沿线路路堤坡脚两侧边沟下部各布置了一条 A 型截水盲沟,拦截填方坡体两侧的浅表层来水。

(4)为有效降低路基下方的地下水位,在路基下方每隔 10m 布设一条 B 型渗水盲沟疏排路堤下部地下水,并在原沟谷处随沟形设置一条 B 型渗水盲沟。将路堤下部的 B 型渗水盲沟与路堤两侧的 A 型渗沟衔接,起到有效的串排作用。

(5)坡体中的所有渗水盲沟地下水均通过 K13+063 的自然沟谷排出。

(6)选用 K13+767 进行稳定性计算,将填方后的路堤安全系数设置为 1.351,满足公路设计规范要求。

工程使用 20 年来,盲沟出水口排水效果良好(图 2-48、图 2-49)。

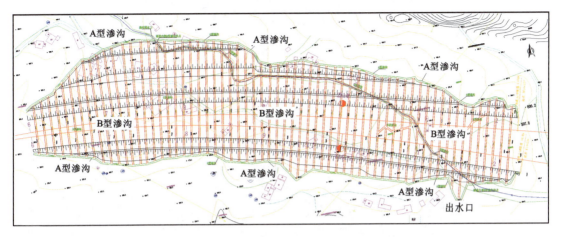

图 2-48　高填路堤工程地质平面示意图

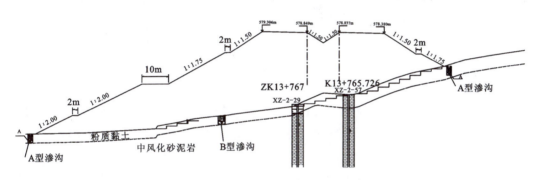

图 2-49　高填路堤工程地质断面图

第十二节　某路堤病害处治方案探讨

由降雨造成的路堤病害,通过设置地表水和地下水的截、疏、排工程措施,以及结合现场实际情况设置的轻型支挡结构工程,可以较低的工程代价实现病害的抢险和永久工程处治。

如某半填半挖段陡坡路堤坡脚设置 7m 高的 C20 混凝土挡墙进行支挡,挡墙顶宽为 3m,挡墙所在地表为厚约 2m 的堆积体,其下为强风化花岗片麻岩。挡墙后部为高约 8m、坡率 1∶1.3 的填方路堤,采用多层土工格栅压实填筑而成。墙前 3m 左右为高约 15m 的陡坎。由于连续强降雨,长约 100m 范围内路面出现圈椅状贯通裂缝(图 2-50),墙前出现贯通状挤压鼓胀裂缝(图 2-51),挡墙结构整体完好但渗水严重(图 2-52),坡体变形明显,公路处于危险状态,需尽快进行工程处治。

图 2-50　路面发育圈椅状贯通裂缝　　　图 2-51　墙前贯通状挤压裂缝　　　图 2-52　墙体整体完好但渗水严重

从地质条件分析,区内连降暴雨,地表汇水和地下水大量进入路堤,导致土岩界面附近堆积体富水而大幅降低了坡体的稳定性,使得路堤坡体发生整体滑移挤压前部挡墙。

1. 坡体下滑力分析

从坡体的变形特征来看,坡体的下滑力大于挡墙前部岩土体的抗剪力和挡墙前部的被动压力,但小于挡墙结构的抗剪力,而挡墙前部岩土体的抗剪力为 240kN/m,挡墙前部被动土压力为 100kN/m,即挡墙后部的下滑力或土压力大于 240kN/m。目前,坡体处于整体挤压-微滑的状态,故坡后所要支挡的下滑力或土压力在富水时约为 $1.35 \times 240 = 324 (kN/m)$。

2. 永久与临时相结合的处治方案

以应急为主的工程处治方案:

(1)坡体在连续强降雨之前是稳定的,这说明地表水和地下水是坡体发生失稳的诱因。目前坡体富水严重,宜在挡墙下部设置长约 23m 的仰斜排水孔,快速疏排坡体地下水,降低坡体地下水位,并在路基后部疏通因路堑边坡坍塌引起的路基边沟堵塞,确保坡后与路面的汇水能顺利排泄,从而快速降低水对坡体稳定性的影响。

(2)挡墙结构完整,但抗力不足,故适当排水后,在墙前设置透水层并采用编织袋码砌反压,从而快速稳定路堤,减小坡体变形速率。

(3)抢险工程可有效将坡体稳定系数提高至 1.05 以上,但若要确保坡体达到永久稳定(安全系数 1.35),则需进行永久工程处治。当然,抢险工程施作后,可在雨后合适的天气施作永久工程。

以永久处治为主的工程方案：

(1)考虑到挡墙由C20混凝土浇注而成，墙厚约3m，且挡墙结构完整，故可在挡墙顶部设置微型桩排以提高挡墙的稳定性。永久工程在挡墙顶施作而没有在墙前或墙后施作的原因是微型桩可即刻与挡墙成为一个整体受力体系，避免像其他工程一样实施后需设置与挡墙连接的额外工程措施。

(2)不考虑已发生变形的挡墙前的土压力或岩土体抗剪力的情况下，设置横向间距为2m，纵向间距为1m，梅花型布置的长为14m的两排ϕ108mm钢管式微型桩对病害进行处治。需要说明的是，横向间距设置较大可有效提高挡墙抗倾覆力，故有条件时宜尽量设置较大间距，如图2-53。

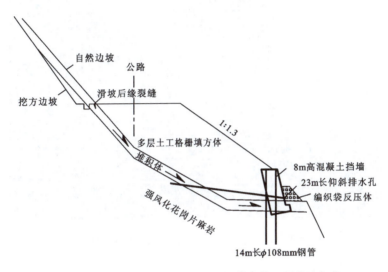

图2-53　建议采用的永久与临时相结合的工程处治方案

该方案主次分明，针对性强，可以有效实现路堤的应急处治与永久处治，且工程施工方便，造价较低，是一个相对较优的方案。

第十三节　桩板墙＋加筋土处治高填路堤病害

桩板墙与加筋墙的填方组合体系可有效降低占地面积，但一定要确保桩体对整个填方体的可靠支挡，以及加筋墙自身的局部稳定，且应严格控制下部桩板墙的位移，确保整个填方组合体系的安全可靠使用。

如某高填路基长220.0m，所在地段属剥蚀残丘地貌，自然坡度陡缓相交，地表基岩出露。其中，强风化砂岩裂隙发育，岩芯呈块状，厚3.2～13.4m，下伏薄—中厚层状中风化砂质泥岩。坡体地下水不发育。因路堤外侧结构物控制，工程无法进行正常的填方放坡，故需采用收坡支挡的措施进行处治。

工程斜坡病害防治理念与方案优化

本段路基填方较高,根据地形条件并为减少填方占地面积,决定采用以桩板墙+加筋土为主的措施对路堤进行处治。根据室内试验、潜在滑面分析及有关专家经验,综合确定潜在滑面的计算参数 $\gamma=20\mathrm{kN/m^3}$、$c=15\mathrm{kPa}$、$\varphi=19.5°$。根据实测断面,选用控制性的 K23+860 断面进行坡体稳定性计算,得到坡体的安全系数为 1.388,满足公路设计规范要求(图 2-54、图 2-55)。

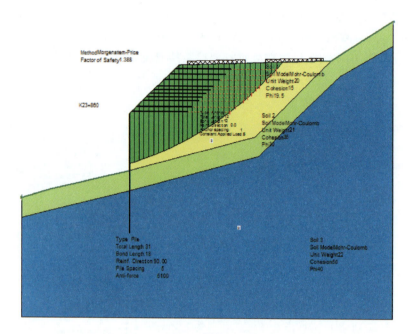

图 2-54 代表性高填路堤工程计算断面图

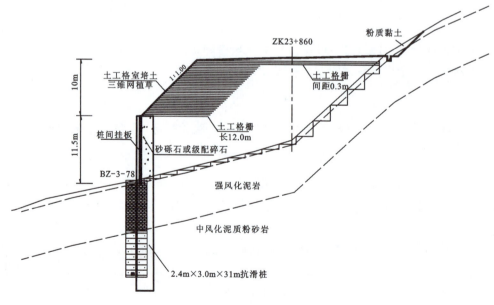

图 2-55 代表性高填路堤工程地质断面图

该段路堤处治中抗滑桩锚固长度主要考虑以下几个因素：

（1）计算没有考虑地表松散亚黏土和耕植土的侧向承载力，且强风化层较厚，其单轴抗压强度最大为 0.88MPa，设计按规范要求对岩土体的侧向承载力赋于了安全系数，即进行了折减。

（2）桩体位于路堤下方，为防止过大的桩体位移造成路基开裂，锚固段桩前岩土不能出现一定的塑性区，应全处于弹性区。

（3）由于桩前自然坡面较陡，设计按具体情况扣除了一定厚度的桩前侧向承载力很低的"三角体"，没有将其计入桩的锚固段。

此外，由于本区地层变化较大，且考虑施工的便捷性，设计采用了相同截面不同桩长的抗滑桩。从工程的安全性角度来说，适当加深桩体比加大桩体截面更为可靠。

基于此，坡脚桩顶以上的路堤一级边坡采用 1:1.0 的坡率，坡高为 10.0m。为保证桩顶以上一级边坡的稳定，在填土中每隔 0.9m 设置一道长为 12.0m 的土工格栅。在一级边坡下部设置桩间挂板挡墙，桩间距（线路方向）为 5.0m，共计 36 根抗滑桩。桩间采用 C25 混凝土挂板连接，挂板后设置砂砾石疏排可能的地下水，有效提高桩间填方的密实度。在桩顶以上的路堤一级边坡采用土工格室培土+三维网植草进行绿化，绿化时在草籽中加入约 30% 根系发达灌木的种子。

该路堤使用 10 多年来稳定性良好，证明工程处治方案是合理的。

第十四节　膨胀土及其滑坡特征探析

膨胀土是主要由蒙脱石、伊利石等强亲水性黏土矿物组成的高塑性黏性土，具有胀缩性、多裂隙性、水敏性、强度衰变性、超固结性和地形平缓性，含钙铁锰结核，俗称"黄胶泥""蒜瓣土"等。

一、膨胀土特征

1. 膨胀土的成因

膨胀土成因多种多样，主要有残积、坡积、冲积、洪积、湖积、海积、冰水堆积等，其中以残积、冲积和湖积最为常见。物质主要来源于火成岩（尤其是基性火成岩）、沉积岩（尤其是黏土岩和碳酸盐岩）、变质岩（尤其是片岩、片麻岩），在风化、蚀变、水合、水解、溶淋等作用下形成残积性膨胀土，在重力作用下形成坡积性膨胀土。

残坡积物或其他成因的堆积物后期经水流搬运，在河谷、平原等地段形成的冲积、洪积性和河湖相膨胀土，主要分布于河流阶地、湖泊、盆地、平原地带，且常有砂土夹层或砂砾层。经冰川搬运堆积形成的冰水沉积型膨胀土，主要分布于我国四川西部，如雅安砾石层就是冰川搬运堆积形成的。

膨胀土主要形成阶地、残丘缓坡、盆地、平原、垄岗等地貌单元。

2. 膨胀土的分布

从我国气候条件来看,膨胀土主要分布于干湿交替显著的地区,即东部、南部的广大地区膨胀土分布相对广泛,寒冷、少雨的东北和西北以及西藏地区膨胀土分布相对较少。这主要是因干湿交替的气候有利于膨胀土中的蒙脱石类强亲水性矿物的形成和富集。

从我国地形条件来看,膨胀土主要分布在第二阶梯与第三阶梯,而在第一阶梯的青藏高原、干旱少雨的西北地区则分布较少,且表现为从东北大兴安岭至西南横断山脉连线的明显分界。西部除河套平原、兰州黄河河谷阶地外,很少有膨胀土分布。在我国东部,多数平原、盆地、河谷阶地、丘陵等地区膨胀土均分布广泛。

3. 膨胀土地形地貌

平原型膨胀土、构造型与冲积型盆地膨胀土多属于堆积型膨胀土,其厚度可达数十米;丘陵型膨胀土主要由河流与沟谷侵蚀形成,或由膨胀岩风化残积形成,斜坡形态上多呈浑圆、平缓状;河流阶地型膨胀土主要是膨胀土地貌在河流侵蚀、切割营力作用下形成的。虽然原生膨胀土的物理力学性质较好,但因出露于地表的膨胀土对风化、降雨等具有高度的敏感性,地形地貌常常呈平缓状。

3. 膨胀土形成时代

膨胀土主要形成于古近纪、新近纪和第四纪,几乎所有新生代地层都有膨胀土分布。

4. 膨胀土裂隙成因

膨胀土裂隙根据成因可分为原生与次生两类。原生裂隙主要在膨胀土形成过程中的湿度、温度、固结、胀缩等内力作用下形成,此类裂隙规模相对较小,多闭合;次生裂隙主要在后期风化、卸荷、胀缩等作用下形成,此类裂隙规模相对较大,多张开,如图2-56。

5. 膨胀土的水敏性

膨胀土由强亲水性黏土矿物组成,往往具有保水性强、塑性高的特点。不同的含水量使膨胀土具有不同的性质,含水量升高,膨胀土强度降低,含水量降低,膨胀土强度升高。但一般来说,原状膨胀土透水性较差,含水量相对稳定,体积和强度也较为稳定。当次生裂隙发育时,膨胀土的透水能力和对水的敏感性将大幅上升。

膨胀土往往由于超固结和颗粒细小等原因,峰值强度很高,即土体强度高,且膨胀性越强,透水性就越弱,故地下水往往不发育,也就是说,地下水对膨胀土的地貌改造能力较弱。但暴露于地表的膨胀土,由于大气影响层的作用,残余强度极低,往往对地表水具有高度的敏感性,如图2-57,也就是说,地表水对膨胀土地貌具有较强的改造能力,即地表水对膨胀土的冲刷作用强烈,往往能短时间内在地表形成深切沟谷。

图2-56 膨胀土干裂

图2-57 遇水崩解的膨胀土

6. 膨胀土的超固结性

超固结性虽然是膨胀土的特征之一,但并不是所有的膨胀土都具有超固结性的特征。膨胀土超固结性的形成原因是土当前所受的压力比历史上被压缩到当前状态时所受的压力小,如地层剥蚀、河流冲刷、冰川融化、有效应力变化形成的超固结,以及黏土矿物中的物理化学作用形成的超固结。

超固结性使膨胀土具有较高的强度和较小的压缩性特征。反之,膨胀土一旦原状结构被破坏,便不易恢复到原生的密实状态,即重塑土具有比原状土更大的膨胀性能,次生膨胀土的胀缩性大幅上升。也就是说,由膨胀土形成的填方体密实度较低,往往会在后期有较大的沉降和膨胀,而且在压实过程中,由于黏土扁平颗粒的高度定向排列,膨胀土填方较原状土具有更强的胀缩性。

7. 膨胀土的强度衰减性

膨胀土的强度具有典型的时效性。新开挖的膨胀土坡体在天然含水量的原始状态下具有较高的强度,但随着时间的推移,强度逐渐衰减。主要原因包括超固结膨胀土边坡卸载膨胀、风化作用下形成的原状土体结构被破坏、含水量变化等。

8. 钙铁锰结核

钙铁锰结核是膨胀土物质成分的重要组成部分,是矿物富集的一种表现,为膨胀土形成过程中一系列物理化学作用的结果,常集中分布于膨胀土的裂隙面、层面、风化界面附近,且常形成结核沉淀层。这些连续或断续分布的结核层形成了膨胀土的骨架,使膨胀土的胀缩性大幅减小,有效提高了膨胀土的稳定性。

二、膨胀土滑坡特征

1. 膨胀土路基设计的原则

(1)应依据膨胀土的不同类别,有针对性地进行相应的路基设计,切忌"一刀切"的设计方法。

(2) 同类性质膨胀土组成的边坡可按均质或类均质体采用圆弧搜索法分析其边坡稳定性,不同类性质膨胀土组成的边坡可与同类性质膨胀土一样采用圆弧搜索法分析稳定性,再依据接触面的形态采用折线法进行分析,并确保两者都满足稳定性要求。

(3) 大气影响层、风化带是影响膨胀土边坡稳定性的重要因素。因此,确保大气影响层和风化带的浅层坡体保持稳定对膨胀土边坡的深层稳定具有重要意义。

(4) 水是膨胀土路基病害的重要的影响因素。因此,膨胀土边坡宜尽量避免雨季施工,工程处治时应优先考虑设置地表水与地下水的截、疏、排工程。如截排水沟、盲沟、边坡渗沟、支撑渗沟等工程措施的设置,是确保膨胀土边坡"长治久安"和治理工程规模大幅减小的首选。

2. 膨胀土滑坡特征

(1) 滑坡的形态:膨胀土滑坡具有圈椅状地貌,滑坡的宽度往往大于主轴长度,呈宽扁形,如图 2-58。

(2) 滑面特征:滑面往往依附于土岩界面、膨胀土内部的软弱结构面或剪应力控制的圆弧面发育,常呈镜状,多为可塑—软塑状(图 2-59),有时可形成多层滑面。因此,膨胀土滑坡的滑面往往不同于一般黏性土滑坡的圆弧状滑面,多为圆弧与直线相结合的形态,甚至出现顺层平面形滑坡,如图 2-60。

图 2-58 圈椅状膨胀土滑坡　　图 2-59 膨胀土镜状滑面　　图 2-60 依附于土岩界面的滑动带

(3) 地形地貌特征:由于膨胀土的敏感性,膨胀土滑坡往往发育于地形低缓的丘陵、平坦的阶地等地段。自然或人工形成的微地貌形态决定了地表水汇集特征与临空面的形态,从而影响了膨胀土滑坡的形成和发展,且因膨胀土滑坡的物理力学性质指标偏低,平缓的斜坡也常常会发生滑坡。

(4) 多级滑动性:由于膨胀土隔水,自然界中的膨胀土滑坡多属于河流切割冲刷等形成的牵引式滑坡。虽然工程中填方加载也可产生推移式滑坡,但考虑到原状膨胀土物理力学性质较好,相比于工程开挖引起风化、渗流场变化等导致的牵引式滑坡来说,推移式滑坡的比例是相对较低的。也就是说,膨胀土斜坡对开挖的敏感性是远大于加载的。膨胀土牵引式滑坡一旦发生,极易产生不断向后牵引的多级滑坡,即阶梯状叠瓦形滑坡,且各级滑坡之间滑面是贯通的,最终将共同形成一个主轴长度较大的滑坡。

(5) 滑坡的浅层性:在气候营力作用下,膨胀土通过反复胀缩形成胀缩带,胀缩带以上的土体结构破坏严重、强度降低,与变动带以下的原状土之间形成软弱带,或在风化作用下,膨胀土形成风化带,因风化带上、下的土体结构差异明显而形成风化软弱带。膨胀土易依附于胀缩带或风化带发生滑坡,故膨胀土滑坡往往具有浅层性。

(6)滑坡的成群性:膨胀土滑坡常常具有成群分布的特点,主要原因是坡体中软弱夹层的控制作用以及滑坡所在坡体的地形地貌与滑区的小气候的影响。此外,膨胀土滑坡的成群性特征与人类工程的拉槽式开挖也密切相关。

(7)滑坡发育的季节性:膨胀土具有高度的水敏性,因此滑坡多发生于雨季和春融时节,旱季时发生率则大幅降低。因此,膨胀土地区应尽量避免雨季施工。

综上,膨胀土滑坡防治应以防水、防风化为主,避免膨胀土反复胀缩和强度衰减,并遵循"预防为主、治早治小"和"治坡先治水"的防治原则,确立"宜挡不宜清、宜疏不宜堵"的防治理念,采取截排水与工程支挡并举的措施,优先设置截排水工程,合理设置挡墙、抗滑桩、锚固等支挡防护工程。

需要说明的是,膨胀土滑坡的参数偏小,在坡体坡度很小的情况下也往往会发生滑坡。因此,应慎重考虑通过放缓坡率治理膨胀土滑坡。否则,大清方或设置过缓坡率不但可能无法使滑坡稳定,反而会导致滑坡的规模不断扩大,这是由膨胀土的大气影响层水敏性与易风化所决定的。

第十五节　东南亚某国膨胀土填方边坡设计关键要点

该场地自然地形较为平缓,坡度为 0~15°,冲沟密布。上覆第四系全新统残坡积层黏土,呈黄褐色、红褐色,含水量高,稍湿—饱和,多呈可塑状,局部呈软—硬塑状,属膨胀土,自由膨胀率约 44%;下伏新近纪黄褐色全—强风化泥岩,其中全风化层自由膨胀率约 46%,多呈坚硬黏土状,局部夹中密—密实状态的砂土。工程场地的大气影响深度为 3.90m,大气影响急剧层深度为 1.76m,抗震设防烈度为Ⅷ度。因区内填料匮乏,填方采用膨胀土。

(1)该场地属于膨胀土地段,边坡处治贯彻"防水、控湿、放缓坡率、加宽平台、加固坡脚"的原则。即采用 1:2 的坡率填方,设置 2m 宽平台,在坡脚设置护脚墙,并在原冲沟部位设置排水渗沟疏排可能存在的地下水。

(2)路堤的稳定性依据圆弧搜索法搜索的和填方与老地面接触面两种类型潜在滑面进行核查。

(3)在上部场坪和边坡平台设置防渗措施,将膨胀土包芯设置于填方体中部,从而有效减小膨胀土的不利影响因素。

(4)由于填料限制,填方采用膨胀土填筑时应考虑大气影响层的不利影响。即对坡面以下 5m 范围内的膨胀土改性后,利用间距约为 0.75m 的土工格栅进行包边,提高坡面的防冲刷能力和稳定性,并利用植生袋装入种植土对坡面进行绿化防护,进一步提高坡面的防冲刷能力。

(5)由于整个建设场坪填方已基本到位,后期加宽段的填方边坡施作前,应对场坪临时边坡进行较大规模的台阶开挖,确保新老填方之间的咬合力,减小两者之间的差异沉降。

(6)区内降雨量充沛,应遵循"治坡先治水"的原则,积极截排场坪区地表汇水和原自然冲沟汇水,防止汇水对坡体稳定性产生不利影响。

(7)为进一步提高脚墙的稳定性,在脚墙后部设置宽1m的平台,并在墙后设置土工格栅提高挡墙的抗滑能力。

基于以上原则处治的膨胀土填方边坡(图2-61),施工后前7个月内产生的最大沉降为17cm,沉降在后期逐渐收敛,坡体稳定性良好,证明了处治方案的有效性。

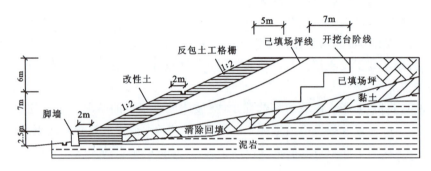

图2-61 膨胀土填方边坡病害处治工程地质断面图

第十六节 东南亚某国膨胀土挖方边坡病害处治

1. 基本情况

该场地位于热带雨林剥蚀丘陵区,自然地形较为平缓,坡度为0~15°,冲沟密布,沟内多有水流。场地某段挖方边坡岩性从上至下依次为第四系全新统残坡积层、第四系上更新统残积层、第三系沉积岩风化层,主要为黏土、泥岩(局部夹砂岩),局部有较厚煤层分布。其中,第四系全新统残坡积层黏土呈黄褐色、红褐色、白色,含水量高,为稍湿—饱和状,多呈可塑状,局部呈软—硬塑状,自由膨胀率约44%,膨胀力为68kPa。第四系上更新统残积层黏土呈灰色、白色、红褐色,多呈硬塑—坚硬状,属膨胀土,自由膨胀率约49%。全—强风化泥岩主要由第三系沉积岩风化形成,呈白色、黄褐色,多呈坚硬黏土状,局部夹中密—密实状砂土,其中全风化层自由膨胀率约46%,如图2-62。

工程场地的大气影响深度为3.90m,大气影响急剧层深度为1.76m,地下水位为8~11m,抗震设防烈度为Ⅷ度。该段边坡原设计高约18m,分3级采用1∶1.5的坡率放坡,其中边坡平台宽为3.0m。边坡开挖的过程中发生滑坡(图2-63、图2-64),坡体地下水渗流严重(图2-65),亟需对病害进行处治。

图 2-62 滑体中多有富含高岭土、蒙脱石的风化物

图 2-63 滑坡局部

图 2-64 滑坡后缘膨胀性黏土

图 2-65 坡体地下水渗流严重

2. 处治方案原则与理念

(1)区内降雨量充沛,地下水丰富,病害处治应遵循"治坡先治水"的原则,对影响坡体稳定性的地表水和地下水积极进行截、疏、排,即在残坡积层、全风化层中积极设置边坡渗沟,控制膨胀土边坡大气影响层深度内的边坡稳定性,并设置仰斜排水孔疏排坡体地下水。病害处治工程施作前完善堑顶截水沟,加强坡体负地形凹槽段急流槽的设置。

(2)边坡病害处治应遵循"以防水、控湿和防风化为主"以及"清方、加宽平台、加固坡脚"的原则。依据膨胀土性质,结合征地红线的影响,边坡坡率取 1∶1.5～1∶2,平台宽度取 2～3m,依据"固脚强腰、分级加固"的理念采用锚杆工程对边坡进行加固处治。

(3)工程施工过程中要贯彻"开挖一级、防护一级"的理念,在施作边坡渗沟+骨架与锚杆框架工程提高边坡稳定性的基础上,积极对坡面进行分割,减少坡面冲刷,快速完成坡面草灌种植,结合绿化提高坡面防冲刷能力。

3. 处治方案

(1)在堑顶设置截水沟,防止坡后汇水流入边坡区。各级平台设置上挡式排水沟,材料采用耐沉降、抗裂的钢波纹管。

(2) 根据红线按坡率1:1.5、平台宽2.0m进行削方,将原滑坡全部削除。

(3) 在残坡积层和全风化层坡面上按间距约5.0m、深约1.5m设置边坡渗沟,有效控制大气影响层对边坡稳定性的影响。

(4) 依据工程重要性、地震、降雨、地质条件等因素,全坡面设置锚杆框架进行加固,锚杆长度为6~18m(考虑膨胀力效应),并利用框架对坡面进行分割,减小坡面径流。

(5) 在坡脚设置露出地面1m高的护脚墙,墙身设置长20m的仰斜排水孔,有效疏排坡体地下水,提高坡体自身稳定性。

(6) 及时进行绿化防护封闭坡面,绿化时在草籽中加入30%根系发达灌木的种子,通过植物根系固定或吸收坡体中的地下水,达到固定坡面的效果(图2-66)。

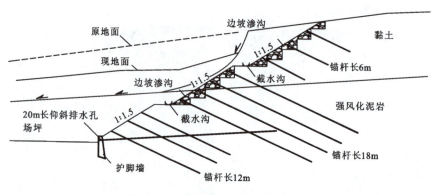

图2-66 优化方案工程地质断面图

第十七节 非洲某膨胀土边坡病害处治方案探讨

非洲某铁路边坡位于坡度约6°的剥蚀丘陵区,地表植被发育,主要为灌木和杂草。坡体地层主要为厚1.0~7.6m的灰白色硬塑状残积粉质黏土,以及岩芯呈土状的褐黄色全风化泥岩。经试验,区内土体自由膨胀率为80%。区内地震动峰值加速度小于0.05g。

原方案采用1:1.75~1:3的坡率,每级坡高为6~8m,平台宽为2m,最大边坡高度约22.7m。坡面采用骨架结合六棱砖进行封闭防护,坡脚设桩基托梁式悬臂墙进行支挡,挡墙高为3~4m,承台厚为1m,桩长为11m,桩径为1m,桩间距为3m,墙后设0.5m反滤层。计算参数如下:残坡积粉质黏土$c=47$kPa、$\varphi=13.0°$;全风化泥岩$c=35$kPa、$\varphi=13.9°$。工程基本完工后,由于降雨等作用,坡体发生滑坡(图2-67),直接威胁前缘铁路与后缘天然气管道与公路的安全。

图 2-67　非洲某铁路滑坡全景图

基于此,技术人员认为坡体发生了分上、下两级的浅层滑坡,拟在采用 1:2 和 1:4 的坡率填筑或削坡后,设置支撑渗沟进行处治,并在上级滑坡前缘设置桩基托梁挡墙进行加固,如图 2-68。

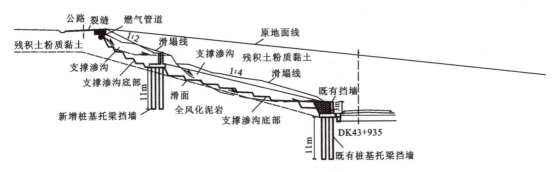

图 2-68　拟采用方案工程处治措施

首先,从病害发生的机理分析,区内土体自由膨胀率为 80%,属典型不良地质体。原自然地形坡度约为 6°,说明大气影响层范围内的膨胀土力学性质较差,在原方案开挖坡率为 1:1.75~1:3 的情况下,一旦原状膨胀土受大气影响,其力学强度将大幅下降导致滑坡。

其次,技术人员认为滑坡分上、下两级,但该滑坡实为一个整体,滑坡的侧界、后缘和前缘明显,滑面依附于残积粉质黏土与全风化泥岩界面形成。滑坡剪出口位于原方案设计的桩基托梁挡墙上部,这说明坡脚处治工程有效支挡了膨胀土滑坡,但出现了越顶的情况。

基于以上病害机理分析,笔者建议处治方案进行必要的调整,具体如下:

(1)堑顶燃气管道非常重要,为防止坡体再次发生滑塌而导致燃气管道发生安全事故,在燃气管道两侧各设置 3 排长 10m 的微型桩,桩顶采用钢筋混凝土面板连接,对燃气管道和公路进行应急抢险。

(2)考虑到滑坡并非分上、下两级,而实为一个整体,且松散滑体进行工程处治时施工难度较大,故不建议在管道下部的滑坡中后部设置桩基托梁挡墙,而宜在铁路坡脚既有桩基托梁挡墙上部剪出口部位设置工程进行支挡。即:①在既有桩基托梁挡墙上部设置底宽约4m、顶宽约11m、高约4m的柔性加筋墙反压支挡工程,并在加筋墙后部设置贯通的排水垫层;②考虑到加筋墙的加载作用,特在原悬臂式挡墙部位设置一排锚索长为20m左右的十字梁工程(锚索可采用二次注浆工程以提高锚固力),提高悬臂挡墙的稳定性;③不建议采用开挖规模较大的支撑渗沟工程,而宜结合坡脚加筋墙反压工程,在边坡上设置深度不大于2m的边坡渗沟,有效控制膨胀土的大气影响层含水率,并防止坡体发生浅层滑塌越顶;④公路外侧的燃气管道部位,不建议采用1∶2的坡率削方或填筑,而宜采用泡沫轻质土或EPS回填,在恢复上部公路宽度的基础上,有效减小管道上部的加载重量,确保燃气管道安全;⑤在堑顶公路内侧边沟下部设置截水盲沟,截断地下水可能的渗流通道;⑥利用边坡渗沟合理设置坡面骨架防护工程和根系发达的灌木植物,进一步减小大气影响深度。

优化方案(图2-69)针对性强,处治工程规模较小,且对滑坡扰动小,是一个相对较优的方案。

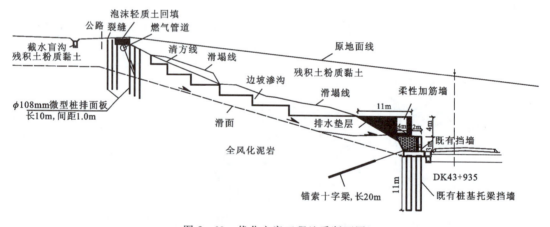

图 2-69 优化方案工程地质断面图

第十八节 几处不同类型的滑(溜)塌边坡病害处治

路基工程中无论是高边坡、滑坡,还是低填浅挖或陡坡路堤,病害治理首要考虑的是水。良好的排水工程可在提高坡体自身稳定性的基础上,大幅减小支挡工程力度,使工程治理达到"四两拨千斤"的效果。

1. 不同类型的滑(溜)塌边坡病害处治原则

(1)后部平缓、坡高较大的富水堆积体滑塌(图2-70)。此类边坡病害宜在坡脚设置2~3m高的透水、耐变形、对地基承载力要求较低的格宾挡墙进行支挡,在此基础上,在边坡上设置间距5~8m、深不大于2m、宽度不大于1m的边坡渗沟进行处治。

图2-70　后部平缓、坡高约12m的富水堆积体滑塌

(2)富水大型堆积体前缘开挖引发的滑塌、溜塌(图2-71)。此类边坡病害有条件时,首先宜调整线路的纵断面进行反压处治。工程处治时若地基承载力容许,宜在坡脚设置抗滑挡墙,在墙后设置间距8~10m、深不大于8m、宽1.5~2m的支撑渗沟;地基承载力不容许时,可减小挡墙规模而加大支撑渗沟的设置力度。

图2-71　富水大型堆积体前缘开挖引发的滑塌、溜塌

需要说明的是,边坡渗沟和支撑渗沟特别适用于地下水丰富的土质和类土质边坡,且造价低廉,适合人工开挖或挖机开挖施作。边坡渗沟和支撑渗沟可单独使用,也可与坡脚挡墙配合使用。

(3)坡高较小、后部平缓的汇水面积较小的滑塌体(图2-72)。此类边坡病害宜在坡脚设置多级台阶与高3~4m的透水、耐变形、对地基承载力要求较低的格宾挡墙进行支挡。

(4)坡高较小、土岩界面富水的小型滑塌体(图2-73)。此类边坡病害由于滑体体积有限,宜在坡脚设置矮挡墙进行支挡,并在墙后设置良好的透水性材料。

图 2-72 坡高约 7m、后部平缓的汇水面积较小的滑塌体

图 2-73 坡高较小、土岩界面富水的小型滑塌体

(5)体积较大的富水小型堆积体滑坡(图 2-74)。此类边坡病害宜在坡脚既有挡墙上设置面板式锚杆或锚索挡墙进行加固,并在挡墙下部设置仰斜排水孔疏排地下水。墙顶可设置高度不大于 2m 的格宾挡墙防止落石翻越挡墙。

图 2-74 体积较大的富水小型堆积体滑坡

(6)高度较大、地形平缓、岩性软弱破碎的富水边坡(图2-75)。此类边坡病害宜设置与岩土体性质相适应的缓坡率,在坡脚设置2~3m高的透水、耐变形、对地基承载力要求较低的格宾挡墙进行支挡,并在格宾挡墙部位设置长度较大的仰斜排水孔疏排地下水,坡面上设置骨架护坡,对过大的汇水面积进行分割,加强各级平台截水沟设置。

图2-75 高度较大、地形平缓、岩性软弱破碎的富水边坡

2. 工程案例

(1)某边坡地下水沿土岩界面渗流,原方案采用坡脚挡墙+坡面人字形骨架护坡进行处治,但由于缺少相应的地下水疏排措施,工后边坡发生滑塌,如图2-76。

图2-76 某富水边坡滑塌

现场咨询时,笔者建议该段边坡采用渗沟进行处治,即采用间距约5m、宽约1.5m、深1.5~2.0m的台阶型边坡渗沟,有效疏排坡体地下水,提高坡体自身稳定性。该方案被采纳后实施多年以来,边坡稳定性良好。

(2)某边坡由于后部冲沟汇水,营运高速公路边坡滑塌。原方案采用高7m挡墙+树状截水沟+征地3.2亩(1亩≈666.67m^2)进行处治,如图2-77。

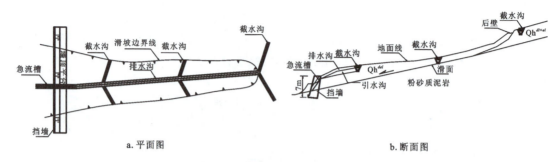

a. 平面图　　　　　　　　　　　　b. 断面图

图 2-77　原方案平面图与断面图

笔者针对病害原因,建议采用高 3m 挡墙＋边坡渗沟＋征地 0.4 亩进行处治(图 2-78)。优化方案工程造价仅为原方案的 30%,且施工速度快,对高速公路的正常营运干扰少,施工后取得了良好效果。

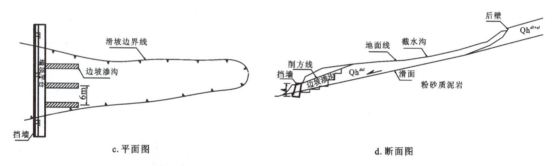

c. 平面图　　　　　　　　　　　　d. 断面图

图 2-78　优化方案平面图与断面图

(3)某边坡位于花岗岩残坡积层,原方案采用锚杆框架加固,但坡体因饱水发生滑坡。病害治理时,笔者采用适当削除滑塌体＋支撑渗沟＋矮挡墙的方案成功进行了处治(图 2-79、图 2-80)。10 余年来支撑渗沟出水良好,坡体稳定。

图 2-79　某富水边坡的边坡
渗沟处治工程

图 2-80　某富水边坡的边坡
渗沟处治效果

第十九节 拉森板临防式截水盲沟＋边坡渗沟处治饱水边坡病害

某边坡所在自然斜坡地形较平缓,边坡区局部原为水塘,坡体由夹少量砾石及黑色团块的黄褐色软塑—可塑状粉质黏土构成。边坡施作坡率为1∶1.25～1∶3,高度为8～12m,坡脚采用4m路堑墙防护,坡面采用菱形网格＋植草防护。工后由于坡后13m处分布的大型水塘开裂,坡体饱水滑动,导致坡脚挡墙开裂、倾倒,坡面拉裂,严重影响下部公路的安全(图2-81、图2-82)。

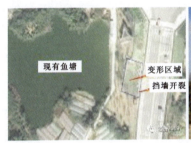

图2-81 变形坡体全景图　　　　　　　　图2-82 挡墙倾斜

从病害成因看,对坡体稳定性影响最大的是坡后大型水塘的渗水问题,如果坡体的地下水不能得到有效解决,饱水或富水的边坡休止角将严重降低,故截排水是此次病害治理的关键,即所谓的"治坡先治水",如图2-83。

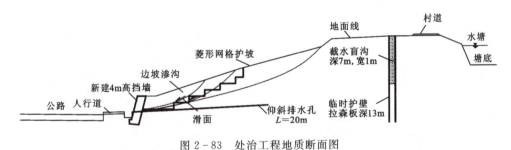

图2-83 处治工程地质断面图

(1)在坡后平缓地带的水塘与边坡之间设置截水盲沟,有效截流可能的水塘渗水,盲沟的深度由水塘最高水位与坡脚连线控制。考虑到盲沟深度较大,开挖易造成沟槽变形,故结合地质条件设置拉森板进行临时支护。

(2)在边坡下部设置边坡渗沟,有效降低坡体含水量,从而提高坡体的自身稳定性,并在坡脚设置矮挡墙,配合边坡渗沟使用。

(3)在坡脚挡墙部位设置长20m的仰斜排水孔,疏排坡体深层地下水,进一步提高坡体自身稳定性。

该方案提出后被技术人员采纳,其优点是工程针对性强、造价低,提高了边坡的稳定性,弱化了人为工程,达到了和谐状态。

第二十节　高边坡的"固脚强腰"加固

高边坡由于高度较大,影响坡体稳定性的因素明显较普通边坡多。因此,高边坡加固中应贯彻"固脚强腰"的理念。也就是说,通过加固高边坡应力集中和潜在剪出口发育的下部边坡,对高边坡起到"固脚"作用;在高边坡的中部设置加固工程,防止潜在滑面从半坡剪出,对高边坡起到"强腰"作用。即工程防护加固不但要确保高边坡的整体稳定性,也要确保高边坡各级边坡的局部稳定性。考虑到工程安全性和经济性,高边坡"固脚"一般采用全黏结、长度较短的锚杆或钢锚管工程,"强腰"一般采用加固力度较强、长度较长的预应力锚索工程。

1. 案例一

某自然坡体主要由强风化板岩组成,原岩结构大部分被破坏,岩芯呈碎块状,碎块粒径一般为 2～4cm,遇水易软化。坡体产状为 171°∠50°,坡向为 44°。技术人员拟将第一、二级边坡坡率设置为 1∶1.00,第三、四级边坡坡率设置为 1∶1.25,每级边坡高为 8m,各级平台宽为 2m。第一、三级边坡采用长 25m 的锚索框架加固,第二、四级边坡采用锚杆框架防护,边坡最大高度为 32.36m,如图 2-84。

从地质条件看,自然边坡较为平缓,坡体由强风化碎块状板岩构成,故坡坡率可统一采用 1∶1.00,并依据"固脚强腰"的理念对高边坡加固工程进行优化。即在第一级边坡设置 9～12m 的锚杆框架进行"固脚",在第二级边坡设置 25m 的锚索框架进行"强腰",第三级边坡设置 9m 长的锚杆对三级及以上边坡进行加固,而第四级边坡坡率取 1∶1.00,在下部三级边坡稳定的情况下,可保持自稳,故取消第四级边坡锚杆框架。依据岩土体性质,全坡面采用挂铁丝网绿化,可有效防止坡面的局部落石掉块,如图 2-85。

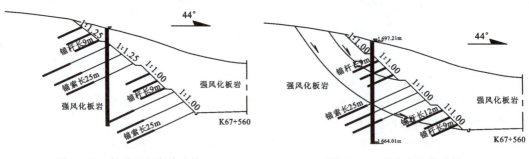

图 2-84　拟采用方案代表性　　图 2-85　优化方案代表性
　　　工程地质断面图　　　　　　　工程地质断面图

优化后,边坡最大高度由 32.36m 降为 30.8m,加固工程设置更为合理,工程的安全性和经济性均明显提高。该边坡工程实施后,多年来稳定性良好。

2. 案例二

某边坡地表覆盖层厚 0.5～1.2m,下伏厚 1.2～5.0m 的碎块状强风化安山岩,其下为中风化安山岩,岩体较完整,结构面微张,呈起伏、粗糙状。主要节理 J_1 产状为 170°∠43°,密度为 2～3 条/m;J_2 产状为 290°∠74°,密度为 2～4 条/m;J_3 产状为 5°∠65°,密度为 4～6 条/m。在 K1+155 处有宽 0.2～0.5m、走向 150° 的断层通过,与开挖边坡的坡向 314° 夹角约为 74°。技术人员拟采用 1:0.50～1:1.00 的坡率开挖,全坡面采用长锚索+锚杆框架+厚层基材+地表排水措施进行防护,边坡最大高度为 77.6m,如图 2-86、图 2-87。

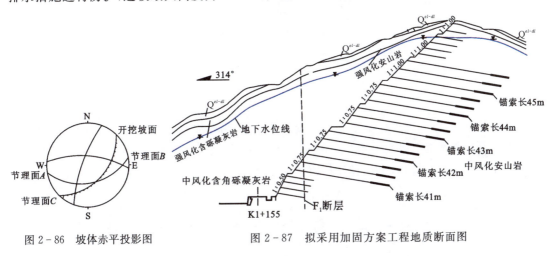

图 2-86 坡体赤平投影图　　图 2-87 拟采用加固方案工程地质断面图

首先,从地质条件分析,该段自然坡度相对较缓,后部呈反坡,故宜利用地形适当放缓边坡坡率从而优化边坡加固工程规模。考虑到边坡坡脚部位有小断层通过,对坡体的整体稳定性不利,故应加强坡脚附近断层影响部位的加固力度,从而有效提高边坡的整体稳定性。

其次,将第三级平台加宽至 8m,从而将整个高大边坡分割为两个次高边坡,有效减小坡脚应力集中对断层的不利影响,并在坡脚设置长 15m 锚固力度较大的钢锚管框架,对一级边坡断层影响带进行加固,对整个边坡"固脚",提高高边坡的整体稳定性。

再次,在第二级边坡设置锚索长 25m 的框架,对第二级边坡断层影响区和大平台以下的次高边坡进行加固,并兼顾整个高边坡的稳定性。设置长 25m 的预应力锚索框架对大平台以上的第四级边坡进行加固,有效提高大平台以上次高边坡的整体稳定性,并对整个高边坡起到"强腰"作用。

在此基础上,将第三、五、六级边坡的锚索框架调整为锚杆框架,对相应各级结构面发育的边坡进行加固,取消第七、八级边坡的锚杆工程而直接采用厚层基材防护,且考虑到坡体地下水位较高,边坡开挖后的临空面将成为地下水渗流途径,故在坡脚设置长约 20m 的仰斜排水孔疏排地下水,如图 2-88。

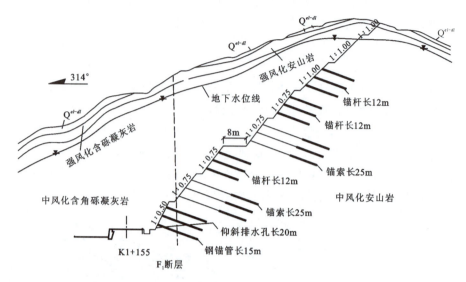

图 2-88 优化加固方案工程地质断面图

优化后,在坡体开挖规模基本维持不变的情况下,高边坡的锚固工程规模大幅减小至原方案的 40%。该处治工程在确保高边坡安全的前提下,经济性大幅提高,高边坡"固脚强腰"的设计理念得以有效贯彻,工程设计品质大幅提高。

第二十一节 高边坡收坡防护方案分析

高边坡宜结合地形地貌等地质条件合理设置坡率,条件允许时应结合防护工程降低边坡高度,从而达到降低边坡开挖与支挡防护工程规模、保护环境、提高工程品质,以及提高工程的经济性指标的目标。否则,一旦高边坡开挖坡率过缓,极易造成暴露面过大而增加外界不利因素的影响,并加大后期工程养护的难度与成本。高边坡在合适地段进行收坡防护,充分体现了"保护是最大的节约"的理念。

如某高边坡长约 580m,坡体主要由强—微风化花岗岩构成。由于高边坡长度较大,故分为 K0+000~K0+280 段和 K0+280~K0+580 段两段进行处治。其中,K0+000~K0+280 段拟将坡率设置为 1:0.5~1:1.1,第四级平台宽为 6m,其余平台宽为 2m,边坡最大高度为 66.8m,采用长 6.5~11.5m 的锚杆框架进行加固,坡面采用挂网喷混凝土进行防护,并在第四级大平台处设置被动网对落石进行防护,如图 2-89。K0+280~K0+580 段拟设置坡率 1:1 和 1:1.25,第三、六级平台宽为 6m,其余平台宽为 2m,边坡最大高度为 97m,采用六级锚杆长 11.5m 的框架和三级锚索长 30~35m 进行加固,坡面采用挂网喷混凝土进行防护,并在第三、六级大平台处设置被动网对落石进行防护,如图 2-90。

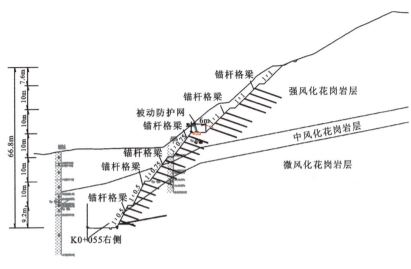

图 2-89 K0+000～K0+280 段拟采用方案工程地质断面图

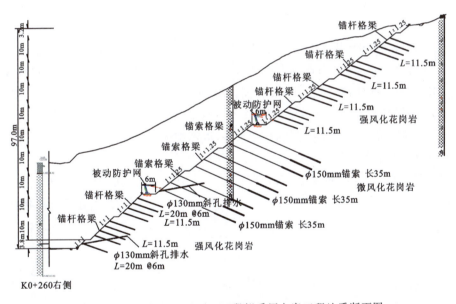

图 2-90 K0+280～K0+580 段拟采用方案工程地质断面图

从地质条件分析，K0+000～K0+280 段坡体由强—微风化花岗岩构成，且自然边坡上部存在明显的陡缓相间的地貌，故宜结合地质条件优化设计方案。即利用花岗岩地层和地形地貌特点，采用收陡坡率结合工程加固的方式大幅降低边坡高度、挖方规模和防护工程规模。边坡采用 1∶0.1～1∶0.5 的坡率收坡，使挖方坡口线限制在自然地形陡缓交界部位以内，避免对后部陡坡产生扰动或减小支撑力度，继而采用长 8.5～11.5m 的锚杆和长 20m 的锚索对边坡"固脚强腰"。考虑到人工边坡坡率较陡，开挖易形成危岩落石，故采用易于施工和有利于坡面防护的厚 30cm 钢筋混凝土面板作为锚固工程的坡面反力结构。

经以上优化后,边坡的高度由66.8m降低为33m(图2-91),防护工程和开挖规模大幅降低,对环境的友好性大幅提高,且工程造价仅为原方案的35%左右,工程品质得到有效提高。

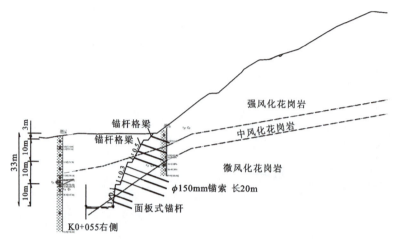

图2-91 K0+000～K0+280段优化方案工程地质断面图

K0+280～K0+580段坡体主要由强风化花岗岩构成,故采用与岩体性质相适应的1:0.75的坡率进行收坡,且考虑到自然地形较陡,故不宜设置宽大平台,防止边坡高度增长过快。优化方案遵循"固脚强腰、分级加固,兼顾整体与局部"的高边坡设计原则,采用长8.5～11.5m的锚杆和长30～35m的锚索工程对高边坡进行加固。考虑到边坡主要由强风化花岗岩构成和坡面采用框架分割的有利条件,取消挂网喷混凝土和被动网工程,而采用三维网植草对边坡进行绿化。

经以上优化后,边坡的高度由97m降低为69m(图2-92),防护工程和开挖规模大幅降低,对环境的友好性大幅提高,且工程造价仅为原方案的45%左右,工程品质得到有效提高。

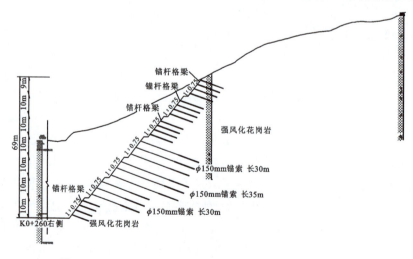

图2-92 K0+280～K0+580段优化方案工程地质断面图

第二十二节 高边坡分级加固探讨

因下部应力集中程度高,高边坡的安全度低,故往往不得不采用大量的工程进行加固。这造成了工程加固规模急剧增长,一旦工程质量欠佳,高边坡的安全就会受到严重威胁。

为减小高边坡应力过于集中而导致坡体整体稳定性降低的不利因素的影响,宜结合地形地貌等地质条件,在坡体中部适当位置设置宽大平台,将一个高大边坡分割为两个次高边坡进行处治。这不但有效降低了高大边坡过于集中的应力,也实现了"固脚强腰、分级加固,兼顾整体与局部"的防治理念,大大提高了高边坡的安全性。同时,应加强高大边坡收坡处治原则,有效降低高边坡的高度,减少坡体在大气中的暴露面以及对自然坡体的过量开挖与扰动,这样有利于边坡的后期维护。

1. 案例一

某坡体上部覆盖厚 0.5~1.8m 的碎石土,下伏厚 0.7~2.3m 的碎块状强风化流纹凝灰岩,其下为中风化流纹凝灰岩,岩体较完整,结构面起伏粗糙,主要节理 J_1 产状为 65°∠80°,密度为 2~3 条/m;J_2 产状为 135°∠38°,密度为 3~4 条/m;J_3 产状为 282°∠42°,密度为 3~5 条/m,如图 2-93。技术人员拟采用 1∶0.50 和 1∶0.75 的坡率开挖,并在第四、八级设置 7m 的宽大平台后,采用锚索、锚杆框架+厚层基材防护+地表排水措施对全坡面进行防护,边坡坡向 251°,最大高度 148m,如图 2-94。

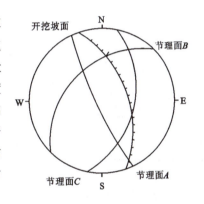

图 2-93 案例一坡体赤平投影图

从地质条件分析,构成坡体的岩体风化程度较低,有利于坡体的稳定,但坡体中存在影响边坡局部稳定性的不利结构面,加之边坡高度较大,工程对坡体扰动大且加固规模较大。整个高大边坡在丰富的地下水作用下,存在坡脚部位两级边坡锚杆"固脚"不利而发生剪切破坏的可能。因此,结合自然坡度较陡的实际情况,在适当位置设置宽大平台将一个高大边坡分为两个次高边坡,兼顾高边坡整体与局部稳定性的基础上进行收坡,有效降低边坡高度,具体措施如下。

(1)将第五级边坡平台设置为 10m 的宽大平台,将位于中风化层的第一、二、三、四、五级边坡坡率设置为 1∶0.3,采用厚 0.3m 的面板式锚杆或锚索挡墙进行加固防护,依据"固脚强腰"的原则,对宽平台下部的边坡进行防护,其中第二、三、四级边坡采用锚索框架加固,并兼顾整个高大边坡的稳定性;将位于中风化层的第六、七、八级边坡坡率设置为 1∶0.3~1∶0.5,采用厚 0.3m 的面板式锚索挡墙进行加固防护,提高宽平台上部边坡的稳定性;位于强风化层的第九、十、十一级边坡采用锚杆框架防护。

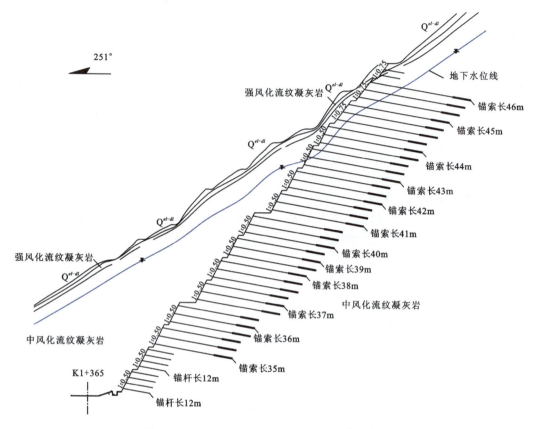

图 2-94　案例一拟采用加固方案工程地质断面图

（2）由于坡体地下水位较高，边坡开挖后坡面将成为新的地下水渗流途径，故在坡脚和宽平台处分别设置长约 20m 的仰斜排水孔疏排地下水。

优化后，边坡高度由原方案的 147.6m 降低为 113m（图 2-95），大幅减小了挖方和防护工程规模。其中，挖方规模减小约 20%，锚固工程规模减小约 50%。边坡在确保安全的前提下，工程经济性大幅提高。

2. 案例二

某管理中心场坪所在自然边坡坡度为 16°～50°，坡面植被茂盛，以灌木间杂乔木为主，地下水贫乏，抗震设防烈度为Ⅵ度。坡体主要由人工素填土、全—中风化砂岩组成。其中，人工填土层厚 5～20m，稍密，主要由 8 年前花岗岩采石场清表堆积形成。全风化砂岩厚 5～23m，原岩结构已被破坏，岩芯呈硬土柱状。强风化砂岩厚 7～39m，原岩结构大部分被破坏，呈碎块状。中风化砂岩厚 20～40m，呈青灰色，岩芯以短柱状为主，部分呈长柱状，完整性较好，铁质胶结，中—厚层状构造，饱和抗压强度标准值在 50.5MPa 以上，赤平投影如图 2-96。

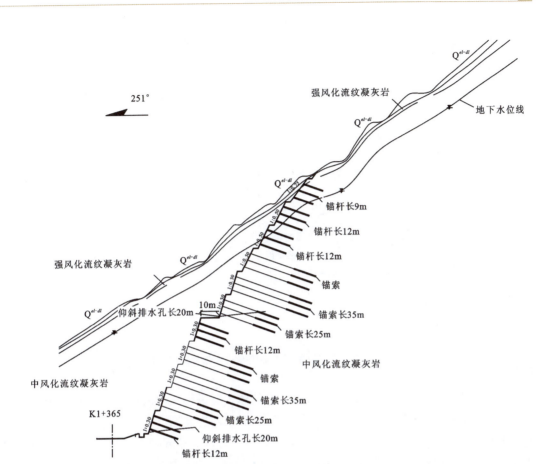

图 2-95 案例一优化加固方案工程地质断面图

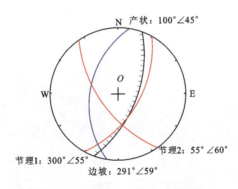

图 2-96 案例二坡体赤平投影图

技术人员拟将边坡坡率设置为 1:0.75、1:0.8、1:1.0,其中第四级平台宽 8m,第七级和第十级平台宽 10m,其余平台宽 2m,第一至第六级边坡采用锚杆长 6m 的框架+主动网进行防护,第七至第十二级边坡采用长 20~30m 的锚索框架进行加固,第十三级边坡采用长 11.5m 的锚杆进行防护,第十四级边坡采用骨架护坡防护,边坡最大高度为 137.1m,如图 2-97。

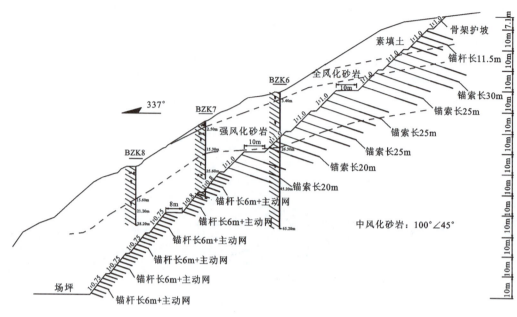

图 2-97　案例二拟采用方案代表性工程地质断面图

首先，从地质条件分析，该段自然边坡较陡，坡体主要由强—中风化砂岩构成，且中风化砂岩为中厚层状，完整性较好，坡体地下水贫乏，有利于高边坡稳定。

其次，坡体产状与坡向近反倾，坡体节理裂缝可见延伸 3~8m，间距约 0.5m，微张、无充填，有利于边坡的整体与局部稳定。但应注意形成的楔形结构体在工程开挖扰动作用下失稳，且坡体风化界限较明显，故应以加强此类结构面为基础对边坡进行防护。

此外，综合考虑场坪原采石场边坡高陡且多年保持良好的稳定性（图 2-98），以及现边坡爆破开挖后的现状（图 2-99），可依据工程地质类比，有效指导本次高边坡的设计。

图 2-98　拟建区既有采石场边坡

图 2-99　现场既有边坡爆破开挖

综上,拟采用方案优化如下:

(1)为消减应力峰值并兼顾强—中风化的不利界面,将第四级平台设置为8m的宽大平台。宽大平台下部为中厚层状中风化砂岩,其岩性、产状、结构面均较为有利,故将第一至第四级边坡坡率设置为与地质条件相适应的1:0.1、1:0.3,并设置长锚杆和锚索进行加固,确保整个高边坡"脚部"和宽大平台下部边坡的稳定性。此外,为防止开挖形成人造危岩,第一至第四级边坡采用百叶窗肋板式锚固工程对全坡面进行防护,继而对坡面进行绿化,提升管理区的绿色景观效果。

(2)将位于强—中风化过渡段的第五级边坡坡率设置为1:0.5,然后设置锚索框架工程对边坡进行加固,从而确保高边坡"腰部"的稳定,也可兼顾宽大平台上部边坡的"脚部"的稳定。

(3)将位于强风化砂岩层的第六至第八级边坡的坡率设置为与岩性相适应的1:0.75,并采用锚索和锚杆框架工程对边坡进行加固,确保大平台以上边坡的稳定性。

(4)将位于全风化砂岩的第九级边坡坡率设置为1:1.0,考虑到工程的重要性以及防止第九级边坡牵引后部坡体变形,采用锚杆工程对其进行加固。

经以上优化后,高边坡最大高度由137.1m大幅降低为89m,如图2-100。此方案优化了60%的开挖土石方,减少了弃土场的征地面积和运输量,工程环保性好,且边坡锚索工程规模下降了约30%,锚杆工程规模下降了约33%,工程造价较原方案下降约50%,工程经济性大幅提高。

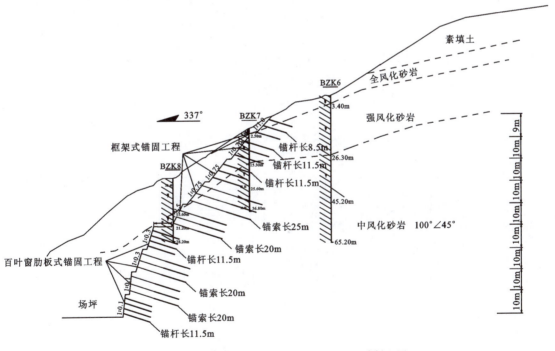

图2-100 案例二优化方案代表性工程地质断面图

第二十三节　保护重要结构物的高边坡加固方案探讨

1. 基本情况

某自然斜坡坡度为22°～33°,坡体顶部地形较为平缓,坡体前部10m左右紧临某学校教学大楼。坡体主要由上覆的第四系坡残积粉质黏土(厚8m左右)和下伏的板岩构成。其中,岩体结构完全破坏的全风化板岩厚约20m,岩体极破碎的强风化板岩厚约25m。而下伏的中风化板岩呈中厚层状,产状为25°∠59°,节理裂隙发育,主要结构面产状为113°∠47°、72°∠80°,节理长度为1～2m。边坡坡向为136°,与岩层产状近正交。区内年平均降雨量为2200mm,地震烈度为Ⅵ度。

高边坡拟采用1∶0.75、1∶1的坡率和2m宽的平台进行设置,坡脚设置"h"形双排桩进行"固脚",前后排桩间距8m,桩截面均为2m×3m,桩长分别为22m和35m,桩间距为5m。其中,前、后两排桩上均设置锚索,分别长40～45m和45～55m,锚固段长17m;全坡面采用长40m的锚索框架进行加固,锚固段长17m。边坡最大高度约为142.6m,如图2-101。

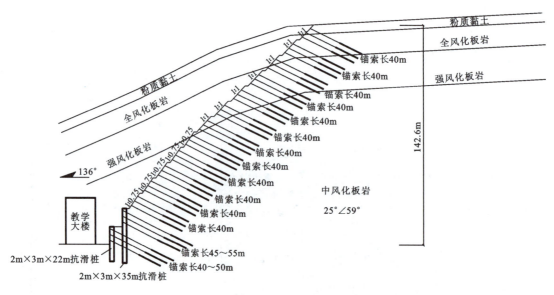

图2-101　拟采用方案工程地质断面图

2. 坡体处治思路

(1)该段边坡高度大,属于特高边坡,加之坡体前部为"在使用期内容错率为零"的教学大楼,故坡体的安全系数应取规范的上限值,确保边坡在使用期内的整体与局部稳定性满足安全使用要求,即高边坡的加固应遵循"合理设置宽大平台、固脚强腰、分级加固"的原则。

(2) 为提高设计品质,高边坡应加强环保绿化防护。

(3) 高边坡地层的岩体结构有利于坡体稳定,但岩性较软,不利于坡体稳定,故宜结合风化界面等结构面,在高边坡的适当部位设置宽大平台消减集中的应力。

(4) 土岩界面、全-强风化界面、强-中风化界面对坡体的稳定性有一定影响,故应加强此类结构面的加固,且坡体结构面较发育,故应同时加强小结构体的加固。尤其是考虑到边坡前部的场坪为人员密集活动区,应确保高边坡不发生坡面落石。基于此,应结合高边坡坡形坡率的设置对全坡面进行加固防护,即宜对每级边坡进行必要的加固防护。

(6) 结合岩土体的性质,尤其是自然边坡上部地形较为平缓,宜适当放缓边坡坡率以提高坡体的自身稳定性,适当弱化边坡的加固工程。

(7) 坡体位于降雨量较大的热带地区,故在逐级设置平台截水沟的基础上,在坡脚和边坡中、上部的两级宽大平台部位设置长度较大的仰斜排水孔,对可能存在的地下水进行疏排。

(8) 依据岩土体性质,将锚索的锚固段调整为 10m,并依据高边坡"固脚、强腰、锁头"的原则,合理设置抗剪能力更强的钢锚管与锚索联合工程对坡体进行加固。

钢锚管与锚索工程依据坡体地质条件,结构工程经验确定的破裂角形态(与地面形态近似,且是相对保守安全的)和土层与全—强风化层的圆弧搜索法潜在滑面、小结构面、土岩界面、风化界面,结合"固脚、强腰、锁头与分级加固"的原则综合设置。基于此,将边坡坡率设置为 1∶1 与 1∶1.25,并在第五级与第十级边坡分别设置宽为 15m 和 10m 的大平台,全坡面设置钢锚管与锚索框架,结合喷混植生对边坡进行全坡面绿化防护。

优化方案通过合理设置坡形坡率及对全坡面进行锚固,有效提高了坡体的整体与局部稳定性,处治工程环保性大幅提高,且具有较大的安全储备,是一个相对较优的方案,如图 2-102。

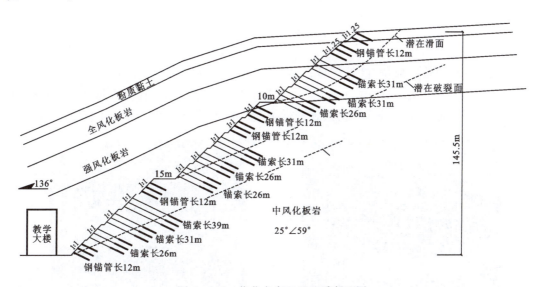

图 2-102 优化方案工程地质断面图

第二十四节 生活用水导致的高边坡病害分析及处治

工程建设中应加强生产生活用水管理,尽量避免在高边坡或老滑坡等存在较大安全隐患的坡体上部位置设置生产和生活场所,防止生活用水管理不善导致水渗入坡体而引发规模较大的工程滑坡或使老滑坡复活。

1. 基本情况

某边坡依附于突出山脊,高约50m,地表为厚约2.4m的素填土,下伏产状近水平的强—中风化薄层状泥质板岩。原方案边坡坡率为1:1、1:1.25,其中第一、三级边坡采用锚杆框架防护,第二级边坡采用锚索框架防护,第四、五级边坡采用三维植被网植草护坡,如图2-103。工程施工时,施工单位采用"开挖一级、防护一级"的模式进行施作。

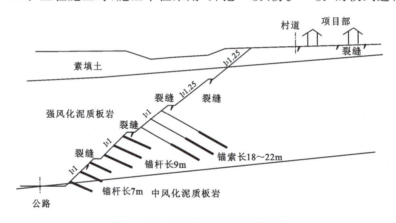

图2-103 原方案工程地质断面图

开挖至一级边坡中部位置时(图2-104),边坡的多级坡面与平台开裂(图2-105、图2-106),坡顶上部的项目部场坪下沉,最远裂缝距坡口线约20m。现场采用反压一级边坡和在坡后场坪设置20m长注浆孔的措施进行应急处治,如图2-107。

图2-104 高边坡施工现场全景图

图2-105 一级边坡中上部出现贯通剪切裂缝

图2-106 多级平台开裂

图2-107 坡顶场坪区注浆现场

永久工程处治时,技术人员拟将第三级平台设置为8m的宽大平台,第四、五级边坡坡率放缓至1:1.5,并分别采用锚索和锚杆框架进行加固。在第一级平台部位设置1.5m×2.0m×20m@5m的锚索抗滑桩进行加固,如图2-108,工程造价为A万元。

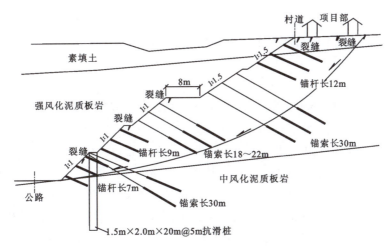
图2-108 拟采用方案工程地质断面图

2. 病害原因分析

(1)坡体主要由强风化薄层状泥质板岩构成,岩土体性质差,遇水力学性质变差。

(2)坡体表面局部渗水严重(图2-109),但考虑到边坡依附于突出的山脊,虽然两侧凹地有较丰富的地下水,但高边坡部位不应有较高的地下水位。因此,位于坡面以下2.0~3.5m的高水位地下水来源可能为上部生活有100余人的项目部。

根据项目部用水情况调查结果,整个项目部区域地下1.0m左右生活污水漫流,污水中甚至滋生大量活动的蠕虫(图2-110)。这说明项目部生活用水对整个边坡的稳定性造成了直接威胁。

图 2-109　坡体后部渗水严重　　　　图 2-110　项目部前部场坪地板下部的活动蠕虫

(3)坡体大变形期间区内连降大雨,汇水沿项目部后部的截水沟、前部的村道边沟大量渗入坡体,加剧了边坡的变形。

(4)坡体变形后,在坡后场坪区进行深约 20m 的无加筋注浆处治,造成大量浆体中的水进入坡体,进一步加剧了坡体变形。

(5)现场锚固工程施工质量偏差,不能确保锚索预应力的实现。

3. 方案分析

(1)拟采用方案工程规模较大,对地下水疏排和地表水截排重视欠缺,且削方造成后部村道断道,故该方案宜结合病害成因进行优化。

(2)考虑到已加固的边坡工程质量欠佳,故对三级平台以上的坡体进行削方(结合工程经验消除滑体的 1/9),边坡坡率取 1∶1,以快速提高坡体的整体稳定性,防止坡体出现整体滑移,并可确保后部村道的正常使用,将高约 50m 的高边坡分为上、下两级次高边坡。

(3)在二级边坡所在锚杆框架内设置锚索十字梁进行补强,对一级边坡采用抗剪能力更强的钢锚管框架替换尚未施作的锚杆框架;对上部大平台后部削方形成的两级边坡采用锚杆框架进行加固,以确保村道和项目部的安全。

(4)修补项目部生活区的截排水工程,并在一级边坡坡脚和三级大平台坡脚各设置长 20m 以上的仰斜排水孔,对坡体地下水进行有效疏排以提高坡体的自身稳定性。

优化方案针对性强,工程造价仅为原方案的 15%,提出后得到了相关单位的肯定并立即予以实施,监测数据反馈工程处治效果良好(图 2-111)。

4. 总结

(1)高边坡上部切忌布置规模较大的生活区,一是防止高边坡变形影响生活区的安全,二是防止生活区大量用水威胁高边坡的安全。

(2)"治坡先治水",设置合理的地表水和地下水的截、疏、排措施是确保边坡"长治久安"的首要之选。

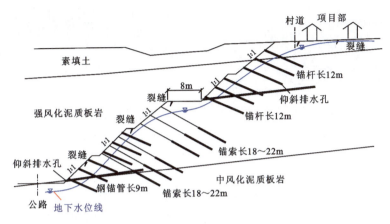

图 2-111 优化方案工程地质断面图

(3) 病害处治工程应结合既有构筑物合理设置,防止工程的实施导致当地或相关人员生产生活不便。

(4) 高边坡抢险切忌采用大量注浆方案,尤其是没有钢筋、钢管等筋体的大量注浆,否则大量的浆体注入会造成地下水位快速上升从而恶化边坡的稳定性。

第二十五节　富水半成岩高边坡病害处治方案探讨

半成岩在我国有着非常广泛的分布,由于其成岩历史较短,力学性质较差,边坡稳定性一般较低,是工程界最令人"头痛"的不良地质体之一。尤其是当坡体中存在地下水时,半成岩力学参数会大幅下降,严重威胁工程的稳定性和安全性。其中最具代表性的半成岩是位于四川攀西地区的昔格达半成岩和位于青海共和县的共和半成岩。

1. 案例一

某坡体上部为厚 15.9~34.3m 的卵石土,稍密—中密,稍湿。卵石含量约占 60%,一般粒径为 50~130mm,充填物主要为粉土、黏性土等,卵石主要为呈强—中风化石英砂岩,其下为新近系上新统昔格达组粉砂岩夹泥岩,具有水平层理,岩质软,手易捏碎,遇水易软化崩解。区内抗震设防烈度为Ⅸ度。

原设计边坡最大高度约为 41.5m,每级边坡高为 8m,坡脚设置 3m 高挡墙,墙后边坡台阶式开挖,分级高度为 8m,除第三级平台宽 4m 外,其余平台宽 2m,边坡坡率均为1∶1.25,全坡面采用菱形骨架内喷播植草绿化防护,如图 2-112。当边坡开挖至路基标高时,层状昔格达组粉砂岩夹泥岩在丰富地下水的渗流潜蚀作用下崩解,呈粉状砂被地下水带出(图 2-113、图 2-114),边坡出现滑移变形。

图2-112 病害边坡全貌

图2-113 层状分布且多有隔水层

图2-114 边坡崩解、溜滑、潜蚀现象严重

病害发生后,技术人员拟采用以下两个方案进行比选。

方案一:以放坡为主,如图2-115。有效解决上部性质较好的卵石层对下部富水昔格达组的重力挤压作用,但上部性质较好的卵石层放坡过缓,也没有有效解决地下水对昔格达组长期潜蚀导致的坡面溜滑等问题,且征地范围偏大,开挖土石方规模较大,工程环保性、经济性较差。

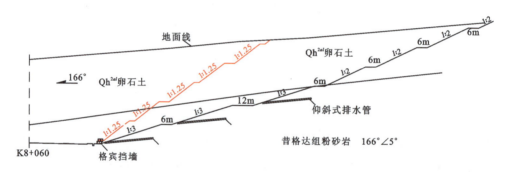

图2-115 方案一工程地质断面图

方案二:适当放坡+锚固,如图2-116。在卵石层与昔格达组附近设置大平台,解决上部性质较好卵石层对下部富水昔格达组的重力挤压作用,但在大平台部位设置止水帷幕会造成地下水上升,影响坡体的整体稳定性。昔格达组内设置钢锚管工程规模较大,坡面承载力偏低,尤其是排水工程设置欠佳,不利于坡体的"长治久安"。

综上,依据坡体岩土体性质和地下水特点对处治方案优化如下:

(1)"治坡先治水",尤其是对于水敏性很强的昔格达组半成岩地层,更应把排水放在首位,提高坡体的自身稳定性。

(2)依据卵石层与昔格达组半成岩的接触面标高,调整每级边坡高度,即每级边坡的高度由8m调整为10m,在卵石层与昔格达组半成岩接触部位设置宽大平台,既可减小上部卵石层对下部富水半成岩坡体的重力挤压作用,又可将一个高大边坡分为两个次高边坡进行处治。

(3)依据岩土体性质差异,对富水半成岩边坡设置较缓的边坡坡率,对性质较好的卵石层边坡设置较陡的坡率。

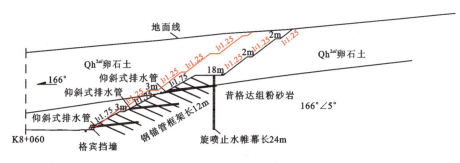

图 2-116　方案二工程地质断面图

(4)加强昔格达组地下水和卵石层与半成岩之间地下水的截排,即在第一级边坡坡脚与第三级大平台部位设置长度较大的仰斜排水孔,在昔格达组边坡内设置边坡渗沟,通过仰斜排水孔+渗沟疏排昔格达组的深层地下水和坡面附近的浅层地下水,从而有效提高坡体的自身稳定性。

(5)为进一步贯彻高边坡"固脚强腰"的理念,分别在第一级边坡中下部和第三级边坡设置钢锚管框架进行加固。

(6)由于昔格达组所在边坡坡率较缓,汇水面积较大,故除在每级平台设置截水沟外,在坡面上利用边坡渗沟设置拱形骨架,防止坡面径流的形成,并采用根系发达的喜水灌木进行绿化,加强生态防护。

优化方案方案加强了排水工程设置,结合地质条件合理设置坡形坡率和防护工程,工程措施针对性强,是一个相对较优的方案(图 2-117)。

需要说明的是,后期采用以方案二为主的措施对边坡进行了病害处治,但由于没有有效设置截排水工程和取消了边坡渗沟工程,在处治工程完工不足一年时,下部的一、二级半成岩坡体在水的作用下发生了大面积的滑坡。这样的教训是深刻而惨痛的。

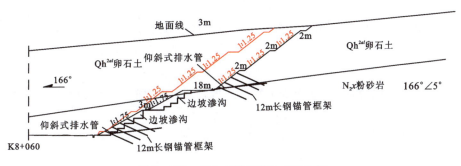

图 2-117　优化方案工程地质断面图

2. 案例二

某边坡地表分布厚 3~5m 的残坡积粉土,自然坡度较为平缓,下伏昔格达组厚层状粉砂岩,产状为 100°∠68°,坡向为 265°,呈反倾状。坡后约 16.5m 有专用的 110kV 高压输电铁塔。原方案中边坡分两级开挖,坡率为 1∶1,最大高度约 20m,其中第一级边坡采用锚杆框架进行加固。

边坡开挖基本到位后,由于降雨等因素滑坡发生滑动,后缘距离高压铁塔约13m,下错约1.5m,滑坡平面上呈宽缓圆弧形。随着后期再次的暴雨作用,大量地表水下渗,坡体富水,甚至局部呈饱和状态,因而再次发生滑动,形成了高1.5～3m的多级下错后壁,拉张裂缝宽20～30cm,呈贯通锯齿状。前缘剪出口位于第一级平台,坡体以10～15cm/d的速度发生滑动(图2-118)。

图2-118 昔格达组边坡破坏状态

从病害成因分析,边坡属M型地貌,昔格达组半成岩地层水敏性强,属于不良地质体。坡体开挖后长期裸放,在M型地貌凹槽部位的地表汇水作用下发生滑动。滑体呈饱水状态,且部分呈塑流状态,不断有地下水从第一级边坡渗出。

病害发生后,技术人员采用了如下应急方案和永久处治方案对边坡病害进行处治(图2-119)。

1. 应急方案

(1)由于滑坡后缘距专用高压电塔不足13m,为防止坡体进一步牵引变形影响高压电塔安全,在电塔前部设置两排桩长20m、排列间距均为1.5m的ϕ108mm钢管微型桩,桩顶设置联系梁,提高微型桩的整体受力,对铁塔进行预防护。

(2)施作堑顶截排水沟,防止地表汇水渗入坡体进一步影响坡体的稳定性,导致滑坡范围扩大。

(3)坡体下部设置砂砾石反压体,用以暂时稳定滑坡。

2. 永久处治方案

(1)按1∶1和1∶1.25的坡率清坡后,设置锚索框架对全坡面进行加固,坡脚处设3m高路堑挡土墙"固脚",并将一级平台设置为9.8m宽。

(2)坡面采用植草防护,在二级边坡设置多排长10m的仰斜式排水管。

从现场看,依据坡体地质条件和变形特征,处治方案分应急和永久处治"两步走"是合理的。但由于滑坡剪出口位于一级边坡上部,采用的反压工程规模较大,且反压体的顶部标高

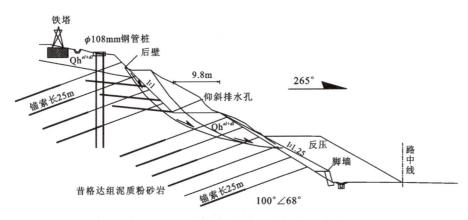

图 2-119 拟采用方案工程地质断面图

只超出剪出口 2m,滑坡存在越顶的可能。此外,第一级边坡富水,采用锚索加固时框架的承载力不足,极易造成预应力损失。

综上,建议对应急和永久处治方案进行优化调整,如图 2-120。

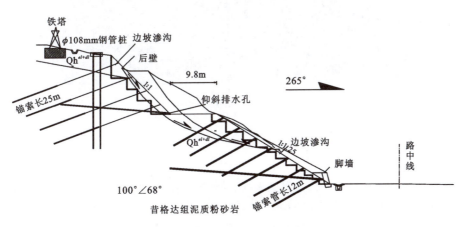

图 2-120 优化方案工程地质断面图

(1)在高压电塔前部设置两排微型桩用于应急防护的基础上,对滑坡后缘进行逐级卸载、逐级加固,从而有效减小滑体下滑力,提高坡体的稳定性,也有效防止滑坡病害出现向后牵引的危害。

(2)在第一级和第二级富水边坡上设置间距 5.0m、宽 1.0m、深 1.5m 的边坡渗沟,对坡面附近具有一定厚度的富水岩土体的地下水进行疏排,并结合设置的长 20m 的仰斜排水孔,共同提高坡体自身稳定性,为坡面设置锚固工程反力结构提供有效的地层承载力。

(3)取消一级边坡的锚索工程,设置长 12m 的钢锚管框架工程,利用钢管的强大抗剪力对一级边坡进行"固脚"。将第二级边坡的多排仰斜排水孔优化为一排,但长度由 10m 加长为 20m。

优化方案工程针对性强,结合排水工程对边坡进行了加固,是一个相对较优的方案。

第二十六节　二元结构边坡病害处治方案的确定

上土下岩式的二元结构边坡主要由多种形式的堆积物上覆于基岩形成,堆积物有冲积、洪积、风积、残积、坡积等形式,也称基座式边坡,如图2-121。此类边坡的主要病害是开挖或填筑后堆积体易沿土岩界面发生滑移,且由于土岩界面相对隔水,上部堆积体含水量往往较高,坡体可能沿土岩界面发生多种形式的病害。此类边坡的防护重点是土岩界面潜在滑移面的加固和基岩上部堆积体的截排水。

图2-121　二元结构边坡示意图

1. 案例一

某自然坡体下伏中风化灰岩,上覆红黏土。原方案采用1∶1.00的坡率开挖后,第二级边坡切穿土岩界面,上部红黏土在降雨作用下发生大面积滑塌,并不断向后、向两侧牵引发展。最远裂缝距坡口线约25m,若不及时进行处治,坡体变形范围有不断扩大的趋势。技术人员拟在第一级边坡设置锚杆框架,在第二级边坡土岩界面处设置8m高重力式挡墙支挡,如图2-122。

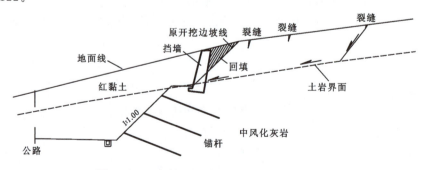

图2-122　案例一拟采用方案工程地质断面图

根据地质条件,上部灰岩的残坡积红黏土沿下伏土岩界面发生滑移变形,下部灰岩稳定性良好,故不宜采用锚杆工程进行加固;在一级平台所在的土岩界面处设置8m高的重力式挡墙,对后部红黏土扰动较大,不利于施工期间后部红黏土的稳定。该方案工程费用较高,经济性较差。

基于此,建议取消第一级边坡锚杆框架防护工程,而在一级平台土岩界面部位设置轻型锚杆挡墙,主要利用锚杆的锚固力平衡后部红黏土的下滑力或土压力,如图2-123。该方案对坡体扰动小,施工方便,工程造价约为原方案的50%。采用优化方案施工后,多年来边坡一直保持稳定,如图2-124。

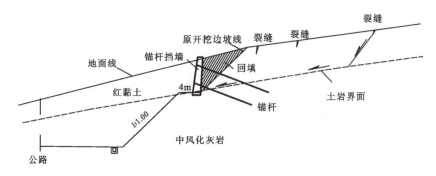

图 2-123　案例一优化方案工程地质断面图

图 2-124　工后效果图

2. 案例二

某边坡位于相对低凹地形段,下伏中风化砂泥岩,上部为粉质黏土,原方案采用1:1.00的坡率开挖后切穿土岩界面,造成上部粉质黏土发生体积约$1.5 \times 10^4 m^3$的滑坡。土岩界面处地下水渗流严重,粉质黏土处于可塑—软塑状态,且滑坡不断向后、向两侧牵引发展,最远裂缝距坡口线约22m。若不及时进行处治,坡体变形范围有不断扩大的趋势。

病害发生后,技术人员拟在土岩界面处设置4.5m高的重力式挡墙+2排长12m的$\phi 130mm$钢管微型桩进行支挡,并对墙后粉质黏土设置1∶2.00的坡率进行削方,如图2-125。

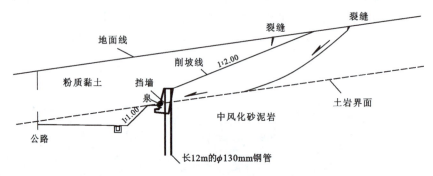

图2-125 案例二拟采用方案工程地质断面图

结合坡体地质条件和病害特征分析如下:

(1)坡体病害为粉质黏土在地下水作用下依附于土岩界面向开挖临空面发生滑移的工程滑坡,滑坡治理的关键是地下水和地表水的有效疏排与截排。

(2)挡墙和微型桩后部的粉质黏土坡率设置过缓,汇水面积过大,不利于水敏性较强的粉质黏土边坡和后期坡体的稳定,坡体一旦富水,存在沿墙顶越顶的可能。

(3)拟采用方案工程费用较高,经济性较差。

基于此,建议在保留土岩界面处4.5m高重力式挡墙的基础上,对富水粉质黏土采用间距为6m的边坡渗沟进行处治,如图2-126。该方案的优点是利用挡墙和其后部紧邻的边坡渗沟底部圬工,有效提高坡体的抗滑力,并通过边坡渗沟的疏排水功能有效降低可塑—软塑状粉质黏土的含水量,提高坡体的自身稳定性。在此基础上,将边坡坡率由1∶2.00调整为1∶1.25,坡面结合边坡渗沟设置拱形骨架进行绿化防护。

优化方案机械施工方便,"治坡先治水"的目的性强,施作后边坡多年来一直保持稳定。

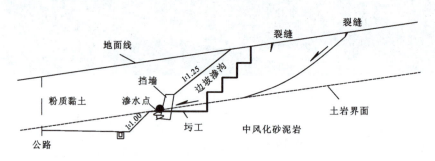

图2-126 案例二优化方案工程地质断面图

第二十七节　平推式坡体病害处治

平推式坡体病害指构成坡体的基岩产状近水平,岩层中存在薄层状软弱夹层,因开挖等形成临空面时,在降雨、灌溉等因素作用下大量地表水沿坡体中发育的竖向节理渗流入坡体后,在水压力作用下坡体出现依附于近水平层状软弱夹层滑动的现象,如图2-127、图2-128。这种病害在产状近水平、岩体软硬相间、降雨丰沛和灌溉发达的地区比较常见。

图2-127　平推式坡体病害中竖向节理发育

图2-128　平推式坡体病害隔水夹层部位出水严重

平推式坡体病害所依附的坡体产状近水平(甚至是反向的),虽然产状有利于坡体稳定,但坡体中存在的薄层状软弱夹层为病害的发生提供了良好的潜在滑面,在降雨、灌溉等因素作用下,大量地表水灌入坡体后形成较大的水压力,推动坡体发生平移而产生病害。

平推式坡体病害一旦发生,由于后部裂缝拉开无法蓄积地下水,坡体水压力将大幅下降。因此,坡体沿原后缘拉裂缝发生再次滑移的可能性不大。但若暴雨或灌溉等因素作用持续存在,则仍可能造成已发生平推式病害的较完整滑体继续解体,或造成滑体后部未发生病害的坡体继续发生平推式滑坡。因此,平推式坡体病害应依据病害成因和特征进行治理,切忌对坡体症状判断失误导致病害扩大。

平推式坡体病害的治理关键点如下:

(1)平推式坡体病害的发生与水有直接关系,因此平推式坡体病害的治理首先应贯彻"治坡先治水"的理念,加强坡体截、疏、排水工程的设置。这样不但可以预防平推式坡体病害的发生,也可以提高已发生病害坡体的自身稳定性,防止类似病害扩大化。

(2)平推式坡体病害主要动力来源于水,一旦水作用消散,坡体的稳定性将大幅提高,故坡体病害支挡加固措施不宜过强。

(3)导致平推式坡体病害发生的另一因素是薄层状软弱夹层的存在,因此提高软弱夹层的抗剪能力是关键,故宜尽量采用锚索、锚杆、钢锚管、微型桩等轻型支挡结构,没有特殊情况一般不宜设置抗滑桩等体量过大的抗滑结构。

如某坡体原方案设计的最大开挖边坡高度为 33.3m,自然坡度约 40°,顶部为覆盖薄层粉质黏土的宽广平台,下伏中风化粉砂质泥岩,岩层产状为 185°∠3°。坡体节理裂隙较发育,主要有两组,产状分别为 275°∠80°、200°∠76°,泥质充填,密度为 4 条/m 左右。坡体在没有设置加固工程的情况下基本开挖到位后,受连续强降雨影响,坡顶距坡口线 3～5m 处出现长 100m、宽 1～2m 的贯通性裂缝,边坡中部出现岩体沿软弱夹层剪出的平推式变形而不断坍塌,且坡体有地下水不断渗出,病害前缘特征如图 2-129。

图 2-129 平推式坡体病害前缘特征

发生平推式坡体病害的主要原因:边坡开挖前,坡后未修建堑顶截水沟,长达半个月的降雨导致大量地表汇水沿坡后冲沟流入边坡区,并沿坡体发育的竖向节理渗入坡体,在下伏软弱夹层的隔水作用下,对坡体形成了很大的静水压力,且坡体开挖后没有相应的加固工程,如图 2-130。

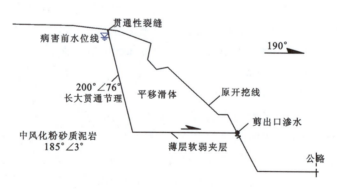

图 2-130 平推式坡体病害地质断面图

依据平推式滑坡的特点,结合现场实际情况,该滑坡最终采用如下处治方案(图 2-131):

(1)在坡体后部修建截水沟,有效截断坡后汇水,并在平推式坡体依附的剪出口部位设置 6m 宽平台,对较为完整的滑体进行必要的放缓坡率削方。

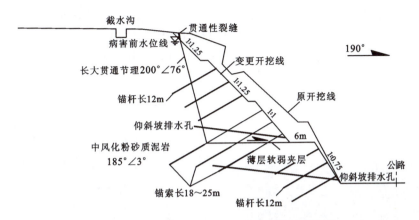

图 2-131　平推式坡体病害处治工程地质断面图

（2）依据平推式滑坡的现状、发展趋势，兼顾高边坡进行工程处治。即在第一级边坡设置锚杆框架，对潜在的病害体进行预加固，并对高边坡起到"固脚"的作用；在第二级边坡设置小吨位锚索框架，对近水平的薄层软弱夹层进行加固，提高坡体的整体稳定性，并兼顾高边坡的"强腰"作用；在第三级边坡设置锚杆框架进行加固，提高高边坡的局部稳定性。

（3）在坡脚与第一级平台分别设置长 30m 和 22m 的仰斜排水孔，防止地下水的蓄积，从而截断平推式滑坡的起动力。

该平推式滑坡治理以来，多年来一直保持稳定，说明治理工程是成功、有效的。

第二十八节　浅层滑塌体病害处治方案探讨

浅层滑塌体病害处治时，应通过坡体的变形特征和地质条件，定性分析坡体的变形性质、规模，判明坡体病害特征，从而为定量计算和合理确定变更方案提供必要的依据。一旦坡体病害性质的定性分析出现偏差，就可能造成工程处治方案品质下降，工程费用偏高，甚至导致工程处治方案的安全性欠佳。

如某高海拔地区自然坡体上部为厚 6～8m 的含碎石粉质黏土，表层为厚约 2m 的高原草甸腐殖质土，呈松散状，含水量高；其下为厚 6～8m 的碎块石土，呈稍密、潮湿状。下伏较破碎—破碎状三叠系石英砂岩及板岩地层。

该段路堑边坡高约 10m。边坡开挖后坡体表层的草甸和含碎石粉质黏土发生多级牵引变形，裂缝在形态上呈叠瓦状排列，使整个山坡"伤痕累累"，且裂缝有继续扩大的趋势，故在坡脚设置了抗滑桩对浅层变形体进行支挡防护。

4 年后，随着坡体变形范围的不断扩大，病害范围超出了原支挡加固范围。变形范围长约 160m，横向宽约 150m，厚 2～4m，滑塌体积约 $4×10^4 m^3$，如图 2-132。坡面上发育多条贯通、与路线近于平行的张拉裂缝，裂缝长约 150m，相邻裂缝间距为 6～20m，裂缝宽度为 20～50cm，坡表兼有冻融滑塌现象。

技术人员分析后认为该病害属于施工扰动诱发的滑坡,通过计算后采用与 4 年前设置相同规格的 2m×3m×22m@6m 的抗滑桩对变形扩大范围的坡体进行支挡加固,并在全坡面上增设挂网喷混凝土进行防护,如图 2-133。工程造价为 A 万元。

图 2-132 滑坡全貌

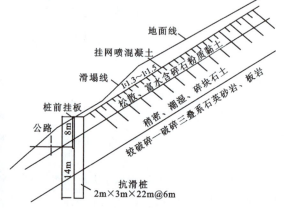

图 2-133 拟采用方案工程地质断面图

从工程地质条件和病害特征分析,坡体病害是坡脚开挖导致的浅层滑塌病害,故在坡脚设置补偿支挡工程是合理的,但应注意如下几个问题:

(1)浅层滑塌体是由浅层富水高原草甸和一部分含碎石粉质黏土变形所致,故坡脚支挡工程应防止滑塌体发生越顶事故。

(2)浅层富水坡体采用 1:1.3~1:1.5 的坡率"剥山皮"式削方后,再采用挂网喷混凝土防护是欠合理的。这是因为"剥山皮"削方会导致地表水更易渗入坡体,加剧坡体变形,且在富水覆盖层上设置挂网喷混凝土,实乃大忌。尤其是区内海拔较高,冻胀作用明显,挂网喷混凝土工程可能在极短的时间内失效。

(3)技术人员计算得出 2~4m 厚的富水浅层滑体下滑力为 700kN/m,这明显不符合浅层牵引式坡体病害的特征。坡体变形由工程开挖形成临空面所致,故支挡工程的设置应以桩前开挖"三角体"的最大土压力(或抗剪力)×安全系数计算得出的需要补偿的抗力为依据。

综上,工程开挖深度范围内所需要补偿的抗力为 340kN/m,这说明技术人员计算所得的下滑力为 700kN/m 是明显偏大的,即采用 2m×3m×22m@6m 的抗滑桩结构强度偏大。

因此,需对工程处治方案进行优化调整,具体如下:

(1)坡体由于开挖形成较大的临空面,故应通过工程支挡进行补偿,防止随着时间推移出现深层堆积体变形。受路基宽度限制且挖方边坡高度较大,在不能调整线路平、纵面指标的情况下,采取以加固为主的措施,在坡脚设置悬臂长 12m 的 1.5m×2.0m×24m@6m 的抗滑桩,其中桩体悬臂露出地面 12m,继而回填对后部坡体进行反压,使上部富水腐殖土达到稳定休止角。

(2)为防止坡后落石飞越桩顶上路,在桩顶后部回填土体上设置 2m 高的格宾挡墙,阻挡可能的落石。

(3)"治坡先治水",高原草甸蓄水能力强,故在滑塌体后部和滑体中设置抗变形、方便施工的钢波纹管截水沟,截排地表汇水。

(4)在坡脚抗滑桩挂板后部设置高约 2m 的反滤层,防止坡后地下水蓄积,并设置长 20m 的仰斜排水孔对桩后地下水进行疏排,有效提高坡体深层稳定性,如图 2-134。

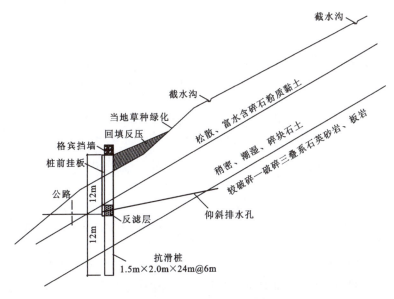

图 2-134 优化方案工程地质断面图

优化方案针对性强,对坡体的浅层滑塌进行了支挡加固,对开挖形成临空面的潜在深层滑面进行了预加固,对影响坡体的地表水和地下水进行了有效截、疏、排,坡体的整体和局部稳定性均得到了保障,工程造价为 0.5A 万元,具有明显的经济性优势,是一个相对较优的方案。

第二十九节 顺层边坡预加固长度确定方法探讨

顺层斜坡开挖后常出现依附于层面的顺层滑坡,且随着时效作用,坡体变形范围不断扩大,因此顺层边坡的预加固显得非常重要。合理设置预加固工程,可以有效控制潜在滑面的力学参数下降幅度和坡体结构在工程开挖扰动以后的损伤程度,也就可有效减小顺层边坡的工程补偿力度。否则,一旦顺层边坡发生变形或破坏,将导致后期加固支挡工程规模大幅攀升。

然而,顺层边坡中最为关键的预加固边坡长度是令技术人员最为头痛的问题之一。预加固范围过大,甚至是一坡到顶,将导致工程的经济性偏差;预加固范围过小,将可能导致工程力度偏小使得边坡失稳和工程损坏。基于此,笔者将近年来工程中常用的、能有效确定顺层边坡预加固长度的几种方法汇总如下。

1. 经验确定法

岩土工程治理中,合理有效的工程经验至关重要。滑坡专家王恭先经过 50 多年的工程经验总结得出以下结论:对于顺层边坡,预加固长度一般取开挖高度 H 的 5～10 倍,如图 2-135;对于似层面或外倾贯通性较好的结构面边坡,预加固长度一般取开挖高度 H 的 3～6 倍,如图 2-136。

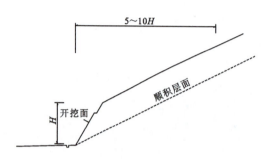
图 2-135 贯通性良好的沉积性顺层边坡预加固长度经验取值示意图

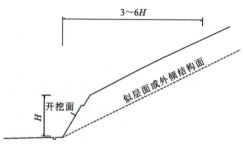
图 2-136 似层面或外倾贯通性较好的结构面边坡预加固长度经验取值示意图

此法的取值原则:结构面为硬性、无泥化夹层、倾角较大时,预加固长度取小值;结构面软弱、有泥化夹层、倾角较小时,预加固长度取大值。这种方法的优点是简单、方便、快捷,但总的来说偏于安全,技术人员可根据现场的实际情况合理选用预加固范围。

算例:

(1)某顺层边坡开挖高 12m,坡体由砂泥岩构成,潜在滑面为层间泥化夹层,倾角为 15°,故边坡预加固长度可取为开挖高度的 8 倍,即 96m。

(2)某层面反倾的砂岩坡体中外倾结构面微张,有泥膜,边坡拟开挖高 15m,边坡预加固长度可取为开挖高度的 4 倍,即 60m。

2. 力学平衡法

顺层坡体在开挖之前应力是平衡的,开挖后因失去前缘支撑,后部坡体松弛变形,故可通过计算开挖坡体失去的抗滑力或被动土压力,试算开挖面后部坡体多大范围内的下滑力能与其相匹配,从而确定顺层边坡的加固范围,即下滑力取被动土压力与抗滑力之间的大值。

当滑面以上的岩层破碎时,可采用被动土压力进行近似计算;当滑面以上的岩层完整性较好时,可采用岩体结构面抗剪强度进行抗滑力计算,如图 2-137,且考虑到工程实践中扰动等因素,经以上计算的预加固范围 l 宜取 1.2～1.3 的安全系数。这种方法在笔者处治过的大量边坡中应用被证明是成功的。

算例:某顺层边坡开挖高 12m,坡体由砂泥岩构成,层面为泥化夹层,开挖损失的岩体抗剪力为 800kN/m,开挖损失的岩体被动压力为 1047kN/m,故依据平衡法试算求得拟预加固的顺层边坡长度为 92m,然后乘以扰动安全系数 1.3 后的预加固长度为 120m。

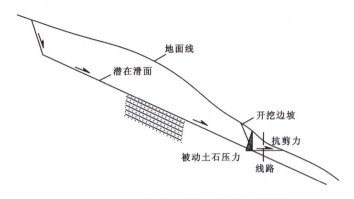

图 2-137　试算确定顺层边坡预加固范围

3. 极限坡高计算法

此方法根据孙玉科院士的稳定性分析方法略做调整和延伸,令坡体稳定系数(抗滑力 F 与下滑力 T 之比)$K=1$,确定开挖顺层坡体极限高度 h_v。

(1)开挖临空面后部自然坡度小于 10°(近水平),且坡长较小时,可通过求出预加固体的竖向高度得出预加固体的加固长度 l,如图 2-138。

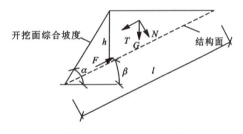

图 2-138　坡顶平缓且坡长较小的
顺层边坡预加固范围

$$K=\frac{F}{T}=\frac{G\cos\beta\tan\varphi+cl}{G\sin\beta}$$

式中:c、φ 分别为结构面黏聚力(kPa)和内摩擦角(°);β、l 分别为结构面倾角(°)和长度(m)。

$$G=\frac{\gamma h}{2}l\cos\beta$$

式中:h、γ 分别为潜在变形体高度(m)和岩体重度(kN/m³)。

将以上公式简化得:

$$K=\frac{\tan\varphi}{\tan\beta}+\frac{4c}{\gamma h\sin 2\beta}$$

令 $K=1$,即可求出极限潜在变形体高度:

$$h_v=\frac{2c}{\gamma\cos 2\beta(\tan\beta-\tan\varphi)}$$

由此得:

$$l=\frac{h\sin\alpha}{\sin(\alpha-\beta)}=\frac{2c\sin\alpha}{\gamma\sin(\alpha-\beta)\cos 2\beta(\tan\beta-\tan\varphi)}$$

即可求出预加固体的加固长度 l。

考虑到工程实践中扰动等因素,建议预加固长度在计算后取 1.2~1.3 的安全系数,且不得大于开挖坡脚至坡顶的自然边坡总长度(若大于则取开挖坡脚至坡顶的自然边坡总长度)。此方法的缺点是很难获得结构面 c、φ 的真实值,可能造成计算误差较大。

算例:某顺层边坡层面倾角 $\beta=25°$,重度为 $22kN/m^3$,层面 c、φ 分别为 $15kPa$ 和 $23°$,开挖边坡的综合坡度 α 为 $45°$。经计算可得出 $l=104m$,然后乘以扰动安全系数 1.2 后的预加固长度为 $125m$。

(2)当开挖临空面后部自然坡体坡度较大且自然坡面延伸很远时,可通过近似求得顺层极限竖向高度后乘以安全系数求出预加固长度 l,如图 2-139。

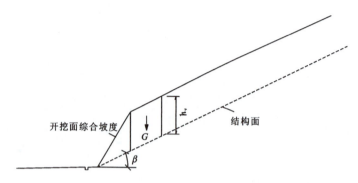

图 2-139 坡面较陡且坡长较大顺层边坡预加固范围

在结构面上取单位长度,其极限平衡条件为:

$$h_v \gamma \cos\beta \sin\beta = h_v \gamma \cos^2\beta \tan\varphi + c$$

得出:

$$h_v = \frac{c}{\gamma \cos^2\beta (\tan\beta - \tan\varphi)}$$

由此得:

$$l = \frac{h}{\sin\beta} = \frac{c}{\gamma \cos^2\beta \sin\beta (\tan\beta - \tan\varphi)}$$

即可求出预加固体的加固长度 l。

考虑到工程实践中的扰动等因素,建议预加固长度在计算后取 $1.2\sim1.3$ 的安全系数。该方法的缺点是很难获得结构面 c、φ 的真实值,可能造成计算误差较大。

算例:某顺层边坡层面倾角 $\beta=25°$,重度为 $22kN/m^3$,层面 c、φ 分别为 $15kPa$ 和 $23°$。经计算可得出 $l=43.5m$,然后乘以扰动安全系数 1.3,预加固长度为 $57m$。

4. 数值模拟法

首先,对拟开挖坡体进行数值仿真分析,得到坡体开挖后的位移场;然后,在距坡顶面不同深度处做出适当的参考线,根据各参考线位移曲线上的水平分量,找出曲线变化的拐点;最后,将不同深度同一位移曲线上的拐点依次按顺序连接起来,即形成松动区的边界,它与坡体开挖临空面之间的部分即为坡体开挖产生的潜在松动区范围。

如在对山西省长晋高速公路的 K31+160~+460 段顺层滑坡病害进行处治时,笔者采用 Geo-slope 软件模拟了坡体的松动区,用以辅助加固工程的设置。18 年来,坡体的良好稳定性证明了数值模拟可有效指导顺层挖方边坡的工程治理,采用数值模拟对顺层挖方边坡松动区及坡体在工程加固前后的稳定性进行分析是可行的。

5. 工程地质类比法

此方法是笔者在工程实践中最常用的预加固范围确定方法。这是因为在拟开挖坡体附近,总会或多或少地存在自然状态下的与拟开挖坡体类似的松弛变形坡体,只要仔细进行现场调查,就可以获得很好的工程地质类比模型,继而根据坡体松弛变形的高度与长度之比,确定拟开挖边坡的预加固范围。当然,考虑到工程实践中的扰动等因素,建议预加固范围宜在计算后取 1.2~1.3 的安全系数。

算例:某顺层坡体为巨厚层砾岩和薄—中厚层状泥质粉砂岩夹泥岩地层,产状为 242°∠30°。原方案采用 1∶0.5~1∶1 的坡率开挖后坡高约 45m,工程实施后发生大规模滑坡。现场调查时发现,相邻类似地层的自然变形坡体厚长比为 4.9,这与该大型滑坡的厚长比 4.7 相近,具有很好的参考价值。

以上几种方法,在工程实践中并不一定是单一应用的,往往需要通过相互校核后综合选用。

第三十节 顺层坡体削坡放缓坡率的警示

均质或类均质的坡体往往没有明显结构面,可以通过调整边坡的坡率提高坡体稳定性。但对于具有外倾结构面的坡体来说,一旦削方不能破坏潜在滑动面,尤其是在坡体前部放缓坡率进行削坡时,往往造成坡体稳定性不断降低,导致滑坡规模扩大。因此,应严格依据坡体结构合理设置坡率,切忌一味放坡造成坡体变形规模不断扩大。工程实践中,常见平面型顺层边坡因开挖扰动引发顺层滑坡。工程处治时,有些技术人员对顺层边坡的性质理解有误,按一般的边坡设计理念,对具有明显滑面的顺层边坡进行放缓坡率式的清方,导致滑坡规模不断扩大。

如某高速公路的顺层边坡由砂岩夹泥质软弱层构成,层面倾角为 25°,原方案坡率设置为 1∶0.75~1∶1.00,边坡高 36m。边坡采用一挖到底的模式开挖,开挖至一级平台时发生了顺层滑移。滑坡发生后,技术人员采用以放缓坡率为主的方案进行处治,即采用 1∶1.25 的坡率进行削坡。工程实施后一周左右,该顺层边坡发生了更大规模的滑移,滑坡体积达 30×10^{4}m^3,如图 2-140。

以上案例是没有正确理解顺层边坡坡体结构的典型案例。正如有 10 个人坐在一条溜冰船上,沿某一固定的冰面滑动,这时如果让其中的 9 个人下船,即使只剩余 1 个人,溜冰船仍会沿这个固定的冰面滑动,只是下滑力减小了而已,而其稳定性与 10 个人时并没有什么区别。也就是说,没有破坏滑动面的削方,只会减小滑坡的下滑力,而对坡体的稳定性提高是有限的,甚至是无效的。这就引出一个重要的理念,对于平面型顺层边坡,如果变形体的高度不变,即使采用不同的坡率,在其他条件相同的情况下,两个不同坡角的顺层边坡稳定

性是一样的,如图 2-141。即由顺层变形体的稳定系数可知:

$$K = \frac{\tan\varphi}{\tan\beta} + \frac{4c}{\gamma h \sin 2\beta}$$

式中:K 为稳定系数;φ 为滑面内摩擦角(°);c 为滑面黏聚力(kPa);h 为滑体竖向高度(m);β 为滑面倾角(°);γ 为滑体重度(kN/m³)。

图 2-140 坡率放缓后发生第二次大规模顺层滑坡

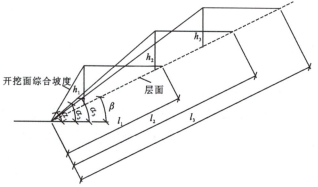

图 2-141 不同坡角的滑体竖向高度示意图

顺层边坡在开挖坡度大于层面倾角的情况下,若不改变滑体高度,单纯地改变削方边坡的坡度是不能改变坡体稳定性的。即若要采用削方的方式提高顺层坡体的稳定性,就宜顺层面清方。否则,清方后仍需及时设置加固工程,因为此时坡体的稳定性并未得到改善,仅是下滑力不同程度减小,在一定程度上优化了加固工程的规模而已。

第三十一节 顺层边坡防护方案优化探讨

顺层边坡分为层状和似层状两大类。层状顺层边坡一般由沉积岩或副变质岩构成,似层状顺层边坡一般由具有流面、喷出间断面等的岩浆岩或正变质岩构成。顺层边坡具有如下特点:

(1)由于层面或似层面的旋回性,顺层边坡往往存在多层潜在滑面,开挖一旦揭穿潜在滑面将可能造成上部岩土体发生滑移。

(2)顺层滑坡往往发生在层面倾向临空面 10°~35°的岩体中。层面倾向临空面缓于 10°的坡体,顺层滑移比例相对较低,多表现为平推式或错落式滑移;层面倾向临空面大于 35°的坡体多表现为倾倒或崩塌。

(3)顺层边坡并不一定都存在滑移变形问题,只要层面或似层面的综合内摩擦角(φ)大于层面倾角(β),边坡开挖形成临空面后坡体就不会发生变形。

基于以上特点,顺层边坡的防护应遵循以下原则:

(1)分层加固,兼顾整体与局部。在对控制整个边坡稳定性的层面进行加固的基础上,兼顾控制局部稳定的多层潜在滑面。

(2)固脚强腰。对于高度较大的顺层边坡,需对应力集中的坡脚进行支挡加固,并在边坡中部设置必要的加固措施,防止边坡中部出现剪出口。

(3)对于层面或似层面倾角大于30°、地形相对平缓或反倾的斜坡,可优先考虑采用顺层清方的方案进行处治。但对于层面较陡的长大斜坡,在清方后应设置必要的加固工程防止坡体出现滑移-弯曲病害,即应防止边坡下部层状岩体在上部岩土体的下滑力作用下发生溃曲。

1. 案例一

某边坡呈下陡上缓形,地表为厚1~3m的硬塑状坡积粉质黏土,下伏强风化板岩,岩体产状为350°∠33°,边坡坡向为355°。原方案第一、二级边坡坡率设置为1∶0.75,第三至第六级边坡坡率设置为1∶1.00。每级边坡高8m,第二级平台宽5m,其余平台宽2m。在第二级平台设置2m×3m×30m@6m的锚索桩,桩头设置3孔锚索;第一、二、五级边坡采用锚杆长3~9m的框架防护;第三、四级边坡采用锚索长20m的框架加固;第六级边坡采用现浇混凝土拱形护坡,边坡最大高度44.44m,如图2-142。

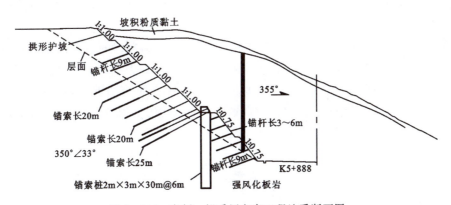

图2-142 案例一拟采用方案工程地质断面图

首先,从地质资料分析,该段自然边坡呈下陡上缓形,层面倾向临空面的换算视倾角为32.9°,即岩体层面较陡,宜对边坡进行顺层清方;其次,考虑到对岩体性质较差的强风化板岩进行一坡到顶式顺层面清方,一则易造成下部边坡应力集中而需要较大规模的锚固工程进行防溃曲加固,二则易造成坡面汇水面积过大使下部边坡冲刷严重,故在高边坡的中部设置一级6m宽的平台,将一个高边坡分为两个次高边坡,分别在上下两级边坡的下部设置锚固工程进行"固脚",如图2-143。

调整后的方案不但优化了一排锚索抗滑桩和两级锚索框架,且锚固工程的结构设置更为合理,兼顾了边坡的整体与局部稳定性,工程防护费用大幅降低,仅为原方案的25%,经实施后边坡稳定性良好。

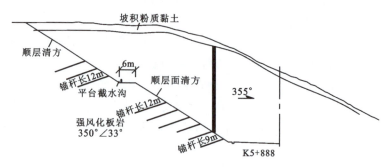

图 2-143 案例一优化方案工程地质断面图

2. 方案二

某自然边坡较陡,坡体上覆硬塑状坡积粉质黏土,下伏碎块状强风化板岩和板状构造节理裂隙发育的中风化板岩。岩体产状为 224°∠60°,边坡坡向为 225°。原方案第一至第五级边坡坡率设置为 1∶0.75,第六级边坡坡率设置为 1∶1.00,每级边坡高 8m,除第二级平台宽 4m 外,其余平台均宽 2m。第一、二、五、六级边坡采用锚杆框架进行防护,第三、四级边坡采用锚索长 20m 的框架加固,第二级平台设置 2m×3m×30m@6m 的锚索桩支挡,边坡最大高度为 48m,如图 2-144。

首先,从地质资料分析,该段自然边坡较陡,层面倾向临空面的换算视倾角为 60°,为陡倾角顺层边坡,故建议采用一坡到顶的方式顺层面清方,从而大幅减小边坡高度;其次,由于岩层倾角和边坡高度较大,为防止出现溃曲和倾倒病害,依据高边坡"固脚强腰"的理念,在全坡面设置锚固工程进行加固,且锚固时兼顾强—中风化的不利结构面,将二级边坡的锚索锚固段置于中风化地层之中,如图 2-145。

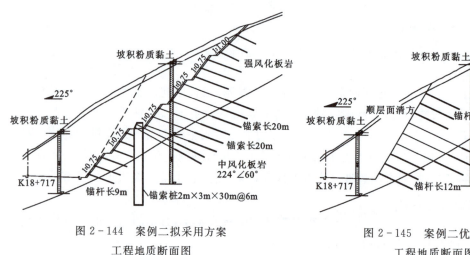

图 2-144 案例二拟采用方案工程地质断面图

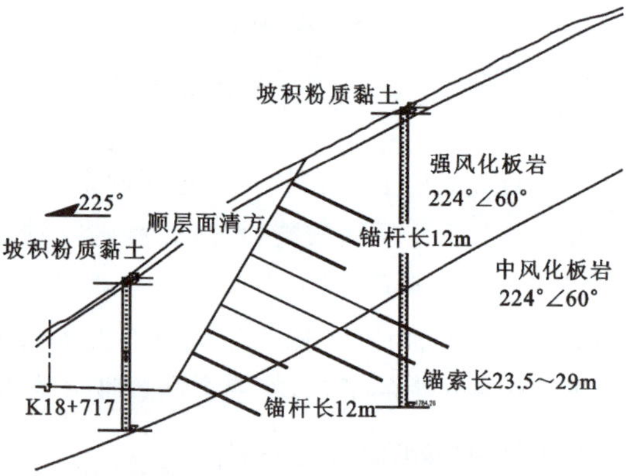

图 2-145 案例二优化方案工程地质断面图

优化方案取消了一排锚索抗滑桩、一级锚索框架和两级锚杆框架,大幅减小了边坡开挖规模和加固工程规模,边坡高度由48m降为31m,工程费用仅为原方案的20%左右,经实施后边坡稳定性良好。

3. 案例三

某自然边坡坡度较陡,坡体主要由中厚层状钙泥质胶结的强—中风化泥质粉砂岩构成。其中,强风化岩呈粉砂质结构,中风化岩体较完整。层面产状为230°∠32°,边坡坡向为263°。原方案第一级边坡坡率设置为1∶0.75,第二、三级边坡坡率设置为1∶1.00,每级边坡高8m,各级平台宽2m。第一级边坡设置高10m、顶宽2m、底宽6.2m的仰斜式挡墙"固脚",第二级边坡采用锚索长20m的框架加固,第三级边坡采用锚杆长9m的框架加固。坡脚设置长10m、上倾约10°的仰斜排水孔疏排地下水,边坡最大高度为22.67m,如图2-146。

从地质资料分析,该段自然边坡较陡,层面倾向临空面的换算视倾角为27.66°。原方案设置的坡率与自然边坡坡率相近,开挖厚度小而高度较大,存在严重的"剥山皮"现象。此外,第一级边坡设置大截面挡墙开挖规模过大,对上部坡体和锚固工程扰动大。

基于此,防治方案宜结合地形收陡边坡的设计坡率,从而大幅减小工程开挖和边坡防护规模。即采用1∶0.5的坡率收坡,并设置面板式轻型锚索挡墙进行加固,且锚固工程依据挖除坡体的抗剪力乘以安全系数进行校核;其次,将坡脚仰斜排水孔倾角由10°调整为6°,长度加大至20m,以便更有效地疏排地下水,提高坡体的自身稳定性,如图2-147。

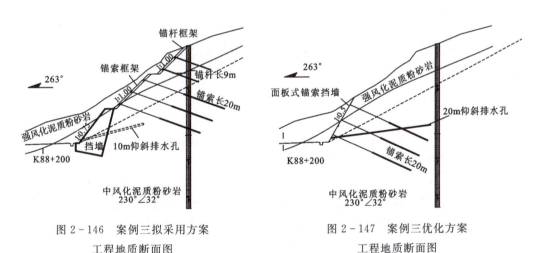

图2-146 案例三拟采用方案工程地质断面图　　图2-147 案例三优化方案工程地质断面图

优化方案将边坡高度由22.67m降低为10.3m,大幅减小了边坡挖方规模和加固防护工程规模,有效提高了工程的经济性和环保性,经实施后边坡稳定性良好。

4. 案例四

某自然边坡平缓,坡体由中厚层状强—中风化泥质粉砂岩构成。其中,强风化岩呈碎块状,中风化岩岩芯呈短柱状或柱状,岩层产状为258°∠20°,边坡坡向为249°。原方案第一级边坡坡率设置为 1∶1.00,第二、三、四级边坡坡率设置为 1∶1.25,每级边坡高为 8m,第二级平台宽为 5m,其余各级平台宽为 2m。第二级平台设置 2m×3m×30m@6m 的锚索桩,桩顶设 3 孔锚索;第一、二、四级边坡采用锚杆长 6~12m 的框架加固,第三级边坡采用锚索长 20m 的框架加固,边坡最大高度为 31.33m,如图 2-148。

从地质资料分析,自然边坡平缓,故可以设置较缓的坡率以减小工程支挡规模,但需根据分级加固的理念优化工程防护规模。即建议取消设置于第二级平台的锚索桩,改在第一级平台设置 2m×3m×17m@6m 的锚索桩,利用抗滑桩、第一级边坡锚杆和桩后第二级边坡锚索对整个边坡进行加固;第三、四级边坡设置锚杆长 12m 的框架对上部边坡进行局部加固,如图 2-149。

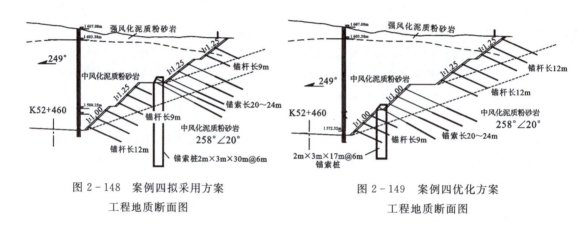

图 2-148　案例四拟采用方案工程地质断面图

图 2-149　案例四优化方案工程地质断面图

优化方案大幅减小了抗滑桩工程规模,工程的经济性明显提高,经采用实施后,多年来坡体稳定性良好。

5. 案例五

某自然边坡在地形地貌上呈陡倾反坡状,坡体由中厚层状强—中风化泥质粉砂岩构成。其中,强风化岩呈碎块状,中风化岩体较完整,产状为 271°∠23°,坡向为 276°。原方案第一级边坡坡率设置为 1∶1.00,第二、三、四级边坡坡率设置为 1∶1.25,每级边坡高为 8m,第一级平台宽为 6m,其余各级平台宽为 2m。第一级平台设置 2m×3m×18m@6m 的锚索桩,桩顶设 3 孔锚索;第一、三级边坡采用锚杆长 6~9m 的框架加固;第二级边坡采用锚索长 20m 的框架加固,边坡最大高度 27.15m,如图 2-150。

从地质资料分析,自然边坡呈反坡状,层面倾向临空面的换算视倾角约 23°,故建议采用顺层清方+弱防护的设计理念优化原方案。首先,顺层清方后在一级边坡设置锚杆长 9m 的框架加固,防止出现溃曲病害;其次,在各级边坡平台设置截水沟,加强坡面防护,防止过量地表汇水形成径流冲刷坡面,如图 2-151。

优化方案取消了抗滑桩、锚索工程和部分锚杆工程,边坡高度由 27.15m 降为 19m,工程的安全性大幅提高,且工程造价仅为原方案的 15%,工程经济性明显提高,经实施后边坡稳定性良好。

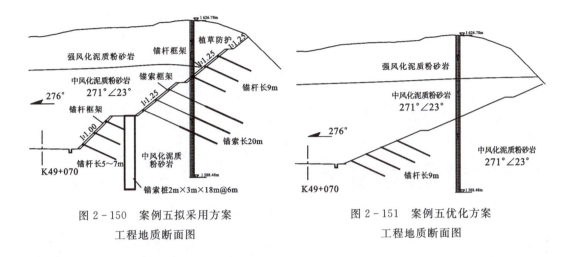

图 2-150　案例五拟采用方案
工程地质断面图

图 2-151　案例五优化方案
工程地质断面图

第三十二节　顺层岩质滑坡病害特征及处治

顺层岩质滑坡的边界受控于坡体中发育的结构面,滑体沿层面滑移后若不能及时进行加固,就极有可能继续依附于坡体结构面发生更大范围的滑动。顺层岩质坡体的预加固边界与参数,可类比已发生滑动坡体的基本特征确定。

某自然坡度约 30°的坡体上部由厚 3~4m 的强风化粉砂质泥岩构成,下伏 12~15m 巨厚层中风化砾岩,其下为薄—中厚层状的中风化粉砂岩夹泥岩地层,产状为 242°∠30°。原方案采用 1∶0.5~1∶1 的坡率开挖后,采用锚杆框架对高约 45m 的边坡进行防护,如图 2-152。

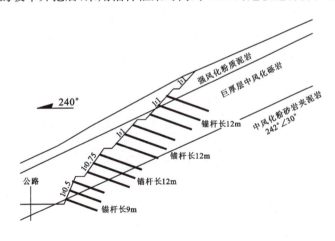

图 2-152　原方案工程地质断面图

工程施工约 6 个月,边坡开挖至路基标高时,凌晨突然发生大规模滑坡。滑坡宽约 100m,主轴长 80m,滑体平均厚度约 15m,体积约 $10×10^4 m^3$,属于中型顺层岩质滑坡。滑体为粉砂质泥岩+巨厚层砾岩,依附于下部的粉砂岩夹泥岩地层滑移。滑坡左、右两侧界受控于发育的 168°∠80° 和 285°∠85° 夹泥层结构界面。滑坡后缘直线型拉裂槽深约 15m，如图 2-153～图 2-158。

图 2-153　滑坡全景图

图 2-154　滑坡后缘的直线型拉裂槽

图 2-155　滑坡前缘隆起

图 2-156　滑坡前缘纵向裂缝

图 2-157　沿结构面发育的滑坡侧界

图 2-158　滑坡侧界拉剪擦痕

从地质条件分析，边坡下部粉砂岩夹泥岩中有明显渗水现象，这种渗水直接软化甚至泥化了岩体中的薄层泥岩夹层，导致了本次滑坡的发生。若不能及时进行加固，滑坡存在不断向后、向两侧牵引发展扩大的可能。

从滑坡的形态分析，坡体中发育一组近平行于线路的结构面，明显控制了滑坡后缘形态，这也是岩质滑坡后缘呈直线走向的原因。滑坡的左、右两侧界受两组结构面控制，滑坡下滑时形成了明显擦痕。滑坡滑动时的巨大能量使部分路基部位的中风化基岩被"铲起"，滑坡前部出现密集的纵向压剪张裂缝。

基于此，需对已滑坡体进行清除，并对后部存在同样坡体结构的山体进行加固。加固范围可参照本次滑动坡体的挖高与牵引长度之比，潜在滑面的参数可参照本次滑动坡体稳定系数取 1.0 反算。

滑坡后部潜在滑体设置 1∶0.5 和 1∶0.75 的坡率，依据"固脚强腰、分级加固"的原则，在设置宽 5m 的一级平台部位采用锚索抗滑桩进行预加固，且由于滑面较陡，扣除水平距离为 5m 范围内的锚固段长度作为安全储备。在此基础上，对各级边坡分别设置锚索和锚杆框架工程进行加固。

此外，考虑到清方后的滑床较陡、较长，为防止下伏滑床部位粉砂岩夹泥岩顺层边坡出现溃曲病害，在清方形成的边坡坡脚设置 4 排锚杆进行加固，如图 2-159。

需要说明的是，该滑坡处治的施工组织应严格遵循先预加固后部自然坡体、最后清除已滑动滑体的工序，且宜对现滑坡后缘进行回填，利用已滑的滑体作为反压施工平台进行工程施作，从而确保工程施工时的安全。

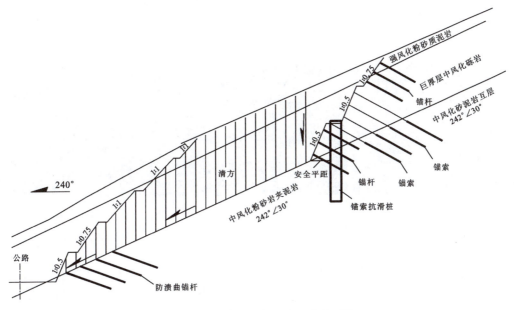

图 2-159 建议方案工程地质断面图

第三十三节 量测产状失误造成顺层坡体多次失稳探析

某顺层坡体经过多次现场调查、设计审查,但仍发生了多次变形和设计变更,造成了非常不好的社会影响。究其原因,竟是一个简简单单的地质产状测量失误导致的。

该段坡体为中风化砂泥岩互层的顺层边坡,坡后为反倾陡崖。原方案测量岩体产状为 $320°\angle 8°\sim 10°$,设置三级边坡,坡率均为 1:0.75,坡高约 24m,全坡面采用锚杆框架进行加固。边坡开挖至第三级时发生变形,变形体积约为 $1\times 10^4 m^3$。

病害发生后,调查时发现由于褶皱构造影响,坡体产状变化较大,经复查测量,岩体产状为 $320°\angle 24°\sim 28°$,故采用 1:1.5 的坡率削坡将坡体调整为五级边坡,坡高约 37.5m。拟在第一、二级边坡设置锚杆和锚索框架加固,第三、四、五级边坡采用绿化防护。边坡开挖至路基面标高时,发生大规模整体滑动,滑坡体积约 $10\times 10^4 m^3$,设计不得不再次变更。

经技术人员和专家测量核查,岩体产状为 $320°\angle 28°\sim 30°$,故决定采用 1:2 的坡率顺层面清方,坡高约 56m。在坡脚设置高 4.5m 的抗滑挡墙,第一、二级边坡设置锚杆框架加固,第三至第七级边坡采用绿化防护。在削方至第六级边坡时,第七级边坡发生体积约 $1\times 10^4 m^3$ 的滑坡而不得不停工。

现场调查时,笔者结合该地区地质环境和调查结果(图 2-160)发现,该段砂泥岩坡体呈现宽缓穹窿构造的特点,坡体所在岩层产状存在渐变的特点。坡体层面产状由 $10°\sim 30°$ 渐序变化(图 2-161),这是前几次坡体产状测量失误而导致滑坡多次发生的根本原因。

由于构造作用,坡体地下水丰富,非常不利于顺层坡体的稳定,且坡体在结构面的切割作用下呈豆腐块状,有利于地表水入渗,如图2-162。尤其是前几次设计变更导致坡体坡率较缓,汇水面积较大,平台截水沟采用下挖式且工程滞后,暴雨时大量汇水从积水沟流入坡体,恶化坡体的稳定性。

图2-160 路基对面边坡的稳定产状

图2-161 滑坡左侧地层产状变化

图2-162 坡体在结构面切割后呈豆腐块状

现场调查时,笔者避开了在已滑坡体部位测量产状,而是结合坡体地质构造,在路基开挖对面反倾逆向坡和边坡两侧没有发生变形的部位,以及该顺层边坡后部的陡崖部位进行大范围的产状测量和比对,从而发现了前几次产状测量的偏差,避免了再次测量失误的可能。

产状测量是最基础的地质工作,产状信息是非常重要的地质基础资料,不能有任何"轻敌"的思想,需要本着没有调查就没有发言权的态度,认真严谨地从事现场调查工作,不盲从权威,这是该坡体留下的最大经验教训。

在随后的处治工作中,该坡体又经3次变更专家组评审,最终在坡体的上、中、下部位设置3排以锚索抗滑桩为主的工程措施进行加固。但由于坡体产状变化的特点仍没有得到重视,在设置了多排抗滑桩进行支挡的情况下,坡体仍发生了滑坡越顶事故,这是值得我们反思的。在岩土工程治理中,技术人员和专家需坚持严谨的工作态度和良好的职业道德,正所谓"态度决定一切,细节决定成败"。大量的工程堆砌并不一定能确保坡体的安全,只有坚持科学严谨的工作态度,建立合理的地质模型与计算模型,才能有效处治地质灾害。

第三十四节 破碎岩质高边坡加固方案探讨

因构造、卸荷等作用形成的破碎岩质边坡,其稳定性往往受控于断层形态和性质,以及岩体优势结构面不明显时表现为类均质体的剪应力控制面。破碎岩质高边坡的加固方案应贯彻"固脚强腰、分级加固,兼顾整体与局部"的理念,确保边坡的整体与局部均满足稳定性要求。

1. 案例一

某边坡所在自然坡体主要由岩芯呈砂土状、碎块状的强风化板岩构成。岩层产状为320°∠10°,边坡坡向为20°。原方案第一至第三级边坡坡率设置为1∶1.00,第四级边坡率设置为1:1.25,每级边坡高8m,各级平台宽2m;第一、三级边坡采用锚索长25m的框架加固,第二、四级边坡采用锚杆长9m的框架防护,边坡最大高度为33.27m,如图2-163。

从地质资料分析,坡体节理发育,岩体极破碎,加之边坡高度较大,故宜结合"固脚强腰"的原则对原方案进行优化调整,即第一级边坡采用锚杆长9m的框架对整个边坡进行"固脚",第二级边坡采用锚索长25m的框架对整个边坡进行"强腰",第三级边坡设置锚杆长12m的框架确保第三、四级边坡的稳定,如图2-164。

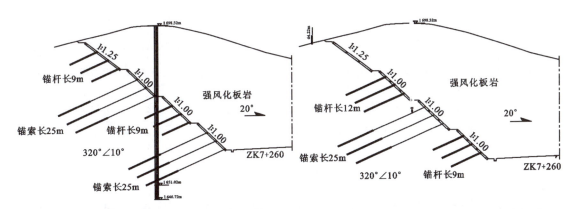

图2-163 案例一拟采用方案工程地质断面图　　图2-164 案例一优化方案工程地质断面图

优化方案结合工程地质和高边坡加固原则,有效优化了边坡的锚固工程规模,工程的经济性大幅提高,实施后多年来边坡一直保持稳定。

2. 案例二

某自然边坡较陡,坡体由强风化砂岩构成,岩芯呈砂土状、碎块状,产状为276°∠16°,边坡坡向为35°。原方案第一至第三级边坡坡率设置为1:1.00,第四级边坡坡率设置为1:1.25,每级边坡高为8m,各级平台宽为2m。第一、三级边坡采用锚索长25m的框架加固,第二、四级边坡采用锚杆长9m的框架防护,边坡最大高度为31m,如图2-165。

从地质资料分析,自然边坡较为平缓且坡后为反坡,坡体节理发育,岩体极破碎,边坡高度较大,故建议对原方案进行以下优化:

(1)在边坡中部设置8m宽的平台,将一个高边坡分为两个普通边坡进行处治,有效提高边坡的整体稳定性。

(2)第一级边坡采用锚杆长9m的框架对整个边坡进行"固脚",第三级边坡采用锚杆长9m的框架对第三、四级边坡进行"固脚",并有效提高整个边坡的"腰部"稳定性。

(3)全坡面采用挂铁丝网绿化,防止局部落石掉块,加强边坡地表水的截排和地下水的疏排。

此方案优化了两级边坡的锚索框架,兼顾了边坡的整体与局部稳定性(图2-166),工程造价大幅降低,实施后多年来边坡稳定性良好。

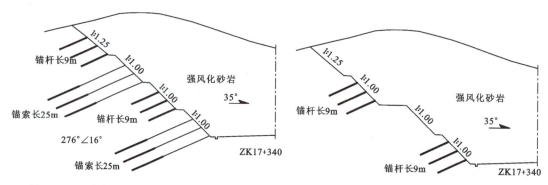

图2-165 案例二拟采用方案工程地质断面图　　图2-166 案例二优化方案工程地质断面图图

需要说明的是,该边坡不能因其在地形上为反坡而设置过缓的坡率。若边坡坡率过缓,各级边坡的汇水面积势必增加较快,加之坡体主要由强风化板岩构成,水敏性较强,过缓的坡率不利于边坡的安全。

第三十五节　断层破碎带高边坡病害特征及处治方案探讨

区域构造对一定范围内的山体稳定性具有较大影响,而发育于某个坡体或者坡体某个部位的小构造,则往往对这个坡体的稳定性具有控制性作用,此类小构造会导致该坡体表现出不同于相邻坡体的病害特征。这些小构造如果被第四系覆盖层掩盖,工程勘察阶段往往无法揭露,可能造成工程设计出现一定的偏差。这就需要技术人员在工程施工过程中贯彻"动态化设计、信息化施工"的理念,适时依据坡体开挖所揭露的地质剖面,合理调整高边坡防护工程,防止高边坡开挖后由于设计参数与地质条件不符而出现坡体病害。

如某垭口边坡开挖后呈 M 型地貌,地表覆盖 1.5~8m 的河流高阶地卵石层,下伏强—中风化粉砂质泥岩,产状为 295°~325°∠45°~65°,与边坡倾向近于正交,边坡最大高度为 76m。原方案坡率设置为 1:1 和 1:1.25,按 8m 一级开挖,共 9 级。其中第一至第八级边坡采用 9~15m 长的锚杆进行加固,第二、四、六、八级平台宽为 4m,其余平台宽均为 2m,如图 2-167。坡体在开挖至第四级边坡时,右侧发生了约 $4×10^4 m^3$ 的滑坡,滑体厚约 10m,如图 2-168。

通过现场调查发现,该段坡体主要由粉砂质泥岩构成,抗压、抗剪能力较弱。虽然坡体岩层产状与坡向在整个路堑边坡区近于正交,但坡体中发育多组节理裂隙,对坡体切割严重,主要有 315°∠30°、175°∠52°、185°∠46°、237°∠13°等多组贯通长度为 1.5~5m 的结构面,严重破坏了坡体的整体稳定性,如图 2-169、图 2-170。

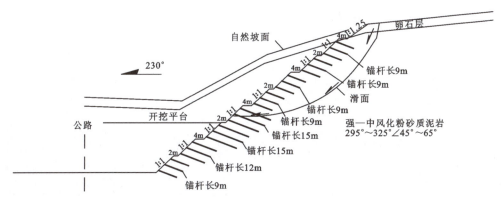

图 2-167　原方案工程地质断面图

图 2-168　滑坡全貌

图 2-169　滑体呈散体状

图 2-170　多组节理裂隙切割坡体

本次滑坡的发生明显受到小型断层的影响,如图 2-171,造成坡体右侧部位产状发生大角度偏转,断层侧界的产状由 315°∠65°转变为 125°∠22°(图 2-172、图 2-173),且坡体由于受到断层影响而更加破碎,形成了粗颗粒类土,导致滑坡发生后呈散体状,具有类土质滑坡的特征。

图 2-171　滑坡后缘出露的断层特征

图 2-172　滑坡侧界受断层侧界控制

图 2-173　滑坡左侧界牵引裂缝

原方案边坡高度大且坡率较陡,在工程补偿不足的情况下,下部坡体应力集中相当明显,从而导致开挖至第四级边坡时,发生以剪应力为主的破碎岩质蠕滑-拉裂式滑坡,滑面整体呈弧状,如图2-174～图2-176。

图2-174 滑坡左侧界羽状剪切裂缝

图2-175 滑体两侧岩层中的软弱夹层

图2-176 滑坡圈椅状后缘

基于此,考虑到坡体后部自然边坡平缓,采取放缓边坡,在高边坡适当部位设置宽大平台,将一个高大边坡分为多个次高边坡的措施,有效解决坡体应力集中的问题。继而依据"固脚强腰、分级加固,兼顾整体与局部"的高边坡病害处治原则,对放缓的边坡设置钢锚管工程进行加固处治,如图2-177。开挖后坡面裸露面积较大,雨水对坡面冲刷较为严重,因此在每级平台设置截水沟,并加强坡面绿化防护工程。

优化方案针对性强,是一个相对较优的断层破碎带高边坡病害处治方案。

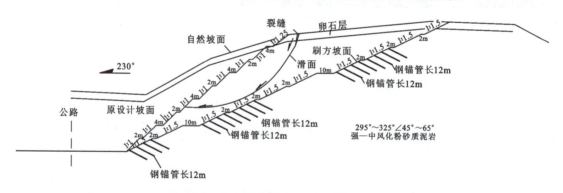

图2-177 优化方案工程地质断面图

第三十六节 切层岩质边坡防护方案优化

坡体的岩层倾向与坡向反倾或大角度相交时,形成的切向坡往往稳定性相对较好。尤其是对于强度较高和完整性较好的岩体,往往可采用较陡的坡率和较弱的防护工程对边坡进行防护,而不宜采用抗滑桩等大型工程进行支挡防护,从而在确保边坡安全的基础上,提高工程的经济性指标。

1. 基本情况

某高速公路边坡所在坡体自然坡度较陡,地表为厚2m的稍密状坡积碎石土,碎石含量约55%。下伏较完整的中厚层状中风化灰岩,岩芯多呈短柱状或柱状夹碎块状,层面产状为100°∠66°,边坡坡向为260°。

2. 拟采用方案

第一级边坡采用2m×3m×28m@6m的锚索抗滑桩"固脚",其中悬臂段长13m,桩上设置两孔长25m的锚索。桩后第二级边坡坡率设置为1:0.75,第三至第五级边坡坡率设置为1:1.00。其中第二、四级边坡采用锚杆长9~12m的框架加固,第三级边坡采用锚索长20m的框架加固,第四级边坡设置拱形骨架护坡。每级边坡高8m,各级平台宽2m。边坡最大高度为46.04m,如图2-178。

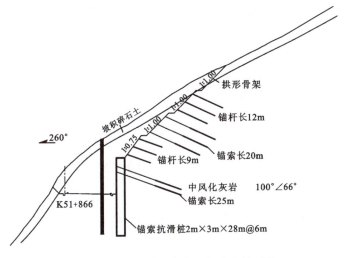

图2-178 拟采用方案工程地质断面图

3. 优化方案

该边坡自然坡度陡,坡体主要由反倾中厚层状中风化灰岩构成,岩体完整度和自稳性较好,故不宜采用缓坡率和以锚索抗滑桩为主的支挡防护工程,而宜结合岩体性质适当收陡坡率,减小支挡加固工程规模。具体措施如下:

(1)位于中风化灰岩中的第一、二级边坡坡率设置为1:0.3,第三级边坡坡率设置为1:0.5,位于稍密状碎石土中的第四级边坡坡率设置为1:0.75,以达到快速收坡、减小边坡挖方高度的目的。

(2)结合坡体结构特征,采用以锚杆为主的防护工程对边坡进行防护。其中,第四级边坡由于在土岩界面附近,为防止坡体从第三级边坡上部依附于土岩界面越顶滑动,在第四级边坡布置锚杆长9m的框架进行防护。

(3)考虑到中厚层状中风化灰岩边坡开挖后可能存在人造危岩,且框架工程实施难度较大,故中风化灰岩部位采用厚约20cm的面板式锚杆进行防护,第四级碎石土边坡采用锚杆框架进行防护。

此方案(图2-179)优化了锚索抗滑桩和锚索框架,边坡高度由46.04m降为37.0m,工程造价仅为原方案的17%,工程性价比大幅提高,经采纳实施后多年来边坡稳定性良好。

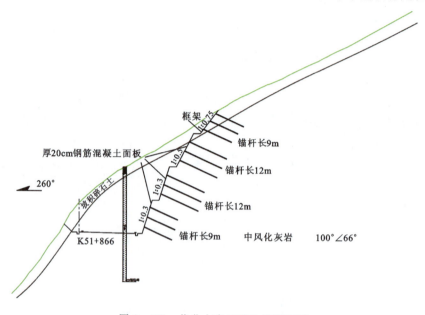

图2-179 优化方案工程地质断面图

第三十七节 煤系地层高边坡病害分析及处治

煤系地层高边坡岩土体性质较弱,在坡率设置欠合理、防护不及时或力度偏弱以及排水不佳的情况下,边坡开挖后在时效作用下常常出现变形或滑坡病害。煤系地层由于物理力学性质较差、水敏性较强,其地层承载力较小,这往往导致支挡工程稳定性较差而常出现结构物倾斜等病害,也常导致锚索、锚杆等锚固工程的锚固力较低而出现边坡失稳病害,是边坡工程的"癌症",深受技术人员的痛恨。因此,煤系地层高边坡病害的处治应依据地质条件合理设置处治工程和相应的辅助工程,并应加强工程施工质量,确保边坡的稳定。

1. 基本情况

某高速公路边坡所在坡体位于突出山脊,自然坡度约30°,大里程侧深切冲沟长约400m,小里程侧冲沟深度较浅,长约180m。坡体上部为泥质页岩,下伏中风化灰岩,坡脚附近碳质页岩发育。岩层倾向总体上与坡向小角度相交,岩层倾角为25°~33°,属于顺层边坡。区内常年降雨丰富,一年中有2/3左右的时间烟雨蒙蒙。

第二章 边坡病害防治与方案优化

原方案坡率设置为 1∶0.75 和 1∶1,最大坡高为 40m,全坡面设置锚索长 26～35m 的框架进行加固。工程开挖过程中,边坡多次发生变形且地下水渗流严重。坡体开挖至路基面附近时,由于区内发生震源深度为 9km 的 5.3 级地震,高边坡在坡口线以外约 25m 的范围内,发育两条近平行于线路走向的长约 40m 的贯通裂缝;高边坡所依附的山体发育一条与大里程侧深切冲沟走向近于一致的长约 400m 的贯通裂缝,缝宽 20～40cm。在长约 400m 的范围内,坡体上分散的民居多有开裂,且裂缝未从地面起裂而直接从窗户部位向上开裂。多级边坡在平台部位出现平行于线路方向的张拉裂缝。

因此,再次在第二、三级边坡上增设长 38m 的锚索十字梁进行补强加固,但坡体变形仍然没有得到有效控制,如图 2-180、图 2-181。

图 2-180 边坡施工现状

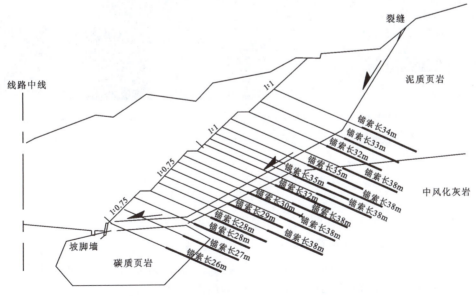

图 2-181 原方案与变更后方案工程地质断面图

2. 坡体病害原因分析

(1)该高边坡位于突出山脊前部，属典型的煤系地层顺层边坡，地下水发育，坡体开挖后卸荷松弛严重，岩体破碎。

(2)依据坡体地质条件，突出山脊地下水应不发育，但开挖后多级边坡坡面地下水渗流严重，反映坡体存在多层地下水。主要原因为小里程侧冲沟深度较浅，沟内汇水穿过岩体破碎的山脊向大里程侧深切冲沟渗流，而工程开挖后的人工坡面成为新的地下水排泄通道，故而坡面上地下水渗流严重。

(3)依据监测资料，山体上长约400m的长大贯通裂缝与深切冲沟走向近于一致(图2-182)，坡体上分散的民居开裂，但裂缝未从地面起裂而直接从窗户部位向上开裂，这是典型的地震引起的民居开裂特征(图2-183)，与工程边坡开挖没有直接关系。

(4)在坡口线以外约25m的范围内发育两条近平行于线路走向的长约40m的贯通裂缝，这是工程边坡开挖后补偿不足导致坡体开裂的典型特征，且人工边坡位于突出的山脊，地震的放大作用明显，对边坡的稳定性造成了较大的影响。

(5)各级边坡虽经锚索框架工程加固，但各级平台上出现了平行于线路的拉张裂缝(图2-184)，说明锚固工程质量欠佳，没有实现对边坡进行预加固从而有效控制坡体卸荷松弛的理念，直接影响了高边坡的稳定性。

(6)高边坡整体上呈现左侧深切冲沟一侧变形严重，右侧小型浅冲沟变形相对较轻的特点，说明边坡稳定性受到深切冲沟临空面的影响，尤其是地震后，高边坡一定程度上出现了向深切冲沟变形的迹象。

图2-182 与深切冲沟近于平行的长大贯通裂缝

图2-183 地震引起的民居开裂

图2-184 各级边坡平台在施作锚索后发生开裂

3. 处治方案分析

(1)高边坡的加固需考虑两个问题，一是工程边坡开挖引起坡口线外25m范围内高边坡变形，二是受大里程侧深切冲沟影响，挖方边坡出现斜向变形。

(2)由于已施作的锚索锚固质量较差，故适当抽检后对高边坡的稳定性进行评价，继而依据高边坡"固脚强腰、分级加固，兼顾整体与局部"的原则对高边坡的整体和局部进行加固。

(3)在坡脚设置抗滑桩对坡体进行支挡加固，提高坡体的整体稳定性。由于坡脚以下存在厚约 8m 的碳质页岩,考虑到其在地下水作用下对抗滑桩的锚固力影响较大,故在抗滑桩前部设置 3 排钢管注浆(钢管保留),提高抗滑桩锚固段的锚固能力。

(4)考虑到锚索质量问题,以及第二、三级边坡经锚索框架和十字梁补强,坡面上已无再次进行工程补强的空间,故对第三级平台以上的边坡进行削方减载(削方体为整个滑坡体积的 1/7),从而大幅减小滑坡下滑力,继而将高边坡分为两个次级高边坡,并对削方形成的第四、五级边坡设置钢锚管和锚索进行加固。

(5)大里程侧深切冲沟导致坡体存在斜向变形,故在冲沟部位设置 5 根抗滑桩对侧向进行约束。

(6)在坡面多层出水部位设置长 25m 的仰斜排水孔对地下水进行引排,提高坡体自身稳定性,如图 2-185。

优化方案经采纳予以实施,多年来坡体稳定性良好。

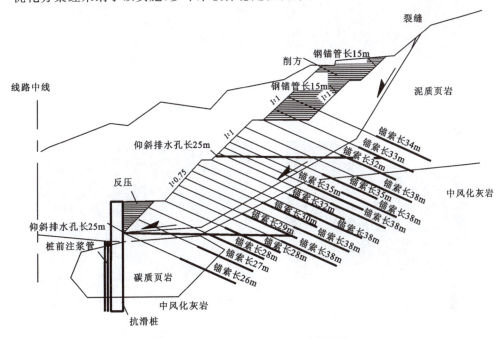

图 2-185　优化方案工程地质断面图

第三十八节　川藏高速公路某高大陡崖病害属性分析

川藏高速公路(雅康段和汶马段)地处四川盆地至青藏高原的过渡地带,构造运动剧烈,岩层强烈褶皱,山高谷深,地形陡峻,峰峦叠嶂。江河溪流纵横交错,大渡河、岷江河道狭窄而多呈"V"字形汇百川至东南奔腾出山。高速公路多位于基本地震烈度为Ⅶ、Ⅷ、Ⅸ度的地区,其中Ⅶ度区占线路总长的 57%,Ⅷ区占线路总长的 37%,Ⅸ度区占线路总长的 6%。在如此复杂地质环境中形成的坡体病害类型复杂多样,必须进行仔细的调查研究和病害性质甄别，才能合理确定工程处治方案。

如某陡崖坡脚至坡口线高差约为190m，呈近直立状（图2-186），其后部自然斜坡坡度为30°~40°，高约500m。坡脚为河流阶地，坡体位于倒转背斜的核部，由千枚岩夹少量条带—薄层状变质细砂岩构成，岩体节理裂隙发育，优势节理产状为345°∠77°，坡向为310°，层面与坡向夹角约35°，为陡倾斜交结构坡体。下部桥梁施工过程中发现陡崖顶部斜坡上发育两条张性裂缝，裂缝平均宽为5.3m，长为50~80m，可探深度为5~6m，如图2-187~图2-189。

图2-186 陡崖全貌

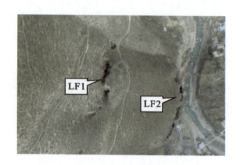

图2-187 陡崖顶部锯齿状卸荷裂缝

图2-188 陡崖卸荷拉裂槽

图2-189 崖顶千枚岩倾倒变形体

该坡体病害争论的焦点是这两条长大张性裂缝是高大陡崖整体变形所致，还是坡体局部变形所致。如裂缝为高大陡崖整体变形所致，则拟采用全坡面锚索工程对整个高大陡崖进行加固。

首先，从地质条件分析，高大陡崖由以千枚岩为主的较软岩构成，河流下切严重，在长期的卸荷作用下，高大陡崖顶部受拉产生卸荷裂缝。即卸荷引起卸荷面附近岩体应力重分布，造成局部应力集中，导致坡顶拉应力集中带产生拉裂面。

其次，陡崖为层状、陡倾斜交结构，故坡体顶部前缘易发生弯曲-拉裂模式的变形。即陡倾的板状岩体在自重弯矩作用下，前缘向临空面方向作悬臂梁式弯曲，并逐渐向坡体内部发展。弯曲的层状岩体之间相互错动并伴有拉裂，弯曲体后缘出现拉裂缝，形成平行于坡向的拉裂槽沟，并造成弯曲强烈部分岩体发生横切岩层的折裂。坡体顶部千枚岩发生弯曲变形后，由于作用于岩层的力矩不断加大，岩层弯折部分最终形成倾向坡外的断续状拉裂面，通过渐进-累进性破坏形成滑移-拉裂破坏,从而向滑坡转化。

此外,高大陡崖的外倾结构面发育较差,且坡体后部拉裂槽形态呈上大下小的"V"形,与高大陡崖整体滑移的上下等宽拉裂缝形态明显不同,也非整个高大崖体倾倒的深大拉张裂缝形态。

综上,确定陡崖顶部所在的拉裂缝是局部的,由地表深6~7m的倾倒体变形所致,其深度与倾倒体转折部位的厚度相近,而非整个高190m的陡崖变形所致。也就是说,该拉裂槽深度不可能贯穿整个陡崖,故不宜设置锚索工程对整个高大陡崖进行加固,而只宜对坡顶的局部倾倒体进行加固,但需对整个坡体及其后部山体形成的危岩落石进行防治。该分析结论最终作为处治方案的依据应用于工程实践。

工程处治时对崖体顶部危岩进行局部清理,并采用锚索对深6~7m的倾倒体进行加固,整个陡崖采用导石网进行防护,并在坡脚原G317国道外侧设置以拦石墙为主的工程进行防护(图2-190),工程效果良好(图2-191~图2-193)。

图2-190 高大陡崖病害处治工程地质断面图

图2-191 陡崖坡面防落石帘式网施作

图2-192 崖体顶部倾倒体锚索加固现场

图2-193 工后大桥通过高大陡崖外侧

第三十九节 结构面控制的边坡病害处治理念

当坡体中发育控制性的不利结构面时,坡体常依附于结构面发生滑移、倾倒、坠落等病害。这种由不利结构面控制的潜在变形体加固深度应该如何确定,在工程实践中令有些技术人员感到困惑,以下选用两个案例进行说明。

1. 案例一

某陡崖高约50m,近直立,由巨厚层砂岩构成,岩质坚硬,产状近水平,如图2-194。陡崖下部有大桥通过。由于坡体发育与坡面近于平行的竖向结构面,坡体多发育坠落式危岩,并在陡崖上形成厚0.5~4m的陡坎,技术人员拟采用长30m的垫墩锚索和局部主动网进行加固防护,如图2-195。

图2-194 陡崖立面图

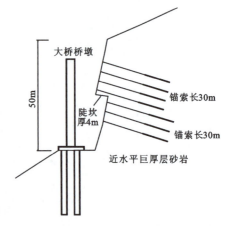

图2-195 案例一拟采用方案工程地质断面图

从地质条件分析,陡崖整体稳定性良好,病害主要表现为坡面的坠落式崩塌,故不宜采用加固力度偏大、加固深度偏深的锚索工程进行加固,而宜结合结构面切割形成的崩塌规模采用锚杆工程进行加固。

结合工程地质类比,依据危岩坠落后形成的厚0.5~4m的陡坎,以陡坎的最大厚度4m(即控制性结构面间距)为依据,结合岩体结构面的等距性,取2~3倍的结构面间距作为加固深度,也就是说本工程锚杆长度宜取为8~12m。考虑到下部大桥的重要性,锚杆长度取3倍结构面的间距,即12m,如图2-196。

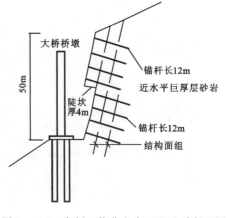

图2-196 案例一优化方案工程地质断面图

2. 案例二

某陡崖高约17m,近直立,由巨厚层砂岩构成,产状近水平,下部发育较厚泥岩,坡体富水。陡崖中发育间距为1.5m和6.3m的近直立贯通性结构面,高大陡崖沿这两组结构面发生较大规模的卸荷崩塌,如图2-197。

图2-197 坡体发育间距为1.5m和6.3m的近直立贯通性结构面

从地质条件分析,高约17m的近直立陡崖由砂岩坡体在地质历史时期依附于坡体中近直立贯通性结构面发育而成。也就是说,陡崖坡面为原坡体中的外露结构面。由于崖体下部发育较厚的泥岩且坡体富水,在差异风化、泥岩富水软化、贯通性结构面中静水压力等作用下,坡体不断通过间距为1.5m和6.3m的贯通性结构面发生卸荷、错落、崩塌。

综上,工程处治方案如下(如图2-198):

(1)加固间距为1.5m和6.3m的贯通性结构面,且以间距6.3m的贯通性结构面为控制性结构面。结合坡体结构、卸荷裂缝发育程度、工程使用年限和工程经验,工程加固深度取向坡体内侧延伸的2~3倍结构面的厚度。

(2)清除发生严重变形的第一级6.3m厚错落体,然后在错落体后部的结构面上设置锚固工程对陡崖所在的坡体进行加固,锚索自由段可取长度3倍于6.3m卸荷体厚度以确定锚索长度(前部为重要结构物,故取大值)。

(3)对坡脚泥岩进行封闭加固,避免坡体差异风化、富水软化造成的边坡上部陡崖在重力作用下依附于贯通性结构面发生病害。

(4)坡体地下水丰富,故需在坡脚泥岩部位设置长度较大的仰斜式排水孔疏排地下水,从而有效降低地下水位,减小坡体的水压力作用,并封闭坡后地表依附于结构面形成的裂缝。

需要说明的是,依据岩体结构面的等距性,取控制性结构面间距的2~3倍长度(病害危害性较大时取大值,危害性较小时取小值)作为加固深度,这在工程实践中被证明是经济、可靠的。

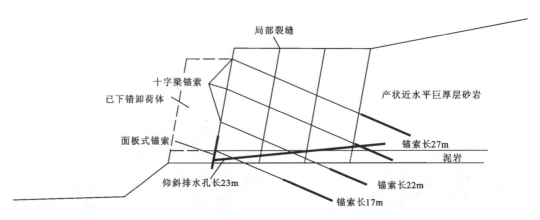

图 2-198 案例二处治方案工程地质断面图

第四十节 楔形变形模式高边坡病害处治

在工程实践中,由多组结构面切割形成的小规模楔形滑塌较为常见,但大型的楔形滑坡较少见。对于大型楔形滑坡的治理,同样也应依据结构面配套后的主滑方向以及相应的副滑方向,针对性地确定处治方案,切忌"一刀切"地将开挖临空面坡向作为主滑方向。

如某坡体上覆厚 1~2m 的粉质黏土,下伏强—中风化志留系泥灰岩,产状为 106°∠30°,坡向为 2°,边坡最大开挖高度为 42m。坡体中节理裂隙发育,贯通度较高,主要产状为 5°∠53°、62°∠53°、320°∠71°。原方案采用边坡坡率设置为 1∶0.75~1∶1.00,其中第一至第三级边坡采用锚杆和锚索框架加固。

开挖至一级边坡时,坡体左侧冲沟中下部出现反翘和鼓胀现象,并切穿泥灰岩层面。开挖的人工边坡沿多层泥化夹层向外变形,最大滑出位移达 1.5m。高边坡坡口线外 70m 出现贯通性裂缝,裂缝最大宽度为 1.6m,可见深度为 1.5m,如图 2-199~图 2-201。

图 2-199 开挖坡面渗水严重

图 2-200 边坡沿多层泥化夹层外移

图 2-201 左侧冲沟出露的剪出口

从地质条件分析,此坡体病害是坡体结构面、层面配套后形成的大型楔形体,在人工开挖形成临空面和地下水作用下产生的滑坡病害。楔形体配套夹角为45°∠15°。由于岩体层面贯通度较岩体结构面高,滑坡的主滑方向为沿泥灰岩软弱夹层面发生顺倾滑移的方向,这导致了侧向冲沟部位出现上翘切层现象。副滑方向为开挖临空面坡向,即此病害为坡体沿多层泥化夹层外移。

综上,工程处治方案如下(图2-202):

(1)在主滑方向的侧向冲沟坡脚设置高度较大的抗滑桩工程后,对冲沟进行回填压实,并在填方体上部设置改沟工程,在确保冲沟排水畅通的基础上,对主滑方向坡体病害起到反压支挡的效果。

(2)倾向人工开挖临空面的副滑方向病害加固重点是视倾角为10°的近水平泥化夹层。考虑到泥化夹层下滑力较小,故结合高边坡的"固脚强腰、分级加固,兼顾整体与局部"的原则对其进行治理。即:①将第一、二级平台统一调整为8m,并分别设置长20~30m的微型桩群对其进行加固;②为有效分割强—中风化结构面,第三级平台设置为5m,并采用全黏结钢锚管框架对第三、四、五级边坡进行加固,确保边坡的局部稳定。

(3)水是本次病害发生的另一主因,故在第一级与第三级边坡坡脚设置长40m的仰斜排水孔,有效挑破多层泥化夹层疏排地下水,提高坡体的自身稳定性。

(4)第一、二级边坡岩体风化程度较低,在采用钢管桩加固及设置排水工程后,不再设置加固工程而采用绿化防护。

该方案针对性强,通过对地下水的疏排提高了坡体的自身稳定性,利用反压解决了顺层面的坡体滑移问题,利用微型桩和钢锚管处治坡体向开挖临空面滑移与高边坡问题,设计单位采纳后进行了施作,工后坡体稳定性良好。

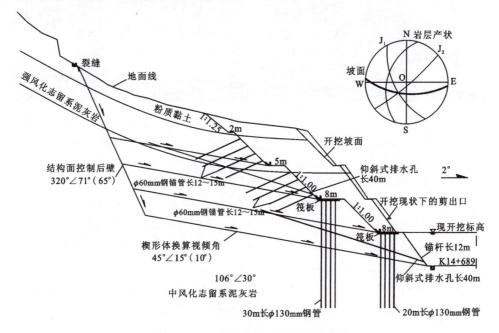

图2-202 处治方案工程地质断面图

第四十一节　浅议黄土高边坡设计

目前黄土高边坡多遵循"宽平台、陡坡率"的设置原则和黄土地层锚索锚固力欠佳而不宜使用的理念。笔者对所谓的"宽平台、陡坡率"设置的理解是宽平台可用于消减上、下级边坡之间重叠的拉应力与压应力,以及方便植树绿化;陡坡率是考虑到黄土垂直裂隙发育且直立性较好,可减小暴露坡面的冲刷问题。因此,由于对黄土坡体的锚索锚固力存在一定顾虑,黄土高边坡设计时尽量采用自稳方式以保证其稳定性。

采用上述理念设计的黄土高边坡,开挖高度大、土方规模大、暴露面大,反而增多了外界不利影响因素。如边坡开挖面积过大,造成自然植被破坏严重,这对干旱少雨的黄土地区来说是相当不利的,而宽平台种植乔木,西北风过强形成的摇曳作用也不利于坡体的稳定。这有悖于高边坡的设计原则,即边坡高度超过 30m 时,宜适当设置加固工程进行收坡,尽量减少边坡开挖过高产生过多的不利因素。当然,如果自然边坡平缓,适当的宽平台设置不会造成人工边坡高度增加过快就可以采用,如图 2-203。反之,在较陡的自然边坡段,如果宽平台的设置会造成人工边坡高度增加过快则建议慎用,如图 2-204。

图 2-203　地形平缓段"宽平台、陡坡率"的合理设置

图 2-204　地形陡峻段"宽平台、陡坡率"的欠合理设置

对于黄土地区的锚索加固工程,其实往往可结合边坡的稳定性分析设置小吨位(不大于 400kN/孔)锚索进行解决,确实需要设置大吨位(大于 400kN/孔)锚索时,可采用浓度较高的浆液注浆、二次注浆、扩大钻孔等工艺进行解决。笔者当年就曾多次在黄土地区设置拉力为 800~1000kN/孔 的锚索工程,取得了良好的工程效果。也就是说,认为锚索的锚固力在黄土地区难以确保的疑虑,在工程实践中是可以有效解决的。

因此,在黄土地区过于强调贯彻"宽平台、陡坡率"及"在黄土地区不能设置锚索工程"的理念可能存在值得商榷的地方。下面以几个案例进行说明,供大家参考。

1. 案例一

某坡体由马兰黄土(Qp^{3eol})和离石黄土(Qp^{2eol})构成，下伏白垩系(K)强—中风化砂岩。技术人员拟采用 1∶0.5～1∶1 的坡率和多级 8～18m 的宽平台进行处治，边坡高度为 77.86m（图 2-205）。考虑土方规模和多级边坡坡面防护，工程造价约为 A 万元。

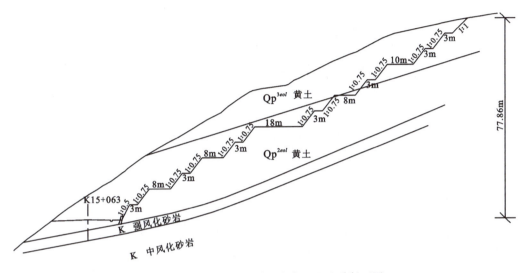

图 2-205 案例一拟采用方案工程地质断面图

拟采用方案存在以下缺点：

(1)边坡开挖几近揭穿坡脚黄土与下伏砂岩接触面，可能导致黄土沿下伏砂岩界面发生工程滑坡。

(2)开挖形成的高边坡存在典型的"剥山皮"现象，对环境破坏大且人工开挖面暴露过大，导致工程边坡的坡面冲刷、剥落以及坡体的稳定性受外界影响较大。

(3)边坡开挖过高会造成后期工程边坡坡面防护和土方工程规模与养护压力较大。

综上，宜在坡脚设置长 20m 的抗滑桩进行"固脚"，提高坡体的整体稳定性，继而在桩后离石黄土(Qp^{2eol})中设置 1∶0.5 的坡率进行收坡，并为有效提高边坡的稳定性和减少坡面冲刷，设置锚杆框架对桩后边坡进行加固。经以上优化后，边坡的高度由原方案的 77.86m 降低为 26.4m，如图 2-206。综合分析优化后工程造价约为 0.8A 万元，工程的安全性和环保性大幅提高，后期养护成本大幅降低。

2. 案例二

某坡体由马兰黄土(Qp^{3eol})和离石黄土(Qp^{2eol})构成，下伏新近系(N)产状近水平泥岩和白垩系(K)强—中风化产状近水平砂岩。技术人员拟采用如下方案对边坡进行处治：在下伏新近系(N)泥岩和黄土坡体中设置 1∶0.75 的坡率及 3m 和 8m 宽的平台，分别在第一、二级边坡设置长 15～25m 和 30～40m 的锚索工程，在第三级边坡设置长 9～15m 的锚杆工

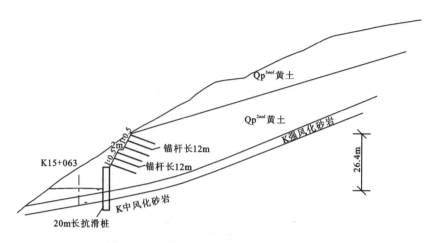

图 2-206　案例二优化方案工程地质断面图

程,边坡高度为 41.19m,如图 2-207。考虑土方规模、边坡加固工程和多级边坡坡面防护,工程造价约为 B 万元。

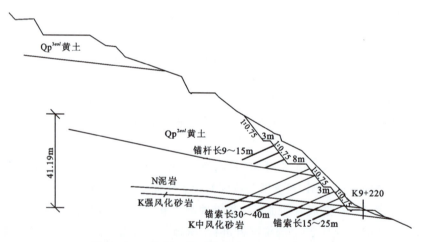

图 2-207　案例二拟采用方案工程地质断面图

拟采用方案存在如下缺点:首先,该方案边坡开挖厚度小,工程边坡存在典型的"剥山皮"现象,对环境破坏大且人工开挖面暴露过大,导致工程边坡的坡面冲刷、剥落和坡体的稳定性受外界影响较大。其次,边坡开挖过高,造成后期工程边坡坡面防护规模较大,以及相应的土石方规模偏大。

因此,宜按 1∶0.5 的坡率在坡脚对新近系(N)泥岩进行收坡,并依据开挖岩土体抗剪力采用锚杆长 12m 的框架进行补偿加固,尽量减小对上部自然坡体的扰动。经以上优化后,边坡的高度由原方案的 41.19m 降低为 11.2m,如图 2-208。综合分析优化后工程造价约为 0.1B 万元,工程环保性大大提高,后期养护成本大幅降低。

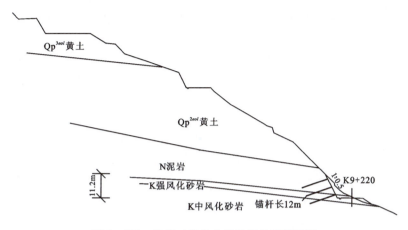

图 2-208　案例二优化方案工程地质断面图

3. 案例三

某坡体由马兰黄土（Qp^{3eol}）和离石黄土（Qp^{2eol}）构成，下伏白垩系（K）强—中风化泥岩产状近水平。技术人员拟在白垩系（K）泥岩和黄土坡体中设置以 1∶1 为主的坡率及 2m 宽的平台对边坡进行处治，边坡高度为 82m，如图 2-209。考虑土方规模、多级边坡坡面防护，工程造价约为 C 万元。

首先，该方案边坡设置存在典型的"剥山皮"现象，对环境破坏大且人工开挖面暴露过大，导致工程边坡的坡面冲刷、剥落和坡体的稳定性受外界影响较大。其次，边坡开挖高度达 82m，形成的高边坡安全风险加大，且后期工程边坡坡面的防护规模较大以及相应的土石方规模偏大。

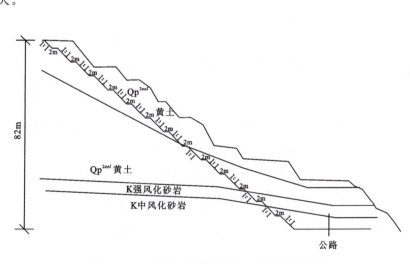

图 2-209　案例三拟采用方案工程地质断面图

因此，宜按 1∶0.5 的坡率在坡脚对新近系泥岩进行收坡，并采用锚杆长 12m 的框架对第一级边坡进行"固脚"；在黄土与砂岩界面处设置长 20m 的锚索工程进行加固，对高边坡起到"强腰"的作用。上部马兰黄土和离石黄土采用 1∶0.75 的坡率进行收坡，并采用 9m 长锚杆对第三级边坡进行加固，确保上部边坡的稳定。经以上优化后，边坡的高度由原方案的 82m 降低为 36.06m，如图 2-210。综合分析优化后工程造价约为 0.5C 万元，工程环保性大大提高，后期养护成本大幅降低。

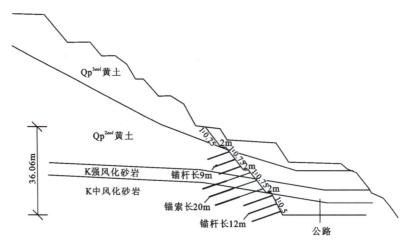

图 2-210 案例三优化方案工程地质断面图

4. 案例四

某坡体地层从上至下依次为：马兰黄土（Qp_3^{eol}），浅黄色，稍湿；全风化泥岩（N_2），褐红色，局部夹灰白色砂岩团块；强风化泥岩（N_2），褐红色，层状构造，局部含少量灰白色砂岩团块；中风化泥岩（N_2），褐红色，层状构造，岩芯呈柱状，局部含灰白色砂岩及少量白色石膏碎砾。技术人员拟采用 6~8m 分级，坡率设置为 1∶1 与 1∶1.25，平台宽为 3m 与 4m，代表性高大边坡高 45.5m 和 48.5m，如图 2-211。其中，第一至第七级边坡设置锚杆框架梁进行防护，锚杆长均为 10m，工程造价约为 D 万元。

从地质条件分析，该方案存在"剥山皮"的不合理现象，造成边坡开挖过高、暴露面过大，工程防护规模和土石方规模较大，故宜依据地形地貌、地层岩性，在采用 1∶0.5~1∶0.75 的坡率进行收坡后，设置锚固工程进行加固防护，有效降低边坡高度，即利用"固脚"能力更强的钢锚管有效提高边坡的整体稳定性；依据风化界面等不利组合，在第二级边坡设置锚索长 24m 的框架对边坡进行"强腰"，提高边坡的整体稳定性；在第三级边坡设置钢锚管框架，对黄土与全风化面、全风化与强风化界面进行加固，确保第三级边坡自身的稳定，如图 2-212。

优化后，边坡的高度由原方案的 48.5m 和 45.5m 分别大幅降低为 31m 和 10.5m，防护工程和土石方规模大为减小，工程造价仅为 0.25D 万元，且安全性大为提高。

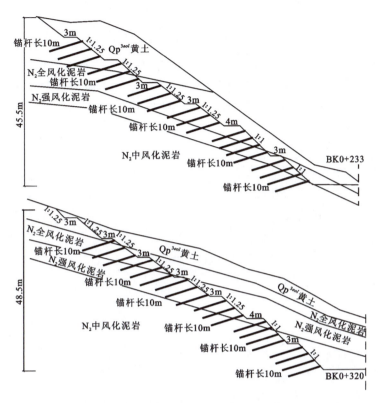

图 2-211 案例四拟采用方案工程地质断面图

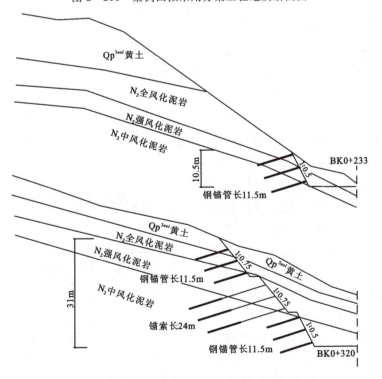

图 2-212 案例四优化方案工程地质断面图

5. 案例五

某自然坡体地表坡度约 32°，由马兰黄土（Qp_3^{eol}）构成。技术人员拟采用参数取值 $c=16kPa$、$\varphi=24°$＋坡脚设置悬臂高为 8m 的桩板墙（桩长 19m）＋桩后每级边坡高 8m＋1:0.5 的坡率＋8~16m 的宽大平台放坡的方案，形成了高约 152m 的高大边坡，如图 2-213。

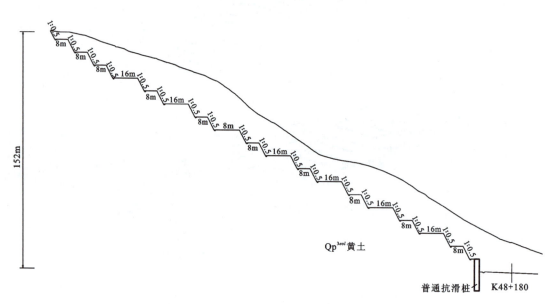

图 2-213 案例五拟采用方案工程地质断面图

首先，该方案设置的坡率与自然边坡坡率近于一致，属于典型的"剥山皮"式挖方，造成坡体裸露面大，坡体的稳定性易受大气等外界不利因素影响，不利于环保和坡体稳定，工程安全度较低。其次，约 32° 的自然坡面反映原方案采用 $c=16kPa$、$\varphi=24°$ 的参数是偏小的。结合土质或类土质的自然边坡坡度是其内在力学性质的反映，且受到降雨、风化等因素影响，自然坡度略小于坡体综合内摩擦角，宜将坡体力学参数调整为 $c=20kPa$、$\varphi=29°$。

综上，依据岩土体性质对边坡进行陡坡率设置，并依据高边坡"固脚强腰、分级加固，兼顾整体与局部"的原则，在坡脚设置悬臂高为 10m 的锚索桩板墙（桩长 19m），积极对高边坡采用主动受力的锚索桩工程，限制坡体开挖后的卸荷松弛，防止坡体力学参数降低，对整个高边坡的稳定性起到加固作用；在桩后设置 1:0.5 的坡率进行收坡，并采用锚索和锚杆工程对边坡进行加固，如图 2-214。

经以上优化后，边坡的最大高度由

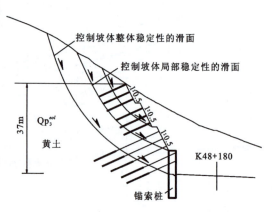

图 2-214 案例五优化方案工程地质断面图

152m大幅降低为37m,土方规模大幅下降,对环境友好,工程造价仅为原方案的30%,且工程安全度明显升高。

从以上工程案例可以看出,黄土地区的高边坡设计,宜依据具体的岩土体构成和性质进行综合分析,尽量设置陡坡率以减小边坡高度,依据"固脚强腰、分级加固,兼顾整体与局部"的理念,提高边坡的稳定性,使工程与自然达到和谐状态,减少植被破坏和后期黄土边坡的养护成本。也就是说,黄土地区的高边坡设计,宜针对具体地质条件等因素进行针对性的设计,而不宜"一刀切"地设置宽平台、陡坡率,也不宜过于担心锚索的锚固力而限制或取消锚索工程的应用,可考虑采用小吨位锚索或采用二次注浆与扩孔工艺提高锚索工程的锚固力,确保锚固工程在黄土边坡中的应用。

第四十二节 "剥山皮"式边坡设计优化

边坡设计是综合坡体地形地貌、地层岩性、地质构造、建筑材料、新构造运动、控制性构筑物、环水保等多因素确定的。技术人员应根据具体边坡的相应要求进行合理设计,切忌一味使用软件,使得边坡设计快速却不合理,譬如"剥山皮"式设计。

1. 案例一

某边坡由粉质黏土(1)、强风化粉砂岩(2)、中风化粉砂岩(3)构成。坡体无地下水。坡体产状为68°∠37°,岩体中两组较发育的裂隙产状为15°∠83°和38°∠66°,坡向为150°。技术人员拟设置1∶0.75的坡率,边坡高20m,如图2-215。

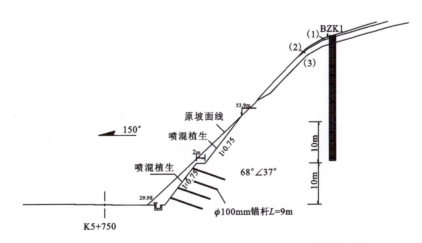

图2-215 案例一欠合理的"剥山皮"式设计工程地质断面图

从地质条件分析,该边坡若采用1∶0.5的坡率进行收坡防护,边坡高度可由20m降低为8m,防护工程与挖方规模将大幅减小,如图2-216,工程设计品质可较原方案大幅提高。

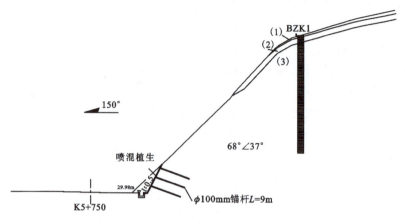

图 2-216 案例一优化方案工程地质断面图

2. 案例二

某边坡由粉质黏土(1)、强风化粉砂岩(2)、中风化粉砂岩(3)构成。坡体无地下水。坡体产状为 260°∠16°，坡向为 160°。技术人员拟设置 1∶0.75 和 1∶1.0 的坡率，边坡高 43.1m，如图 2-217。

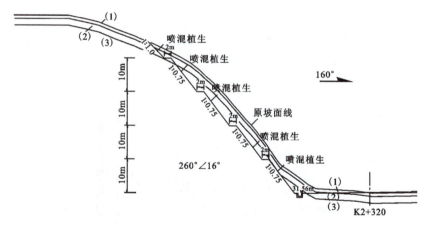

图 2-217 案例二欠合理的"剥山皮"式设计工程地质断面图

从地质条件分析，该边坡若采用 1∶0.5 的坡率进行收坡防护，边坡高度可由 43.1m 降低为 8.5m，如图 2-218，防护工程与挖方规模将大幅减小，环境友好性将大幅提高。

3. 案例三

某边坡由粉质黏土(1)、强风化粉砂岩(2)、中风化粉砂岩(3)构成。坡体无地下水。坡体产状为 72°∠41°，岩体发育两组产状为 18°∠79°和 44°∠61°的节理，坡向为 250°。技术人员拟设置 1∶0.75 和 1∶1.0 的坡率，边坡高 41.8m，如图 2-219。

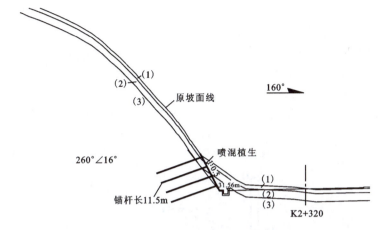

图 2-218　案例二优化方案工程地质断面图

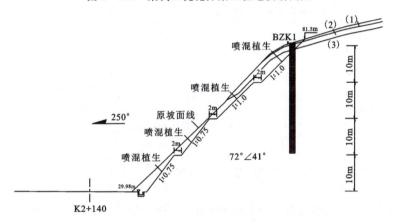

图 2-219　案例三欠合理的"剥山皮"式设计工程地质断面图

从地质条件分析,该边坡若采用 1∶0.5 的坡率进行收坡防护,边坡高度可由 41.8m 降低为 8.5m,如图 2-220,防护工程与挖方规模将大幅减小,环境友好性将大幅提高。

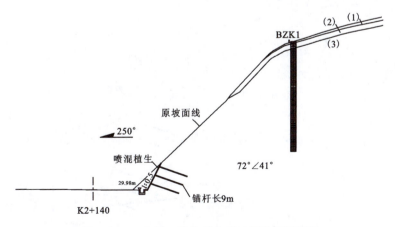

图 2-220　案例三优化后方案工程地质断面图

4. 案例四

某边坡由强风化凝灰岩(1)、中风化凝灰岩(2)、微风化凝灰岩(3)构成。坡体地下水发育。坡体发育的主要结构面产状为 246°∠20°、235°∠30°、220°∠50°,结构面延伸长度为 0.5~1.0m,坡向约为 73°。技术人员拟设置 1∶0.5 和 1∶0.75 的坡率,边坡高 44.3m,如图 2-221。边坡坡口线与直径 1.5m 的输油管线水平距离只有 7m,安全隐患非常大。

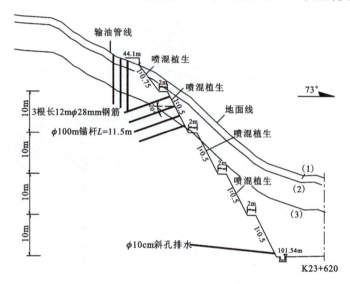

图 2-221 案例四欠合理的缓坡率设计工程地质断面图

从地质条件分析,该边坡若结合实际地质资料、输油管线控制性构筑物,采用 1∶0.3 和 1∶0.5 的坡率进行收坡防护,边坡高度可由 44.3m 降低为 34.4m,边坡坡口线与输油管线的水平距离可由 7m 加大为 23m,如图 2-222,工程的安全性将大幅提高。

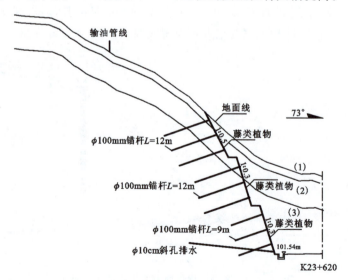

图 2-222 案例四优化方案工程地质断面图

从以上 4 个工程案例可以看出,"剥山皮"式放坡实为设计大忌,其常造成设计品质大幅下降,边坡高度增加过快,植被破坏严重,坡面受大气影响程度明显增加,后期防护与养护成本明显增加,应尽可能避免。

第四十三节 库岸公路路基病害处治

库岸公路地段的抗滑桩支挡工程,应依据岸坡的稳定性合理选择桩体开挖形式,从而确保施工人员的安全,且支挡防护工程的设置应考虑库岸再造对岸坡的稳定性影响,合理设置抗滑桩长度、桩间支护结构和相应的排水工程措施,从而确保抗滑桩工程对路基的有效保护。

如某在建水库的既有环库公路某段,坡体上部为厚 5~14m 的崩坡积体,下伏中风化砂泥岩。原公路内侧堆积体路堑边坡多年来保持稳定。由于弃渣、冲刷、地下水等原因,外侧路堤时常发生滑塌病害,曾发生半幅路基整体下错病害。本次线路调整时,拟将现路基部位加高 3m,并采用 1.8m×2.5m×25m@6m 的抗滑桩对路基进行处治。抗滑桩施工时采用跳桩开挖,但由于路堤稳定性差,多孔抗滑桩护壁发生整体挤裂、倾斜、渗水等病害,导致人工挖孔抗滑桩无法实施,如图 2-223~图 2-226。

图 2-223 桩位处坡体发育贯通性裂缝

图 2-224 抗滑桩护壁整体倾斜

图 2-225 抗滑桩孔内渗水严重

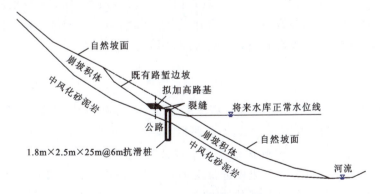
图 2-226 原方案工程地质断面图

从地质条件分析，该段路堤坡体稳定性差，采用施工速度较慢的人工挖孔桩非常不利于路基的稳定性和施工人员的安全，而原抗滑桩外侧欠稳定—不稳定的堆积体在后期水库蓄水后会形成库岸再造，导致桩间土体漏空，后部路基开裂。

综上，采用施工速度快、安全度高的旋挖桩替换人工挖孔桩，根据现场既有机械设备，结合地质资料分析，旋挖桩采用$\phi 2.2m \times 22m@4m$的规格，且为了减小中风化砂泥岩中的旋挖桩施工难度，在桩顶设置2孔锚索，减小旋挖桩长度至22m，有效降低工程造价。此外，考虑到库岸再造原因，建议清除路基外侧土岩界面以上桩体外侧堆积体，继而采用桩前挂板进行防护（桩后挂板不利于施工期间的路基稳定），挂板后设置透水反滤材料进行路基支挡，防止水库蓄水后库岸再造导致桩间土体滑塌，如图2-227。

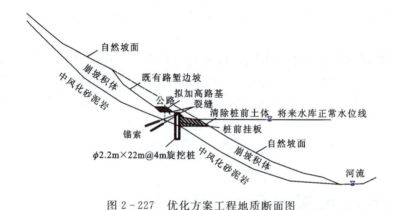

图2-227 优化方案工程地质断面图

该优化方案施工速度快、安全性高，对后期库岸再造的防治效果强，是一个相对较优的方案。

第四十四节　路堑式抗滑桩设置优化

在现实工程中，由于多种原因，如设计周期、技术人员素质等，我们经常使用抗滑桩这个"重型武器"处治工程病害，导致病害虽然得到了有效处治，但工程经济性较差的情况却时有发生，甚至出现花费巨资却没有有效处治病害的情况。

1. 案例一

某工点自然斜坡坡度约$35°$，地表崩坡积层厚约5m，呈稍密状，下伏中密—密实冲洪积卵砾石层（Qp^3），其下为前寒武系白云岩，公路以半填半挖的形式通过。技术人员计算得出坡体下滑力约为1500kN/m，为确保挖方路堑边坡安全，在坡脚设置了130根$2m \times 3m \times (20 \sim 24)m@5m$的锚索抗滑桩对边坡进行支挡。其中，桩体悬臂段设置3孔长34~38m、每孔设计拉力为700kN的预应力锚索，如图2-228。工程造价约5200万元。

从地质资料分析，拟开挖桩前"三角体"的最大高度为10m，在原自然斜坡整体稳定性较好的情况下,"三角体"的抗剪力或土压力被开挖解除后,只需补偿与其相对应的工程力度。由此可知,技术人员计算所得的坡体下滑力明显偏大,造成原方案采用的大截面锚索抗滑桩工程规模明显偏大,工程的性价比严重降低。

基于此,建议在坡体下部中密—密实冲洪积卵砾石层设置坡率1:0.5、高6m的面板式轻型钢锚管挡墙对边坡进行收坡、"固脚";稍密的崩坡积体设置1:0.75的坡率,并在第二、三级边坡设置钢锚管框架加固工程,利用钢锚管强大的抗剪力对崩坡积与冲洪积体界面进行加固,防止坡体依附于该结构面出现变形。此外,为减小开挖工程对后部自然坡体的扰动,开挖前在坡口线外设置一排钢锚管进行预加固,如图2-229。

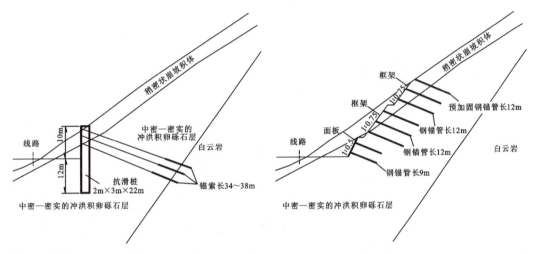

图2-228 案例一拟采用方案工程地质断面图　　图2-229 案例一优化方案工程地质断面图

优化后,边坡的高度为23m。该优化方案利用全黏结钢锚管的即时锚固力和工程开挖前的钢锚管预加固工程,确保了下部边坡的正常开挖施作,工程造价约为600万元,仅为原方案的11.5%,工程经济性具有明显的优势,是一个相对较优的方案。

2. 案例二

某坡体地表为厚约3m的松散—稍密状崩坡积碎石土(Qh),下伏4m左右的中密—密实状冲洪积卵砾石层(Qp^3),其下为产状反倾的前寒武系中风化变质砂岩,产状为187°∠34°,坡向为10°。公路以挖方的形式通过,为确保路堑边坡开挖后的安全,技术人员在坡脚设置了2m×3m×26m@5m的锚索抗滑桩进行支挡,且在桩体悬臂段设置了2孔长27m、每孔设计拉力为700kN的预应力锚索。桩后边坡分两级设置1:1的坡率后,采用4排锚杆长9m的框架进行防护。整个边坡最大高度为31m,如图2-230,工程造价约为1030万元。

从地质资料分析,技术人员将坡脚抗滑桩设置于中风化变质砂岩体中没有起到应有的作用,且桩后第二、三级边坡上设置的锚杆框架工程也没有对依附于土岩界面的堆积体起到加固作用,造成堆积体在桩顶部位存在越顶的可能。因此,该方案是不安全和不经济的。

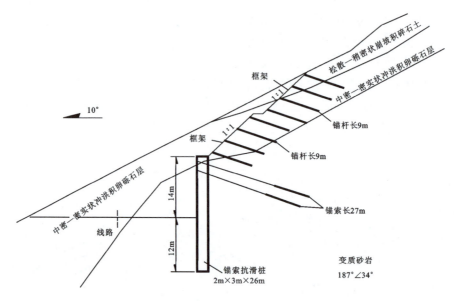

图 2-230 案例二拟采用方案工程地质断面图

基于此，宜结合坡体地质条件，采用与岩土体性质相适应的坡率和工程措施对原方案进行优化。即考虑到坡体下部反倾的中风化变质砂岩岩体较为完整且强度较高，故在设置 1∶0.3 的坡率后，采用爬藤植物进行绿化防护，该级边坡高 14m。在对中密—密实冲洪积卵砾石层和松散—稍密崩坡积体分别设置 1∶0.5 和 1∶0.75 的坡率后，采用钢锚管长 9m 和 12m 的框架对边坡进行加固，确保钢锚管对土岩界面的有效加固和各级边坡的稳定，如图 2-231。

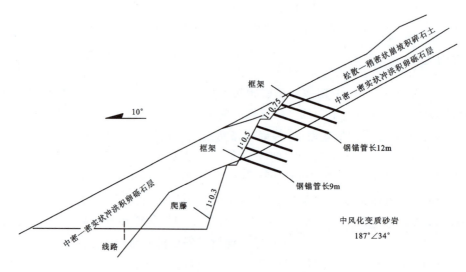

图 2-231 案例二优化方案工程地质断面图

经以上优化后的边坡高为 29m，工程造价约为 143 万元，仅为原方案的 14%，工程经济性具有明显的优势，且坡面绿化后，行车的视觉效果与工程的环保性大幅提高。优化方案经采纳实施后效果良好，多年来坡体一直保持稳定。

第四十五节　堆积体高边坡病害处治方案优化思路

堆积体内部不同期、不同成因的接触面往往成为控制坡体稳定性的结构面。因此，在堆积体边坡的稳定性分析过程中，不应简单地采用在均质或类均质体中应用的圆弧搜索法进行分析，且坡体下滑力的计算合理与否，应与开挖解除的部分坡体的抗力进行匹配，确保计算结论的合理性。

1. 基本情况

某高山峡谷区斜坡自然坡度约为 35°，上部覆盖层厚 10～20m，为崩坡积＋坡洪积碎石土，呈稍密—中密状。下伏冲洪积漂卵石土层，厚 15～25m，呈密实状。坡体下伏震旦系中厚层状白云岩，其中强风化层厚约 1.5m，产状为 302°∠8°，坡向为 8°，如图 2-232。

线路以半填半挖的形式通过该段斜坡中部，技术人员在设置 1∶0.75 和 1∶1 的坡率后，采用圆弧搜索法计算得出坡体开挖后处于欠稳定状态，故在全坡面采用锚索长 28m 的框架进行加固，边坡最大高度 30.2m，如图 2-233。工程造价为 A 万元。

图 2-232　地表堆积体局部形态

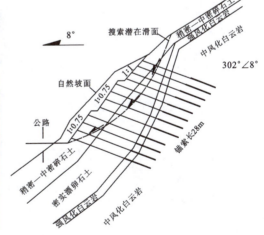

图 2-233　原方案工程地质断面图

2. 方案合理性分析

(1) 从坡体地质条件分析，堆积体处于稍密—中密—密实状，河流下切已远离，故边坡在自然状态下总体处于稳定状态。

(2) 工程施工扰动范围内的堆积体由稍密—中密状的碎石土和密实状的漂卵石土构成，也就是说，碎石土与漂卵石土接触面为控制性的结构面，即采用圆弧搜索法在堆积体内搜索滑面时不应切穿接触面，控制性搜索法的潜在滑面应位于碎石土内部，如图2-234。换句话说，原方案采用的潜在滑面是欠合理的，所计算的下滑力明显偏大，导致工程规模偏大。

(3) 技术人员采用"剥山皮"式的坡率设置，与岩土体性质和地形地貌结合较差，造成边坡高度偏大，人工创伤面和后期大气影响面偏大。

(4) 对坡体开挖解除的"三角体"被动土压力和圆弧搜索法所得的AB曲面的抗剪力进行核查，可以有效分析圆弧搜索法滑面计算结论是否合理。如挖除"三角体"的被动土压体约为270kN/m，而AB曲面的抗剪力约为160kN/m，故坡体开挖后所要补偿的工程加固力为被动压力与抗剪力的最大值，即270kN/m。

(5) 堆积体越向坡脚厚度越大，且远离路基开挖扰动影响区，加固工程宜以潜在滑面为控制面设置锚固长度，尤其是下伏的漂卵石土为密实状，故不宜将锚索锚固段置于白云岩体中，而应置于密实的漂卵石土中即可，且在坡体潜在下滑力和锚索锚固力要求均较小的情况下，更宜优化锚索设置长度，从而有效降低工程规模。

基于以上分析，结合岩土体性质和地形地貌，采用1∶0.5的坡率进行收坡后，设置锚索长20m的框架对边坡进行加固防护，优化后边坡高度可由30.2m降低为12m，如图2-235，工程土石方和加固规模大幅下降，工程品质有效提高，工程造价仅为0.22A万元。

综上，岩土工程中定性分析是基础，只有准确合理地定性确定地质模型和相关的计算边界、参数等关键信息，才能确保后续计算模型以及定量计算结果的正确性。否则，一旦地质模型欠合理，将直接造成计算模型出现较大偏差，最终导致计算结论出现较大误差而使得工程措施设置欠佳。

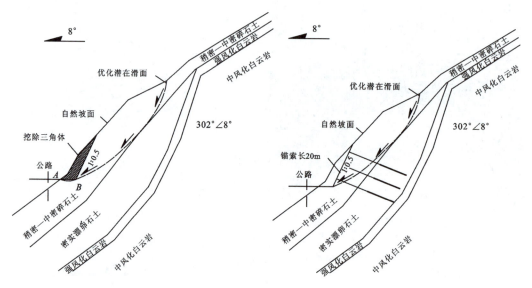

图2-234 分析采用的地质模型和计算模型　　图2-235 优化方案工程地质断面图

第四十六节　高山峡谷斜坡段路基支挡防护方案优化

高山峡谷斜坡段路基支挡防护工程的设置，应尽量减小对自然斜坡的扰动，有条件时宜避免设置施工难度较大的大体积圬工挡墙和抗滑桩等工程措施，而应尽量设置布置灵活、对坡体扰动较小的轻型支挡防护工程，从而在确保路基安全的基础上，有效提高工程的经济性指标。

1. 基本情况

某高山峡谷区斜坡上覆崩坡积＋坡残积＋坡洪积碎石土堆积体，其中碎石含量约为65%，粒径多以 0.1~0.3m 为主，个别达到 1.5m，成分为砂岩。碎石间粉质黏土胶结，堆积体呈稍密—中密状，厚为 5~30m，呈现海拔越低、厚度越大的分布特征。斜坡自然坡度约为 35°，坡向为 132°。堆积体下伏强—中风化千枚岩夹砂岩，其中强风化卸荷带厚约 5m，基岩产状略反倾。

线路以半填半挖的形式通过该段斜坡中部。其中，外侧填方采用高 13m、顶宽 1.25m、底宽 5.32m 的衡重式挡墙进行支挡。内侧挖方段根据圆弧搜索法计算得出堆积体潜在滑体下滑力为 900kN/m，故采用 2m×3m×35m@5m 的锚索抗滑桩进行支挡。桩体外露悬臂长 10m，滑面以上桩体长 18m，即桩体实际锚固段长 17m。在桩顶设置 2 孔预应力为 700kN/孔、长为 25m 的锚索进行处治，如图 2-236。该方案工程造价为 A 万元。

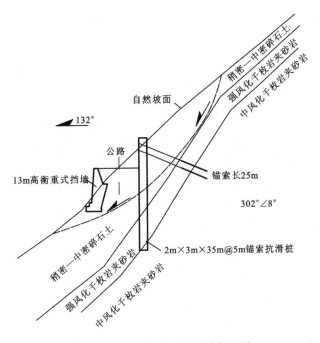

图 2-236　原方案工程地质断面图

2. 原方案合理性分析

（1）从地质资料分析，该段自然坡体平顺，稳定性较好，但存在局部冲刷与危岩落石，因此自然坡体处于基本稳定状态，但在路基内侧挖方高约10m、外侧填方高约9m的扰动情况下，坡体稳定性将受到较大影响。也就是说，工程施作之前坡体是基本稳定的，但在工程填挖方扰动后，坡体的稳定性会不同程度降低，降低程度与工程直接相关。因此，技术人员采用圆弧搜索法得出的控制性滑面并没有从挖方坡脚或加载影响区通过，而是从深层的堆积体中通过是欠合理的。这直接造成抗滑桩长度明显偏大，工程的经济性偏差。

（2）设计的抗滑桩前路堑挖方"三角体"高约10m，宽约7.5m。因此，可以依据原自然坡体的稳定状态和开挖损失的"三角体"被动土压力或抗剪力反向核查所需要补充的工程支挡规模。

（3）设计的衡重式挡墙及其加载的"三角体"高约9m，宽约8m。因此，可以依据原自然坡体的稳定状态和加载"三角体"形成的主动土压力或下滑力反向核查所需要补充的工程支挡规模。

（4）考虑到自然坡体处于基本稳定状态，故可以在对外侧填方、内侧挖方造成坡体局部稳定性有所降低的情况下，尽量通过填挖平衡，甚至是在填方规模小于挖方规模的基础上，不降低整个堆积体的稳定性或略提高整个坡体的稳定性。也就是说，半填半挖路基在考虑填挖造成坡体局部稳定性降低的情况下，应尽量减小对坡体整体稳定性的影响，必要时可在保证填挖方坡体局部稳定性的基础上，适当采用工程措施提高坡体的整体稳定性。因此，原方案采用的半填半挖路基处治方案是欠合理的，应进行必要的优化调整。

3. 优化方案

（1）填方段采用台阶式开挖后，设置高10m的泡沫轻质土对路基进行加宽回填。这样处治的优点是台阶开挖挖除的土方重量大于泡沫轻质土的重量，故对坡体的整体稳定性没有影响。泡沫轻质土采用锚杆加固可有效提高坡体的局部稳定性。

（2）堆积体由稍密—中密状胶结较好的碎石土构成，故取消锚索抗滑桩，改用1∶0.75的坡率开挖后，设置轻型的锚索和锚杆框架进行加固，且锚索和锚杆置于基岩中，可有效提高堆积体依附于土岩界面的稳定性。

（3）优化方案的边坡高度为20m（图2-237），工程造价约为0.2A万元。

优化方案的处治工程属于轻型支挡防护工程，对高山峡谷区的地形地貌等地质体适应能力强，施工便捷，是一个相对较优的方案。

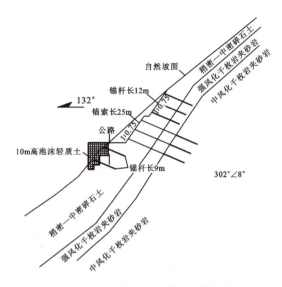

图 2-237　优化方案工程地质断面图

第四十七节　工程地质类比在边坡防护中的应用

地形地貌是坡体内在性质的外在反映,工程地质类比在边坡分析计算中是一种有效的方法。对于堆积体边坡,自然地形地貌往往是坡体稳定休止角的一种外在客观反映,只是由于地表经受长期的风吹雨淋,坡度往往较坡体的综合内摩擦角小一些。对于岩质边坡,自然地形地貌往往受控于坡体的结构面,是坡体在地质历史时期依附于结构面受控改造的结果。同样,既有的工程边坡也可以看作是人为改造的、很短的地质历史时期内自然改造作用下的一种特殊自然边坡。因此,自然地形地貌往往反映了坡体内部岩体的结构面形态、性质、组合等,可用来推断坡体的物理力学性质,从而为新建工程边坡的提供有益参考。

1. 案例一

某公路路堑边坡由中密—密实块石土构成,其下为中风化玄武岩。原设计坡率为1∶0.5,坡高为16m,公路使用多年来整体稳定性较好,但局部存在溜滑和危岩落石。公路加宽改造时需对路堑边坡进行开挖,技术人员拟采用 2.2m×3.4m×30m@6m 的锚索桩对边坡进行支挡加固,其中桩体悬臂长15m,桩后设置1∶0.75的坡率放坡,边坡总高度为21.6m,如图2-238,工程造价为 A 万元。

既有公路路堑边坡处于基本稳定状态,但由于坡率偏陡,坡体存在局部滑塌和危岩落石。因此,新建的工程边坡只要适当放缓边坡坡率或在保持坡率不变的情况下进行适当防护即可。原方案采用 2.2m×3.4m×30m@6m 的锚索桩进行支挡是明显偏于保守的。

基于此,在仍采用1∶0.5的坡率且坡高增加10m的情况下,采用轻型钢锚管和锚杆框架进行支挡加固就可确保边坡的稳定。此外,考虑到堆积体距下伏中风化玄武岩面约为 8m,为进一步提高坡体依附于土岩界面的稳定性,特将坡脚的钢锚管加长至 15m,对土岩接触面进行预加固。

优化方案(图 2-239)针对性强,工程施作简单便捷,工程造价仅为 $0.27A$ 万元,是一个相对较优的方案。

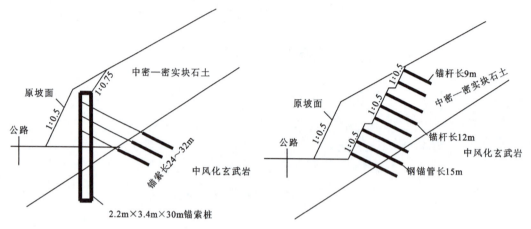

图 2-238 案例一拟采用方案工程地质断面图 　　图 2-239 案例一优化方案工程地质断面图

2. 案例二

某自然边坡由中风化灰岩构成,坡体产状为 126°∠29°,自然坡度约为 28°,坡向为 126°,下部岸坡陡坎高约 8m。公路从陡坎上部以挖方的形式通过,为防止出现顺层滑坡,技术人员拟在路堑边坡坡脚设置 2.4m×3.6m×22m@6m 的锚索桩进行支挡,其中桩体悬臂长 14m,如图 2-240,工程造价为 B 万元。

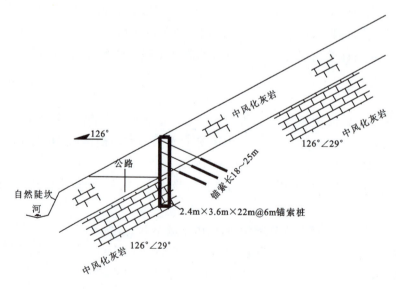

图 2-240 案例二拟采用方案工程地质断面图

从自然边坡的稳定状态看,岸坡在冲刷等作用下形成了局部陡坎,但自然顺层边坡并没有出现沿层面滑移的迹象。这说明灰岩层面物理力学性质较好,层面的抗剪力可以有效平衡坡体的潜在下滑力。因此,依据工程地质类比,拟开挖的路堑边坡采用 2.4m×3.6m×22m@6m 锚索桩工程是明显偏于保守的。

基于此,建议将中风化灰岩地层的路堑边坡坡率设置为 1∶0.5,之后采用工程造价约为 0.12B 万元的钢锚管框架对边坡进行加固,即可确保路堑边坡稳定性,如图 2-241。

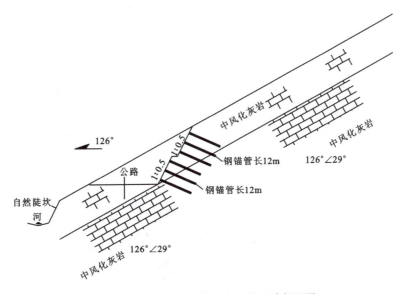

图 2-241 案例二优化方案工程地质断面图

该边坡处治后的 10 余年来,坡体稳定性良好,证明了优化方案的合理有效性。

综上,工程地质类比在岩土工程中具有不可替代的作用,是合理进行工程边坡设置和处治的有益参考。

第四十八节 3 处不同性质的高边坡病害处治方案探讨

高边坡的稳定性分析,应严格依据构成坡体的岩土体性质、坡体结构、地形地貌等地质条件,分析控制坡体稳定性的结构面形态及其相应的物理力学参数,从而为合理设置边坡的坡形坡率和工程处治措施奠定基础。

1. 案例一

某路基所在坡体主要由三叠系强—中风化的中—厚层状泥灰岩构成,其中强风化层厚约 3.5m。岩体产状为 218°∠36°,坡向为 85°,与线路夹角为 133°,属于近正交-反倾坡体,换算倾角为 26.2°。岩体构造节理较发育,主要产状为 33°∠73° 和 120°∠82°,裂隙间距为

0.3～3.3m,贯通长度为0.4～3.10m,裂隙宽1～3mm,裂隙面平直,无充填,结合程度一般,不充水。技术人员拟设置1∶0.75～1∶1.25的坡率、宽2m的平台,形成了最大坡高为31.2m的路堑边坡。

从地质资料分析,泥灰岩结构面无充填,结合程度一般,坡体产状与坡向近正交-反倾,属于切层坡体,对坡体的稳定性是有利的。试验得出岩体抗压强度为21MPa,属于较软岩。结合破裂角、三轴强度试验报告,建议泥灰岩体的强度指标取为 $c=200$kPa、$\varphi=50°$,考虑施工扰动等因素取0.85倍的折减系数,即$c=170$kPa、$\varphi=42.5°$。

从以上分析来看,坡体开挖后整体是基本稳定的,最可能的病害为开挖后的危岩落石。

基于此,由于坡体整体稳定性较好,故可设置较陡坡率进行收坡防护,采用光面爆破后,设置以挂网喷混凝土防护为主的措施,且为有效解决坡脚应力集中的问题,第一级边坡设置较长的锚杆进行"固脚",第二级边坡考虑到裂隙间距0.3～3.3m,结合泥灰岩性质,采用9m长锚杆进行防护。优化后,边坡的高度可由31.2m降低为20m左右,如图2-242。

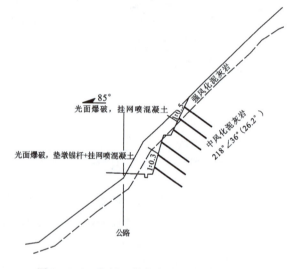

图2-242 案例一优化方案工程地质断面图

2. 案例二

某路基所在坡体主要由三叠系强—中风化的薄—中厚层状石英砂岩构成,其中强风化厚约3.1m。岩体产状为32°∠34°,坡向为351°,与线路夹角为41°,属于斜交坡体,换算倾角为26.6°。岩体构造节理较发育,主要产状为114°∠80°和215°∠83°,裂隙间距为0.3～3.2m,贯通长度为0.4～3.20m,裂隙宽1～3mm,裂隙面平直,无充填,结合程度差,不充水。技术人员拟设置1∶0.75～1∶1的坡率、宽2m平台,后形成了最大坡高为41.08m的路堑边坡。

从地质条件分析,砂岩结构面无充填,属硬性结构面,坡体产状与坡向大角度斜交,对坡体的稳定性是有利的,即坡体的稳定性由岩体抗剪强度控制而不是单纯地由层面抗剪强度控制,这也是现场类似的自然砂岩边坡高陡而坡体稳定的原因。此坡体最可能的病害为开挖后的危岩落石。

试验得出岩体抗压强度达到33MPa，属于较硬岩，其层面强度较高，结合三轴抗剪强度、反算结果及工程地质类比，并考虑工程扰动等因素，砂岩潜在滑面取 $c=90\text{kPa}$、$\varphi=45°$ 进行坡体稳定性计算，而不宜取地质勘查报告中所提供的饱和工况下 $c=50\text{kPa}$、$\varphi=18°$。因为自然边坡经过了长时间的风吹雨淋，岩体所反映的控制性结构面参数就是最不利工况下的参数。

基于此，由于坡体整体稳定性较好，故可采用较陡坡率进行收坡防护，即进行光面爆破后，设置以挂网喷混凝土防护为主的措施，且为有效解决坡脚应力集中问题，第一级边坡设置较长的锚杆进行"固脚"，其余坡面考虑到裂隙间距为0.3～3.2m，取长6m系统锚杆进行防护。优化后，边坡的高度可由41.08m降低为29m左右，如图2-243。

3. 案例三

某路基在单斜突出山脊部位挖方通过，坡体主要由三叠系强—中风化的薄—中厚层状石英砂岩构成，其中强风化层厚约2.1m。坡体在路基标高附近夹有厚2～3m的灰黑色钙质胶结砾岩和灰黑色薄层状页岩，如图2-244。岩体产状为33°∠31°，坡向为79°，与线路夹角为46°，属于大角度斜交坡体，换算倾角为22.3°。岩体构造节理较发育，主要产状为114°∠86°和218°∠79°，裂隙间距为0.3～3.3m，贯通长度为0.4～3.30m，裂隙宽1～3mm，裂隙面平直，无充填，结合程度差，不充水。技术人员拟设置1∶0.75～1∶1的坡率、宽2m平台，形成了最大坡高为35.72m的路堑边坡。

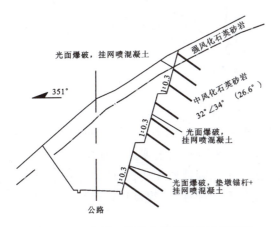

图2-243 案例二优化方案工程地质断面图

图2-244 坡体现状

从地质条件分析，砂岩结构面无充填，属硬性结构面；页岩层面平直，属软弱结构面；砾岩与砂岩接触面为硬性结构面，与页岩接触面为软弱结构面。

以上结构面中页岩层面为坡体的控制性结构面，且由于相对隔水，易成为控制坡体稳定性的潜在滑面。但坡体产状与坡向大角度斜交，对坡体的稳定性是有利的，即使依附于页岩出现潜在滑面，也会切穿层面而不会顺层面发生滑移。所以坡体稳定性受控于岩体抗剪强度，而不是单纯地受控于岩体层面的抗剪强度，这也是现场类似的自然坡体下伏页岩裸露而保持稳定的原因。

结合页岩的三轴抗剪强度、反算结果及工程地质类比,并考虑工程扰动等因素,以控制性页岩的潜在滑面参数 $c=50\text{kPa}$、$\varphi=30°$ 进行坡体稳定性计算,而不宜取地质勘查报告中所提供的天然工况 $c=60\text{kPa}$、$\varphi=20°$ 或暴雨工况下 $c=48\text{kPa}$、$\varphi=17.5°$。因自然边坡经过了长时间的风吹雨淋,反算时所得的参数就是最不利工况下的参数。

基于此,坡体开挖后需加强页岩所在部位的潜在滑面加固,而弱化力学性质较好的砂岩与砾岩的加固,故初步确定在坡脚设置 $2\text{m}\times3\text{m}\times26\text{m}@5\text{m}$ 的锚索抗滑桩,桩体采用多排锚索与抗滑桩共同对页岩所在部位的相对软弱岩进行加固,如图 2-245。

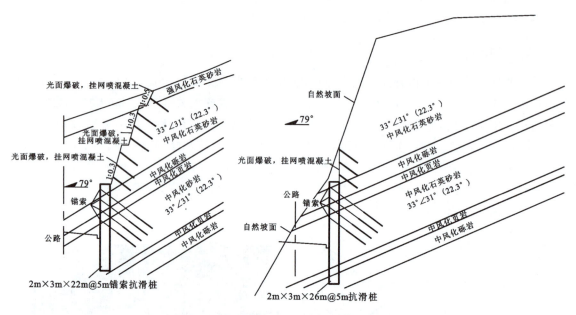

图 2-245 案例三优化方案工程地质断面图

砂岩岩体层间力学性质较好,且节理面反向结构面,故光面爆破后设置挂网喷混凝土进行防护,且考虑到裂隙间距为 0.3~3.3m,取长 6m 的系统锚杆对边坡进行防护。

以上 3 个不同性质高边坡的病害处治方案,结合了工程地质类比、试验和工程经验,与坡体所在的地形地貌、坡体结构等地质条件具有较好的适配性,工程设置针对性强,是相对较优的方案。

第三章

滑坡病害防治与方案优化

每一个自然滑坡与工程滑坡都具有独一无二的特性，只有掌握每个滑坡各自的特性，才能有针对性地提出合理的防治方案。

第一节 滑坡滑面参数反算、下滑力与抗力计算示例

滑面参数反算、下滑力与抗力计算是滑坡计算的核心和关键步骤,是滑坡处治方案安全、经济与否的基础。

1. 基本情况

某路堑边坡营运近 20 年,由于 2019 年降雨量偏大,由含卵石粉质黏土(Qp^{2fgl})、粉质砂土(Qp^{2fgl})(冰水堆积体)构成的坡体出现滑坡迹象。滑坡总体积约 $16 \times 10^4 m^3$,主轴长 75m,顺线路方向宽约 155m,滑体平均厚约 10m,如图 3-1。滑坡发生后,相关单位结合监测资料快速设置了 5m 高的反压工程,以及 3 排长 21m、间距 1.2m、壁厚 1.2cm 的 $\phi168mm$ 钢管桩进行抢险,如图 3-2。根据现场调查,滑坡周界明显,在公路中央分隔带、1/4 路宽部位分别出现两个滑坡剪出口。坡体地下水丰富,地下水位于地表以下 3~19m。

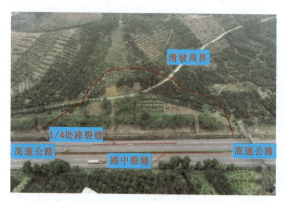

图 3-1 滑坡航拍全景图

图 3-2 坡脚反压与挡墙后部微型桩应急工程

永久处治方案设计时,技术人员经反算所得的滑面参数为 $c=18kPa$、$\varphi=15.2°$。对应控制性暴雨工况下安全系数为 1.15 时,在坡脚挡墙后部拟设置抗滑桩部位的滑坡推力为 1 773.6kN/m,技术人员拟采用以下两个方案进行比选。方案一:在既有挡墙后部设置 2.5m×3.5m×30m@5m 矩形抗滑桩(图 3-3),工程造价为 A 万元,工期为 B 月。方案二:在既有挡墙后部设置两排 $\phi2.2m$@5.0m、排距 5.5m、长 26 和 31m 的椅式圆形抗滑桩(图 3-4),工程造价为 1.3A 万元,工期为 0.5B 月。

根据地质条件,笔者认为滑面参数和滑坡下滑力存在较大的误差,造成工程处治方案出现偏差,故对其进行校核。

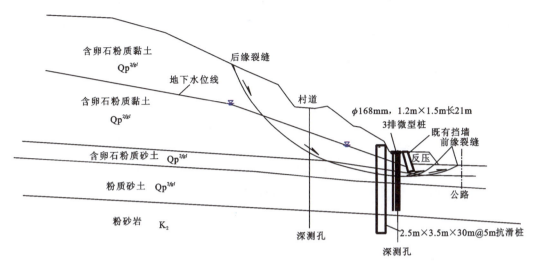

图 3-3 方案一工程地质断面图

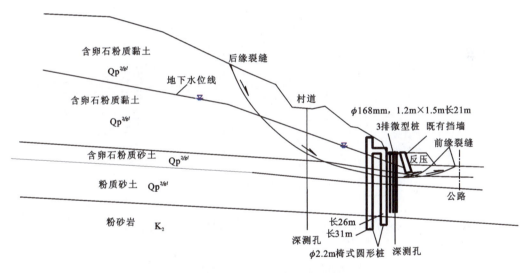

图 3-4 方案二工程地质断面图

2. 计算原则

(1) 滑面参数反算稳定系数应取原坡体形态,即应取应急工程实施之前的坡体形态;下滑力计算应考虑应急工程实施的 3 排微型桩工程所提供的抗力,而不应考虑将来要清除的反压体抗力。

(2) 滑坡前缘存在两个潜在剪出口,滑面参数反算时应分别将这两个剪出口的滑坡前缘抗滑力与既有挡墙部位的土压力进行比选,取最不利工况反算滑面参数。同样,应依据相对应的计算模型计算拟设桩位处的滑坡推力和桩前抗力。

(3) 滑面参数反算应取主滑段的滑面参数,而非全断面的滑面平均参数。也就是说,应在反算前依据滑坡后部牵引段的主动破裂面、前部抗滑段的被动破裂面特征,分别求出相应滑面的 c、φ 值,才可代入传递系数法公式反算主滑段的滑面参数。

(4) 滑坡周界基本贯通且坡体整体微滑,故滑坡的整体稳定系数可取为 0.99 用于滑面参数反算。

(5) 滑坡因水毁发生,故依据现状反算所得的滑面参数为暴雨工况下的滑面参数。

3. 滑面参数复核

(1) 依据滑坡前后缘裂缝、中部的控制性深孔位移提供的滑面位置,结合地质条件和圆弧搜索法搜索的滑面,采用折线法手工勾绘滑面用于反算,如图 3-5。

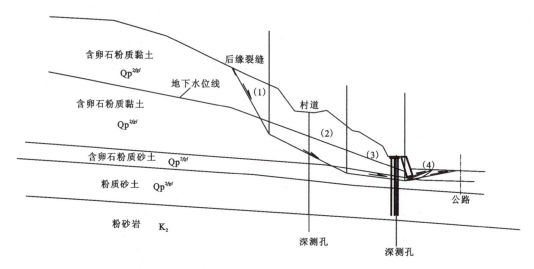

图 3-5 滑面参数反算模型

(2) 以中央分隔带处的剪出口反算,所得主滑段参数 $c=15\text{kPa}$、$\varphi=16.7°$(表 3-1)。

表 3-1 滑面参数反算表(稳定系数 $K=0.99$)

滑块编号	滑块重量/kN	滑面长度/m	滑面倾角/(°)	黏聚力/kPa	内摩擦角/(°)	下滑力/kN
(1)	2 163.0	26.50	61.40	0	33.0	1 207.70
(2)	8 530.0	29.76	27.27	15	16.7	1 944.50
(3)	4 799.0	19.94	7.14	15	16.7	487.70
(4)	873.7	13.56	-11.53	20	25.0	0

(3) 以 1/4 路面处的剪出口反算,所得主滑段参数 $c=15\text{kPa}$、$\varphi=17.83°$(表 3-2)。

表 3-2　滑面参数反算表（稳定系数 $K=0.99$）

滑块编号	滑块重量/kN	滑面长度/m	滑面倾角/(°)	黏聚力/kPa	内摩擦角/(°)	下滑力/kN
(1)	2 163.0	26.50	61.40	0	33.00	1 207.8
(2)	8 530.0	29.76	27.27	15	17.83	1 765.9
(3)	4 799.0	19.94	7.14	15	17.83	277.9
(4)	517.0	10.30	−22.00	20	25.00	0

以上计算反映的参数，基本符合中央分隔带变形较 1/4 路面裂缝更为贯通和发育的特点。

综上，主滑段滑面参数取 $c=15\text{kPa}$、$\varphi=16.7°$。

4. 滑坡下滑力计算

(1)拟设支挡工程处（应急工程微型桩后部）控制性暴雨工况下的滑坡推力计算如表 3-3 所示，故拟设支挡工程部位的滑坡下滑力为 1 273.2kN/m，即作用于支挡工程的滑坡推力为 $1\,273.2\times\cos7.14°=1\,263.3(\text{kN/m})$。

表 3-3　暴雨工况下的滑坡下滑力计算表（稳定系数 $K=1.15$）

滑块编号	滑块重量/kN	滑面长度/m	滑面倾角/(°)	黏聚力/kPa	内摩擦角/(°)	下滑力/kN
(1)	2 163.0	26.50	61.40	0	33.0	1 511.5
(2)	8 530.0	29.76	27.27	15	16.7	2 177.4
(3)	4 799.0	19.94	7.14	15	16.7	1 273.2

(2)应急工程设置 3 排 $\phi168\text{mm}$ 钢管桩（壁厚 1.2cm），虽然结构可提供的抗剪力达 1800kN/m，但钢管桩位于岩土体力学性质较差的地层中，其能提供的抗力应以该地层钢管注浆后所能提供的锚固力为准。根据计算，3 排微型桩所能提供的抗力为 600kN/m，也就是说，应急工程过于强调钢管桩的结构抗剪能力是欠合理的。

(3)以中央分隔带剪出口为依托的抗滑段抗力为 434kN/m，而挡墙部位的静止土压力为 123kN/m，故取最小值作为支挡工程前部的岩土体抗力，即 123kN/m。

综上，永久工程拟设支挡工程所需要抵挡的滑坡推力为 $1\,263.3-600-123=540.3(\text{kN/m})$，仅是技术人员拟采用滑坡推力的 30%左右，原方案会造成永久工程规模偏大。

5. 方案优化

(1)在微型桩、既有挡墙和微型桩后部坡体设置锚索工程对滑坡进行加固，且考虑到应急工程采用的微型桩钻机为 $\phi180\text{mm}$ 的钻头，故采用该型号钻头设置锚索，从而提高锚索锚固力和施工的便捷性。

(2)采用现场既有材料在应急微型桩前后两侧增设两排同样型号的钢管桩,由于先期施作的微型桩距基岩面只有2~3m,增设的微型桩应伸入基岩以提高锚固力;继而在前后5排微型桩顶部设置联结筏板以提高微型桩群的整体受力效果,并在筏板后部设置锚索工程,与边坡部位设置的一排面板式锚索工程共同实现对滑坡的有效加固。

(3)修补上部村道处边沟,防止暴雨时大量地表水沿破损边沟再次渗入滑体。

(4)在渗水严重的坡脚挡墙部位和村道内侧各设置一排长约30m的仰斜排水孔,降低坡体地下水位(图3-6)。

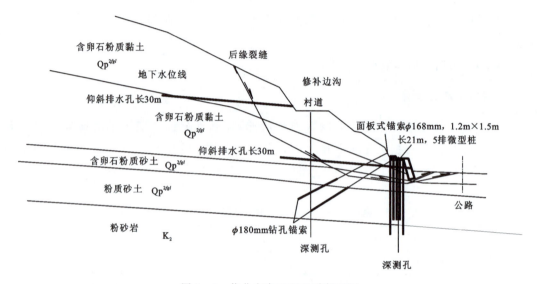

图3-6 优化方案工程地质断面图

优化方案工程造价仅为原方案的25%,工期仅为原方案的30%,且大大减小了高速公路的运营保通,是一个相对较优的病害处治方案。

第二节 滑坡下滑力计算探讨

工程实践中,经验欠缺的技术人员不能依据滑坡变形特征合理选定滑坡的稳定系数,在滑面参数反算时,不加区别滑坡的牵引段、抗滑段和主滑段,直接采用全断面平均值法反算。这是非常不合理的,常造成滑坡下滑力计算失误,导致工程处治方案欠合理。

1. 滑坡概况

某老滑坡主轴长约155m,宽约110m,滑体平均厚度约15m,体积约$25×10^4 m^3$,滑体物质为灰岩崩坡积体、坡洪积体。滑坡下部紧邻一小型水电站,老滑坡地形地貌明显,高速公路以大桥的形式从滑坡前缘通过。工程施工时,因桥梁施工和下部便道开挖影响,坡体前缘出现局部溜滑和坡面块石掉落。为确保大桥的永久安全,决定对滑坡进行处治。

滑坡计算时,技术人员认为滑面倾角较陡,造成滑坡下滑力较大,拟设置大量的工程进行处治(具体措施略),滑坡滑面参数反算和下滑力计算结果见表3-4。

表3-4 滑面参数和下滑力计算表

状态	重度/(kN·m^{-3})	黏聚力/kPa	内摩擦角/(°)	安全系数	剩余下滑力/kN
天然工况	21.5	18.5	32	1.20	5 863.4
暴雨工况	22.0	16.0	31	1.15	5 380.4
地震工况	21.5	18.5	32	1.10	5 860.3

2. 计算分析

(1)老滑坡除前缘坡脚开挖形成了局部坡面溜滑外,没有其他变形迹象,说明滑坡整体处于基本稳定状态。3年多的监测资料也反映了这一点,即滑面反算时参数应取稳定系数$K \geqslant 1.05$,而不应取滑坡周界基本贯通处于挤压阶段的稳定系数$K=1.02$。

(2)滑面参数反算时,技术人员没有区别滑面的抗滑段与主滑段,全断面的平均值反算法造成滑面参数出现偏差,且技术人员认为滑面倾角较陡,计算所得滑坡下滑力较大是欠合理的。滑面陡而滑坡多年没有发生变形,恰恰反映了滑面参数较大。

3. 计算复核

(1)依据滑坡特征,反算稳定系数取$K=1.05$,且由于大桥下部的道路内侧在人工扰动时出现坡面溜滑,下滑力计算时不应考虑此处的抗滑力,如图3-7、图3-8。

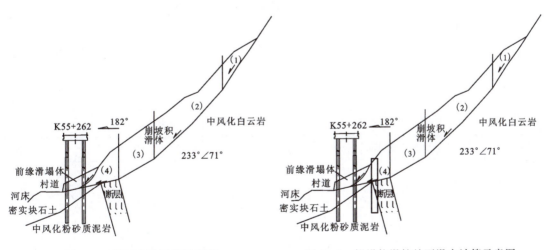

图3-7 滑面参数反算示意图　　图3-8 拟设抗滑桩处下滑力计算示意图

(2)区内地震烈度为Ⅷ度,暴雨工况时内摩擦角较天然工况折减计算结果见表3-5~表3-8,反算所得主滑段参数为$c=5$kPa,$\varphi=33.4°$,拟设支挡工程部位的滑坡下滑力在控制性的天然工况时为2 521.0kN/m。

表3-5 滑面参数反算表(稳定系数$K=1.05$)

滑块编号	滑块重量/kN	滑面长度/m	滑面倾角/(°)	黏聚力/kPa	内摩擦角/(°)	下滑力/kN
(1)	8932	63.1	51.0	5	33.4	3 266.7
(2)	17 010	52.1	42.0	5	33.4	8 244.9
(3)	7306	17.6	25.1	5	33.4	3 581.5
(4)	5061	22.7	13.5	15	38.0	0

表3-6 天然工况下的滑坡下滑力计算表(抗滑桩背处)(稳定系数$K=1.2$)

滑块编号	滑块重量/kN	滑面长度/m	滑面倾角/(°)	黏聚力/kPa	内摩擦角/(°)	下滑力/kN
(1)	9155	63.1	51.0	5	33.4	4 307.9
(2)	17 435	52.1	42.0	5	33.4	8 875.2
(3)	7 488.6	17.6	25.1	5	33.4	6 057.1
(4)	4 907.7	11.0	13.5	15	38.0	2 521.0

表3-7 暴雨工况下的滑坡下滑力计算表(抗滑桩背处)(稳定系数$K=1.15$)

滑块编号	滑块重量/kN	滑面长度/m	滑面倾角/(°)	黏聚力/kPa	内摩擦角/(°)	下滑力/kN
(1)	9155	63.1	51.0	5	32.4	4 154.8
(2)	17 435	52.1	42.0	5	32.4	8 627.3
(3)	7 488.6	17.6	25.1	5	32.4	6 029.3
(4)	4 907.7	11.0	13.5	15	38.0	2 441.9

表3-8 地震工况下的滑坡下滑力计算表(抗滑桩背处)(稳定系数$K=1.1$)

滑块编号	滑块重量/kN	滑面长度/m	滑面倾角/(°)	黏聚力/kPa	内摩擦角/(°)	下滑力/kN
(1)	8 932.1	63.1	51.0	5	33.4	3 882.8
(2)	17 010	52.1	42.0	5	33.4	7 804.2
(3)	7306	17.6	25.1	5	33.4	5 232.0
(4)	4788	11.0	13.5	15	38.0	1 879.7

综上,复核后的滑面内摩擦角较原方案大1.4°,取与原方案一致的安全系数计算不同工况下滑坡的下滑力,结果如下:天然工况下为2 521.0kN/m(为原方案的44.2%),暴雨工况

下为 2 441.9kN/m(为原方案的 45.4%),地震工况下为 1 879.7kN/m(为原方案的 32.1%)。优化方案不同工况下滑坡下滑力明显较原方案大幅减小。

第三节　坡体下滑力的反向核查方法

坡体下滑力的计算合理与否,往往可通过坡体开挖前的稳定状态、开挖岩土体的抗剪力或土压力等进行复核,从而避免计算失误造成工程处治方案出现偏差。

1. 基本情况

某二级公路坡体上部为厚约 3m 的崩坡积碎石土,下伏全风化花岗岩。由于多种因素限制,路基拓宽时边坡不能放坡设置,而需采用路堑桩板墙进行支挡。技术人员在对桩后土压力进行计算后认为,控制性的土压力达 1476kN/m,故在坡脚设置 2.4m×3.6m×36m@6m 的桩板墙,并在悬臂段设置 3 孔由 6 根钢绞线组成的锚索,形成锚索抗滑桩对边坡进行支挡,如图 3-9。

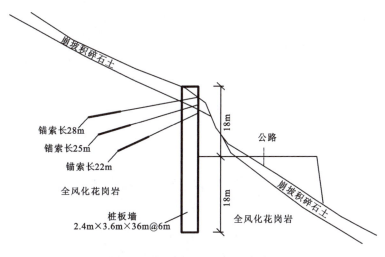

图 3-9　拟采用方案工程地质断面图

2. 计算模式分析

(1)正向算法。坡体主要由全风化花岗岩构成,且无贯通性不利结构面发育,故应在土压力计算的基础上,采用圆弧搜索法校核下滑力,并取最不利下滑力作为支挡结构的控制性推力。

(2)反向核查。依据二级公路既有边坡稳定系数不小于 1.15,利用既有坡体稳定性平衡的特点,取桩前所挖除土体被动土压力与抗剪力的较大值,反向核查技术人员计算所得的

1476kN/m控制性推力是否合理。

基于此,核查得桩前土体的抗剪力为450kN/m,桩前土体的被动土压力为525kN/m,取两者中较大值525kN/m作为桩后土体的控制性潜在推力,仅为技术人员正向计算所得的桩后土压力的36%。也就是说,技术人员拟采用的锚索抗滑桩的支挡力度明显是偏大的。这与采用正向算法所得的下滑力497kN/m是基本匹配的。故依据反向核查的坡体潜在下滑力进行支挡工程补偿设置,采用1.25m×2.0m×27m@6m的桩板墙,悬臂段设置5孔由4根组成的锚索抗滑桩(多点梁式锚索桩)对滑坡进行处治,如图3-10。优化后,工程规模大幅下降,仅为原设计的33%左右。

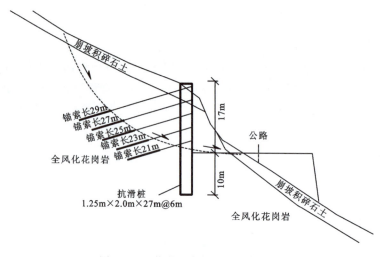

图3-10　优化方案工程地质断面图

第四节　工程滑坡病害机理分析与处治

边坡和滑坡病害强调"治早治小"和预加固的原则,防止滑面(潜在滑面)参数不断降低,病害范围不断扩大。一旦坡体病害久拖不决或不能进行针对性的处治,就可能"治晚治大",导致处治工程规模和造价大幅攀升。当然,这需要技术人员具有严谨的工作态度、丰富的理论知识与实践经验以及敢于承担的精神,否则,任何坡体出现病害,均按"可能的最不利"进行处治,就可能导致工程的经济性指标无从谈起。也就是说,滑坡治理中既要反对一再退让,导致滑坡规模不断扩大,也要反对保守主义,导致处治工程规模失控。

1. 基本情况

某路堑边坡位于突出的平缓宽大山脊前缘,原方案设置1:1的坡率开挖边坡后,采用锚杆框架对边坡进行防护,边坡最大高度为18m,坡体主要由产状平缓(302°∠5°)的强风化泥岩(J_2s)构成,坡向为260°。边坡基本开挖到位后,坡顶的坡口线附近出现断续状裂缝。现场咨询时，笔者认为坡体中因长期卸荷形成的破碎岩土体，宜采用 1∶1.25 的坡率清坡，并在第一二级边坡分别设置钢锚管框架和锚索框架进行加固，防止坡体不断牵引导致病害规模不断扩大。但由于现场其他技术人员认为笔者"看什么都是滑坡"而反对实施，因而采用 1∶1.75～1∶2 的坡率清方对病害进行处治。

在工程削坡完成半年左右，距坡脚约 270m 处的坡体出现长 2～3m 的裂缝，距坡脚约 220m 的水田中出现贯通性长大裂缝，坡体显现整体滑移迹象，形成了宽约 235m、长约 220m、体积约 $52×10^4 m^3$ 的大型滑坡，以及宽约 235m、长约 270m、体积约 $90×10^4 m^3$ 的大型潜在滑坡，如图 3-11～图 3-13。

图 3-11　滑坡前缘滑塌严重　　图 3-12　滑坡后缘下错约 2m　　图 3-13　滑体地表积水严重

2. 争论焦点

病害处治争论的焦点是原边坡问题转换为滑坡问题后，前发生的滑坡是否属于老滑坡局部复活，且多数技术人员认为该滑坡是老滑坡的局部复活。若按老滑坡局部复活考虑，则拟在体积约为 $90×10^4 m^3$ 的大型潜在滑坡前部设置 1.8m×2.4m×35m 的普通抗滑桩，在滑坡中部设置以 1.8m×2.4m×35m 锚索抗滑桩为主的工程进行处治，并兼顾依附于强—中风化层界面、剪出口位于突出山脊前缘的体积约 $150×10^4 m^3$ 大型滑坡的处治，如图 3-14。若非老滑坡复活，则只需对体积为 $52×10^4 m^3$ 的滑坡进行处治，并兼顾体积约 $90×10^4 m^3$ 的大型潜在滑坡的处治。

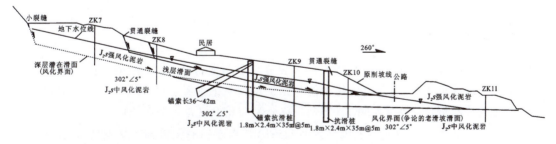

图 3-14　拟采用方案工程地质断面图

3. 坡体病害原因分析

工程边坡所在的长大突出宽缓山脊,由于长期卸荷、风化和水田改造,岩体破碎、风化强烈。原方案采用1∶1的坡率开挖后,破碎岩质边坡因自稳性差而发生滑塌。因坡体地下水位较高且岩体破碎,笔者建议采用发展的眼光看待坡体变形趋势,在适当清坡后采用钢锚管与锚索墙加固,而不宜采用1∶1.75～1∶2的坡率放坡,否则极易造成坡体因时效变形而不断牵引扩大变形范围,由边坡病害演化为工程滑坡病害。因山脊由破碎岩体构成,应及时对工程开挖扰动部分进行工程补偿,并加强截排水工程设置。但坡体"治早治小"和预加固的理念在现场咨询时分歧太大,故最终采用缓坡率削方。半年后,坡体前部削方再次降低了坡体稳定性,在地下水的作用下,边坡病害最终演化为大型工程滑坡病害。

现场调查发现,路堑两侧岩体产状是对应且稳定的(图3-15),坡体上部水田中的水是由后部高大山体汇水而来的,并非老滑坡堆积体地下水,且从地形地貌上分析,病害坡体所依附的突出山脊地形平顺,无老滑坡地形地貌特征。因此,认为该坡体病害是老滑坡的局部复活是不成立的,此坡体病害应是工程开挖扰动导致坡体应力场和地下水渗流场改变而产生的工程滑坡。病害处治时应以体积约$52 \times 10^4 m^3$的浅层滑坡为主要对象,以体积约$90 \times 10^4 m^3$的潜在滑坡为兼顾对象。

图3-15 滑坡侧向及前缘出露的基岩

4. 滑坡处治方案分析

(1)体积为$52 \times 10^4 m^3$的浅层滑坡后缘裂缝贯通达上百米,滑坡周界明显,且深孔位移监测显示滑坡变形明显,主要由岩体中的追踪结构面贯通所致。体积为$90 \times 10^4 m^3$的深层潜在滑坡后缘裂缝长只有2～3m,且多个位移监测深孔中只有一个孔的位移为2mm(1个月累计位移量),故此滑面为依附于风化界面和追踪结构面的潜在滑面。从发展趋势分析,深层潜在滑面若不能得到及时处治,则该潜在滑坡存在随着坡体的时效变形演变为更大规模滑坡的可能。因此,在对浅层滑坡进行处治时,需对深层潜在滑面进行必要的控制。优化方案在对浅层滑坡进行处治时兼顾了深层潜在滑坡,目标分析明确,主次分明,能有效控制工程造价。

(2) 依据坡体所在地层性质和相关变形特征,明确该滑坡是工程滑坡,而非老滑坡复活,避免滑坡治理方案过于保守。

(3) 依据浅层滑面对控制性下滑力进行计算,继而在滑坡前缘(边坡坡脚)设置一排 2.2m×3.2m×30m 的锚索抗滑桩,对深层潜在滑面进行"楔钉"确保其稳定性不再降低。桩顶后部进行必要的反压,有效提高滑坡的稳定性。这样设置的优点是锚索抗滑桩桩体长度较短,受力明确,施工便捷,消除了双排桩被"各个击破"的隐患。

(4) 在抗滑桩间挂板下部设置反滤层防止桩后积水,桩间设置长约 30m 的仰斜排水孔对地下水进行疏排,滑体后部设置截水沟截断坡后来水。

该方案最终得以采纳实施(图 3-16),工程完工近 10 年来,坡体一直保持稳定,证明了滑坡性质分析的正确性和工程治理的有效性。

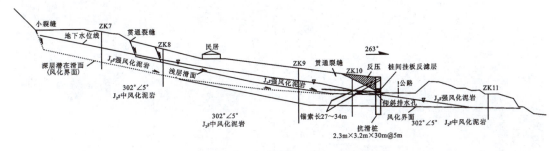

图 3-16 优化方案工程地质断面图

该案例说明:

(1) 岩土工程师应具有"小心求证,大胆处治"的担当精神,准确区别滑坡与潜在滑坡,防止对病害进行过量处治而导致工程规模失控。

(2) 坡体病害的治理应具有一定的前瞻性,遵循"治早治小"和预加固的原则,防止边坡病害随着时间推移演化为滑坡病害。尤其是对于破碎、富水的岩质边坡,应及时设置较强的工程措施进行补偿性预加固,切忌一味放坡而导致"越放越糟"。

(3) 坡体病害治理时,应进行精心的调查和分析。如坡体病害初期,技术人员认为它是一个简单的二级边坡问题而忽略了坡体的发展趋势;坡体形成滑坡后,又认为是一个老滑坡问题而拟采用强大的工程措施进行处治,这都是不合适的。

第五节 川藏高速公路某滑坡病害处治方案探讨

滑坡的分析计算应建立在合理的地质模型之上,否则极易大幅降低计算结果的准确性从而导致处治方案出现偏差。滑坡处治工程应在确保安全的基础上合理确定布设位置,否则极易造成工程存在安全隐患或工程措施在现场无法有效实施。

1. 基本情况

滑坡区属侵蚀深切高山峡谷地貌,滑体以松散、潮湿的堆积层碎石土为主,下伏三叠系强风化—中风化板岩(J_3x)。滑坡前缘紧邻河流,地震基本烈度为Ⅶ度,基本地震加速度为 $0.15g$。滑坡前、后缘高程分别为 3054m、3138m,相对高差为 84m,自然坡度为 25°～45°。滑坡主轴长约 141m,横向宽约 188m,滑体平均厚约 20m,体积约 $33.5 \times 10^4 m^3$,主滑方向为 34°,属大型堆积体滑坡。工程施工时,由于布设于滑坡前缘的大桥所在场地开挖施工,老滑坡复活,部分桥桩发生断裂移位,如图 3-17。

图 3-17 川藏高速公路某滑坡全貌

滑坡发生后,技术人员在前缘河流岸坡处设置抗滑挡墙进行反压,滑坡变形趋于稳定。在此基础上,技术人员拟对滑坡进行永久处治,反算取用滑面参数和下滑力计算结果如表 3-9 所示。

表 3-9 反算取用滑面参数和下滑力计算表

状态	重度/(kN·m^{-3})	c/kPa	φ/(°)	安全系数	剩余下滑力/kN
天然工况	19	5.0	27.80	1.25	1 488.7
暴雨工况	20	4.5	25.02	1.15	2 224.4
地震工况	19	5.0	27.80	1.15	3 174.2

基于此,考虑到控制性地震工况时滑坡的下滑力达到了 3 174.2kN/m,故拟采用两排 2m×3m×35m@5m 的人工挖孔锚索抗滑桩对滑坡进行分级支挡。其中,每根抗滑桩上设置两孔锚索,锚索长 40~45m,如图 3-18,工程造价为 A 万元,工期为 B 月。

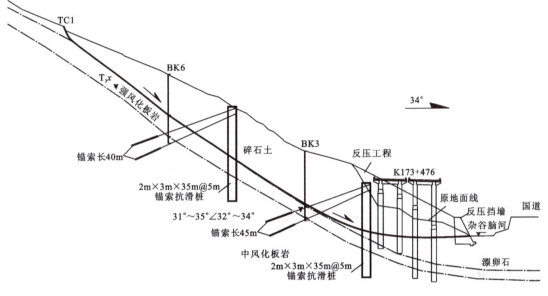

图 3-18 拟采用方案工程处治断面图

2. 处治方案优化

(1)反算应取用修建护岸挡墙之前的坡体参数,在此基础上再对计算得出的滑坡下滑力与反压工程产生的抗力进行合理性校核。

(2)不建议控制性地震工况的安全系数取为 1.15,而宜依据"大震不倒、中震可修、小震不坏"的原则,取区内地震烈度为Ⅶ度时,坡体仍能维持"基本稳定"时的安全系数 1.1 进行计算。

(3)滑面参数反算应依据滑坡"三段论"区别牵引段、抗滑段和主滑段,切忌采用全断面平均反算法,否则会造成滑面参数失真导致下滑力偏差过大,这也是本次计算时滑面参数偏低而下滑力偏大的直接原因。

(4)抗滑桩设置时,应考虑抗滑挡墙+反压提供的有效抗力,否则,忽略桩前抗力势必会造成支挡工程规模偏大,这也是本次设计支挡工程规模偏大的直接原因。

(5)桥梁附近抗滑桩采用人工挖孔桩施工难度偏大。这是因为桩体紧邻河道,在桩体开挖的过程中,当桩体标高低于河道标高时,将出现大量渗水问题,导致工程施工难度偏大而影响建设质量与工期。

(6)采用双排桩分级支挡时,后排桩位于植被茂盛的较陡自然斜坡半坡位置,施工难度大,尤其是半坡桩存在锚固段偏短的问题,不利于后排桩的稳定,故宜将双排桩合并为一排大截面抗滑桩设置于桥梁内侧,以"集中力量办大事"。

(7)原方案中桥梁内侧附近的抗滑桩与桥梁距离偏小,为防止抗滑桩受力挤压桥墩,抗滑桩与桥梁之间的安全距离不宜小于5m。

依据以上分析对滑坡的计算成果进行复核,其中控制性地震工况下,滑坡下滑力为2200kN/m,且考虑到前期抗滑挡墙+反压措施,桥梁内侧抗滑桩部位的下滑力为1080kN/m,为原方案下滑力的34%。

基于此,滑坡处治方案可优化为在桥梁内侧设置一排间距3.5m、直径2.2m的圆形锚索桩,如图3-19,从而有效降低施作难度并提高工程的经济性指标,工程造价为0.5A万元,工期为0.3B月。

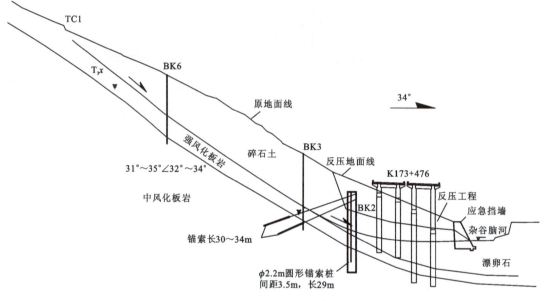

图3-19 优化方案工程地质断面图

3. 后续

由于多种原因,优化方案最终没有被采纳,而是对原方案进行了微调,即将原方案设计的两排截面为2m×3m的矩形抗滑桩调整为直径为2.2m的圆形抗滑桩,抗滑桩上取消锚索,间距为3.5m,将后排桩向靠山侧上移30m左右,如图3-20。该方案工程造价为1.1A万元,工期为0.6B月。

经核查,实施后的圆形普通抗滑桩抗滑能力约为原方案矩形锚索抗滑桩的55%。目前该滑坡已完工约3年,坡体稳定性良好,大桥使用正常,如图3-21。这也从侧面说明了原方案滑面参数反算有误,下滑力取值偏高,锚索抗滑桩规模偏大。但需要注意的是,实施后的圆形抗滑桩没有采用锚索工程,造成上排抗滑桩位于滑面以下的锚固段长度偏小,而下排桩埋置深度偏大,桩体设置欠合理。

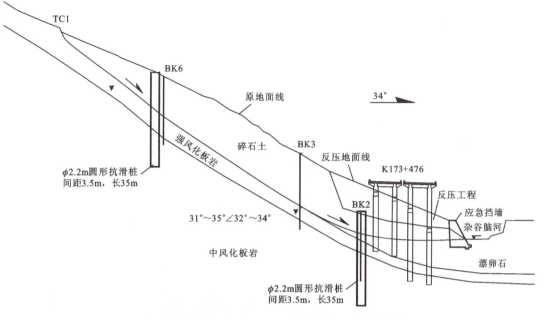

图 3-20 最终采用的工程地质断面图

图 3-21 工后实景图

第六节 盘山公路段顺层滑坡分级加固探讨

盘山公路所在坡体的加固,既要考虑各盘公路所在坡体的局部稳定性,又要考虑盘山公路所在坡体的整体稳定性。这时的盘山公路可以看作是宽大的"边坡平台",利用这个"边坡平台"可以有效提高坡体加固工程设置的合理性。

某盘山公路采用回头展线,路基开挖后在各盘公路上采用路堑墙和路肩墙进行支挡防护。坡体主要由灰岩夹泥层构成,坡向292°,受构造作用岩层产状较为紊乱,但优势层面为292°∠22°。工程在施工过程中多有小型滑塌、落石发生。公路通车后不久,第三盘公路距坡口线约60m的部位出现贯通性裂缝,裂缝宽约0.8m,下错约1m。第二、第三盘公路路堑发生多处开裂,边沟倾倒变形,外侧路肩墙外倾,反映滑坡存在多层滑动的可能,严重影响行车安全,亟需进行工程治理,如图3-22~图3-24。

图3-22 滑坡全貌　　　图3-23 灰岩夹泥层　　　图3-24 第二、第三盘公路路堑墙开裂严重及边沟内倾

结合多盘公路开挖临空面和顺层坡体变形特征,需依据不同的稳定度对坡体进行分层加固。即滑坡下滑力的计算以剪出口在第二、三盘公路的浅—中层滑面为依托,但加固工程应对潜在剪出口位于第一盘公路的深层潜在滑面进行预加固。基于此,具体治理措施如下(图3-25):

(1)在第一、二盘公路内侧路堑墙上设置肋式锚索工程,在对深层潜在滑面进行预加固的基础上,同时对中层滑面进行加固。

(2)在第三盘公路内侧路堑墙、坡面和外侧路肩墙部位设置锚索工程,对依附于中层和浅层滑面的滑体进行加固。

(3)在第一、二盘公路的坡面上部设置锚杆工程对边坡进行防护,防止局部顺层坡体发生变形。工程设置时考虑到滑坡的特征,为确保锚索工程的整体受力效果,特意将第三盘公路设计拉力减小(减小为第二盘公路锚索设计拉力的90%),防止第三盘公路的锚索受力过大而受损。

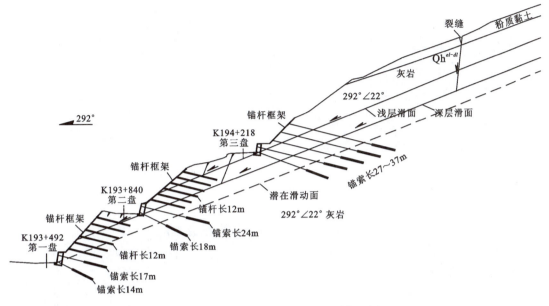

图 3-25 最终采用方案工程地质断面图

从本案例来看,依托盘山公路形成的宽大"边坡平台",以浅、中层滑面进行下滑力的计算,同时兼顾深层潜在滑面,防止深层潜在滑面稳定性不断降低而发展成为真正的滑面,然后根据不同下滑力对滑坡进行分层加固是行之有效的。从后期的工程效果来看,此方案不但有效处治了病害,而且降低了工程造价。

第七节 某国基坑开挖引发的膨胀土+煤系地层滑坡病害处治

碳质页岩、煤系地层和膨胀土构成的坡体稳定性低,边坡开挖时若不能设置有效的支挡防护工程,极易发生多层滑面的滑坡。此类滑坡发生后的处治,应遵循以现状滑动面为计算控制性边界的原则,且应对工程影响区内的潜在深层滑面进行必要的预加固,从而确保工程处治方案安全、经济。

1. 基本情况

某场地位于热带雨林丘陵区,主要由碳质页岩、煤层、软弱地基和膨胀土构成,原始地表坡度不大于 10°,场区边坡在开挖的过程中多次发生滑塌、滑坡病害。其中,某处边坡由于距坡脚最大约 25m 处的基坑开挖至 9m 时坍塌而发生滑坡(旱季)。滑坡的主轴长约 100m,前缘宽约 200m,体积约 $12 \times 10^4 \mathrm{m}^3$,坡向 130°,属于中型滑坡,如图 3-26~图 3-31。

滑坡发生后,现场采取基坑回填措施有效控制了滑坡的变形,为永久工程的设计提供了充裕的时间。

图3-26 基坑坍塌
（滑坡前缘坍塌）

图3-27 滑坡后部的
膨胀土裂缝

图3-28 滑坡前缘碳质页岩

图3-29 基坑中地下水
渗流严重

图3-30 滑体表层
蓬松状膨胀土

图3-31 基坑应急反压

2. 滑坡特征分析

(1)病害性质：边坡及场坪主要由膨胀土和产状近水平的薄层状碳质页岩构成，属于典型的不良地质体。边坡和基坑开挖极易诱发牵引式工程滑坡。

(2)滑坡的稳定状态：从裂缝形态来看，后缘裂缝贯通，前缘基坑出现坍塌，滑坡应处于蠕动-挤压状态，即滑坡的稳定系数约为1.02。

(3)滑坡范围的确定：滑坡的主轴长约100m，后缘位于征地红线附近，前缘宽约200m，体积约$12×10^4 m^3$，若不及时进行治理，存在逐渐向后部和向两侧牵引发展导致范围扩大的可能。

(4)滑面的确定：依据现场调查，结合相关地质资料，滑面主要受全—强风化界面、岩层面和基坑的开挖标高面控制。尤其需要注意的是，随着将来基坑开挖深度的加大，滑坡潜在滑面存在下移的可能，如图3-32。

3. 滑坡处治方案

(1)工程治理应遵循"一次根治，不留后患"的原则，结合病害体范围内基坑开挖后设置重要结构物以及滑坡后缘红线不可侵占的特点，处治工程安全系数宜取规范的中高值。

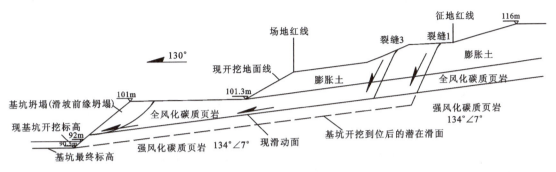

图 3-32 滑坡地质断面图

(2)当前滑面参数的反算和下滑力的计算是设计抗滑措施的控制性计算,但工程措施应对将来基坑开挖到位后形成的潜在滑面进行必要的预加固,并考虑到坡体特征及其与基坑的关系,支挡工程前部的抗力不予考虑。

(3)经反算,主滑段滑面参数 $c=5$kPa、$\varphi=6.53°$,暴雨工况为控制性工况,其控制性下滑力为 443kN/m。

因此,场地红线处采用以抗滑桩为主的处治工程,结合滑坡特征和现场施工设备条件,选用桩径 1.2m、间距 2.2m 的单排抗滑桩进行处治(图 3-33),且基坑宜在旱季开挖施工。

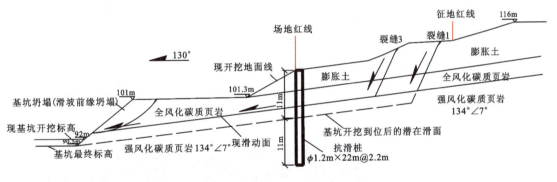

图 3-33 处治方案工程地质断面图

该方案实施后,最终取得了良好的工程效果,证明了方案的合理有效性。

4. 总结

(1)膨胀土和薄层状碳质页岩在水作用下滑面内摩擦角很小,为 5°～8°。

(2)滑坡区地质条件恶劣或有重要工程时,滑坡病害治理时的安全系数可适当提高至规范中上限。

(3)滑坡处治时可以采用已滑动坡体参数进行计算,而不应采用未滑动的潜在滑面参数进行计算,但工程处治措施应对兼顾潜在滑面。

(4)抗滑桩的锚固段设置应综合考虑滑面、人工开挖面等因素,防止仅考虑单一因素造成桩体锚固段偏短。

(5)处治工程措施应考虑不同国情、现场施工条件和材料条件,因地制宜地进行确定。

第八节　某富水滑坡病害桩基托梁挡墙方案优化

对于富水的边坡或滑坡,如果不能有效地对地表水或地下水进行截、疏、排,轻则可能造成支挡加固工程规模大幅提升,重则可能造成坡体病害治理"屡战屡败"。有些坡体病害忽略治水,当时看来已经采用高强度的支挡工程进行了有效治理,但随着时间推移,坡体可能因水文地质环境的不断恶化而再次发生变形。如重庆某滑坡,由于忽略了地下水对坡体的影响,在施工期间的3年内以及通车后的5年内,先后进行了5次治理,在坡体上设置了4排抗滑桩和局部加密抗滑桩以及大量的锚索工程仍不能使坡体保持稳定。但却在采用盲洞有效疏排坡体地下水后,仅设置了一排抗滑桩就对坡体病害进行了有效处治。因此,"治坡先治水"是坡体病害治理亘古不变的原则,它不但可以确保坡体的"长治久安",还可大幅减小坡体支挡工程规模,降低工程造价,有效提高工程设计品质。

如某老滑坡呈明显的圈椅状(图3-34),后部山体汇水面积大,造成滑坡堆积体富水。坡体上多有民居分布。公路修建时,滑坡因前缘开挖而复活,故在坡脚设置了一排2m×3m×23m的矩形抗滑桩进行支挡。但由于坡体富水,桩体锚固力不足,故后期在矩形抗滑桩后部约5m的部位设置了一排直径为2.0m的圆形抗滑桩进行补强。工程实施后,滑坡整体稳定。然而,由于工程处治时对坡体地表汇水和地下水处治欠佳(图3-35、图3-36),坡体在使用过程中出现浅层越顶病害。浅层滑体呈可塑—软塑状,不但威胁前部公路的安全,也对后部的民居和村道影响较大。

图3-34　滑坡全貌

图3-35　坡体富水导致滑坡发生

图3-36　坡脚既有抗滑桩部位渗水严重

基于此,技术人员经过计算,采取如下措施进行处治(图3-37):

(1)应急工程拟在村道部位设置两排φ108mm、长15m、间距1.2m×1.5m的应急微型桩,桩顶采用钢筋混凝土面板连接后形成村道路面。

(2)永久工程拟在微型桩前20m左右的位置设置一排桩基托梁挡墙；其中桩径为2m，挡墙高为7m，墙基为厚1.5m的承台，墙后进行回填反压，加强对村道和后部民居的保护。

(3)在浅层滑体前缘的既有圆形抗滑桩部位，沿坡面设置长约40m、沟深约1.5m、间距10m的边坡渗沟，对桩基托梁挡墙前部的浅层滑体进行排水＋支挡处治。

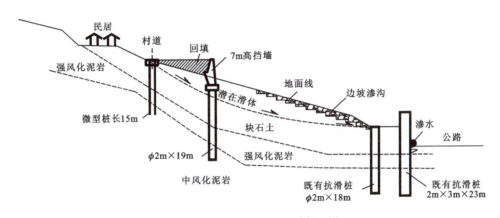

图 3-37 原方案工程地质断面图

首先，从地质条件分析，本次病害主要由坡体富水所致，故应加强坡体的截排水工程设置，减小坡体地表水和地下水的不利作用。

其次，在浅层滑坡后缘设置锚固段位于强—中风化泥岩的微型桩，防止坡体牵引发展，并将桩顶联系梁作为村道路面是可行的。但在应急工程确保了浅层滑坡后缘民居与村道安全的基础上，对于微型桩前的浅层滑体，不建议采用工程规模大、施工困难、存在填方加载和工程造价偏高的桩基托梁挡墙工程，且坡脚拟设置的边坡渗沟虽然长度较大，但大多位于浅层滑面之上，不能有效支挡浅层滑体，故工程效果较差。因此，宜取消浅层滑坡后部的桩基托梁挡墙工程，而在浅层滑坡前缘设置长20m、深2.5~4.0m、间距7m的能对滑面进行有效破坏的边坡渗沟，确保浅层滑坡的整体稳定；在微型桩前部设置长20m、深2.5~3.0m的能对滑面进行有效破坏的边坡渗沟，确保微型桩前浅层滑坡的局部稳定，有效提高微型桩的安全性。

最后，考虑到公路坡脚既有抗滑桩之间长期存在渗水现象，在坡脚出水点设置长30m的仰斜排水孔，有效疏排老滑坡的地下水，从而降低坡体地下水位，提高老滑坡的整体稳定性。

此外，在村道内侧设置地表截水沟，截排坡后地表汇水，防止地表汇水进入滑体，并在浅层滑坡的坡面上种植喜水植物，减小降水对坡面的稳定性影响，如图3-38。

优化后的工程处治方案针对性强，便于施工，工程造价相对较低，经采纳后予以实施，取得了良好的工程效果。

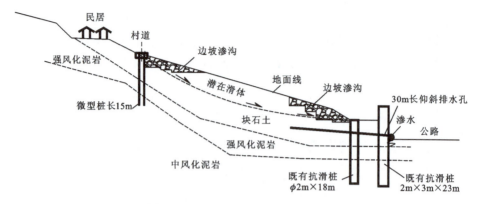

图 3-38 优化方案工程地质断面图

第九节 轻型支挡与排水工程在大变形坡体中的应用

对变形较快的富水坡体病害，宜结合排水工程和起效较快的反压工程进行处治，从而有效降低坡体地下水位，快速提高坡体的抗滑能力，达到快速提高坡体稳定性的目的。而对于具有较好锚固能力的二元结构边坡，永久支挡工程宜结合排水工程，尽量考虑施工便捷和造价较低的轻型支挡工程，从而提高处治工程的品质。

如某路堑边坡自然地形较缓，为二元结构边坡，坡向为 188°。边坡上覆可塑状残坡积粉质黏土，下伏产状 290°∠15° 的粉砂质泥岩。原方案边坡开挖坡率为 1∶1，最大高度为 12.7m，采用喷混植生绿化防护。边坡开挖至土岩界面时，土岩界面附近剪出口明显，开挖边坡中上部和坡口线外 2～3m 的范围内，出现多条宽 25～60cm 的弧状拉张裂缝，开挖坡口线外约 60m 的部位，出现一条长约 100m、下错约 1m 的贯通性圈椅状裂缝，出露滑面呈镜状。由此形成的滑坡主轴长 60m，宽 90m，体积约 $3 \times 10^4 m^3$，为典型的牵引式工程滑坡。

从病害原因分析，坡体上覆粉质黏土富水严重，边坡开挖形成临空面，恶化了边坡影响区内的水文地质条件，临空面成为了新的地下水排泄通道，导致在持续强降水作用下，坡体发生依附于土岩界面的工程滑坡。

从地质条件分析，开挖边坡中上部和坡口线外 2～3m 的范围内出现多条宽 25～60cm 的弧状拉张裂缝（图 3-39、图 3-40），为边坡开挖坡率与岩土体力学性质不符所致。即边坡开挖坡度大于岩土体的休止角，造成可塑状粉质黏土层发生滑塌，属于边坡问题；而开挖坡口线外约 60m 的部位出现贯通性圈椅状张拉裂缝，滑面呈镜状（图 3-41、图 3-42），是坡体开挖扰动后依附于土岩界面发生的滑坡所致，坡体从土岩界面剪出，属于滑坡问题。

从滑坡周界贯通、剪出口明显的特征分析，目前滑坡处于滑面完全贯通的微滑阶段，如不及时进行处治，将可能发生规模较大的整体性滑坡。

基于此，依据坡体病害性质，技术人员采用应急处治和永久处治"两步走"的方案。

图3-39 边坡中上部张拉裂缝

图3-40 坡口线外2~3m范围内的张拉裂缝

图3-41 滑坡后缘的贯通性圈椅状张拉裂缝

图3-42 镜状滑面

1. 应急处治方案

滑坡发生后,为防止坡体变形范围进一步扩大和坡体参数进一步降低,技术人员封填滑坡裂缝并在坡脚前部设置顶宽不小于5m的反压工程后,坡体变形趋于收敛。

2. 永久处治方案

1)永久处治方案确定原则
(1)征地困难,不能采用放坡处治模式。
(2)上部覆盖层对坡体扰动敏感性强,不宜采用较大规模的处治工程。
(3)资金有限,不宜采用抗滑桩类的工程支挡措施。
2)病害处治方案
根据计算分析,滑坡下滑力约300kN/m。
(1)结合坡体地下水丰富、水敏性强的特点,遵循"治坡先治水"的原则,在土岩界面以上的粉质黏土体中设置间距8m、宽1.6m、深3.5~4.5m、长约15m的支撑渗沟,如图3-43,利用支撑渗沟底部的浆砌圬工破坏滑面,结合支撑渗沟重力提高滑坡抗滑力,利用支撑渗沟有效疏排滑体地下水,提高滑坡的稳定性。

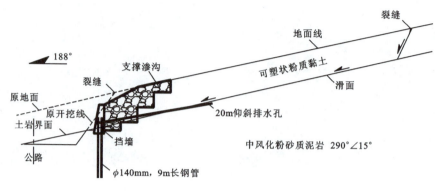

图 3-43　永久处治工程地质断面图

(2) 在支撑渗沟前部设置 4.5m 高的挡墙,与支撑渗沟一起支挡滑坡下滑力,结合土岩界面在挡墙基底设置两排长 9m、横向间距 1.2m、纵向间距 1m 的梅花型布置的 $\phi 140mm$ 钢管微型桩,用以提高挡墙抗滑能力和减小挡墙开挖规模。

(3) 在挡墙墙身上与支撑渗沟底部相对应部位设置大截面泄水孔,有效疏排支撑渗沟汇水。

(4) 在土岩界面的支撑渗沟之间设置长约 20m 的仰斜排水孔,疏坡体地下水,提高滑体自身稳定性。

该方案针对性强,对坡体扰动较小,工程造价较低,施工方便,是一个相对较优的方案。

第十节　富水黄土滑坡病害处治

黄土滑坡的滑面具有多种形态,如同一性质黄土中的圆弧形同生滑动面、依附于不同期 (Qp^1、Qp^2、Qp^3、Qp^4) 黄土形成的滑面、依附于古土壤层形成的滑面,以及黄土依附于下伏基岩面与砂卵石层面形成的滑面等。因此,黄土滑坡的处治应查明滑面特征,从而为提出针对性的处治方案提供直接依据。

1. 滑坡基本特征

某滑坡位于 25°～50°的黄河Ⅳ级阶地前缘斜坡上,前后缘相对高差为 112.4m。滑坡平均宽约 160m,主轴长约 150m,滑体平均厚约 20m,体积约 $50 \times 10^4 m^3$,前缘紧邻兰新铁路,并多有民居分布,如图 3-44。滑区内发育东、中、西 3 条冲沟。其中,东、西两条沟内常年流水,构成了古滑坡的东、西侧界,中沟将古滑坡分为东、西两个滑坡(图 3-45),西滑坡为发育于东滑坡上的浅层滑坡。区内地震烈度为Ⅸ度。

滑坡区主要地层岩性从上至下依次为上更新统坡积黄土质黏砂土(Qp^{3dl})、上更新统冲积黄土质砂黏土(Qp^{3al})和卵石层(Qp^{3l})、白垩系河口群砂岩(K_1H)。

图 3-44 滑坡中前部现场照片

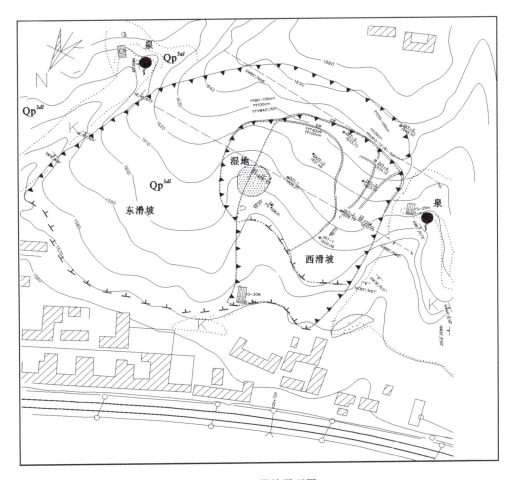

图 3-45 滑坡平面图

(1)坡积黄土质黏砂土:浅黄色,松疏—稍密,半干硬—硬塑,多孔隙,具柱状节理。

(2)冲积黄土质砂黏土:褐黄色—浅棕红色,中密,硬塑—软塑,具近水平层理,含少量钙质结核,底部为厚0.9~3.4m的浅棕红色黄土质黏土,为相对隔水层,黄土质黏土顶面含薄层状砂砾石。

(3)卵石层:黄河Ⅳ级阶地卵石层,卵石含量为70%,被F_1断层错断为两层。

(4)白垩系河口群砂岩:上部为厚1~2m的强风化泥质砂岩,下部为浅灰色中风化砂岩,由于断层作用,岩层产状较乱。

滑坡东、西自然沟内常年有泉水渗流,滑坡中沟中部有一湿地。滑坡地下水主要位于卵石层,水位稳定,为承压水。地下水补给来源为大气降水及后部台塬的农田灌溉水。

滑坡区发育两条张性断层,其中F_2为滑坡后缘依附面。东滑坡后缘拉张裂缝长124m,宽0.6~1.2m,滑坡后壁见明显滑动擦痕,指向10°。滑坡分为上、下两层,上层坡积黄土质黏砂土沿冲积黄土顶面滑动,滑面埋深15~18m;下层冲积黄土沿卵石层及砂岩顶面滑动,滑面埋深为22.8m,如图3-46。监测反映滑坡浅层滑面明显。

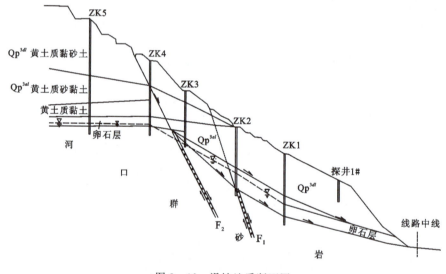

图3-46 滑坡地质断面图

2. 滑坡成因

(1)地形条件、地层岩性及地质构造是此滑坡产生的基础。滑坡体为上陡下缓的凹形坡,高陡的斜坡地形及良好的临空条件为滑坡的产生提供了有利因素。黄土质砂黏土顶面、卵石层及砂岩顶面构成了上覆地层蠕滑的依附面。

(2)丰富的地下水是滑坡复活的主要因素。坡体地下水主要来源于大气降水及后部台塬农田灌溉水,大量的地表水沿黄土陷穴裂隙渗入地下后,再沿基岩顶面及断层带渗入滑体,导致古滑坡复活。

3. 滑坡的稳定性计算

依据浅、深两层滑面特征,浅层和深层滑坡天然状态下的稳定系数分别取为1.00与1.05,滑面参数反算和下滑力计算结果如表3-10。

表3-10　滑面参数反算和下滑力计算结果表

滑面编号	黏聚力 c/kPa	内摩擦角 φ/(°)	稳定系数 K_f 天然状态	滑坡推力/(kN·m^{-1}) 地震状态	天然状态
浅层	15	23.5	1.05	1340	1590
深层	20	25.0	1.00	1510	1650

注：计算推力时,安全系数 K 值在地震状态下取1.02,在天然状态下取1.15。

4. 处治工程

(1)削方减重:根据监测,滑坡变形速度较快,为有效减缓滑坡滑动速度和减小后期支挡工程规模,在变形严重的滑坡中后部进行削方卸载。

(2)工程支挡:为平衡滑坡下滑力,在与主轴垂直方向上布设预应力锚索抗滑桩,加强对坡体的支撑。

(3)截排水沟:为防止滑坡区周界的地表水进入滑体,在滑坡后缘上部设置一道截水沟,将地表水截流,引入滑体两侧的自然沟内,并在削方平台上设置排水沟,将水引入两侧的自然沟内。

(4)盲洞:为有效截排滑体后侧地下水,在滑面以下的基岩中设置盲洞,在洞顶向滑带设置仰斜排水孔疏排滑体地下水,如图3-47。

对滑体中后部进行削方后,浅层滑坡的下滑力由1590kN/m降低为721kN/m,深层滑坡的下滑力由1650kN/m降低为744kN/m,且经盲洞疏排地下水后,滑面的内摩擦角提高了1°,大大降低了支挡工程的规模。

5. 结论

(1)滑坡的形成与地形条件、地质构造、地层岩性、地下水、地震及人类工程活动有关。其中,地形条件、地质构造及地层岩性对滑坡的形成起到了控制作用,是滑坡形成的基础;地下水长期对岩土体进行软化,降低滑带强度,增大滑体重量,形成的水压力增大滑体下滑力,是滑坡形成的必要条件;地震使坡体应力状态发生改变,弱化坡体物理力学性质,增大滑体下滑力,破坏滑带土结构,是形成滑坡的重要触发因素;人类工程活动的合理与否往往决定滑坡形成与否,因而人类工程活动是滑坡形成的重要条件。

(2)对具有灾害性的滑坡,应加强监测,以便为确定滑坡范围、滑动方向、滑面位置、滑坡区内各个滑动块体的分界及滑坡的各部分受力关系提供资料,最终为滑坡治理提供依据。

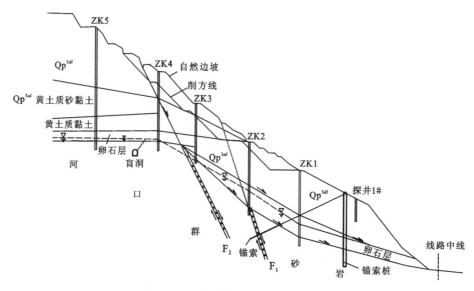

图 3-47 滑坡处治工程地质断面图

(3)对于运营线路上可能发生的滑坡,在对铁路行车造成严重威胁时,应迅速采取有效的工程防治措施。在抗滑段滑动面尚未贯通、有较大抗滑力且主滑段滑带土尚未降至残余强度时,积极截排地下水和地表水,充分利用坡体的自然抗力,大大降低工程规模,减少资金投入。因此,滑坡应贯彻"治早治小"和"治坡先治水"的理念。

第十一节 基于几处坡体病害抢险工程的反思

地质灾害的发生往往伴随着应急抢险工程的实施。一个好的应急方案往往事半功倍,能达到"四两拨千斤"的效果,可快速减缓坡体变形,甚至使坡体暂时保持稳定,从而为永久工程的设计与实施提供充裕的时间。但一个坏的应急方案,轻则花费了大量的工程费用而没有达到减缓坡体变形的效果,重则起到反作用,导致坡体变形加剧、恶化,甚至引发一连串的事故。

1. 案例一

某堆积体高边坡高约 50m,在第一级边坡设置抗滑挡墙,第二、三、四级边坡设置锚索框架,第五级边坡设置锚杆框架对边坡进行支挡加固。完工后,雨季期间坡体富水导致第一级边坡挡墙外倾、开裂,多级边坡平台出现上翘反倾、鼓胀裂缝等病害,多级边坡锚索框架出现断裂、上拱等病害,如图 3-48、图 3-49。距坡脚约 200m 的城镇道路出现拉张裂缝和拉陷槽雏形,多处城镇民居开裂(图 3-50),并牵引其后部约 50m 的坡体开裂。滑坡体积约 $100 \times 10^4 m^3$,有持续发展扩大的趋势。

图 3-48　多级边坡平台上拱　　　图 3-49　锚索框架　　　图 3-50　滑坡后部城镇
　　　　　　　　　　　　　　　　上拱、断裂严重　　　　　道路开裂严重

滑坡发生后,技术人员在坡脚挡墙前部设置 1.5m×2.0m×18m 的抗滑桩进行应急抢险,如图 3-51。但由于施工进度缓慢,坡体每天仍以 5~10mm 的速度不断发展,滑坡状态持续恶化。

现场调查时发现,边坡坡脚下部以下 3~5m 位置存在深层滑面,且在第一、二、三级平台部位出现多层剪出口,各层滑面渗水严重,滑坡处于挤压向整体微滑的过渡阶段,情况非常危急。若不及时采取合理的应急工程措施,滑坡可能发生大规模滑动,且存在不断扩大的可能,严重威胁上部城镇居民生命财产安全,后果不堪设想。

基于此,应即刻停止坡脚不合时宜的大截面抗滑桩抢险措施,笔者说服施工人员尽快实施滑坡反压,为使反压体尽快达到有效抗力,应确保反压体压实度不小于 0.9,反压体规模依据工程经验取滑体体积的 1/10,即约取 $10×10^4 m^3$,进行昼夜不停的流水线施工(图 3-52),并通过监测进行必要的调整。

图 3-51　坡脚挡墙开裂及抗滑桩应急工程　　　　图 3-52　滑坡反压施工

在各方齐心协力昼夜奋战后,应急工程最终通过反压使滑坡暂时得以稳定,取得了阶段性的成功,但笔者仍是心有余悸的。

2. 案例二

某既有高速公路加宽填方约 $7×10^4 m^3$，由于下伏富水半成岩地层，填方在基本到位后出现了大规模下错，直接导致前部约 80m 范围内的富水蔬菜基地鼓胀隆起达 1～2m，滑坡后缘位于加宽填方交界部位，下错约 3m，如图 3-53～图 3-55。滑坡不断加速滑移，直接威胁前方高约 300m 陡坡下部的国道和民居安全，且不断向后牵引发展威胁高速公路的安全。

图 3-53 路基加载导致滑坡发生

图 3-54 滑坡前缘富水蔬菜基地鼓胀隆起

图 3-55 滑坡后缘下错

滑坡发生后，技术人员采用在高速公路中央分隔带部位，即滑坡后缘约 8m 的位置设置直径 1.5m、间距 3m、长 25m 的旋挖桩，用以保护高速公路半幅通行的应急方案。

现场调查发现，加载引发的滑坡处于不断加速的变形过程中，若不及时处治，滑坡整体滑出后，将可能对前部陡坡下部的国道和民居造成灭顶之灾，且旋挖桩只保护了既有高速公路的半幅通行，不能对滑坡稳定性起到任何应急作用。尤其是旋挖桩施工缓慢，一旦滑坡牵引发展过快，将可能导致旋挖桩混凝土在强度未达到前损坏，继而使高速公路断道。

基于此，通过对相关各方的耐心解释，最终确定先在填方体滑坡后缘以台阶状减载

7000m³,即约为滑体体积的1/10,从而达到快速减小滑坡下滑力、提高滑坡稳定性的目的,且台阶状放坡有效避免了卸载可能造成的牵引变形而影响高速公路安全。该方案实施后,通过监测发现滑坡变形快速减缓并逐渐停止,应急抢险取得了成功。该应急工程虽然取得了成功,但方案的确定过程却是令人反思和后怕的。

3. 案例三

某半填半挖高速公路由于后部山体汇水进入路基,地下水位上升,坡体沿原地面发生滑移。滑坡后缘下错约0.8m,前部路肩挡墙开裂严重,墙前抗滑桩前倾30cm以上,如图3-56。滑坡发生后,相关单位采取了在滑坡前缘反压以提高滑坡的整体稳定性,在滑坡后缘设置钢管微型桩注浆加固以保护另外半幅公路不致发生牵引而断道的措施。在钢管微型桩实施注浆的过程中,坡体位移不断加大,且与工程注浆形成了一定的对应关系。

现场调查发现,滑坡剪出口位于斜坡体中上部,导致反压工程无法触及而失去了效果;应急注浆直接导致坡体地下水位快速上升,且大规模注浆形成的压力不断推挤前部滑体,造成路基变形不断加速发展。因此,采用注浆加固工程应急是非常不合理的,需即刻停止,而应在路肩挡墙部位设置长度较大的仰斜排水孔疏排滑体地下水,从而提高坡体的自身稳定性。

排水方案实施后,几乎每个仰斜排水孔都有大量地下水流出,前两天的排水量达100t/d,如图3-57。伴随着地下水的排出,滑坡变形快速减缓直至静止,工程抢险取得了成功。

图3-56　路肩墙及墙前抗滑桩变形严重　　　图3-57　应急仰斜排水孔出水效果良好

该应急工程成功的经验和教训是:应合理分析滑坡的边界,对地下水丰富的坡体积极采取排水措施,而不宜采用所谓的无法触及滑面的反压工程以及保路注浆方案,导致地下水位快速上升和注浆压力挤压前部滑体加剧滑坡变形。

以上案例说明,滑坡应急抢险方案的确定应综合考虑病害诱因、地质条件、威胁对象、现场材料等,依据病害特征采取合理的卸载、反压和排水措施,应是一般情况下工程抢险的首选,切忌采用大体积混凝土结构、注浆等见效慢或可能恶化坡体的应急措施。

第十二节　坡体病害应急抢险方案讨论

坡体病害应急抢险强调"快、准、狠""就地取材"和"不宜贸然定论"的原则。

"快",即抢险速度要快,防止病害因得不到快速有效的控制而恶化;"准",即抢险时要看准问题的关键点、主要矛盾点,针对性地采取措施,最忌不能抓住问题的重点而采取"大水漫灌"式的、没有重点的抢险措施;"狠",即抢险工程要适当保守,因为没有进行严谨的地质勘察,而是主要通过现场地质调绘对病害原因进行推测,不排除对病害认知存在一定偏差的可能,因此抢险工程应有必要的保守系数。

"就地取材",即抢险工程存在非常关键的时效性,坡体病害的"治早治小"原则要求施作速度要快。这就对抢险工程材料的快速准备提出了较高的要求。因此,抢险工程的材料准备要快捷,就一定要坚持"就地取材"的原则。

"不宜贸然定论",即抢险工程的地质资料在深度、细度上存在一定的不确定性,这造成了对坡体病害的认知可能存在一定的误差,而这种误差会随着工作的不断深入而得到修正。因此,在工程抢险阶段不宜对病害的发生原因贸然下定论,以免造成后续工作被动或形成不良的社会影响。

1. 案例一

某高速公路边坡坡脚设置了高 7～10m 的抗滑桩板墙进行支挡,桩后自然边坡植被茂盛。雨季时强降雨导致大约 8000m³ 的饱水碎石土越过坡脚桩板墙侵占了高速公路,造成左幅路基和右幅路几乎全部被饱水滑体侵占。滑移后坡体原位形成了长约 70m、宽 15～30m、高 5～13m 的凹槽,如图 3-58、图 3-59。

图 3-58　滑移坡体全貌(镜头向下)

图 3-59　高速公路附近病害

病害发生后,相关单位采取了对高速公路路基部分进行清方的应急措施,开通右幅线路的 1/2 路面单向通行,同时在坡体滑移后形成的凹槽周边约 5m 的位置,布设了两排长 9～

15m、直径140mm、壁厚6mm、约28m的钢管桩进行应急加固,并拟沿沟槽下部周边逐步向上施工。

从坡体病害成因及隐患分析,该坡体是崩坡积、冲洪积碎石土充填老自然冲沟形成的"楔形体",强降雨造成大量地表水汇入老冲沟,使沟槽中的堆积物在水的作用下发生滑坡。滑坡后部凹槽左侧沟壁砂泥岩大面积出露,后部出露堆积体厚2~4m,右侧沟壁下部基岩出露,其上堆积体厚4~10m。同时,凹槽后部存在约2000m^3稳定性较差、坡面开裂的残留堆积体。应急方案没有考虑再次降雨可能造成后部沟壁堆积体坍塌形成泥流的物源,即应急方案不能确保高速公路在强降雨作用下发生再次断道或存在行车安全隐患的可能。

基于此,应急方案应进行必要的调整,防止坡体再次发生泥流滑向高速公路,造成公路断道或引发安全事故。

(1)首先,由于水是造成堆积体沿老沟槽发生滑动的主要因素,故应完善地表截排水措施,即在凹槽后部的自然冲沟部位设置反包彩条布截排水沟引排坡后汇水,确保地表汇水顺利进入临时截排水沟。

(2)其次,调整沿凹槽周边设置的微型桩工程。因为左侧沟壁基岩大面积出露,右侧壁下部基岩出露,不宜再设置微型桩应急,且凹槽后部存在约2000m^3稳定性较差的堆积体,故应重点对易受水影响的后部堆积体设置微型桩进行应急,防止堆积体垮塌形成泥流物源。

(3)再次,为防止堆积体在暴雨作用下再次垮塌时,依附于沟槽内的饱水堆积体"坐船"滑向高速公路,需利用现场既有的直径140mm、壁厚6mm的钢管桩,在凹槽沟口宽约15m的部位设置两排露出地面不超过5m、下部进入基岩约5m的梅花型钢管桩排,在桩的背部因地制宜地将大量树干、树枝或竹子进行码砌,有效阻止堆积体再次滑移时穿过钢管桩排冲向高速公路。

(4)最后,对抗滑桩后部的残留淤泥质滑体进行必要的清理,设置临时排水沟,防止再次降雨时该部位近千立方米的残余滑体滑向高速公路。

该应急方案的优点是合理利用现场既有材料,依据病害性质抓住重点进行工程应急,最大化地保护高速公路安全。否则,按原应急方案施作,一旦沟槽再次发生滑塌,由于滑移路线上没有任何阻挡物,堆积物冲向高速公路将导致高速公路再次断道。这就是应急工程中"抓住重点,就地取材,有效排水"的原则。

2. 案例二

某国道水库段填方路基内侧因山体地表汇水进入,外侧路肩墙前部的碎石土出现溜滑,路肩挡墙基础下部形成一个高约1m、深约2m、长约5m的空洞,但挡墙墙体完整,未见开裂变形。由于路基靠山侧的自然冲沟汇水不断流入路基,挡墙下部的岸坡渗水严重。

技术人员拟采用的抢险方案为拆除靠河侧高约10m既有挡墙,并在原位新增桩基托梁挡墙+仰斜式排水孔。其中,新增挡墙墙高10m,承台高1.8m、宽3.6m,桩基直径1.6m,桩长15m,两排仰斜式排水孔长10~15m,如图3-60。

从成因分析,路基病害的主要原因是后部山体地表水渗流入路基造成潜蚀和冲刷等作用,而非已运营10余年的水库库水影响,故首先应设置相应的截排水工程,快速降低坡体地下水位,减小坡体潜蚀、冲刷的作用。

既有挡墙的结构完整性良好,对其进行拆除社会影响欠佳。尤其是新增桩基托梁挡墙高10m,修建时墙后路基翻挖必导致国道完全断道,社会影响大,且作为应急抢险工程,桩基托梁挡墙施工速度慢,工程措施规模大而针对性欠佳。

基于此,建议保留既有挡墙,在墙基空洞部位采用混凝土+预埋注浆管回填,利用注浆确保墙基空洞的充分回填,并在路基靠山侧设置截水盲沟和修补截水沟,防止山体来水进入路基恶化路基稳定性。在墙基下部约10m范围内的岸坡和挡墙胸坡上设置厚30cm的面板式锚杆挡墙对边坡进行加固,如图3-61。

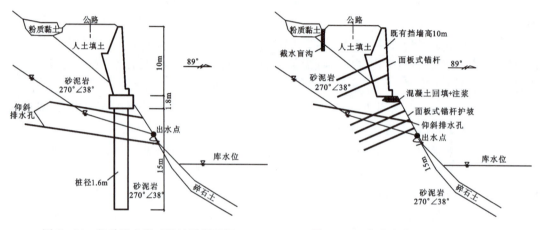

图3-60 拟采用方案工程地质断面图　　　图3-61 优化方案工程地质断面图

优化方案造价仅为原方案的12%左右,工程针对性强,社会影响小,实施后效果良好。

3. 案例三

某老滑坡位于三岔路口,滑坡前缘为H快速路,侧向为S路和E高速公路的特大桥,该滑坡历史上曾多次发生滑移。20世纪50年代,滑坡发生滑移,体积达$260×10^4 m^3$,造成前部居民搬迁;2010年,在滑坡中前部挖方修建道路时,滑坡复活,导致正在修建的H快速路隆起最高达16m,滑坡后缘滑移近50m,故在滑坡前部的H快速路及右侧面的S路设置45根截面$(4~4.5)m×(3~3.3)m$、长$(23~45)m$、间距6m的锚索抗滑桩工程进行支挡加固。工程实施后,有多位技术人员和学者以此发表了大量文章,说明滑坡治理的成就。

2016年左右,E高速公路以大桥的形式从滑坡侧面跨越S路斜交通过,并安全运营。2019年8月,区内长期连续降雨导致滑坡再次发生大规模滑动,滑动体积约为$150×10^4 m^3$,下部H快速路隆起8m左右,滑坡推移约15m,导致前缘H快速路和右侧面S路的约40根抗滑桩破坏,H快速路完全损坏,S路与E高速公路紧急封路(侧面的E高速大桥桥墩距滑坡侧界约为50m),如图3-62~图3-64。

图3-62　前缘的H快速路变形情况　　　图3-63　S路抗滑桩破坏与坡体出水情况

滑坡发生后,相关各方邀请众多专家进行现场应急讨论,专家们提出了反压H快速路、补强右侧S路剩余的抗滑桩锚索、持续封闭E高速公路并观察滑坡等待其自然逐渐稳定以及追究原设计单位责任等诸多建议。

图3-64　滑坡区全景图

根据滑坡现场调查,笔者提出如下应急抢险建议:

首先,本次抢险只针对滑坡抢险技术进行讨论,而不应对原设计方案的合理性进行讨论,这是由滑坡抢险中"不宜贸然定论"的原则所决定的,必须遵守。

其次,目前发生的滑坡为老滑坡的局部复活,由连续强降雨形成的水压力推动所致,继而滑坡推挤前部H快速路,使其在2h左右快速隆起约8m。滑坡推移约15m后,由于地下水压力消散,滑坡滑动的力量大幅减弱,滑坡变形速度将持续快速下降,直至停止,不存在短时间内变形持续加大的可能,故不建议采取在滑坡前部H快速路进行反压的应急措施。

再次,考虑到滑坡右侧近10根抗滑桩已完全倾倒,其余桩体持续变形,要求在变形较小的其余抗滑桩上设置锚索进行补强,用以保护S路和E高速公路大桥是不可行的,该工程措施在现场缺乏可实施性。

最后，应明确滑坡的危害对象哪些是必须保护的，哪些是可以放弃的，即滑坡病害的抢险必须遵循"抓住重点，有所舍取"的原则进行。具体措施如下：

(1) H 快速路是本次滑坡的直接危害对象，公路隆起严重，抗滑桩大面积破坏。因此，H 快速路短期是无法达到正常使用功能的，故建议直接放弃，不纳入本次抢险的范畴。

(2) 滑坡左侧周界贯通，错坎高 5m 以上，且大量地下水沿左侧周界形成的沟槽不断下泄，滑坡左侧界陡坎存在随时坍塌的可能，故不建议采用原位微型抗对距左侧界约 5m 的高压电塔进行加固，而应尽快对高压电塔进行拆迁并及时恢复电力供应，确保当地的生产和生活用电，避免长期电力中断产生较大的社会影响。

(3) 利用右侧界 S 路下部的便道绕行恢复交通，将 S 路作为 E 高速大桥的保护场地使用。即考虑到 E 高速公路的重要性，建议利用 S 路对距滑坡侧界 50m 的高速大桥桥墩进行反压保护，防止滑坡局部侧面掉块、滑塌威胁大桥。

(4) 滑坡发生后，对 E 高速公路封闭造成了巨大的社会影响。因此，提出持续封闭 E 高速公路和观察滑坡等待其自然逐渐稳定的建议是不合理的，应通过认真的调查分析提出有担当的合理化建议。例如：① 尽快在滑坡后部设置临时排水沟，截断坡后进入滑体的地表水，防止降雨再次引发滑坡滑动；② 滑坡右侧界距 E 高速大桥约有 50m 的安全余地，为有效减小社会压力，建议通过大桥桥墩的反压保护和监测，尽快开通 E 高速公路。

以上应急方案提出后，大部分得到了相关各方的肯定和采纳，经实施后滑坡的危害得以有效控制，E 高速公路得以及时开通，极大地缓解了社会压力，滑坡的应急措施取得了成功。

第十三节 路堤滑坡病害的应急与永久处治方案确定

每年的雨季都是地质灾害的高发期，如何合理有效地进行抢险是值得深究的问题，否则可能"越抢越忙"。

卸载、反压、排水是抢险工程最常用的措施，其次是锚索、微型桩等支挡加固措施。抢险工程应以抢险为第一要务，同时应尽量兼顾工程的永久属性，避免将来产生报废工程，并为永久工程的勘察、设计、施作提供充裕的时间。永久工程的设置可参考抢险工程取得的效果进行核查，结合工程的属性有针对性地设置处治措施，防止治理工期过长产生不良的社会影响，以及工程规模过大导致工程的经济性指标偏低。

如某高速公路长 60m 的某段路堤位于自然坡度较缓的斜坡，地表为厚 1.8～2.8m 的可塑—软塑状粉质黏土，左侧高 8～11m 的路肩挡墙基底位于下伏的长石砂岩中，且小里程端与大桥的重力式桥台相接，公路正常运营 3 年以上。

雨季期间区内降雨连绵不断，在发现左幅路堤发育断续状裂缝后的 3 天内，路堤圈椅状裂缝迅速贯通，并出现整体下错，最大下错约 1.5m，相邻桥台开裂 0.5m；路肩墙外移且损坏严重，混凝土墙身出现竖向、斜向挤压裂缝；挡墙前部 15～25m 范围内水田鼓胀、坍塌、纵向裂缝密集分布。滑坡总体积约 $1.5 \times 10^4 m^3$，前缘坍塌，后缘位于高速公路中央分隔带以外约 1m 处，严重威胁高速公路的安全,高速公路随时存在全线断道的可能,如图3-65～图3-68。

图3-65　左幅路堤整体圈椅状下错1.5m

图3-66　相邻桥台开裂0.5m

图3-67　路肩墙开裂破损严重

图3-68　挡墙前部水田多处鼓胀、坍塌

滑坡发生后,相关单位采用半幅通行的交通管制措施,并快速在中央分隔带附近的滑坡后缘设置两排纵横向间距为1～1.5m的ϕ127mm钢管桩,防止左幅路堤滑坡牵引造成右幅公路断道。

现场调查发现,钢管桩应急工程施作时,滑坡变形仍在快速增加,没有减缓的迹象,若不及时进行处治,存在整体滑移的可能。因此,笔者建议暂停不利于滑坡稳定的大规模注浆工程,而是尽快在左幅路基的滑体部位卸载$0.19 \times 10^4 m^3$土石方(即总滑体的1/8左右),以快速减小滑坡的下滑力,提高滑坡的稳定性,且为了防止卸载牵引右幅路堤,卸载时采用台阶状,如图3-69、图3-70。滑体卸载后,滑坡的位移快速减小直至停止,应急工程取得了成功。

对于永久工程,依据土压力与下滑力核查,坡体的最大控制性下滑力为390kN/m,技术人员拟在挡墙前部设置以旋挖式圆形抗滑桩为主的支挡工程,即在路肩外侧设置桩径1.5m、间距4.5m、桩长13m的圆形抗滑桩,如图3-71。

综合考虑病害地质条件、施工条件、工期压力、工程造价等因素,笔者建议采用以锚索为主的轻型加固工程对拟采用的永久处治方案进行优化,如图3-72。具体如下:

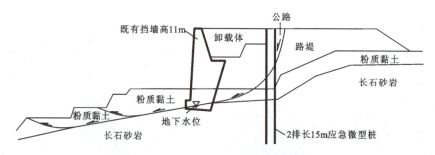

图 3-69　应急方案工程地质断面图

图 3-70　滑体台阶状卸载

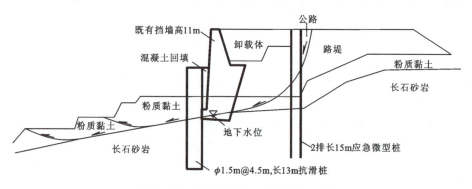

图 3-71　拟采用方案工程地质断面图

（1）在破损挡墙胸坡上设置厚约 30cm 的钢筋混凝土面板作为锚索反力结构，在对既有破损挡墙进行加固的同时，以面板兼做预应力锚索的反力结构。

（2）在挡墙面板上设置两排拉力为 600kN/孔的锚索工程平衡滑坡下滑力。

（3）除利用锚索孔底返浆对挡墙结构进行加固外，同时在墙身上设置小导管，利用小导管注浆对挡墙进行加固，并疏通挡墙泄水孔。

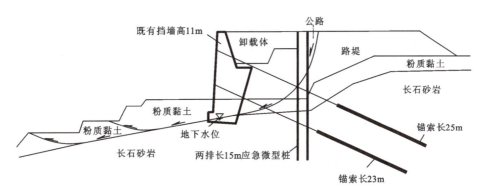

图3-72 优化方案工程地质断面图

(4)重新回填压实卸载后的左幅路基,恢复路面、桥台搭板、防护栏等。

优化方案施工便捷,机械设备易于进入现场操作,工期短,工程造价约为原方案的45%,且工程安全性更高,最终获得了相关单位的认可并得以实施。根据后期监测,工程效果良好。

第十四节 泡沫轻质土在路堤滑坡病害处治中的应用

泡沫轻质土重量轻,施工方便快捷,可有效减小加载对滑坡形成的不利影响,应用于某些滑坡病害的快速处治,可提高工程的经济性指标。

如某路堤位于长大纵坡段,由于后部山体地下水渗流和公路纵坡方向上地表汇集漫流,路堤发生滑坡,导致交通中断,严重威胁下部村道安全,影响当地居民的生产生活。滑坡宽约130m,主轴长约35m,滑体平均厚约5.5m,体积约$1.8\times10^4 m^3$,如图3-73、图3-74。

图3-73 滑坡段路面和后部山体汇水

图3-74 滑坡段前部坍塌

滑坡发生后相关单位拟采用以路肩桩板墙＋桩前挡墙为主的工程进行处治,其中抗滑桩34根,参数为1.5m×2.0m×22m@6m,桩前削方后采用高5m的挡墙支挡,如图3-75。工程造价为 A 万元,工期为 B 月。

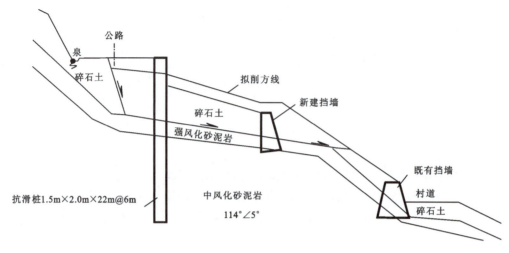

图3-75 拟采用方案工程地质断面图

根据现场调查,原方案存在如下缺点:

(1)抗滑桩后部路堤范围内滑体较小,采用1.5m×2.0m×22m@6m的抗滑桩工程规模偏大,且坡体饱水,抗滑桩开挖困难。

(2)桩前挡墙高约5m,挡墙不能有效平衡桩与挡墙之间的下滑力,且挡墙墙基开挖时易造成富水路堤再次滑动,工程安全性偏低,可实施性较差。

(3)桩后路基部位富水滑体形成的软弱地基由于没有得到完全处治,路基在恢复加载后将出现新老路基沉降的问题。

(4)工程施工周期太长,社会压力大,且若不能及时进行处治,滑坡可能牵引发展导致规模不断扩大。

基于此,首先考虑到地下水渗流和地表水汇流是滑坡发生的主要诱因,故截排水工程应是病害处治的首选措施。即加深路基内侧边沟,在其下部设置截水盲沟,有效截排内侧山体地下水和公路纵坡地表汇水。

其次,考虑到滑坡规模较小,全部清除滑体后,在公路部位设置泡沫轻质土进行路基回填,在短时间内快速形成路基,且在清方的过程中,为防止滑坡后缘发生滑塌,采用挂网喷混凝土＋锚杆进行临时防护。其中,锚杆也是永久工程中泡沫轻质土的锚固设施,可有效提高泡沫轻质土的稳定性,如图3-76。

优化方案造价仅原方案的45%左右,且施工速度快,安全度高,针对性强,是一个相对较优的路堤滑坡处治方案。

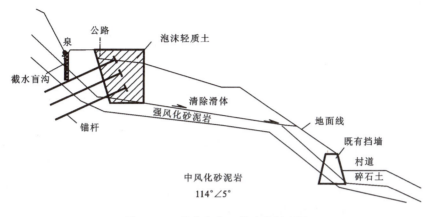

图 3-76 优化方案工程地质断面图

第十五节 结构物设置于滑坡区时的反压工程应用原则

在丰富的滑坡治理"武器库"中，在地形地貌适宜、土地占用允许、反压材料充足的条件下，滑坡反压由于见效快、造价低而深受广大技术人员的喜爱。近年来，随着以桥隧比达90%的川藏高速公路为代表的大国工程建设的推进，复杂地质环境下以桥梁、隧道结构物通过滑坡区的工程占比越来越高。

但在实际工作中，桥梁、隧道这种对位移敏感的结构物通过滑坡区时，反压工程到底该不该采用、如何采用的争议颇大，直接影响了反压工艺在滑坡处治中的有效应用，如图 3-77、图 3-78。

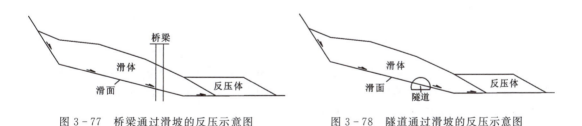

图 3-77 桥梁通过滑坡的反压示意图　　图 3-78 隧道通过滑坡的反压示意图

一、问题的提出

桥梁、隧道结构物刚度相对于岩土体来说往往较大，滑坡反压后，由于反压体刚度小于结构物刚度，在滑坡不断压密反压体的过程中，桥梁、隧道结构物上会形成应力集中，导致存在滑坡先行破坏对位移十分敏感的桥梁或隧道结构物的可能。这也是很多技术人员对滑坡反压存在疑虑的最主要原因。

二、滑坡特征分析

在提出反压工程是否适用于桥梁、隧道通过的滑坡之前,应首先对滑坡各个不同稳定度阶段的特征进行分析,详细分析内容参见第一章第二十节"滑坡的稳定性分析"。

三、桥梁、隧道通过不同稳定状态下的滑坡的反压工程应用原则

(1)滑坡处于稳定或基本稳定状态时(稳定系数$K \geqslant 1.10$),滑体没有相对位移,此时设置反压工程能有效提高滑坡的稳定度,不会出现滑坡剪切桥梁或隧道结构物的情况,此种状况下可采用反压工程。

(2)滑坡处于欠稳定阶段时(稳定系数$1.10 > K \geqslant 1.0$),滑坡出现相对位移,滑体开裂,此时进行反压,滑体和反压体均存在逐渐压密的过程,会对位于滑体的桥梁或隧道结构物产生剪切作用。因此,应首先对滑体设置支挡加固工程,在滑坡达到基本稳定状态($K \geqslant 1.10$)以上时,才可采用反压工程提高滑坡的稳定度。当然,此时若桥梁或隧道结构物还未施作,可先进行滑坡反压,若滑坡在两个以上雨季后仍能保持基本稳定状态,则可在滑体上设置中小型桥梁或短隧道结构物,但不建议设置大桥或长隧道等重要结构物,因为风险实在太大。当然,也要注意桥梁或隧道结构物施工对滑体的扰动影响,防止出现工程滑坡而导致桥梁或隧道结构物受损。

(3)对于失稳微滑阶段的滑坡,可以采用反压工程进行处治,但不建议在其上设置桥梁或隧道结构物。

(4)对于滑坡抢险,如果地形地貌适宜,可以优先采用反压工艺,这时可不用循规蹈矩地计较滑坡的稳定状态,因为此时确保桥梁和隧道不直接被滑坡摧毁是首要任务。

四、案例分析

1. 案例一

藏区某工程滑坡体积约$30 \times 10^4 m^3$(图3-79),若坡脚采用以抗滑桩为主的工程进行支挡,则工程造价高达1700万元,这对于低等级公路的改建来说是无法承受的。根据现场调查,发现公路外侧的河流Ⅱ级阶地宽阔,故建议在坡脚设置约$4 \times 10^4 m^3$的弃渣对滑坡进行反压。这样不但有效消化了弃渣,而且施工简单快捷,非常适合在高海拔的藏区施作,工程造价约100万元,与原位支挡方案相比具有明显的优势。

再如某滑坡位于海拔3800m的高原草甸区,坡体主要由碎石土和板岩构成,自然坡度约35°。由于线路改造,边坡开挖2~7m后,坡体出现滑动,如图3-80。滑坡后缘下错约3m,主轴长约70m,滑体平均厚度约7m,体积约$3.1 \times 10^4 m^3$。在此基础上,技术人员拟适当外移线路后,在坡脚设置$2m \times 3m \times 21m@5m$的抗滑桩,结合桩后反压对滑坡进行处治。其中,桩体悬臂长12m,反压体积约$1 \times 10^4 m^3$,如图3-81。

从地质条件分析,采用反压+支挡对滑坡进行处治是可行的,但采用抗滑桩+占滑体体积1/3左右的反压工程性价比偏低。因此,应在加强反压体排水工程设置的基础上,适当减

小支挡工程规模和反压体规模,从而提高工程的经济性指标。即在滑坡前缘设置微型桩式挡墙+0.35×10⁴m³ 反压体对滑坡进行处治。其中,墙基下部微型桩采用 ϕ127mm 钢管制作,可有效提高挡墙承载力和抗滑力,如图 3-82。

图 3-79 反压前大型滑坡全景

图 3-80 开挖后滑坡全貌

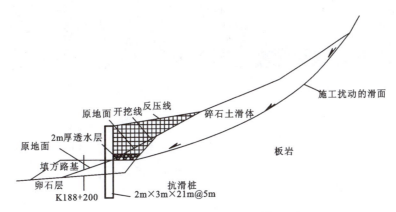

图 3-81 拟采用方案工程地质断面图

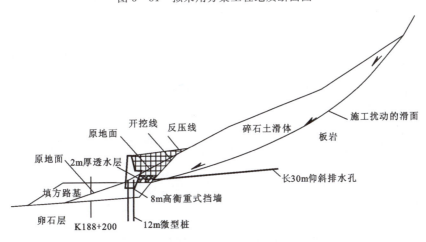

图 3-82 优化方案工程地质断面图

该优化方案工程造价大幅降低，施作工艺大为简化，特别适合在高海拔地区施作，是一个相对较优的滑坡病害处治方案。

2. 案例二

某高速公路因疏漏将大桥布置于老滑坡前缘，桥梁施工的过程中，滑坡前部发生过局部浅表层滑塌。桥梁建设完成后，经评估，技术人员在桥梁内侧设置以大截面抗滑桩＋多排锚索、精轧螺纹钢锚杆为主的工程对滑坡进行支挡加固，如图3-83、图3-84。工程造价约5500万元。

图3-83　大桥通过滑坡前缘全景

图3-84　大桥内侧设置大型抗滑桩支挡工程

从地质条件分析，老滑坡虽在桥梁施工时因开挖发生了浅表层滑塌，但整体上没有其他变形迹象，滑坡的稳定系数 $K \geqslant 1.1$，故可以在桥梁前部设置抗滑桩后进行反压处治，如图3-85。该优化方案施工工艺相对便捷，对滑坡扰动小，工程造价约为2500万元。但技术人员认为桥梁结构物刚度明显较滑坡堆积体大，在桥梁前部设置反压工程，滑坡变形会先挤压刚度相对较大的桥梁导致桥梁损坏，故没有采纳该建议而维持了原方案（图3-86），实是非常可惜。

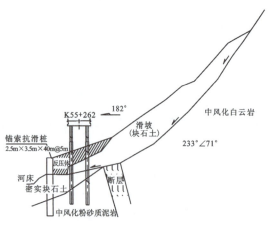
图3-85　优化方案工程地质断面图

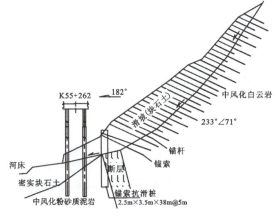
图3-86　最终采用方案工程地质断面图

3. 其他案例

(1)某高速公路滑坡因前缘桥梁桩基开挖,体积约 $33×10^4 m^3$ 的老滑坡复活,导致下部3个桥桩被剪断。应急处治时,在顺河侧修建抗滑挡墙后,对滑坡进行反压,并在滑坡中前部设置抗滑桩工程,进一步提高滑坡稳定性,多年来大桥安全性良好,如图3-87。

(2)某高速公路老滑坡体积在 $300×10^4 m^3$ 以上,处于欠稳定状态。拟建大桥将从滑坡中部通过,为确保大桥安全,在滑坡前缘设置大规模的弃渣进行反压,将滑坡的安全系数由1.08提高到1.25。大桥修建至今已有17年,一直处于稳定状态,如图3-88。

(3)某高速公路隧道经过处于欠稳定的老滑坡体时,技术人员在滑坡前部设置大量弃渣进行反压,使老滑坡达到稳定状态,取得了良好的工程效果,如图3-89。

图3-87 大桥通过某高速公路滑坡反压全景(一)

图3-88 大桥通过某高速公路滑坡反压全景(二)

图3-89 隧道通过某高速公路滑坡反压全景

第十六节 浅谈滑坡病害治理中的排水、卸载和反压

排水、卸载和反压工程见效快、施工便捷、造价低,一般是滑坡灾害治理的首选措施,尤其是在滑坡抢险中,条件允许时宜尽量优先考虑。

(1)水是滑坡的重要诱发因素,"治坡先治水"说明了水对滑坡的重要作用。有效截排地表水和地下水,可在短时间内降低坡体静水压力和动水压力,从而快速减小滑坡下滑力。此外,随着坡体截排水工程的实施,在较长一段时间内,滑面孔隙水压力下降,有效压力上升,滑面会出现不同程度的固结从而使滑坡抗滑力提高,且随着坡体含水量的不断降低,滑体的重力不断减小,滑坡下滑力不断降低。因此,在滑坡治理中,地表水和地下水的截排是有百利而无一害的。

(2)卸载可有效减小滑坡的下滑力,从而提高滑坡的稳定性。根据工程经验,卸载体积取整个滑体的1/10~1/7就可取得明显效果。也就是说,不一定是卸载得越多越好,因为工程是考虑经济性指标的,只要滑坡稳定性能满足需求即可。

从工程效果分析,卸载首先考虑在滑坡后部滑面较陡、下滑力较大的推移段进行,条件不允许时也可在滑坡中部的主滑段进行,但严禁在滑坡前缘的抗滑段进行卸载。卸载时应严格防止滑坡后部或两侧坡体出现牵引导致滑坡规模扩大,且应考虑过缓的坡率会导致坡面汇水面积过大或暴露于大气影响中的面积过大而加剧坡面冲刷等。尤其是对于存在多层、多级、多区的大型复杂滑坡,更应详细了解滑体之间的相互关系,防止出现顾此失彼的情况。

(3)反压可有效增大滑坡的抗滑力,从而提高滑坡的稳定性。根据工程经验,反压取整个滑体体积的 1/10～1/7 就可取得明显效果。也就是说,不一定是反压得越多越好,只要滑坡稳定性能满足需求即可。

从工程效果分析,反压必须考虑在滑坡前缘的抗滑段进行,严禁在滑坡后缘的推移段和滑坡中部的主滑段进行,防止人为加大滑坡下滑力导致滑坡稳定性降低。也就是说,正确认识滑坡的抗滑段位置是反压工程合理设置的前提。

滑坡的反压是建立在反压体自身稳定性良好基础上的。也就是说,反压体设置前,应分析前缘加载是否会造成反压体前部坡体失稳。因此,反压体设置前,应优先核查反压体对下伏坡体的稳定性影响,并设置必要的地表水和地下水截、疏、排工程。

1. 案例一

某滑坡下伏产状近水平的砂泥岩,因坡体后部农业灌溉和下部场坪修建等,基岩以上的堆积体出现大规模变形。滑坡主轴长约 150m,宽约 130m,厚约 24m,体积约 $42 \times 10^4 m^3$。

工程治理时,在滑坡后缘附近卸载约 $5 \times 10^4 m^3$ 土石方,并将其反压于稳定场坪部位,在卸载平台部位设置截水盲沟,有效截排后部地下水,并在卸载边坡上设置锚固工程对开挖边坡进行加固,防止出现牵引现象。反压前,在坡脚设置砂卵石排水层,防止地下水汇集导致反压体失稳(图 3-90)。

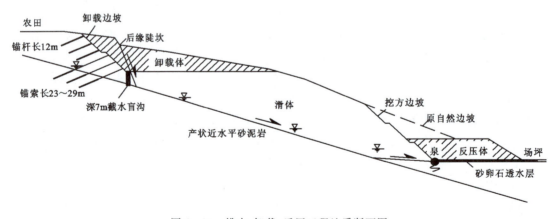

图 3-90 排水、卸载、反压工程地质断面图

此方案工程造价为原方案(抗滑桩支挡工程)的 20%,且应急工程与永久工程相结合,施工速度快,实施后取得了良好的效果。

2. 案例二

某公路边坡所依附的坡体上部为深厚崩坡积堆积体,下伏砂泥岩地层出露,产状与线路大角度斜交。坡体后部山体高大且植被茂盛,汇水面积大,地下水丰富,位于半坡的滑坡前缘剪出口坍塌、出水严重。

原方案将公路路堑设计为两级边坡,边坡开挖时发生工程滑坡,后缘裂缝距坡脚约100m。技术人员采用放缓坡率的思路,设置 1∶1.5 的坡率卸载土石方 $15×10^4 m^3$,卸载后边坡高度加大至 66m 左右。

工程施作约两年后,坡体在降雨、地表汇水等作用下,依附于土岩界面发生了更大规模的滑坡。滑坡的主轴长约350m,体积约 $100×10^4 m^3$,为大型滑坡。滑坡病害与人工开挖形成的高边坡病害混杂在一起,局面十分被动,如图 3-91～图 3-93。

图 3-91 削方后的滑坡全貌

图 3-92 坡体地下水丰富

图 3-93 位于半坡的滑坡前缘剪出口坍塌、出水严重

此案例就是没有区别边坡与滑坡的本质,采用治理边坡病害的思路——放缓坡率去治理滑坡病害,最终导致更大规模滑坡发生的典型案例。这种处治措施不但没有通过卸载提高坡体的稳定性,反而因卸载牵引了后部和两侧山体导致病害规模扩大化,这在工程实践中应引以为戒。

第十七节 "成也水,败也水"的路堤滑坡病害处治

截排水永远是路基工程的第一要务。不注重截排水在路基工程中的作用,将可能导致工程支挡规模快速攀升,甚至可能在采取了大量工程措施的情况下,路基仍因水的作用发生变形或失稳。

如某一级公路互通段以路堤形式通过地下水丰富的老滑坡前部,路堤边坡最大高度为10m。设计阶段技术人员拟在路堤前部设置抗滑桩进行支挡防护。因线路通过地段滑体厚3～5m,审查时笔者建议在清除老滑体至基岩和右侧边沟下设截水盲沟的基础上,采用路堤反压老滑坡的方案(图 3-94)。该方案最终得以采纳实施。

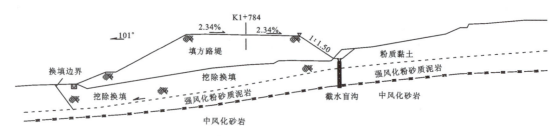

图 3-94　笔者建设方案工程地质断面图

公路通车一年后,区内连续月余的强降雨导致该段路堤出现滑坡,分布于线路中央分隔带部位的滑坡后缘下错近 1m(图 3-95),这导致了管理人员和部分技术人员认为原方案(即笔者建议的方案)取消抗滑桩而采用以截水盲沟+换填为主的处治措施是错误的。

笔者现场调查时发现:

(1)施作于路基内侧深 8m 的截水盲沟出口段地下水清澈,显示截水盲沟截排水效果良好。

(2)滑坡后缘的形态以中央分隔带为界呈"整齐划一"的直线形,这与土质滑坡由于拉张作用产生的圈椅状裂缝完全不同。

(3)中央分隔带以外靠山侧的右幅路基没有任何变形迹象。

(4)该段线路位于弯道超高段,暴雨时形成的大量汇水倒流入中央分隔带,如图 3-96。

图 3-95　路堤滑坡后缘下错　　　图 3-96　路面汇水倒流入中央分隔带

基于此,笔者分析原方案采用以截水盲沟+换填为主的处治措施是合理有效的,它确保了老滑坡的稳定。路堤滑坡是由暴雨时大量路面汇水倒流入中央分隔带所致,且由此可判断中央分隔带部位的排水工程失效。通过现场对多处中央分隔带开挖查看证实,路堤滑坡确由中央分隔带排水工程失效所致。

滑坡处治时,在重新施作路基中央分隔带排水工程的基础上,在滑坡前缘设置截面为 2m×3m 的抗滑桩(图 3-97)对滑坡进行支挡。采用此方案的原因:路堤前部为基本农田,故反压处治方案不可行;坡脚挡墙支挡方案,墙基埋深大,抗力不足,故也不可行;挖除滑体重新填筑的方案社会影响大,且可能牵引右侧路堤变形,故亦不可行。

工程实施后,多年来路堤稳定性良好。

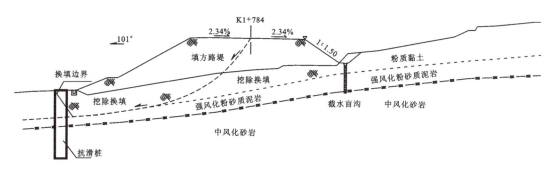

图 3-97　排水+抗滑桩方案工程地质断面图

第十八节　平推式滑坡特征及病害处治

所谓平推式滑坡指的是产状近水平的坡体在地下水的作用下,黏粒丰富的薄层状隔水层发生泥化或软化导致滑面强度降低形成软弱夹层,坡体在静水压力和扬压力联合作用下(或有时在地震引发的超静水压力作用下)向临空面发生滑移的现象。

1. 平推式滑坡的主要特征

(1)滑坡滑动速度快但滑动距离较小,滑动后快速制动。这是因为平推式滑坡一旦发生滑移,坡体后部的静水压力会迅速消散使滑坡失去滑移的动力。因此,该类滑坡的滑动距离多为数米至数十米,后缘拉陷槽的宽度能反映滑坡的滑动距离。

(2)滑坡前缘带状出水,多有湿地。这是因为平推式滑坡变形的动力为水的作用,坡体富水时,地下水极易沿下伏隔水层滑面发生渗流。

(3)滑坡后部多形成孤立山脊,后缘拉陷槽后期多有堆积物。这是因为滑坡前移,后缘裂缝宽度加大,拉陷槽在后期不断接受后部山脊的崩坡积等堆积物。拉陷槽一旦形成良好的排水通道,滑坡将失去再次滑移的动力。

(4)平推式滑坡所在坡体往往竖向节理发育,从而有利于大量地表水的入渗和静水压力的快速升高,如图3-98。

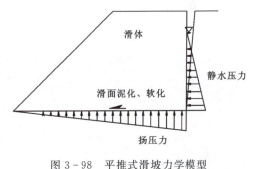

图 3-98　平推式滑坡力学模型

(5)平推式滑坡所在坡体的岩体产状多近水平,且存在厚度较薄、黏粒含量丰富的软弱夹层,从而为滑坡提供良好的滑面。

（6）平推式滑坡存在沿节理裂隙形成多个张拉后缘，以及沿多个下伏隔水层形成多层滑动的可能。也就是说，平推式滑坡体存在多级、多层的变形特征。

平推式滑坡多发生于软硬相间、产状近水平的岩质坡体中。因此，类似四川盆地的砂泥岩互层地区，平推式滑坡就有着较高的发生率。这是因为这些地区降水量较大，岩性相对软弱的泥岩容易隔水、泥化或软化，坡体在暴雨作用下往往依附于泥化或软化的泥岩层面发生滑动，如图3-99。

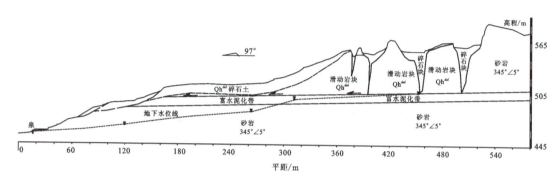

图3-99 四川盆地某大型平推式滑坡断面图

此外，平推式滑坡有时也发生于黄土地区。如青海省某黄土滑坡体积达$4×10^8 m^3$，滑体厚约290m，它的发生就是由上覆黄土在早更新世（Qp^1）时期地震中形成的超静水压力作用下沿下伏近水平的泥岩滑移所致。滑坡发生后在拉陷槽部位逐渐沉积了厚约270m的黄土沉积物。

2. 案例

某高速公路从宽缓山脊中部挖方通过，坡体主要由中厚层状的中风化砂泥岩构成，产状近水平。地表为1m左右的覆盖层和种植土，基岩中存在多层厚约2mm的芒硝，以及多层厚约10cm的青色黏土层，坡体中与线路平行和近垂直的节理裂隙贯通度高，如图3-100～图3-102。

图3-100 坡体发育纵、横向节理裂隙

图3-101 基岩中存在多层青色黏土层

图3-102 坡后农田区汇水面积较大

原方案中该段边坡高约 30m,坡率为 1∶0.75 和 1∶1.0,第一、二级边坡采用 6m 长锚杆进行防护,如图 3-103。边坡基本开挖到位后,区内出现连续强降雨导致边坡垮塌,坡脚渗水现象严重,坡体依附于青色黏土层出现多层渗水和外移变形,在距坡口线约 50m、42m 和 34m 的部位,约每隔 8m 出现一条依附于基岩节理与线路平行的压致-拉裂型贯通状裂缝,坡面上出现依附于竖向节理的开裂变形,滑坡总体积约 $12×10^4 m^3$,如图 3-104~图 3-106。

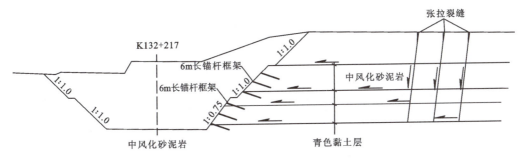

图 3-103　原方案工程地质断面图

图 3-104　距坡口线约 50m　　图 3-105　距坡口线约 42m　　图 3-106　距坡口线约 34m
　　　　处基岩开裂　　　　　　　　　　处基岩开裂　　　　　　　　　　处基岩开裂

从地质条件分析,病害产生的主要原因为开挖使坡体中的节理裂隙进一步张开,边坡基本开挖到位后,在连续强降雨中,右侧坡顶农田区良好的汇水条件使大量地表汇水沿节理裂隙灌入坡体,造成坡体中青色黏土层物理力学参数下降严重,导致坡体在静水压力作用下依附于青色黏土层滑移而形成平推式滑坡。滑移后坡体出现多处贯通性张拉滑坡裂缝。

基于此,笔者对原方案做出如下优化(图 3-107):

(1)病害坡体治理应包括高边坡和滑坡两个方面。

(2)对垭口上部的农田区汇水进行归整,采用耐变形的钢波纹管(半圈)通过裂缝区。

(3)将第一、二级平台加宽至 6m,有效解决富水边坡下部的应力集中问题,提高边坡的稳定性。

(4)坡体下滑力主要来源于地下水压力,故结合高边坡"固脚强腰、分级与分层加固"的原则,在第一级和第三级边坡设置长锚杆工程,在第二级边坡设置锚索工程,对多层潜在滑面进行加固。为确保锚固工程快速穿过近水平的潜在滑面,锚杆和锚索倾角设置为 35°。

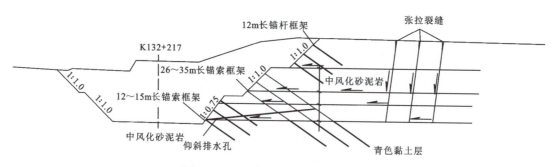

图 3-107　优化方案工程地质断面图

（5）在各级平台设置截水沟，在坡脚出水点设置长约 20m 的仰斜排水孔疏排深层地下水，提高坡体自身稳定性。

总结：

（1）针对平推式滑坡病害，笔者在多条高速公路上采用轻型的锚杆、锚索或微型桩治理，工程效果良好。

（2）平推式滑坡最有效的预防与治理措施就是加强对地下水和地表水的截、疏、排。

（3）平推式滑坡一旦发生，拉裂槽的形成会导致水压力快速下降，从而使滑坡失去动力，故只要设置好相应的截排水工程，滑坡再次整体启动的可能性较小。

（4）平推式滑坡应加强预防滑体内部再次解体发生次级滑动的可能。

第十九节　错落式滑坡病害处治方案探讨

错落式滑坡在宏观上主要表现为垂直位移大于水平位移。发生此病害的主要原因是坡体下部发育有较大厚度、与产状近水平的由泥化层、断层破碎带、蚀变带等形成的软弱带（底错带），上部岩土体在前缘开挖、加载、重力等作用下依附于竖向发育的结构面挤压软弱带（底错带），发生以竖直下错为主、水平位移为辅的滑移。错落的岩土体完整性一般相对较高，往往会在后期伴随崩塌、落石。

错落式滑坡病害处治的最有效措施为上部减重，即减小软弱带上部岩土体的重力挤压作用。其次是在软弱带（底错带）部位设置支挡工程，提高软弱带（底错带）的抗剪力。错落式滑坡病害的处治应弱化上部较完整岩土体的加固。当错落病害发生后，应及时进行处治，否则在后期地下水、风化等的持续作用下，错落体会依附于软弱带逐渐形成的滑带而发展成为滑坡，这时坡体将表现出水平位移大于垂直位移的典型滑坡特征。

1. 案例一

某旅游公路位于单斜构造坡体上盘，地层岩性为上侏罗统遂宁组泥岩，产状为 315°∠6°，坡体发育 3 组主要贯通性节理，产状分别为 123°∠45°、220°∠80°、313°∠65°。区内年平均降雨量为 900～1000mm，坡体所在地表汇水面积约 $9.6×10^4 m^2$。坡体地下水丰富，下部泉水正常流量约为 $34.6 m^3/d$，暴雨时约为 $104 m^3/d$。

雨季期间由于施工扰动等因素，坡体依附于原错落后壁发生滑动。滑坡主滑方向为 312°，主轴长约 98m，宽约 260m，平均厚度约 13m，体积约 $33×10^4 m^3$，属大型错落式滑坡（图 3-108）。滑坡造成第三盘公路内侧路堑边坡锚杆框架中下部上翘，滑坡两侧周界剪切裂缝发育，第一、二盘公路之间的挖方二级边坡中部剪出口附近鼓胀、纵向裂缝明显，滑坡依附于原错落壁下错约 10m（图 3-109～图 3-111）。

图 3-108　滑坡全景图

图 3-109　第二盘公路内侧　　图 3-110　滑坡侧界剪切　　图 3-111　滑坡后壁下
　　　框架中下部上翘　　　　　　　裂缝发育　　　　　　　　　错约 10m

滑坡发生后，技术人员经计算得出的滑坡下滑力为 900kN/m，故在滑坡中部（第二盘公路内侧）设置 2.0m×2.5m×26m@5m 的普通抗滑桩，滑坡前缘设置 5 排设计拉力为 450kN/孔的锚索框架进行加固，且采用 1∶2 的坡率对第二盘公路抗滑桩后部的坡面进行削方，并设置骨架护坡对滑坡病害进行处治，如图 3-112。

从地质条件分析，区内降雨量丰富，滑坡汇水面积大，坡体节理裂隙和层间软弱带发育。在暴雨工况下，坡体重力增加，加之盘山公路修建，坡体依附于单斜层面中的软弱带（底错

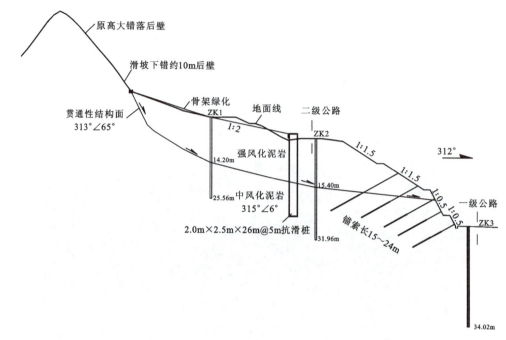

图 3-112 案例一拟采用方案工程地质断面图

带)发生错落式滑移。因此,技术人员勾绘的滑面需结合坡体结构进行调整,即结合坡体近水平层面和老错落体后壁形态、剪出口位置等对滑面重新进行勾绘,此为治理滑坡的关键。

此外,第二盘公路内侧既有锚杆框架上翘严重,说明该部位存在浅层滑移问题,若不进行处治,滑坡存在从该部位剪出变形的可能。依据错落型滑坡的性质,对滑坡的软弱带(底错带)参数进行反算,并依此进行下滑力的计算(表 3-11~表 3-13)。

表 3-11 滑面参数反算表(稳定系数 $K=1$)

滑块	滑块重量/kN	滑面长度/m	滑面倾角/(°)	黏聚力/kPa	内摩擦角/(°)	下滑力/kN
浅层滑体	2540	27	65	0	38	1 463.4
深层滑体	23 860	81	6	10	5.57	0

表 3-12 天然工况下的滑坡下滑力计算表(稳定系数 $K=1.15$)

滑块	滑块重量/kN	滑面长度/m	滑面倾角/(°)	黏聚力/kPa	内摩擦角/(°)	下滑力/kN
浅层滑体	2540	27	65	0	38	1 818.7
深层滑体	23 860	81	6	10	5.57	524.4

表 3-13 暴雨工况下的滑坡下滑力计算表(稳定系数 $K=1.05$)

滑块	滑块重量/kN	滑面长度/m	滑面倾角/(°)	黏聚力/kPa	内摩擦角/(°)	下滑力/kN
浅层滑体	2540	27	65	0	38	1 578.5
深层滑体	23 860	81	6	10	4.57	616.9

根据表 3-11~表 3-13 计算结果,核查后的暴雨工况滑坡下滑力 616.9kN/m,为原方案的 68.5%。该滑坡后壁高大且植被丰富,作为旅游公路,不宜进行大规模削方减重,原方案中采用 1:2 的坡率对第二盘公路抗滑桩后部坡面进行削方后,设置骨架护坡对滑坡病害进行处治是欠合理的,这将导致坡面既有植被被大量破坏,而且新建骨架护坡在排水和环保方面都不如自然植被。

基于此,考虑到滑体目前存在浅、深两层滑带,以及存在更深层潜在滑带的可能,优化方案如下(图 3-113):

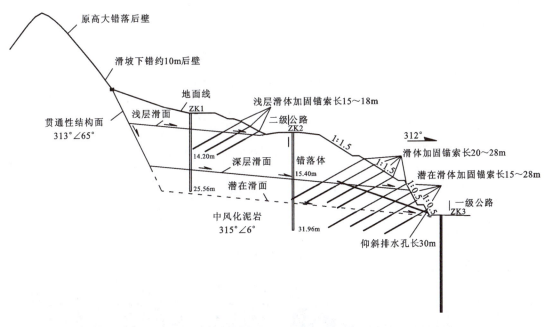

图 3-113 案例一优化方案工程地质断面图

(1)滑坡的加固应贯彻"分层加固、确保整体与局部"的理念,确保多层滑面或潜在滑面安全,并兼顾工程的经济性指标。

(2)考虑到错落体的特征,于第一、二盘公路之间滑坡剪出口所在的坡面,设置 5 排长为 20~28m、设计拉力为 450kN/孔的锚索,平衡依附于深层已滑滑体的下滑力。

(3)考虑到沉积旋回的特征,为防止更深层软弱带(底错带)发生错落,需对潜在底错带进行必要的预加固,即设置 4 排长为 15~28m、设计拉力为 450kN/孔的锚索框架,对边坡下半部分进行预加固,且锚索锚固段宜进入潜在滑面以下的稳定地层。

(4)考虑到第二盘公路内侧既有锚杆框架上翘严重,为防止浅层滑体在该部位剪出,特在既有坡面上设置锚索十字梁对浅层滑面进行加固。

(5)坡体地下水丰富,除加强各盘公路内侧破损边沟的修复外,在第一盘公路的路堑边坡坡脚设置长度和仰角较大的仰斜排水孔,对地下水进行疏排,提高坡体的自身稳定性。

该优化方案针对错落式滑坡的特征勾绘了滑面与潜在滑面,强调了滑坡存在深、浅两层滑带。滑面及潜在滑面的加固与预加固,提高了工程的安全性指标;工程措施依据滑体稳定状态分级设置,提高了工程的经济性指标。此外,该方案对坡体的地下水和地表水进行了有效截、疏、排,提高了坡体的自身稳定性,安全性和经济性较原方案有较大幅度的提高,是一个相对较优的错落式滑坡病害处治方案。

2. 案例二

某挖方路堑边坡地表覆盖0.5~1m的粉质黏土层,下伏灰白色的中风化砂岩夹泥岩,产状为189°∠8°,坡向为188°,岩体节理裂缝发育。原方案采用1:0.75的坡率开挖,边坡最大高度约28m,坡后为反坡,如图3-114。

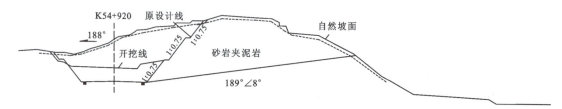

图3-114 案例二拟采用方案工程地质断面图

工程施工过程中,当下挖至一级边坡中下部时,坡体发生下错,坡面出现多条利用竖向节理裂缝形成的下错裂缝,裂缝宽度达3m。坡体整体下错约2m,后部裂缝测深达9m(图3-115、图3-116)。

图3-115 坡体变形正面图　　　　图3-116 坡体后部下错张拉裂缝

从地质条件分析,坡体由砂岩夹泥岩构成,岩体层面外倾,不利于边坡稳定,且坡脚附近分布厚约 1m 的隔水泥岩层,地下水易沿顺倾层面向路基方向渗流,导致下伏泥岩承载力下降严重,形成的底错带因无法支撑上部以砂岩为主的岩体重力而发生错落。

基于此,结合错落式滑坡的处治原则、坡体地形地貌、征地和区内土石方欠缺等因素,决定在坡脚采用以削方减重为主的工程处治方案,如图 3-117。即对坡面进行顺层清方,并在坡面上每隔 10m 设置截水沟,防止过大的汇水面积造成下部边坡坡面冲刷严重。

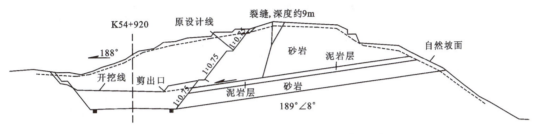

图 3-117 案例二优化方案工程地质断面图

优化方案施工简单快捷,工程造价低,且缓坡率清方后的土地可作为耕地归还。工程实施后多年来坡体稳定性良好。

第二十节 高边坡式工程滑坡病害处治方案探讨

高边坡孕育滑坡的坡体病害治理,应在确保滑坡得到有效处治的基础上,有针对性地对高边坡进行处治。即处治方案应兼顾滑坡与高边坡两者,将两者作为一个体系进行治理,确保处治工程的安全性、经济性和可实施性。

如某坡体自然坡度为 30°~45°,坡体由上至下分别为厚 5~8m 的稍密黏土夹块石、厚 2~4m 的中密—密实的块石土、厚层密实的漂石夹土冰水堆积体。原方案路堑边坡坡率设置为 1:1,最大高度为 48m,采用拱形骨架护坡。

边坡基本开挖到位后,由于雨季降雨影响,坡体渗水严重,后缘开裂并下错约 1.2m,边坡平台上出现多条平行于路线的裂缝,并伴有滑塌。基于此,技术人员分析病害原因是坡体在强降雨和地下水作用下富水,发生浅表层滑塌,以及坡体在开挖卸荷与地下水作用下,中后部发生体积约 $2.5 \times 10^4 m^3$ 的小型滑坡,如图 3-118。

技术人员经计算得出下滑力为 1037kN/m,决定在坡体后部设置一排截面为 2m×3m×16m@5m 的抗滑桩进行支挡,对第三、四、五级变形坡体采用 1:1.25 的坡率削方后,在第一、三、五级平台分别设置矮挡墙"固脚",在第三、四级边坡设置锚杆长 9~12m 的框架进行加固,在第三级边坡坡脚和第四级边坡中部分别设置长 10m 的仰斜排水孔对地下水进行疏排,在坡后设置截水沟截排地表水,如图 3-119。

图 3-118 堆积体滑坡全貌及开挖边坡滑塌

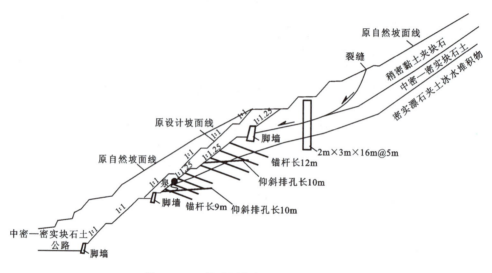

图 3-119 拟采用方案工程地质断面图

首先,从地质条件分析,原方案坡体开挖后形成高约 48m 的高边坡,由于工程补偿力度不足,在降雨作用下,坡体上部稍密的黏土夹块石沿与下伏中密块石土的接触面发生滑移,形成小型滑坡。

其次,开挖使坡体水文地质环境和渗流场发生变化,导致降雨易入渗。人工开挖面成为新的地下水排泄面后,坡面附近含水量升高,边坡休止角降低,导致开挖边坡富水滑塌。

处治方案分析:

(1)该挖方边坡高度大,坡体上部发生小型滑坡,故病害的治理应兼顾开挖形成的 48m 高边坡和滑坡两者。

(2)坡体上部发育的小型滑坡长不足 50m,厚不足 7m,而技术人员计算的下滑力达 1037kN/m,这明显是不合理的,将直接造成抗滑桩工程设置不合理,工程的经济性指标欠佳。

(3)拟采用方案对高边坡加固力度不足,仅设置多级矮挡墙及在第三、四级边坡设置锚杆框架防护,不能确保高边坡的稳定,也就不能确保后部抗滑桩的稳定。

(4)仰斜排水孔长度设置为 10m 偏短,不利于疏排大范围的坡体地下水,故应加大仰斜排水孔的长度,有效提高坡体地下水的疏排能力。

基于此,建议方案优化如下(图3-120):

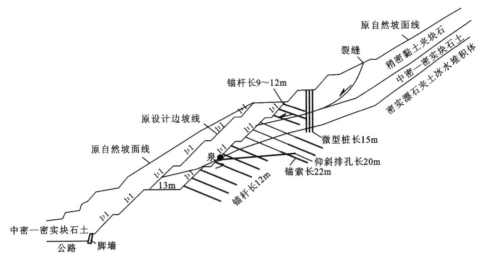

图 3-120　优化方案工程地质断面图

(1)将第二级平台调整为13m,从而削除已发生滑塌的松散体,这样也可有效地将一个高大边坡分为两个次高边坡进行治理。

(2)经分析,高边坡上部的小型滑塌体下滑力约为350kN/m,故削方前在坡体后部设置3排长15m的微型桩,防止削方造成滑坡牵引,并分两次开挖最上一级高约8m的边坡,设置对地基承载力要求较低的面板式(厚30cm钢筋混凝土)锚杆轻型挡墙,与微型桩一起对后部小型滑坡进行加固,锚杆长度为9~12m,以不干扰后部微型桩为界。

(3)第五级边坡采用锚索框架对块石土与漂块石夹土的接触面进行加固,防止滑体在不利条件下向深层发展。利用第三、四、六级边坡的锚杆框架和第五级边坡的锚索对大平台以上的上半部分高边坡进行加固,确保其稳定。大平台以下的下半部分高边坡,由于位于密实的漂块石夹土冰水堆积层,且其上部设置了宽大平台卸载,可以达到自稳状态,不予加固,但需加强坡面防护,防止冲刷。

(4)在第四级平台不同成因堆积体处设置长20m的仰斜排水孔,提高坡体自身稳定性。

优化方案兼顾了高边坡与滑坡两类病害的处治,工程针对性强,安全性高,造价相对较低,且避免了高位施工抗滑桩的不便,现场可操作性强,是一个相对较优的高边坡式工程滑坡病害处治方案。

第二十一节　富水花岗岩类土质工程滑坡病害处治

对于富水花岗岩类土质自然斜坡,工程开挖时应设置地表水和地下水截、疏、排工程,并在此基础上对边坡进行必要的预加固。否则,由于此类斜坡岩土体性质软弱,坡体一旦开挖,极易叠加水的作用诱发牵引式工程滑坡或使老滑坡复活。

一、案例一

1. 基本情况

某二级公路滑坡所在自然斜坡坡度为 10°～20°,为中低山构造剥蚀地貌。斜坡上覆花岗岩残坡积层,厚度为 3～5m;下伏三叠纪全—强风化黑云母二长花岗岩,岩体上部呈土状,下部多呈砂状,风化强烈,遇水易软化,岩体呈散体结构。区内属亚热带季风气候,年均降雨量为 1 211.5mm。斜坡后部冲沟常年有流水,坡体地下水丰富,地下水位埋深在 2.2～7.2m 之间。场地抗震设防烈度为Ⅷ度,基本地震加速度为 0.3g。

原方案路堑边坡高 3～6m,开挖后发生残坡积体依附于花岗岩全—强风化层的工程滑坡,如图 3-121。滑坡周界呈圈椅状,后缘裂缝及两侧剪切张裂缝发育,滑体上多有牵引裂缝发育,剪出口位于开挖边坡坡脚处,后缘位于路堑外 95m 左右,后缘裂缝宽为 1.2～2m,裂缝深度为 1～1.5m,后壁下错 3～6m。滑坡主滑方向为 47°,宽约 100m,滑面埋深为 5.5～12m,体积为 $6.3×10^4 m^3$,地下水渗流严重,属中型类土质工程滑坡(图 3-122、图 3-123)。

图 3-121 滑坡全貌

图 3-122 坡体地下水渗流严重

图 3-123 滑坡后缘坎及滑后负地形

2. 滑坡处治思路

(1)由于边坡开挖后没有设置必要的工程补偿措施,坡体卸荷松弛,在地下水作用下向开挖临空面发生工程滑坡,故应加强地下水的疏排和支挡工程设置,若不及时进行治理,滑坡规模存在不断牵引扩大的可能。

(2)本次滑坡主要发生在上部残坡积层,但下部全风化花岗岩在地下水的作用下也属易发滑坡地层,故处治时需对其进行预加固,即处治工程应具有前瞻性。

(3)由于无法调整线路标高进行反压,故需对滑坡进行原位工程处治。考虑到采用削方措施,一则会产生大量的弃方,二则仍要对形成的边坡进行加固,且牵引可能引发新的滑坡。因此,宜在滑坡前方适当设置临时反压工程,再设置支挡工程。

3. 参数选取及推力计算

选取滑坡主轴断面进行滑面参数反算,结合地质勘察报告,综合选取滑面参数为 $c=10\text{kPa}$、$\varphi=9.8°$。天然工况下安全系数 $F_s=1.2$ 时,作用在工程部位的滑坡推力 $E=640\text{kN/m}$;暴雨工况下安全系数 $F_s=1.15$ 时,作用在工程部位的滑坡推力 $E=890\text{kN/m}$;地震工况下安全系数 $F_s=1.05$ 时,作用在工程部位的滑坡推力 $E=940\text{kN/m}$。因此,取地震工况为控制性工况。

4. 滑坡处治措施

(1)在坡脚设置普通抗滑桩支挡工程,抗滑桩体长度为16m,桩间距为5m,桩截面为2m×3m,桩后设置现浇C30混凝土挂板,板厚为30cm。

(2)在挂板后部高约3m的范围内,设置厚1m的级配碎石反滤层疏排地下水,防止桩后积水。

(3)桩顶采用土体反压,与桩体共同抵抗滑坡下滑力。在坡脚桩间挂板部位设置长20m的排水斜孔,疏排滑体中的地下水,提高滑体稳定性,并在滑坡后部设置地表截水沟,防止地表水流入滑体(图3-124)。

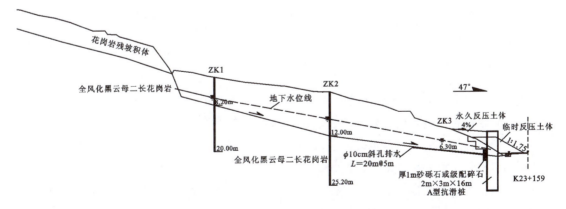

图 3-124 滑坡主轴工程地质断面图

该方案实施后,10多年来坡体保持稳定,地下水疏排效果良好,证明了排水＋支挡的富水滑坡病害处治方案是行之有效的。

二、案例二

1. 基本情况

某二级公路老滑坡的自然坡度为10°～15°,滑体呈软塑—可塑状,厚为12～20m,下伏全风化二长花岗岩。场地抗震设防烈度为Ⅷ度,基本地震加速度为0.3g。地下水位埋深在0.5～7.2m之间,滑坡后缘至前缘的路基附近均有地下水渗流。滑坡圈椅状周界明显,两侧以自然冲沟为界,主滑方向为334°,主轴长约300m,宽约180m,总体积约$70 \times 10^4 m^3$,后缘位于堆积体与山体的陡缓交界处,前缘溜滑严重(图3-125、图3-126)。该滑坡历史上曾多次发生变形,具有多级滑动的特征。

图3-125 滑坡全貌

图3-126 滑坡前缘溜滑严重

从形态上分析,该滑坡分为前后两级。其中,前级滑坡后缘位于路基后部约150m处,后缘拉张裂缝贯通发育,裂缝长约130m,宽5～10cm,前缘剪出口位于一级边坡坡脚附近,滑坡处于欠稳定状态,总体积约$40 \times 10^4 m^3$;后级滑坡位于前级滑坡后缘至堆积体与山体的陡缓交界处,长约150m,总体积约$30 \times 10^4 m^3$,坡体无明显裂缝,显示该级滑坡目前处于基本稳定状态。

2. 滑坡处治思路

(1)该滑坡具有多级、多层滑动的特征。因此,需依据前、后级滑坡的相互关系进行针对性的处治,在确保滑坡得到有效处治的基础上,提高工程的经济性指标。

(2)后级滑坡目前无明显裂缝出现,处于基本稳定状态。如果能及时对前级滑坡进行治理,则后级滑体不会发生滑动。因此,本次滑坡处治主要针对前级滑坡。

(3)滑区地下水相当丰富,对滑坡的成功治理具有重要影响,因此,应优先考虑坡体的截排水工程设置,即设置多个集水井疏排坡体地下水,提高坡体的自身稳定性,从而减小支挡工程的规模。

（4）富水地层承载力较差，需考虑其对支挡工程锚固力的影响。

3. 参数选取及推力计算

依据滑坡主轴断面参数反算并结合地质勘察报告，综合选取滑面参数 $c=5\mathrm{kPa}$、$\varphi=7.6°$，考虑到设置集水井工程可有效疏排地下水，滑面参数提高至 $c=10\mathrm{kPa}$、$\varphi=8.6°$。

天然工况下安全系数 $F_s=1.15$ 时，作用于工程部位的滑坡推力由设置集水井排水前的 $E=1860\mathrm{kN/m}$ 减小为设置集水井后的 $E=1150\mathrm{kN/m}$。暴雨工况下安全系数 $F_s=1.1$ 时，作用于工程部位的滑坡推力由设置集水井排水前的 $E=1747\mathrm{kN/m}$ 减小为设置集水井后的 $E=1025\mathrm{kN/m}$。地震工况下安全系数 $F_s=1.05$ 时，作用于工程部位的滑坡推力由设置集水井排水前的 $E=2321\mathrm{kN/m}$ 减小为设置集水井后的 $E=1556\mathrm{kN/m}$。因此，取地震工况为控制性工况。

4. 滑坡处治措施

（1）在路基侧沟靠山侧设置锚索抗滑桩支挡工程（图3-127），抗滑桩长为26m，桩间距为5m，桩截面为2.4m×3.4m，桩头设置3孔锚索，每孔锚索设计拉力为600kN，钻孔直径为150mm，采用二次注浆工艺。

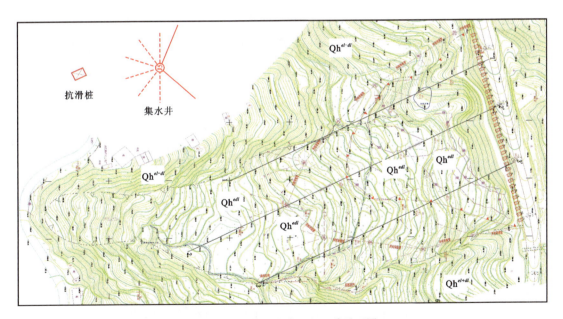

图3-127 滑坡处治工程地质平面图

（2）桩后设置现浇C30混凝土挂板，板厚30cm，挂板后部设置厚1m的级配碎石反滤层疏排地下水，防止桩后积水，并在级配碎石后部与反压土体下部设置高4m、宽2.5m的干砌片石。

(3)桩顶采用1:2的坡率对滑坡进行反压,防止越顶事故的发生,反压体的密实度不得小于0.85。

(4)在滑体上设置11孔直径4m、深9~17m的集水井,井壁设置放射状集水斜孔疏排滑体中的地下水。每井设置1~2层仰斜集水孔,长度为14~28m。

(5)滑坡后缘设置截排水沟,有效截排地表水。

该滑坡经排水+反压+支挡处治后,10余年来一直保持良好的稳定状态(图3-128)。

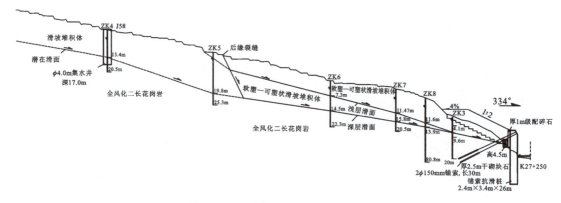

图3-128 滑坡处治工程地质断面图

第二十二节 高海拔草甸区碎屑流滑坡病害处治

已经发生滑坡的滑源区斜坡是否仍会发生类似滑坡,以及是否可以参考已滑的滑坡评价滑源区斜坡的稳定性,这需要从已滑的滑坡与未滑的滑源区物质成分、汇水条件、滑面的产生机制等各个方面分析和评价,不能简单地利用工程地质类比法分析,否则可能会导致工程经济性指标不合理。

如某公路通过高海拔草甸区的斜坡下部,斜坡海拔约3640m,自然坡度约27°,坡体主要由第四系冰水堆积层和上三叠统碳质板岩构成。宽50m的札拿卡-生康逆冲断裂与线路走向近平行,坡体位于断层上盘,岩体破碎。滑坡区地形相对低洼,呈负地形,降水多从周边汇集进入坡体,造成坡体富水严重。滑体上部物质以角砾土为主,细粒物质相对较少,为相对透水层,但其内部发育成层的含角砾粉质黏土为相对隔水层。这种坡体结构易使地表水下渗沿隔水层界面渗流,因此斜坡前部地下水常年渗流。

公路扩建开挖形成高约5m的路堑边坡,坡体在连续降水作用下出现大规模滑移。滑坡主轴长220m,宽40~90m,平均厚约14m,体积约$16×10^4 m^3$(图3-129、图3-130),以富水碎屑流状滑移约350m后堆积于公路前部的湿地沟谷。

第三章 滑坡病害防治与方案优化

图 3-129 滑坡全貌

图 3-130 滑坡前缘

滑坡发生后,技术人员为防止滑坡再次发生大规模滑移,拟采用改线绕避与原位设置以两排抗滑桩为主的处治方案进行比选。

(1)改线绕避方案:在滑坡沟谷湿地对岸采用两组小半径回头曲线绕避滑坡,工程造价为 A 万元。

(2)原位处治方案:依据计算,滑源区潜在滑体的下滑力达 2538kN/m,需设置两排 3m× 4m×(30～35)m 的锚索抗滑桩和多排锚索进行处治,如图 3-131,工程造价 1.65A 万元。

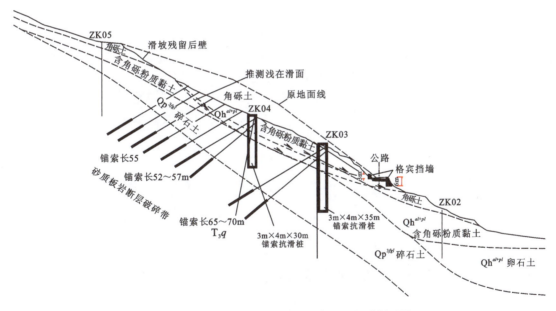

图 3-131 拟采用的原位处治方案工程地质断面图

从坡体地质条件分析,该段滑坡发生的主因是滑区呈低凹形易于汇水,滑区后部坡体的强蓄水高原草甸常年为其提供水源,导致堆积体富水和地下水沿相对隔水的含角砾粉质黏土隔水层渗流。公路开挖后,丰富的地下水叠加区内降雨造成斜坡发生富水碎屑流滑坡。由于滑坡地形相对高陡,且坡体富水严重,滑体因较大的势能以流体状滑移了较大的距离,并在完全解体后堆积于前部湿地沟谷。

滑坡发生后,坡体出露相对隔水的含角砾粉质黏土,考虑到滑床物质相对密实、隔水,故地表水下渗的能力大为减弱,加之公路开挖的临空面已基本消失,坡体再次发生大规模滑移的可能性较小。尤其是如果能有效截排滑区周边的地表汇水,就可以确保坡体在公路使用期内保持稳定。也就是说,原方案中所勾绘的潜在滑面,只要采用合理的预防措施是可以避免滑动的。

基于此,不建议采用以上两个方案,而建议平整残留坡体,在斜坡体内和周边分别设置树枝状截排水工程和环状截排水沟,在路基的路堑与路堤部位设置 3～6m 透水性良好、耐沉降的高格宾挡墙,并加强路基边沟下部截水盲沟的设置,保障路基的稳定和公路的正常通行,并加强监测,如图 3-132。该方案工程造价约 0.05A 万元。

优化方案最终得以实施,7 年来滑源区斜坡一直保持稳定。这说明了优化方案采用以排水为主的处治措施是可行的,该方案效缓解了项目资金相当紧张的压力,并大大减轻了高海拔地区施工的难度。

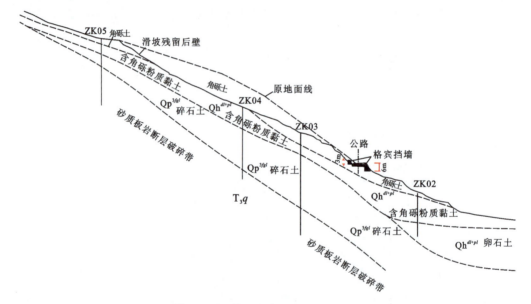

图 3-132　优化方案工程地质断面图

第二十三节　支撑渗沟在富水坡体病害中的应用

支撑渗沟施工便捷,工程造价低,能有效破坏滑面,疏排地下水,从而降低坡体含水率,利用自身重量提供较强抗滑能力,提高坡体自身稳定性,在富水土质、类土质坡体病害中具有抗滑桩、锚索、大型抗滑挡墙等工程所无法比拟的独特优势。

支撑渗沟截面宽度一般为 2～3m,内部填充水稳性较好的硬岩、较硬岩大块石或片石,基底设置于滑面以下的稳定地层中,深度不小于 0.5m,不宜大于 8m,且采用圬工以提高结构抗滑能力,并沿纵向设置为台阶状,直至滑体地表,如图 3-133。

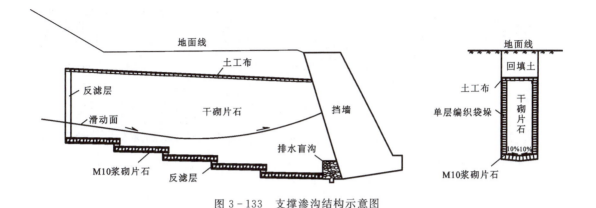

图 3-133 支撑渗沟结构示意图

支撑渗沟能有效疏排地下水,降低土体含水率,使其间的土体形成自然拱,故支撑渗沟应间隔一定的距离布设。布设间距主要依据滑体性质而定,一般为 6~15m,土体颗粒越小,布设间距越小,反之亦然。支撑渗沟一般平行于滑坡主滑方向布置,并多采用成群布置在病害坡体前缘的形式,有时可与挡墙配合使用,起到疏排坡体地下水和支挡滑坡的作用。

其中,支撑渗沟抗力为:

$$R = L \times h \times b \times \gamma \times f \tag{3-1}$$

式中:L 为渗沟纵长(m);h 为渗沟平均高度(m);b 为渗沟截面宽度(m);γ 为渗沟填充料重度(kN/m^3);f 为渗沟填料与基底的摩擦系数。

作用于支撑渗沟的下滑力为:

$$T = (b + d) \times p \tag{3-2}$$

式中:b 为渗沟截面宽度(m);d 为渗沟净间距(m);p 为单位宽度下滑力(kN)。

故要求:

$$R = KT\cos\alpha - T\sin\alpha \times f \tag{3-3}$$

式中:α 为滑面倾角(°),其余参数含义同上。

1. 案例一

某公路通过圈椅状地貌,坡体汇水面积大,上覆可塑—软塑状含碎石约 25% 的粉质黏土,下伏较完整的产状为 218°∠4° 的侏罗系粉砂质泥岩。坡面上多分布有农田集水槽井,原方案采用 1∶1 的坡率开挖形成两级边坡。工程在开挖的过程中,土岩界面处渗水严重(图 3-134),覆盖层土体处于近饱和状态(图 3-135),造成距坡脚约 75m 的部位出现贯通性张拉裂缝(图 3-136)。滑坡体积约 $5 \times 10^4 m^3$,有不断向坡体后部、两侧牵引发展的趋势。

该滑坡发生原因为开挖后坡体应力场调整导致坡体渗流场随之调整,开挖面成为新的地下水排泄面。当应力场与渗流场无法保持平衡时,富水坡体出现变形。尤其是边坡开挖后,区内降雨加剧了坡体平衡系统的破坏,导致坡体出现滑移变形,并不断向后、向两侧发展。

图3-134 土岩界面
处渗水严重

图3-135 覆盖层土体
饱水溜滑严重

图3-136 距坡脚75m部位
张拉裂缝贯通

从地质条件分析,该段滑坡的处治应遵循"治坡先治水"的原则,通过地下水的截、疏、排,提高饱水粉质黏土的自身稳定性。根据计算结果,滑坡的控制性下滑力为390kN/m,故决定采用以支撑渗沟+挡墙为主的工程处治措施,如图3-137。设置的支撑渗沟净间距为10m,截面宽为2m,抗力为240kN/m。挡墙墙高约5.5m,抗力为150kN/m。

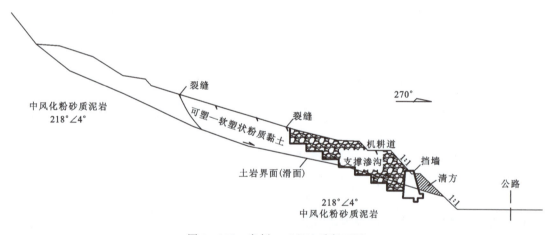

图3-137 案例一工程地质断面图

该方案实施后,多年以来支撑渗沟排水效果良好,坡体一直保持稳定,证明处治工程效果良好。

2. 案例二

某公路边坡所在自然斜坡坡度为10°~25°,坡体主要由花岗岩红土化后的可塑状高液限粉质黏土构成。坡体地下水相当丰富,常年有地下水渗流。原方案采用1∶1的坡率开挖,坡体发生变形,故方案变更为第一级边坡坡率设置为1∶3,采用骨架护坡防护,第二、三级边坡采用1∶1.5的坡率开挖,设置锚杆地梁加固。工程实施后,坡脚路基边沟外倾、地面上翘,坡脚地下水渗流严重,坡口线后部约10m的部位出现贯通性裂缝,第二、三级边坡锚杆框架下错，滑坡体积约 $4.5×10^4 m^3$。

该滑坡发生原因为坡体开挖后，地下水集中沿开挖面渗流，导致边坡发生垮塌，之后虽采用缓坡率开挖与工程加固措施，但由于坡体的地下水没有得到有效处治，坡体在水的作用下由边坡问题逐渐演变为滑坡问题。如若不及时进行处治，滑坡范围存在进一步扩大的可能。

从地质条件分析，该段滑坡的处治应遵循"治坡先治水"的原则，通过地下水的截、疏、排，提高可塑状高液限粉质黏土的自身稳定性。根据计算结果，滑坡的控制性下滑力为 310kN/m，故决定采用以支撑渗沟＋矮挡墙为主的工程处治措施，如图3-138。在第一级边坡设置支撑渗沟，净间距为6m，截面宽为2.5m，抗力为220kN/m。挡墙墙高约4m（埋深1.6m），抗力为90kN/m。

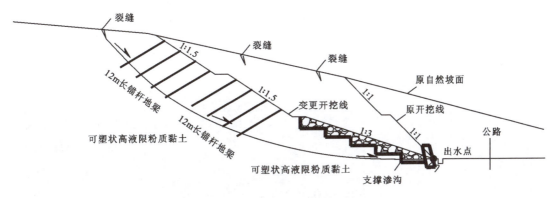

图3-138 案例二工程地质断面图

该方案经审查后得以实施，工程完工约15年来，支撑渗沟排水效果良好，坡体一直保持稳定，证明处治工程效果良好（图3-139）。

图3-139 滑坡治理后全景图

3. 案例三

某坡体上覆厚度约 3.5m 的第四系灰色冲洪积粉质黏土,呈可塑状。下伏产状为 107°∠15° 的全—中风化泥岩,其中深 3.5~9m 的全风化泥岩呈软塑—可塑状,且在 9m 左右有地下水渗出;9m 以下为强—中风化泥岩,地下水贫乏。高速公路路堑边坡最大高度 11.14m,其中第一级边坡高 8m,坡率为 1:1,坡脚设置高约 6m 的挡土墙;第二级边坡坡率为 1:1.5,最大坡高为 3.14m。在路基开挖到位后,第一、二级边坡出现变形,并不断牵引,造成路堑后部的 S101 路面开裂,下错 50~100cm,如图 3-140~图 3-142。

病害发生后,为确保路堑边坡上部 S101 的安全,技术人员在 S101 坡脚外 2~5m 处设置桩长 10m、桩径 1.5m、桩间距 5.0m 的埋入式抗滑桩进行支挡,并于 2018 年 11 月完工。根据后期监测,坡体变形速率虽有所减缓,但仍在持续变形。截至 2019 年 6 月 18 日,路堑边坡顶部和 S101 分别出现贯通性裂缝,裂缝宽 10~15cm,坡脚挡墙墙顶后部坡体呈饱和状态(图 3-140、图 3-142)。

图 3-140 路堑边坡后部的 S101 路面开裂　　图 3-141 路堑边坡顶贯通性裂缝　　图 3-142 路堑坡脚挡墙后部坡体饱水

病害再次发生后,技术人员根据试桩地质勘察,判断滑面位于原地面以下 9m 左右的全—强风化富水带,剪出口位于坡脚处,并根据计算得出滑坡下滑力为 700kN/m,故决定在 S101 坡脚约 16m 的位置再次设置桩长 18m、桩径 1.5m、桩间距 5.0m 的抗滑桩进行支挡,并在本次抗滑桩和原抗滑桩的桩顶分别设置横梁连接,每隔 2.5m 设置长 22.5~30m、设计拉力为 400kN 的锚索加固工程,如图 3-143。

根据地质条件,该坡体病害的主要诱因为水,故应加强地下水和地表水的处治,以提高坡体的自身稳定性。边坡坡顶的贯通性裂缝由富水边坡开挖过陡产生滑塌式变形所致,为坡体的局部变形。穿过 S101 的长大贯通性裂缝由工程滑坡滑动所致。

首先,原方案排水措施欠佳,桩体锚固长度偏短,造成工程施作后滑坡继续发展。本次拟采用方案仍然欠缺对地下水和地表水的处治,不能确保桩前富水坡体的稳定,且采用大直径抗滑桩进行抢险,很难在短时间内确保 S101 的安全,加之工程规模较大,方案存在一定的欠合理性。基于此,为快速提高坡体的稳定性,在坡脚挡墙部位设置长度较大的仰斜排水孔疏排坡体地下水。

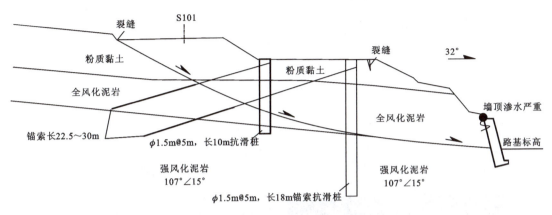

图3-143 案例三拟采用方案工程地质断面图

其次,通过原坡脚挡墙和抗滑桩工程复核滑坡的下滑力发现,技术人员计算得出的本次滑坡的潜在下滑力为700kN/m是偏大的,且作为公路工程,选用地震+暴雨工况进行计算是不合理的。根据原抗滑桩与挡墙的抗力分析结果,原抗滑桩与坡脚挡墙之间的下滑力约为200kN/m,桩后坡体的下滑力不大于300kN/m。尤其是在疏排坡体地下水后,可适当提高1°内摩擦角进行下滑力的计算。

再次,考虑到原坡脚挡墙并没有发生位移且结构完整,依据下滑力核查,在挡墙胸坡上设置厚度为30cm的钢筋混凝土面板后,在墙身上设置间距2.5m、设计拉力为500kN的锚索,用以主动加固原抗滑桩与挡墙之间的滑坡下滑力,且锚索倾角由15°调整为20°,以便快速进入滑面以下。该方案实施速度快,较大直径的抗滑桩能迅速起到抢险的作用。

最后,在原抗滑桩上设置锚索可以在一定程度上弥补其锚固长度不足的缺陷,有效提高桩体的稳定性。但考虑到全风化泥岩处于可塑状,为确保锚索锚固力,将锚索倾角由15°调整为25°,以快速进入中风化泥岩。在挡墙上部的边坡上设置间距为6m的支撑渗沟对坡体的局部稳定性进行支挡防护,如图3-144。

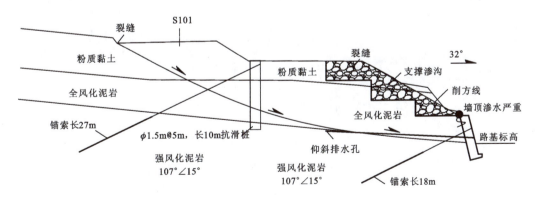

图3-144 案例三优化方案工程地质断面图

优化方案在有效疏排地下水的基础上,采用轻型锚固工程对原抗滑桩与挡墙进行了加固,迅速提高了坡体的稳定性,是一个相对较优的方案。

4. 案例四

某滑坡宽50～100m,主轴长约350m,滑体厚4～10m,体积约$18×10^4 m^3$,自然坡度约20°,坡向291°。滑体由富水粉质黏土构成,下伏侏罗系砂泥岩产状318°∠56°。盘山三级公路分别从滑坡的中部和后部通过。该滑坡历史上曾多次发生滑动,已设置两排抗滑桩进行治理,但在雨季暴雨工况下,滑体饱水后呈可塑—软塑—流塑状,再次大规模蠕滑-流滑(图3-145)。滑坡从公路部位滑出,严重威胁公路和前部民居的安全。

图3-145 滑体饱水后多呈流塑状

技术人员考虑到民居、公路等重要建(构)筑物的安全,拟在滑体上设置4排截面分别为1.5m×2.0m×20m@6m、2.0m×3.0m×20m@6m、2.0m×3.0m×20m@6m、2.0m×3.0m×15.6m@6m的抗滑桩进行分级支挡处治,如图3-146。

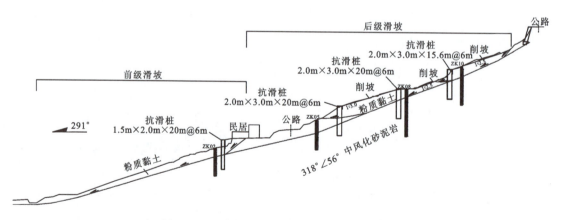

图3-146 案例四拟采用方案工程地质断面图

但从病害成因分析,滑体由富水粉质黏土构成,力学性质差,且下伏相对隔水的砂泥岩地层,滑体易受外界降雨等因素影响发生变形。20世纪50—60年代,人们在滑区大量开采黏土烧制陶器造成滑体松散，地表水易渗入，从而使得坡体降雨后富水，水沿土岩界面发生渗流。加之盘山公路修建开挖滑体，人为地将滑体分为上、下两个滑区，且公路排水措施欠佳，上部公路的汇水流入滑体，使滑体的含水量进一步增加。尤其是滑体厚度较小，在饱水的情况下极易发生多级滑动。也就是说，只要地形允许，滑坡极易形成新的剪出口造成越顶事故的发生。

综上，岩土体性质软弱为滑坡的发生提供了基础条件，丰富的地表水和地下水是诱发滑坡的主要因素，故治水是成功治理滑坡的关键，这也是滑坡原来设置了两排抗滑桩但仍然没有得到有效处治的原因。本次拟采用方案排水措施设置欠佳，单纯地采用以4排抗滑桩为主的工程进行支挡针对性欠佳，存在一定的安全隐患。

从地质条件分析，通过有效截、疏、排滑体的地表水和地下水，以提高坡体的自身稳定性是滑坡成功治理的关键。此外，由于地方公路资金有限，不能对整个滑坡进行治理，故处治方案应以"保路、保民居"为原则。基于此，具体措施如下。

首先，加强滑坡后部的上级公路边沟整治，重点对设置于滑坡后缘的涵洞汇水进行引排，防止后山大量汇水通过涵洞进入滑体。在此基础上，考虑到滑体厚度和下滑力较小，且地基承载力较低，在滑坡剪出口部位分级设置格宾挡墙+支撑渗沟，改善坡体含水量，提高滑体抗力，并对整个坡面喷播根系发达、喜水灌木的种子，利用草皮的防渗功能和灌木的根系对滑体的含水量进行调节。

其次，前级滑坡后缘存在大量民居，为防止前级滑坡进一步滑动威胁民居，在民居前部设置抗滑桩进行支挡。

最后，为防止滑体变形牵引后级滑坡上部公路的路肩墙，在路肩墙部位设置副墙对既有路肩墙进行保护。

优化方案结合滑坡的特征、重要结构物的分布情况，采用以排水为主、支挡为辅的工程措施对滑坡进行治理，工程造价仅为原方案的50%左右，且有效避免了滑坡再次富水后的漫流、工程越顶问题，为一个相对较优的方案（图3-147）。

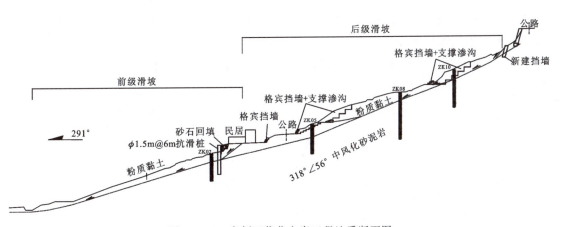

图3-147 案例四优化方案工程地质断面图

需要说明的是,由于支撑渗沟在富水坡体中应用存在一定的施工难度,工程经济性指标较低,有些技术人员、施工人员不愿意使用,但支撑渗沟作为治理富水坡体病害的有效措施,在我国铁路部门及华南地区有着广泛的应用。笔者也曾指导和参与了多个省市支撑渗沟治理滑坡的工程,工程措施均起到了"四两拨千斤"的效果,真心希望支撑渗沟能在合适的坡体病害中"大展身手",而不要被大家遗忘。

第二十四节　以保护结构物为原则的滑坡病害处治方案探讨

滑坡的治理方案有多种形式,有的需对整个滑坡进行治理才能满足使用要求,有的只需对滑坡的局部进行治理就可满足使用要求。如有些影响结构物正常使用的滑坡,在没有特殊要求时,往往只需对影响结构物部分的滑体进行治理,即以保护结构物为原则的滑坡治理方案,可能是最为经济的方案。

此外,桥梁桥墩以点状的形式通过滑坡,与路基、隧道以线状通过滑坡的形式不同,只需以保路为原则,在滑区的每个桥墩内侧或外侧设置2~3根抗滑桩对桥墩予以保护,而无需采用连续布置的抗滑桩对滑坡进行处治,这样可以在确保桥梁安全的前提下,大幅减小处治工程规模,有效提高工程的经济性指标。在王恭先研究员于20世纪90年代提出后,此类桥梁通过滑坡的处治方案已在我国多个省份得到有效应用,取得了良好的工程效果。

1. 案例一

某公路在强降雨工况下,发生了以路基中线为后缘的路堤滑坡,滑体下错约4m。滑坡主轴长约97m,宽约120m,滑体平均厚约9.5m,体积约$9 \times 10^4 m^3$,严重影响道路的正常运营。滑坡发生后,相关单位采用了以下两个处治方案进行比选。

方案一:对整个滑坡进行处治(图3-148)。路堤设置1:1.25坡率开挖后,采用加筋墙进行回填,在坡脚设置5排纵向间距1.5m、横向间距1m、长16m的$\phi 35cm$微型桩群对路堤进行支挡。在滑坡中部设置一排$\phi 2m$、间距3m、长20m的圆形抗滑桩,在坡脚设置顶宽5.5m的格宾挡墙对滑坡进行整体处治。该方案工期约为A月,造价为B万元。

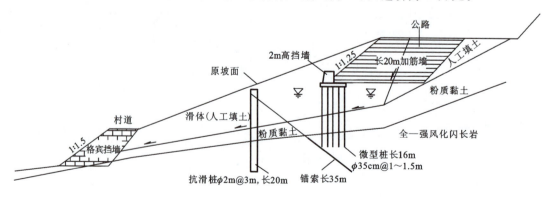

图3-148　案例一中方案一工程地质断面图

方案二:以保路为原则对滑坡进行局部处治(图3-149)。路堤上部采用1:1.5的坡率回填,下部采用8m高的面板式锚索挡墙进行收坡支挡,其中锚索长35m。挡墙下部设置3排纵向间距1.3m、横向间距1.5m、长15m、桩顶采用筏板连接的CFG桩作为基础。该方案工期约0.7A月,造价为0.45B万元。

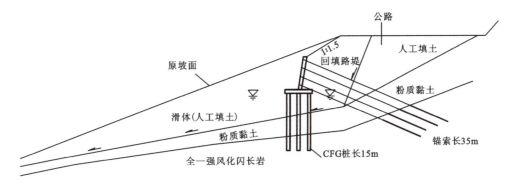

图3-149 案例一中方案二工程地质断面图

从滑坡危害对象、公路保通、工期和工程造价等方面分析,方案一虽然可使滑坡整体保持稳定,确保公路的安全,但处治工程规模较大、费用高、工期长;方案二以保路为原则是合理的,且处治工程规模相对较小,但在填方体中采用面板式锚索进行收坡支挡,工艺复杂,施工难度较大,且挡墙下部采用抗剪力较小的CFG作为基础,一旦前部滑体变形出现牵引作用,就可能直接威胁CFG桩和面板式锚索挡墙的安全,继而影响公路的安全。此外,两个方案均未对位于滑体上的村道进行恢复,处治方案缺项。

基于此,为进一步提高工程安全性、降低工程造价和压缩工期,应尽快恢复公路的正常运营,以"保路"为原则,在路肩部位设置一排$\phi 2m$、间距5m、长20m的圆形抗滑桩,在对剩余滑体进行支挡的基础上,采用泡沫轻质土在设置连系梁的抗滑桩顶恢复路基,继而在桩前滑体清除部位设置村道,如图3-150。该方案工期约为0.25A月,造价为0.35B万元。

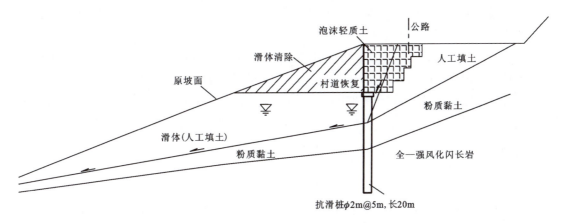

图3-150 案例一优化方案工程地质断面图

该优化方案针对性强,施作工艺简单,工期短,工程造价低,且桩前滑体卸载不仅恢复了村道,也确保了桩前滑体的稳定性,工程安全性高,是一个相对较优的方案。

2. 案例二

国外某重要输油管道从体积约 $40×10^4 m^3$ 的滑坡后部坡体通过。为确保管道安全,在管道前部约 10m 的部位设置 $1.8m×2.4m×16m@5m$ 的埋入式抗滑桩。工程使用多年后,由于降雨等因素,桩前滑坡发生滑移,抗滑桩外露约 6m,技术人员拟在滑坡的前部新增一排 $2.5m×3.8m×30m@5m$ 的抗滑桩对滑坡进行处治,如图 3-151。该方案工期约为 C 月,造价为 D 万元。

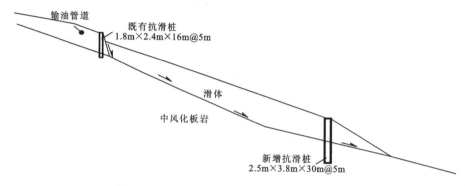

图 3-151 案例二拟采用方案工程地质断面图

从滑坡的处治原则分析,本次处治应以确保管道安全为主,而不一定要对整个滑坡进行处治。但由于桩前滑坡下错,埋入式抗滑桩外露约 6m,抗滑桩的锚固段已严重不足,如果不及时进行工程处治,必然会影响抗滑桩的稳定,也就必然会影响到管道的安全。因此,采用预加固工程确保既有抗滑桩与后部管道的安全是必要的。

但目前拟采用方案是对整个滑坡进行处治,工程费用高,施工难度大。尤其是此滑坡滑体松散,即使在滑坡前缘设置的抗滑桩当前起到了稳定滑体的作用,但随着滑体的前移压密,必然会进一步影响到后部既有抗滑桩的安全。

基于此,为达到快速保护既有抗滑桩和管道安全的目的,在既有抗滑桩顶与桩身上设置顶梁和腰梁后,采用长 26~31m、锚固段位于中风化板岩的锚索对桩体的锚固能力进行补偿,确保即使桩前滑体全部滑走抗滑桩也是安全的,也就确保了桩后输油管道的安全,如图 3-152。该方案工期约为 $0.1C$ 月,造价为 $0.08D$ 万元,是一个相对较优的方案。

3. 案例三

某段路线原方案以高填方的形式通过,最高填方 28.3m,采用 1∶1.5 和 1∶1.75 的坡率填筑,坡脚前缘平台设置一排 $2.2m×3.2m×26m@5m$ 的抗滑桩进行支挡加固,如图 3-153。路堤填筑施工基本完成后,由于填方加载,下部堆积体出现整体滑移,导致抗滑桩整体外移近 13m(图 3-154),形成了长约 210m、宽约 245m、体积约 $125×10^4 m^3$ 的大型推移式滑坡。

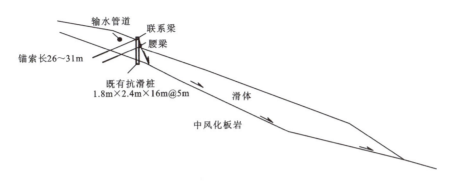

图 3-152 案例二优化方案工程地质断面图

在紧急卸载了 $20×10^4 m^3$ 路堤填方后,滑坡趋于稳定。永久工程处治时,拟采用路改桥+桥前连续设置一排锚索抗滑桩的方案,如图 3-155、图 3-156。

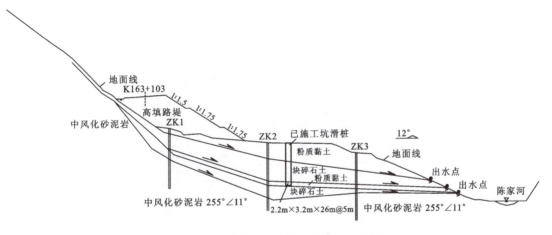

图 3-153 案例三原方案工程地质断面图

图 3-154 原抗滑桩整体向外平移和桩前滑坡剪出口

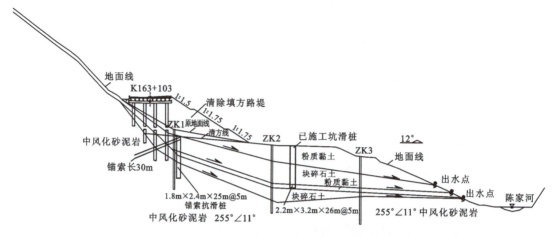

图 3-155 案例三拟采用方案工程地质断面图

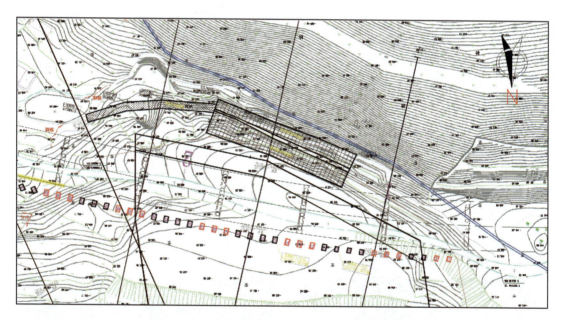

图 3-156 案例三拟采用方案工程地质平面示意图

考虑到此病害处治原则是保路,而非对整个滑坡进行治理,故结合路改桥后桥墩与滑坡的点状接触特点,在每个桥墩前部设置 3 根抗滑桩进行支挡,优化全断面连续布桩的形式,从而大幅减小工程规模,将 37 根抗滑桩缩减为 15 根(如图 3-157)。此方案达到了即使滑坡发生滑动,抗滑桩的隔断作用也能确保桥墩安全的目的。

优化方案大幅减小了处治工程规模,保护对象明确,在确保桥梁安全的前提下,工程经济性指标得以大幅提高,是一个相对较优的方案。

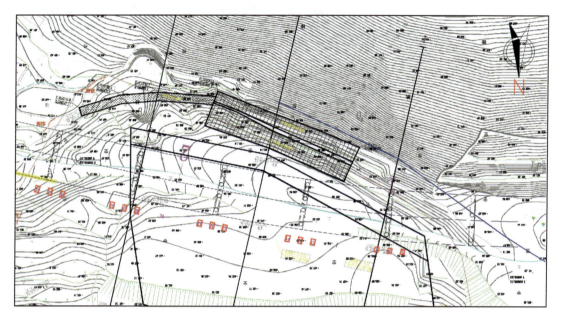

图 3-157 案例三优化方案工程地质平面示意图

第二十五节 半坡桩滑坡病害处治方案优化

滑坡处治工程应依据坡体所在的地质条件进行针对性设置,从而确保处治工程的有效性和工后坡体的安全性。如富水松散坡体的病害处治应核查锚固工程的有效性、桩前坡体滑移所形成的牵引作用对半坡桩稳定性影响的前瞻性、滑体形态不断扩大对支挡工程影响的预判性以及工程设置时的全局统筹规划性等。

某滑坡呈"口小肚大"形态,圈椅状明显。滑坡主轴长约 225m,宽 80~117m,平均厚约 16m,体积约 $28×10^4 m^3$,属中型堆积体滑坡。技术人员采用半坡桩+坡脚挡墙进行处治,其中半坡桩参数为 1.5m×2.0m×25m@5m,桩上设置两孔长 25m 的锚索。抗滑桩出露地面长 6m,桩间采用挂板进行防护,坡脚设置高 5.5m 的挡墙对桩前坡体进行支挡。雨季暴雨工况下,滑坡发生大面积滑塌、溜塌越顶病害,且部分滑体从桩间挂板下部滑出,桩前滑体出现大面积开裂、滑塌、溜滑等多种病害,如图 3-158。

病害发生后,技术人员拟沿滑坡周界上部的稳定坡体增设截水沟,加高坡脚挡墙,并在挡墙与半坡桩滑体之间采用 1∶1.2 的坡率进行削坡,之后设置 9~12m 长的锚杆框架进行加固。在此基础上,修复桩间挂板,并加深至地面以下 1.5m,对桩后斜坡采用 1∶1.33 的坡率进行削坡或回填,如图 3-159。

图3-158 滑坡病害全貌

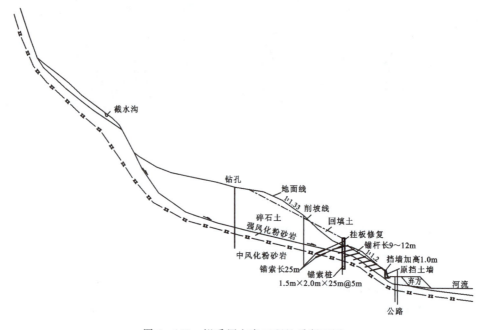

图3-159 拟采用方案工程地质断面图

从病害成因分析,滑坡由降雨诱发,故处治工程应重点加强地表水与地下水的截、疏、排,提高坡体的自身稳定性。否则,在水的作用下,即使采用较缓的边坡坡率,也仍可能发生溜滑、滑塌等病害,甚至可能诱发滑坡整体复活。

此外,滑坡体积较大,原方案半坡锚索桩所在的基岩完整性较差,在扣除桩前10m水平距离范围内滑面以下的锚固段后,锚固段实际约为8m,这作为长25m的锚索桩来说是偏短而不安全的。尤其是滑坡后部高陡的自然坡体常年存在崩塌和滑塌,导致下部滑体规模不断加大,处治工程的安全隐患也随之不断加大。基于此,原方案优化如下(图3-160)。

首先,考虑到半坡桩与坡脚挡墙之间堆积体大面积变形,土体松散、富水,在此坡面上设置锚杆框架效果有限,且堆积体厚度较薄,若边坡病害规模不断发展,会牵引后部坡体而影响抗滑桩的稳定,故宜对挡墙后部的堆积体进行清除。在此基础上,修补土岩界面以上的抗滑桩挂板,并在板后部设置高1.5m的砂砾石透水层,这样不但能有效疏排桩后集中于土岩界面处的地下水,又能防止桩后土体细颗粒被地下水带走而使坡体变形。

其次,在抗滑桩间挂板部位设置 2 孔锚索,补偿抗滑桩锚固力,并在桩间挂板部位设置一排长约 30m 的仰斜排水孔,疏排一定范围内的滑体地下水,提高滑体的自身稳定性。在坡脚既有挡墙下部设置长约 6.5m 的穿过土岩界面的仰斜排水孔,疏排墙后积水,一则可以提高挡墙的稳定性,二则可以防止地下水沿墙底渗流进入路基,导致路面破损。

再次,对桩后塌空坡体进行回填反压,提高后部滑体的稳定性,并在桩后回填平台设置高约 3m 的透水性格宾挡墙,拦截可能的溜滑体或落石。

此外,考虑到滑坡后部高陡自然坡体常年存在基岩崩塌,在滑体平缓部位设置耐变形的格宾挡墙对落石进行拦截,防止危岩滚落至路面。

最后,在路基外侧路堤坡脚设置必要的岸坡防护工程,防止河流冲刷使坡体变形而牵引路基变形。

优化方案针对性强,经实施后取得了良好的工程效果,且经历了几个雨季的考验,坡体一直保持稳定。

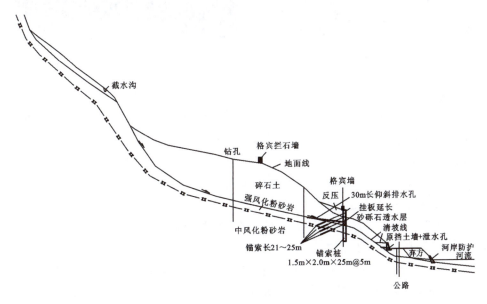

图 3-160　优化方案工程地质断面图

第二十六节　桩基托梁挡墙处治路堤滑坡病害

在路堤滑坡病害处治中,当抗滑桩悬臂长度过大造成工程安全性和经济性欠佳,尤其是当抗滑桩悬臂长度超过 15m 时,采用桩基托梁挡墙支挡工程具有明显的优势。

某路基为半填半挖段,地表堆积体为缓斜、梯状水田,填方设置于厚 4~10m、以崩坡积与残坡积为主的粉质黏土层和少量碎石土层,堆积体呈可塑—软塑状,下伏中厚层状近水平泥质粉砂岩,路堤边坡最大高度 16.5m,采用 1∶1.5 和 1∶1.75 的坡率填筑,填方总体积约 $1.4 \times 10^4 m^3$。

填方接近线路标高时,填方体挤压下部堆积体发生滑坡。滑坡后缘位于路基填挖交界面一线,裂缝宽 5～20cm,呈 1～3m 断续状分布,如图 3-161。滑坡前缘位于前部河流阶地,存在轻微的鼓胀迹象。位于滑坡中部的土坯民居出现开裂、倾斜,如图 3-162。滑坡宽约 150m,主轴长约 110m,总体积约 $9 \times 10^4 m^3$。

图 3-161 滑坡后缘裂缝呈断续状分布

图 3-162 滑坡中部土坯民居开裂、倾倒

滑坡的诱因是陡坡路堤填方加载,即在填方体重力作用下,下伏可塑—软塑状堆积体被挤压后发生变形,导致路堤发生推移式滑坡,如图 3-162。为有效控制滑坡变形,应对填方体快速进行卸载应急工程。卸载体积为滑坡总体积的 1/9,即约 $1 \times 10^4 m^3$。工程实施后滑坡趋于稳定。

在应急工程取得良好效果的基础上,在路肩部位设置支挡工程对滑坡进行支挡,并完全清除桩前填方,确保路堤前部坡体的稳定性。

由于路肩部位下伏软弱地基承载力较低,若设置桩板墙支挡,滑体以上抗滑桩的悬臂长 21m,这是非常不科学和不经济的。为有效减小工程规模,在路肩部位设置桩基托梁挡墙进行支挡,如图 3-164。其中,21m 长的抗滑桩对路堤填方的整体进行支挡,并为上部的挡墙提供承载力,桩基上部 9m 高的挡墙只对墙后的填方进行支挡,即只考虑局部稳定性问题,从而大大减小了工程规模。

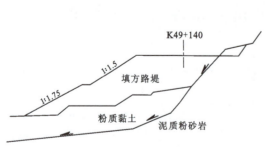
图 3-163 路堤填方加载诱发滑坡断面图

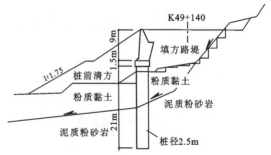
图 3-164 桩基托梁挡墙支挡断面图

该工程实施 6 年来，路基和桩基托梁挡墙前部的滑坡稳定性良好，证明了处治工程的有效性。

第二十七节　复杂构造边坡病害成因分析及处治方案探讨

地质构造对自然和工程状态下的坡体稳定性具有直接影响，对后期高边坡防护工程的稳定性则具有控制性作用。因此，高边坡病害处治时应对受构造作用影响的坡体结构进行针对性分析，明晰地质构造叠加工程开挖对坡体应力场和渗流场的影响，以及由此产生的坡体变形的机理，从而合理地设置处治工程。

1. 基本情况

华南某高边坡位于丘陵区垭口，山体植被茂盛。坡体主要由厚 0.5～9m 的稍湿—可塑状粉质黏土、厚 3.4～19m 的半岩半土状强风化花岗岩以及中风化花岗岩构成。坡体局部分布有较完整的中、微风化硬质砂岩捕虏体。原方案边坡高 60.65m，设置 6 级边坡，坡率为 1∶1.00，平台宽 2m。其中，第一、四、五级边坡采用锚杆框架加固，第二、三级边坡采用锚索框架加固，第六级边坡采用绿化防护。路堑边坡长 635m，边坡倾向约 50°。

2. 变形情况

（1）当开挖至第五级边坡中下部时，第五级边坡出现开裂垮塌，故设计方案变更时将第四级边坡平台由原方案的 2m 加宽至 6m，第五、六级边坡坡率由 1∶1.00 调整为 1∶1.25，第五级边坡锚杆长度由 9m 增加为 11.5m，第六级边坡由绿化防护调整为 9m 长锚杆加固。

（2）半年后，开挖至第三级边坡中部时，堑顶出现贯通性裂缝，裂缝开裂处错台最大约 80cm，第四级边坡局部坡面出现裂缝，如图 3-165、图 3-166。因此，技术人员采用如下措施对病害进行处治：在堑顶采用两排锚墩进行加固，第三至第六级边坡采用 6 束拉力为 600kN/孔的锚索进行加固，第三、四级边坡增设仰斜排水孔。

图 3-165　高边坡全貌

图 3-166　边坡下错裂缝位置

(3)在锚固工程施作后,边坡开挖至距路面约 4m 标高部位时,堑顶再次出现多条贯通性裂缝,堑顶和第四、五、六边坡出现不同程度的下错(图3-167)。其中,堑顶最大下错高度为 85cm。部分预加固锚墩架空失效,第四、五、六级边坡部分锚杆与锚索框架出现架空和下错以及锚头掉落等失效情况,坡面和平台截水沟变形开裂,花岗岩与捕虏体接触部位的仰斜排水孔出水量较大(图3-168)。坡体形成了平均厚约12m、体积约 $12×10^4 m^3$ 的中型滑坡,主滑方向为 32°(图3-169)。

图3-167 坡体沿花岗岩与砂岩捕虏体接触面开裂

图3-168 第三、四级边坡仰斜排水孔出水量大

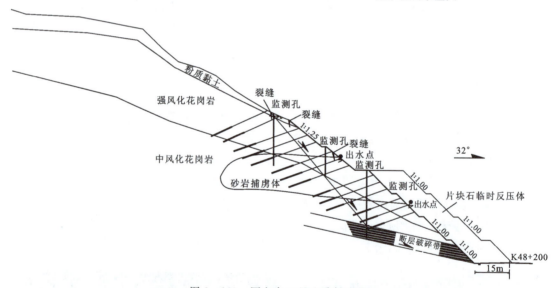

图3-169 原方案工程地质断面图

根据监测,边坡自雨季向下开挖以来,测力计显示锚索拉力持续增大,第五级平台深孔监测管在13m处剪断,第四级平台深孔监测管在24m处剪断。现场测量时,第五、六级边坡岩土体内锚索崩断声此起彼伏。若不及时进行处治,滑坡有快速发展恶化的可能。

基于此,技术人员在坡脚设置宽为 15m、高为 30~40m 的反压工程,并在第四级平台设置3排长为40m微型桩排,坡后设置以截排水和裂缝夯填为主的抢险工程,并拟在第二至第五级边坡增设长度较大的锚索,在第二、三级平台增设长为 20m 和 30m 的微型桩进行永久处治,如图 3-170。

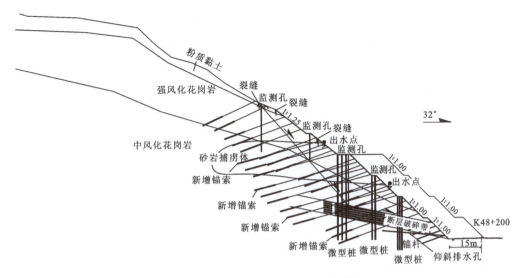

图 3-170 变更方案工程地质断面图

3. 补充勘察

根据补充勘察，边坡区发育 5 条断层，对坡体的完整程度、结构面分布、地下水特征等具有控制性影响，是造成高边坡发生多次变形、错落的直接原因。

对坡体稳定性有控制性影响的是 F_1、F_2 和 F_3 正断层，以及在坡脚交会的 F_4、F_5 断层。其中 F_1 正断层产状为 $20°\angle60°$，岩体破碎，对中风化花岗岩切割严重（图 3-171）；F_2 正断层产状为 $45°\sim55°\angle65°$，切割灰色中风化花岗岩与褐黄色中风化夹强风化花岗岩界面，岩体破碎（图 3-172）；F_3 正断层产状为 $0°\angle80°$，岩体破碎，贯穿侵入接触界线，充填浅—深变质砂岩（图 3-173）；F_4、F_5 断层在坡脚交会形成了厚度较大的黑色片状断层破碎带，泥质含量高，遇水软化崩解，这是影响高边坡整体稳定性的"天然不良地基"。捕房体中发育两组优势结构面，产状分别为 $40°\angle48°(J_1)$、$10°\angle62°(J_2)$，如图 3-174。

图 3-171 F_1 断层形态

图 3-172 F_2 断层形态

图 3-173　F₃ 断层形态　　　　图 3-174　捕虏体中发育的贯通性结构面

4. 坡体病害成因分析

(1) 边坡所在坡体由花岗岩入侵形成,并捕虏了体积较大的砂岩。在后期地质构造作用下,多条断层和花岗岩体中发育的结构面使自然坡体呈现明显的垭口地貌。也就是说,坡体所在垭口为断层构造垭口。

(2) 从深孔监测分析,第四、五级平台分别在 24m 和 13m 位置出现监测管被剪断的明显滑面,两点连线的倾角为 48°,这与捕虏体中发育的控制性结构面(产状 40°∠48°)是一致的,且依据监测孔连线的潜在滑面与地表堑顶裂缝吻合性较好。这也是陡倾错落式滑坡后壁切穿通过砂岩体的原因,说明了断层为花岗岩入侵后发生,并在坡体中形成了控制性的构造结构面。

(3) 由于大型捕虏体的存在,强风化花岗岩与完整的热变质砂岩间形成了明显的隔水带,雨季期间边坡开挖至第三级中部时,上部以强风化花岗岩体为主的坡体依附于该富水"不整合接触面"发生变形。

(4) 边坡所在垭口有 5 条正断层通过,由于正断层的供水作用,坡体富水严重。尤其是边坡下部有多条断层交会,形成了厚度较大、泥质含量高、遇水软化崩解的黑色片状断层破碎带,为影响高边坡整体稳定性的"天然不良地基"。

(5) 边坡开挖后,富水断层破碎带形成的底错带被揭穿,上部的岩土体在重力作用下依附于 40°∠48° 的潜在陡倾滑面挤压底错带而发生错落式滑坡,造成已设置的大量锚固工程被破坏。

通过以上病害成因分析,该高边坡治理的重点是加固滑体依附于断层破碎带(底错带)形成的深层滑带,兼顾由花岗岩与捕虏体砂岩"不整合接触面"形成的浅层滑体。

由于征地、社会影响、工程报废限制等因素,无法通过对上部减重达到减小对下部底错带挤压的目的,故需进行原位加固。加固的重点是提高底错带的抗剪力和底错带附近的地下水疏排能力。

首先,从永久工程的设置来看,应急与永久处治方案采用以微型桩+长度较大锚索为主的工程措施是基本合理的,但宜适当加大第二、三级平台的微型桩设置密度,将第一级边坡的锚杆框架调整为抗剪能力更强的钢锚管框架。

其次,错落体后缘所依附的结构面(产状40°∠48°)竖向位移较大,易造成锚索附加应力增加严重而导致锚索损坏,这也是为什么第二次设计方案变更时施作了大量锚索仍然崩锚的原因。也就是说,永久工程在第三至第五级边坡设置锚索加固40°∠48°陡倾结构面下错后壁是欠合理的,宜将加固重点设置在滑坡底错带。

此外,断层底错带为泥质含量高的构造带,具有明显的隔水作用。因此,在坡脚设置倾角较大的仰斜排水孔穿过底错带,有效疏排位于底错带上部的地下水,降低坡体地下水位。在第二级平台部位设置倾角较缓的仰斜排水孔,对砂岩捕房体与花岗岩隔水带部位的地下水进行疏排,提高边坡的局部稳定性。

此方案结合地质构造控制的坡体结构,针对性地分析了坡体变形机理,在此基础上对之前不合理的处治方案进行了优化调整,是一个相对较优的坡体病害处治方案。(图3-175)。

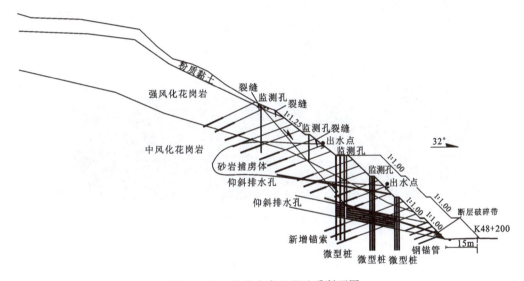

图3-175 优化方案工程地质断面图

第二十八节 管桩处治的软土路堤滑坡病害成因分析

刚性管桩工程在处理软土时,应注意以下事项:首先,应核查桩底的地面形态,防止桩体出现整体"坐船"的情况;其次,管桩间距、台帽、褥垫层的合理设置是确保管桩工程形成复合地基的关键,可防止桩基出现"刺穿"效应;再次,管桩的有效连接长度是确保桩身具有足够承载力的关键,可防止现场施作不合理造成"断桩";最后,管桩工程应严格防止出现侧向加载挤压,否则管桩会大面积失效而加剧填方病害规模。

1. 基本情况

某高速公路经过的湖相段软土厚15~30m,软基承载力约为30kPa,路基填方边坡高6~

12.9m,采用预应力管桩对软基进行处治。施工过程中,两段填方体发生大规模滑移,病害特征如下:

(1)B段软土厚20~30m,呈流塑—软塑状,最大填方高度为12.9m,预应力混凝土管桩纵横向间距均为2.4m。外侧紧邻的地方改路最大填方边坡高度为5.5m,采用抛石挤淤+换填进行处治。B段线路填高约6m时,开始对紧邻的外侧改路进行抛石挤淤+换填处治,在改路路堤填筑高约2m时,长约150m范围内的高速公路填方体发生滑坡病害。滑坡后缘呈圈椅状,下错1.0~1.5m,改路外侧紧邻的农田产生高2~3m的大面积隆起。滑坡主轴长约80m,体积约$9\times10^4 m^3$,如图3-176。

图3-176 B段路基滑坡全景

(2)Z段软土厚18~30m,呈流塑—软塑状,最大填方高度为7m,预应力混凝土管桩纵横向间距均为2.4m。路堤填高约6m时,在长约100m的范围内发生滑坡病害,滑坡后缘下错1.5~2.5m,填方外侧的农田产生高2~3m的大面积隆起。滑坡主轴长75m,体积约$5.3\times10^4 m^3$,如图3-177。

2. 病害成因分析

(1)主线填方高度为7~12.9m,处治工程的预应力管桩纵横向间距均为2.4m,桩间距偏大,不利于路堤的安全,且设计褥垫层厚度约为50cm,不满足褥垫层厚度不能小于桩间距1/2的要求。现场调查发现,病害区管桩上部多无褥垫层和土工格栅设置,导致桩体之间的拱效应和土工格栅的膜效应无法形成,填方荷载无法有效地传递到竖向管桩上,使填方加载时桩间软土沉降过大,对管桩形成了较大侧向应力而不利于管桩的稳定。

(2)根据现场调查,有些管桩顶部没有台帽,有些台帽为浆砌块石,有些台帽中没有配置钢筋,直接造成填方加载后管桩刺穿填方体,高强的预应力管桩失去了对上部填方体的支撑。尤其是设计文件中的立方体台帽配筋,也只是在台帽的受压侧(下部)设置一排钢筋网,

图 3-177　Z 段路基滑坡全景

而台帽受拉侧(上部)却没有设置任何钢筋,这直接导致填方加载后台帽断裂或被刺穿,影响了填方体的稳定性。这也是国内管桩多采用锥形台帽或直接设置筏板连接的原因。

(3)管桩每节长为 9m,采用焊接的接桩形式,但由于焊接质量较差,施工时就可能存在断桩问题,也就导致了填方加载后管桩出现失稳。这也是国内管桩多采用法兰盘连接或在两个管桩之间设置钢套筒连接的原因。

(4)从补勘地质资料来看,由于线路位于湖泊边缘,软土下伏的稳定地层坡度较陡,这对于难以进入稳定地层一定深度的管桩来说是非常不利的。对于此类特征的软土,若采用能进入稳定地层一定深度的素混凝土桩可能效果更好,或者直接采用桥梁通过该段软土也是可行的。

(5)B 段的地方改路采用抛石挤淤+换填处治,作为厚 20～30m、呈流塑—软塑状、承载力为 30kPa 的软土而言,采用抛石挤淤是不合理的,这将直接导致"泥牛入海"情况的出现。即抛石在软土中成为一个个孤立的"悬浮物",块石之间没有形成有效的骨架,处治后的"复合地基"强度不取决于抛石料的强度而取决于包裹石料的软土强度,这使得软土孔隙比明显加大,触变效应明显,强度大幅下降。也就是说,抛石必须集中、衔接,发挥"集团作战"的能力才能有效处理软土,否则如散兵游勇一般置身于软土中,只能加剧软土性质的恶化。

因此,现场抛石挤淤约 $2\times10^4\text{m}^3$ 后,强行在其上进行改路填方,直接导致了改路失稳,并牵引后部的主线发生变形,管桩发生倾斜。加之大量抛石挤淤对主线管桩形成了严重的侧向挤压,管桩受到的横向土压力严重失衡,进一步加剧了管桩倾斜,甚至出现断桩的情况,最终导致主线和改路填方体发生大规模滑移。

综上,作为隐蔽工程的软土管桩,必须在严格的土工试验基础上,合理设置管桩间距、褥垫层、土工格栅、台帽,并严格把控施工质量,防止管桩出现侧向应力,以及桩底位于较陡的下伏地层之上的情况,只有这样才能实现管桩对软土填方段的有效处治。

第二十九节　大型—巨型滑坡病害的现场辨别与稳定性分析

公路工程应加强地质选线分析,线路应尽量绕避大型—巨型滑坡,防止滑坡错判、漏判导致后期工程中进行滑坡治理付出过高的代价。因此,大型—巨型滑坡的识别与稳定性分析对公路选线具有相当重要的意义。

如某公路采用展线的形式经过自然坡度约35°的斜坡一角,路堑边坡开挖时发生多次滑塌(图3-178),边坡高度由25m不断加高至40m仍然无法成型,且在坡口线以外约300m的部位出现多条贯通性裂缝,通村道路发生不同程度的下错,民居变形严重。

图3-178　路堑边坡开挖时滑塌严重

笔者应邀对该"40m高的边坡病害"进行现场调查,发现该路堑边坡实为宽约220m、主轴长约450m、平均厚约40m、体积约$350×10^4 m^3$的大型滑坡的一角(图3-179),因此导致了路堑边坡不断发生病害而一直无法开挖成型。

图3-179　大型滑坡全貌

基于此，笔者将该滑坡的辨识与稳定性分析要点简述如下：

（1）从地形地貌上看，堆积体圈椅状地貌明显，两侧冲沟是堆积体与基岩的分界线。堆积体后部山体顺直高陡，将堆积体"回补"后可与周围两侧山形成顺直坡形，说明堆积体极有可能由后部山体下滑形成，即为滑坡堆积体。

（2）堆积体挤压下部河道现象明显，造成河道弯曲，说明该堆积体为滑坡体。

（3）老路从堆积体斜坡下部经过，坡脚既有挡墙破损、倾倒严重，说明堆积体处于长期的缓慢变形过程之中，如图3-180。

（4）新建路堑边坡由于滑塌从25m的高度发展为40m的高边坡，这时就应注意边坡在缓坡率情况下却一直发生垮塌、滑塌的原因，即是否为老滑坡体复活。随着时间的推移，坡口线外300m以外出现长大贯通性裂缝，这就很清楚地说明了如此规模的病害特征非边坡病害所能解释，而只能是依附于具有明显滑面的老滑坡受到扰动复活所致。

（5）高山峡谷区斜坡坡度约35°，但其上部存在长约150m、坡度约15°的平台，平台上多有民居分布，符合大型滑坡的后缘地形特征。且需要注意的是，平台呈起伏状说明了该大型堆积体处于欠稳定状态，而非稳定老滑坡所具有的宽大平台特征。

（6）堆积体前部斜坡多次发生较大规模的浅层滑动，加之村道修建时开挖了高3~4m的路堑边坡，造成浅层堆积体牵引变形严重（图3-181、图3-182），说明大型堆积体具有多区、多层滑动的特征，也说明了堆积体处于欠稳定状态。

图3-180 老路既有挡墙 　　图3-181 坡体上部 　　图3-182 斜坡大规模
　　破损、倾倒严重 　　　　　　村道下错严重 　　　　　　浅层滑坡

（7）坡体地下水相当丰富，滑坡后缘与前缘地下水位较高，坡脚地下水渗流严重，这是富水老滑坡的典型特征，且从地下水分层渗流情况分析，该大型堆积体存在多层潜在滑面。

（8）冲沟前部汇水常年冲刷堆积体，不利于坡体的稳定。

（9）该大型堆积体被自然资源部门定为地质灾害点，且上部民居多有开裂变形，说明公路改建以前大型堆积体是不稳定的。

根据以上分析以及细致的现场调查，初步判定该大型堆积体为体积约$350×10^4 m^3$的大型老滑坡，且滑坡存在多层、多区、多级的特点，处于不稳定状态，故建议修建公路时采取绕避的方案。

第三十节 裂缝在坡体病害性质识别中的作用

坡体裂缝是坡体病害性质的外在反映。对现场每一条裂缝进行认真调查,依据其特征分析背后的主导因素,加强病害区与相邻非病害区的对比分析,是合理分析坡体病害的关键所在。工作中,切忌对号入座式的"先射箭再画靶"的调查方法,将一些其他成因的裂缝当作滑坡裂缝,导致病害扩大化,或将滑坡裂缝遗漏,导致病害漠视化。

如某公路填方路堤匝道处于曲线段,匝道宽 10m,右侧最大填方边坡高 11.2m,坡脚外 2m 为水田、鱼塘;左侧最大填方边坡高 10m,坡脚外 2m 为高约 10m 的松散弃方。路堤采用具有一定膨胀性的含砾石冰水堆积物填筑而成。公路通车 6 年后,路面开裂,养护人员采用以灌缝为主的措施进行了养护处理。近两年来(通车 8 年),路面开裂加剧,尤其是右侧超高段路基出现了长近百米的贯通性裂缝。技术人员分析认为右侧路堤出现了滑坡迹象,拟采用右侧填方坡脚设置抗滑桩和以微型桩+挡墙为主的两个方案进行比选,如图 3-183、图 3-184。

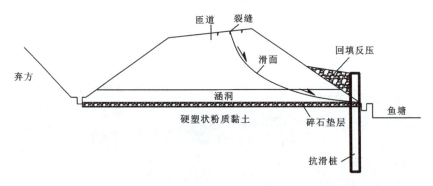

图 3-183 拟采用的抗滑桩方案工程地质断面图

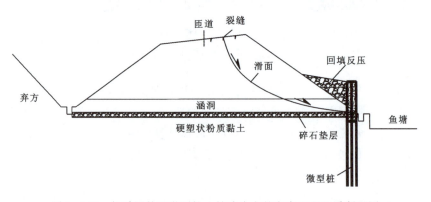

图 3-184 拟采用的以微型桩+挡墙为主的方案工程地质断面图

方案审查时,笔者发现右侧路堤的变形特征与滑坡特征存在较大差异,并怀疑是左侧路堤出现了滑移迹象。具体疑问如下:

(1) 设计文件中反映右侧路面长大贯通性裂缝呈现指向左侧的弧状特征,而非指向右侧的弧状形态,且呈现左低右高(高差约 0.5cm 的错台)的形态,如图 3-185。这说明路堤存在向左侧发生滑移的可能,而非向右侧滑移。因右侧路堤滑坡迹象明显,技术人员忽略了对左侧路堤及匝道内侧场地的调查,从而认为滑坡出现向右滑移的迹象。现场复核时发现,左侧路面发育两条长 10 余米的圈椅状裂缝,滑移方向指向左侧匝道内侧(图 3-186),这说明路堤出现向左侧匝道内侧滑移的迹象。

图 3-185　右侧路面的长大裂缝　　　　　图 3-186　左侧路面发育圈椅状裂缝

(2) 设计文件中反映右侧路堤的坡脚浆砌片石护坡与边沟裂缝密集,从而此外确定为滑坡剪出口,经现场复核,这种密集状裂缝在区内护坡与边沟中普遍存在(图 3-187),而非右侧路堤变形区护坡与边沟所特有。根据分析,该裂缝是边沟采用质量较差的泥质粉砂岩砌筑导致后期砂浆勾缝普遍脱落而形成的。

(3) 设计文件中反映右侧路堤的坡脚浆砌片石边沟被滑坡挤压出现外倾现象,但根据现场核查,边沟的外侧壁倾斜幅度明显较内侧壁大,且变形区边沟为局部外倾而非所有变形区边沟均外倾,并与外侧水田和鱼塘具有很好的对应性(图 3-188),这就说明边沟外倾可能是由外侧水田和鱼塘浸泡位于边沟下部的陡坎所致。

图 3-187　护坡与边沟裂缝　　　　　　　图 3-188　边沟外壁外倾明显大于内壁

(4)设计文件反映变形区匝道有一条横穿左、右路堤的盖板涵洞,因此如果右侧路堤向右侧滑移,涵洞结构上应有不超过路面裂缝范围的压剪裂缝;如果左侧路堤向左滑移,涵洞结构上应有位于右侧路面裂缝和左侧路堤坡脚范围内的压剪裂缝。然而,技术人员现场调查时忽略了刚性结构物易于出现裂缝——涵洞病害。现场核对时发现,涵洞确实出现了长约1m的压剪裂缝,但裂缝位于涵洞左侧进口向内约15m处,这恰恰说明了路堤出现了向左侧匝道内侧滑移的迹象。

(5)设计文件反映右侧路堤外侧坡脚鱼塘和水田的渗水软化路堤,导致路堤向右侧滑移。然而,路堤填高10~11.2m形成的附加应力会使下伏粉质黏土发生排水固结,故不会发生外侧地下水渗入粉质黏土的情况。

根据竣工图,原路堤在填方以前设置了厚约50cm的碎石垫层,恰恰是碎石垫层成为了相对标高较大的左侧匝道内场坪大面积地表汇水向右侧鱼塘或水田排水的通道,加之路堤盖板涵洞淤塞严重和左侧匝道内存在大面积高约10m的松散弃方,加强了碎石垫层的排水通道作用,从而导致左侧地势较高的匝道内侧汇水向地势较低的右侧边沟排水,使右侧边沟多处于积水状态,如图3-189。

图3-189 右侧边沟多处于积水状态

此外,由于下伏碎石垫层的排水通道作用,上部具有一定膨胀性的含砾石冰水堆积物路堤填料在长期的浸泡作用下发生软化,形成了一定厚度的软弱底错带,导致多年来路堤一直在发生缓慢变形。尤其是左侧匝道内松散弃方规模较大,匝道内暴雨时多有积水,地下水位较高,造成路堤发生了指向左侧匝道内侧的滑移变形。

综上所述,匝道右侧路堤向右侧滑移的可能性较小,路堤病害主要表现为依附于右幅路面的长近百米贯通裂缝和左幅路面长10余米的裂缝向左侧匝道内侧场坪滑移变形,故应对原方案进行调整,即在适当对右侧路堤进行预加固的基础上,重点处治路堤向左侧滑移变形的病害,具体方案如下:

首先,在路基左侧边沟下部修建穿过路堤碎石垫层的截水盲沟,有效截断碎石垫层的排水通道作用;重新修建质量较好的边沟,对破损涵洞进行修复,清理涵洞内的淤泥,确保匝道内侧场坪汇水顺利由涵洞排出。

其次,在综合考虑相关各方意见的基础上,于右侧路堤中下部设置钢锚管框架预加固工程,利用弃方在左侧路堤坡脚匝道内侧场坪设置高4.5m、顶宽6m的反压体,并对匝道内侧场坪的弃方进行清理,如图3-190。

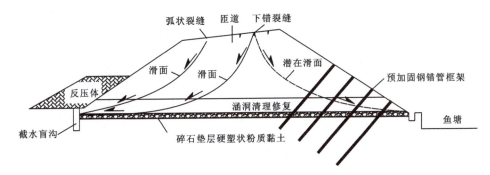

图3-190 优化方案工程地质断面图

优化方案简单易行,对路堤病害进行了针对性的处治,工程造价低廉,是一个相对较优的方案。

第三十一节 连续曲面型顺层高边坡病害处治方案探讨

地层产状是坡体结构特征的反映,对于连续曲面型顺层坡体,其地层产状不断变化,测量时易出现误差,使坡体病害机理分析与边界预判出现失误,继而影响坡体防治工程设置的针对性和合理性,最终导致坡体病害处治方案出现偏差,甚至失败。

1. 基本情况

某高速公路经过构造影响的穹窿状斜坡,斜坡地层产状为294°~323°∠10°~20°,呈渐变状,坡向为294°,坡体主要由中风化砂岩夹泥岩构成,地下水较丰富。原方案斜坡坡率设置为1:0.75,坡高约20m,采用锚杆框架进行加固。边坡在开挖的过程中发生了多次变形,由于多种原因,该段坡体处治方案先后经历了6次变更,边坡高度也由20m不断增加至60m,处治规模不断加码,最后采用以3排抗滑桩为主的工程进行处治,如图3-191,工程造价为A万元,产生了非常不好的社会影响。

从现场病害发展情况看,随着边坡的不断增高,产状不断变化的坡体发生了多级滑动。

(1)边坡上部坡体出现变形时,技术人员在边坡后缘设置锚杆框架加固浅层滑体,在边坡中上部设置$\phi 2.0$m、长28m@4m的圆形锚索抗滑桩(两排锚索长25m)对依附于优势产状294°∠10°的滑体进行加固,并在桩前设置多排锚杆框架对桩前滑体进行加固。

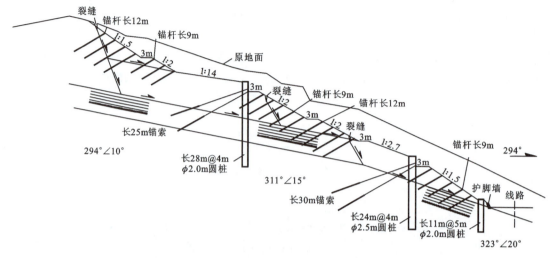

图 3-191　最终方案工程地质断面图

(2) 边坡开挖至路基标高附近时,坡体依附于下部优势产状 323°∠20° 滑动,技术人员在边坡中下部设置 φ2.5m、长 24m@4m 的圆形锚索抗滑桩(两排锚索长 30m)对滑体进行加固,并在桩前设置多排锚杆框架对桩前滑体进行加固。

(3) 工程接近完工时,由于担心坡体安全度不足,又在坡脚设置了 φ2.0m、长 11m@5m 的圆形锚索抗滑桩进行"固脚",并在桩前设置护脚墙。

从以上处治方案变更过程来看,该段顺层边坡的处治没有依据变化的地层产状,遵循顺层高边坡"固脚强腰、分级与分层加固"的原则,直接导致工程规模失控,实在是可惜。

2. 处治方案不断变更原因分析

(1) 该坡体病害处治方案不断变更的原因是坡体产状测量存在误差,没有认识到构造对坡体产状的控制作用。如第一次变更时认为坡体层面产状为单一的 320°∠22°,第二次变更时认为坡体的层面产状为单一的 295°∠15°,⋯第五次变更时终于认识到坡体产状受构造影响出现变化的形态。不严谨的现场调查和坡体结构推测直接导致工程病害不断扩大,处治"屡战屡败"。

(2) 处治后期,由于"屡战屡败",技术人员"恐战"心理严重,人为降低坡体的稳定系数而加大工程处治规模。如最后一次方案变更设置第 3 排抗滑桩处治时,天然工况下坡体稳定系数取为 0.93,暴雨工况下坡体稳定系数取为 0.73,地震工况下坡体稳定系数取为 0.66。这就意味着坡体在天然工况下早已发生大规模的整体滑移,在暴雨和地震工况下更是已经"起飞"。这明显与工程实际状态不符,稳定系数的计算失误造成了反算滑面参数明显偏小,导致下滑力明显偏大和处治工程规模失控。

(3) 选用抗滑桩而放弃锚固工程是造成本次变更的处治工程规模失控的一个主要原因。其实对于这种产状渐变的顺层边坡,采用面状加固的锚索或锚杆工程处治效果是优于线状加固的抗滑桩工程的,锚索或锚杆工程可以有效避免抗滑桩加固时可能出现的越顶或"坐船"现象。

3. 病害处治方案分析

(1)在原方案实施的初始阶段,若能采用长约20m、悬臂长为12m的多点式锚索桩进行支挡加固(图3-192),或边坡开挖后,在第二级边坡设置锚索框架,在坡脚设置长约16m的锚索桩进行支挡加固,如图3-193,不对上部坡体进行扰动,就可以将病害控制在萌芽状态(图3-193)。病害发生后的多次工程治理过程中,若能依据坡体产状渐变的特征适当对原坡面进行微调,根据坡体产状发生变化的实际情况,采用锚固工程进行"固脚强腰、分级与分层加固",则方案会大幅优化。

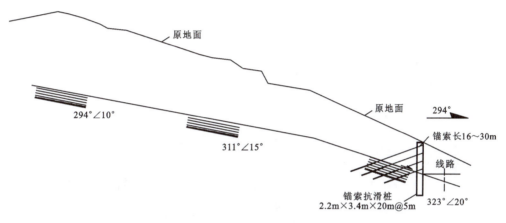

图3-192 坡脚多点式锚索桩支挡加固方案工程地质断面图

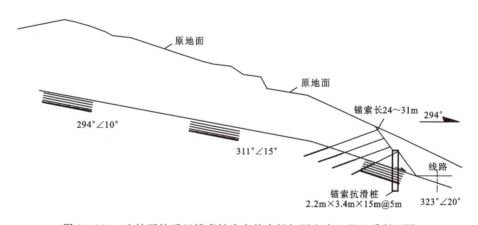

图3-193 边坡开挖后以锚索桩为主的支挡加固方案工程地质断面图

(2)坡后第六、七级边坡存在局部失稳,故采用以锚杆为主的工程进行处治是合理的。

(3)上级坡体存在依附于优势产状294°∠10°从第三级边坡滑移的可能,但考虑到坡体产状倾角较小,潜在下滑力较小,故不宜采用大截面抗滑桩进行支挡加固,可优化为在第三、四级边坡设置锚索框架,以及在第三级平台设置微型桩排(桩顶面板连接),共同对坡体的上级滑体进行加固。其中,第四级边坡锚索只考虑浅层控制性滑面,而第三级锚索和第三级平台的微型桩排兼顾了深层潜在滑面的稳定性。此方案在对上部浅层滑坡进行加固的基础上,也兼顾了深层滑坡的稳定性,并对边坡进行了加固防护,实现了滑坡病害处治的"分级、分层加固,兼顾整体与局部"原则以及高边坡病害处治的"强腰"原则。

(4)下部坡体存在依附于优势产状 323°∠20°滑移的可能,但考虑到范围较小,滑体厚度较薄,坡体潜在下滑力相对较小,不宜采用大截面抗滑桩进行支挡加固,可优化为在第三级边坡设置锚索和第三级平台设置微型桩的基础上,于第二级边坡设置锚索框架,第一级平台设置微型桩排(桩顶面板连接),第一级边坡设置抗剪力强大的钢锚管桩框架进行加固,如图 3-194。

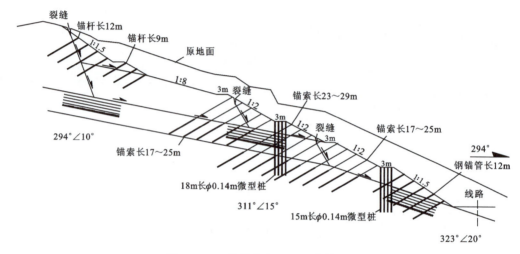

图 3-194　优化方案工程地质断面图

优化方案工程造价约为 0.42A 万元,施工便捷,针对性强,可有效对产状渐变的高边坡进行全面加固,是一个相对较优的方案。

该工点病害的经验教训:一是技术人员应有严谨的工作态度,若产状测量误差过大,或对区内地质构造缺乏相对清晰的认识,设计的处治方案就会出现偏差;二是技术人员在工作中应有担当精神,工程处治中若舍弃经济性指标而单纯追求安全性指标是有失偏颇的;三是技术人员应坚持顺层坡体"分层、分级加固,兼顾整体与局部"的原则,以及高边坡"固脚强腰"的原则。

第四章 工程斜坡病害防治措施探讨

工程措施是进行工程斜坡病害防治的手段，只有掌握各种工程措施的特点，才能对不同类型的工程斜坡病害进行有效处治。

第一节　我国公路工程斜坡防护工程的现状及发展趋势

我国地质条件复杂多样,公路影响范围内的斜坡防护工程规模大、施工难度高。随着公路建设的不断推进,作为公路工程的重要组成部分,公路路基斜坡病害的合理预防、有效处治和养护显得越来越重要、越来越迫切。作为公路建设的参与者,笔者认为有必要对公路工程斜坡防护工程的现状及动态进行梳理,以期能为我国公路工程斜坡防护工程的安全性、经济性、环保性,以及公路工程的建设与正常运营提供参考和借鉴。

一、公路工程斜坡病害类型

公路工程斜坡病害按从浅到深、从小到大分类,通常可以分为坡面病害、边坡病害、坡体和山体病害三大类(图4-1、图4-2)。坡面病害一般是指直接暴露于大气影响下的斜坡体表层,出现风化剥落、落石掉块、坡面冲刷、浅层溜滑等现象,其病害深度一般为1~2m。坡面病害是公路病害中分布最为广泛的路基病害形式。边坡病害一般是指岩土体性质较差斜坡体在现有坡高、坡率情况下,不能保持稳定而产生的浅层滑塌、坍塌与小型崩塌现象,病害多发生在松弛带以内的某一级边坡,厚度一般小于10m,规模相对较小。坡体和山体病害一般是指斜坡在自重应力与构造应力共同作用下发生的变形,病害多发生在从坡脚至山顶或山体某个宽大平台后部的一定位置范围内,是大规模变形,包括大型崩塌、高边坡整体变形、滑坡。这种坡体变形往往会造成地貌单元发生大的变化,一般需采取较大的工程代价才能得到有效治理。

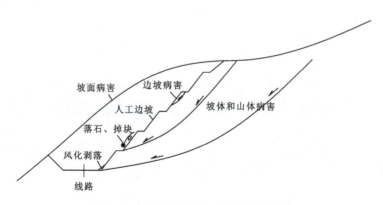

图4-1　公路工程斜坡病害类型示意图

这3种公路工程斜坡病害相互影响、相互关联。如对坡面的长期冲刷作用不加以限制,坡面冲沟会不断加深,逐渐演化为边坡变形。边坡变形不断发展,则会造成相邻边坡变形逐渐贯通而发展为坡体变形。当坡体变形累积至一定程度时,就会诱发山体的变形。反过来,山体变形造成坡体结构松散甚至解体,也就进一步促进坡面、边坡变形的发展。

第四章　工程斜坡病害防治措施探讨

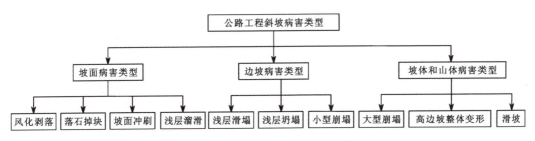

图4-2　公路工程斜坡病害分类图

二、公路工程斜坡防护工程主要类型

1. 坡面防护工程

坡面防护工程主要起到降低雨滴击溅侵蚀、减小地表水冲刷和坡面温差、调节坡面岩土体湿度、控制水土流失等多种作用，能有效防止风化剥落、落石掉块、坡面冲刷和浅层溜滑多种坡面病害。目前我国主要采用以生态绿色防护为主、圬工工程为辅（特殊地段采用柔性防护）的防治措施。

1）坡面绿化防护工程

坡面绿化能起到保护环境、美化路容的效果，使公路工程达到与自然和谐共存的状态。因此，对于我国大部分气候适宜的地区，绿化防护是最为常见的坡面防护工程措施。

绿化防护在我国主要应用藤类植物防护、喷混植生防护、三维网植草防护、喷播植草防护以及与坡面圬工骨架组合后综合防护几种类型。其他如铺草皮防护、土工格室植草防护、植生袋防护、六棱砖防护等坡面防护措施，由于工程造价高、施工不够便捷等因素而较少采用。绿化防护的植物一般选用根系发达、茎矮多叶、对环境适应能力强的草种和灌木种子，以起到立体的坡面防护效果和提高植物的成活率。

(1)藤类植物防护主要应用于边坡完整与抗风化和冲刷能力较好的坚硬岩、较硬岩、较软岩等各种坡率的坡面中，一般布设上垂下爬式藤类植物，以缩短藤类植物覆盖坡面的时间。

(2)喷混植生防护主要应用于坡率为1:0.5~1:0.75的岩质坡面，一般是通过在边坡浅表层锚固金属网，采用喷播机械将含有种植土、植物种子、保水剂等的客土混合物喷射到坡面，形成厚10~20cm的土壤复合体，达到坡面防护的目的，但工程造价相对较高。

(3)三维网植草防护主要应用于坡率不大于1:1的各类土质、类土质和软岩、极软岩坡面，当边坡上具有框架等将坡面分割为块状的圬工工程时，可应用于坡率不大于1:0.75的坡面。它主要通过在边坡浅表层锚固高强塑料三维网，采用喷播机械以一定的压力将混合好的客土喷射到坡面上，再在其上喷射根系发达植物的种子，达到坡面防护的目的，具有工程造价较低、施工快捷方便的特点。

(4)喷播植草防护主要应用于坡率不大于1:1.25的各类土质或类土质坡面，当边坡上具有框架、骨架等将坡面分割为块状的圬工工程时,可应用于坡率不大于1∶1的坡面。它主要采用机械化施工,将草籽、灌木种子、肥料、营养土和水等按一定比例充分混合后搅拌形成浆液,采用喷射机均匀地喷射到坡面,实现对坡面的防护,具有施工速度快、工程造价低的特点。

(5)综合防护主要应用于汇水面积较大的坡面,为防止形成坡面径流,采用圬工骨架、网格或框架有效分割坡面后再进行植物防护的工程施作,此时骨架主要起到分割坡面和支护坡表的作用,防止坡面发生浅表层溜滑。

2)坡面圬工防护工程

圬工防护工程是我国公路系统使用最早的防护工程措施之一,曾大面积在公路边坡坡面中应用。近年来,随着绿化防护和环保要求的提高,圬工防护工程在高速公路、一级公路等高等级公路坡面防护中的应用大幅萎缩,但在二级公路及以下等级较低的公路边坡坡面防护工程中仍有着较为广泛的应用。目前,圬工材料中浆砌片(块)石比重逐渐降低,混凝土材料比重逐渐上升,应用最多的是主动防护的护坡工程和被动防护的拦石墙工程。护坡工程主要应用于易风化、坡面多有落石掉块的岩质边坡和易于被冲刷的土质、类土质挖方边坡,如浆砌片石或混凝土护坡、护面墙与挂网喷混凝土。当坡面防护面积过大,采用原位主动防护性价比较低时,往往在边坡的某一位置设置拦石墙对坡面进行防护。

3)坡面柔性防护工程

柔性防护工程分主动与被动两类,主要用于防护坡面落石。主动防护主要采用主动网对坡面落石进行原位防护。被动防护主要应用于裸露面积过大且工程原位施工难度偏大的边坡,多在边坡的合适部位设置被动网、帘式网、钢格栅,或在线路路基部位设置柔性明洞、轻型钢架棚洞对坡面落石进行拦截。柔性防护工程在"5·12"汶川地震和"4·20"芦山地震后的公路坡面落石防护中发挥了很大的作用。

2. 边坡防护工程

某些边坡因受结构面控制或坡率过陡而不满足相应岩土体内在稳定性要求,或在降雨、地震等外在因素影响下,发生滑塌、崩塌等病害。边坡防护工程依据地质条件、开挖坡率对各级不能达到稳定休止角的边坡合理设置加固工程而起到稳定边坡的作用,目前的工程措施包括边坡坡率放缓、边坡锚固防护和边坡圬工防护。对于高陡峡谷区等特殊地段,当原位防护工程性价偏低时,常采用刚性棚洞或刚性明洞等被动防护工程进行处治。

(1)边坡坡率放缓。当坡率过陡造成边坡沿剪应力面和不利结构面发生变形时,放缓边坡坡率是提高边坡自身稳定性最常用的工程措施。该工程措施简单易行、见效快,但会增加相应的坡面防护工程和建设用地,甚至使整个公路工程斜坡的高度快速增加。因此,边坡坡率放缓主要应用于工程应急抢险或地形平缓等条件适宜的地段。

(2)边坡锚固防护工程。对于欠稳定边坡的原位加固,结合绿色防护的理念,多采用以全黏结锚杆为主的框架或以微型桩为主的工程防护措施。锚杆框架防护工程主要应用于路堑边坡或部分路堤边坡的病害处治。锚杆长度设置在土质或类土质边坡中以圆弧搜索法搜索的潜在滑面为依据,在岩质边坡中以不利结构面的组合为依据,并综合考虑钢筋的出厂长度和施工的便捷性等因素。受地形条件限制,无法在路基外侧的高陡自然边坡上搭建脚手架进行边坡加固工程施作时,可在路肩外侧部位设置竖向微型桩对影响公路的欠稳定体进行隔离加固,以达到保护公路的目的,而不是对整个欠稳定边坡进行加固。为提高微型桩的整体性受力效果,通常在桩顶设置框架或面板进行联接。一般情况下,微型桩的长度宜不大于20m,防止桩体的长细比过大影响工程防护效果。

(3)边坡圬工防护工程。由膨胀土、煤系地层等构成的岩土体性质较差的边坡,在含水量较高时,常结合排水工程采用挡墙工程进行"固脚";对于二元结构边坡,为有效限制上部覆盖层沿土岩界面发生滑移,常利用土岩界面处设置的边坡平台,采用挡墙对上部堆积体边坡进行支挡。工程中多采用刚性圬工挡墙或柔性格宾挡墙,具体形式根据边坡的地质条件、材料来源与施工的便捷性确定。对于稍密—密实的堆积层边坡和结构面发育而潜在失稳的岩质边坡,以及开挖质量较差造成岩体结构面进一步贯通而可能发生崩塌的岩质边坡,当环保要求较低或正在进行工程应急抢险时,常采用挂网喷锚防护,必要时也可结合锚杆工程有效提高边坡的稳定性。目前我国很多省份公路边坡防护中广泛应用的坡脚矮挡墙或护面墙工程,正在逐渐被易于绿化的防护工程替代,这可有效提高"绿色公路"的品质,使路容更加美观。

近年来,随着锚固工程技术的不断进步,公路不断向地质条件复杂的山区延伸,边坡挡墙防护工程中的锚杆挡墙或锚索挡墙等轻型支挡结构逐渐开始应用,且比重不断提高。它们主要应用于大截面抗滑挡墙施工不利于边坡安全,或边坡下滑力较大难以采用抗滑挡墙进行支挡的防护工程中,采用厚约30cm的钢筋混凝土面板或截面为30~50cm的肋板作为锚杆或锚索的反力结构,利用锚杆或锚索的锚固力对欠稳定边坡进行加固。这种轻型支挡结构特别适用于既有挡墙病害的处治,以及地形地貌高陡、地震烈度高地区的边坡防护。它们能有效利用既有挡墙,减少工程报废,提高工程的环保性,且施工便捷,对边坡的稳定性影响很小,能适应复杂的地形地貌并提高工程的抗震性能。这是今后边坡防护工程的一个重要发展方向。

(4)边坡刚性棚洞或明洞防护工程。高大的人工边坡或存在多级变形边坡的自然斜坡,采用原位主动防护往往会形成较大的工程规模或存在较大的施工难度,故常在线路路基处设置刚性棚洞或明洞对边坡病害进行被动防护。边坡刚性棚洞或明洞防护工程在高陡峡谷地段公路边坡病害防治中有着较为广泛的应用,由于其施工方便,安全可靠,大大节省了工程造价,取得了良好的工程效果。

3.坡体和山体防护工程

坡体和山体病害主要分高边坡病害和滑坡病害两类,是公路建设、运营中的最大危害之一,严重的往往造成较大的不良社会影响和社会财富的浪费,需要调动较多的人力、物力、财力进行处治,历来是公路病害防治的重点。坡体和山体病害的处治工程规模往往较大,需要采用锚杆、锚索、抗滑桩、锚索抗滑桩、微型桩、抗滑挡墙、抗滑棚洞和抗滑明洞、反压减重等多种措施进行组合,必要时应采取线路绕避的方法。由于坡体和山体病害的复杂性,工程处治时需全过程遵循"动态设计、信息化施工"的原则,以求针对性地对病害进行处治。

(1)高边坡防护工程。高边坡一般指边坡高度大于20m的土质和类土质边坡（含人工填土），或高度大于30m的岩质边坡，或利用地质体改造的人工边坡，其稳定性取决于自然斜坡的稳定性、地质条件和人为改造的程度。高边坡防治主要采取预加固和补偿加固的措施，遵循"固脚强腰、分级与分层加固"的原则，兼顾坡体的整体稳定性和边坡的局部稳定性，尽可能减小工程活动对坡体的扰动。依据高边坡的特点，其防护工程多采用锚杆、锚索、抗滑桩、锚索抗滑桩等多种措施进行组合，或采用调整线路平纵面以减小高边坡高度的工程处治措施，如图4-3。

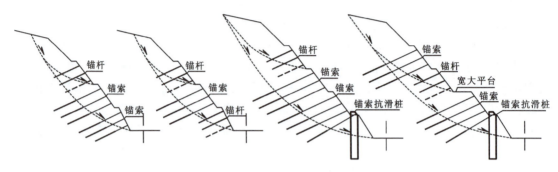

图4-3 高边坡防护工程示意图

对于锚索工程，我国基本上采用普通拉力型锚索，而对于各种形式的分散型锚索，为确保工程质量而甚少使用。需要注意的是，近年来在高边坡防护工程中，因施工质量问题，锚索工程占比有所降低，而全黏结锚杆工程应用比例逐年提升，且锚杆长度越来越长，甚至达到了30m以上。这不符合边坡工程的预加固原则，也不利于现场施工，是今后高边坡防护工程中需要注意和改进的地方。

(2)滑坡防护工程。滑坡防护工程应始终遵循的原则：正确识别滑坡，防止漏判、错判；正确认识滑坡诱发因子，合理确定防治方案；以防为主、以治为辅、综合治理；工程措施安全、经济；抓住重点、分期治理；治早治小；工程措施合理可行；动态设计、信息化施工；临时工程与永久工程相结合；满足特定施工要求且环保。

依据滑坡的特点，其防护工程多采用锚索、抗滑桩、锚索抗滑桩、微型桩、抗滑挡墙等多种措施进行组合（图4-4），也可采用隧道下穿、桥梁跨越、减重反压和绕避等其他措施。

从2014年起，人工开挖矩形抗滑桩逐渐开始向机械成孔圆形抗滑桩过渡，机械成孔圆形抗滑桩占比逐年提高。但由于圆形抗滑桩抗弯能力明显较矩形抗滑桩弱，自2017年起，四川省仁沐新高速公路开始应用以机械成孔为主的矩形抗滑桩，施作的近千根机械成孔矩形抗滑桩大大提高了抗滑桩的使用性能，取得了良好的工程效果，从而使机械成孔矩形桩快速被推广应用而走向全国。

4. 排水工程

对于公路斜坡而言，岩土体结构的变化是相对缓慢的，而水文地质条件的变化却是相对快速的。降雨、地下水渗流等作用会在短期内使边坡渗流场发生变化，当边坡的应力场无法

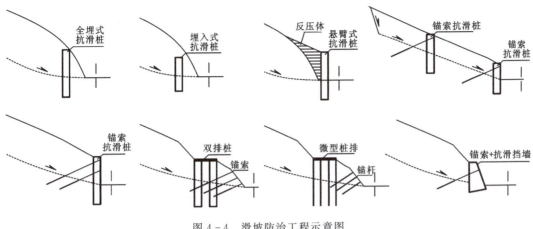

图 4-4 滑坡防治工程示意图

协调渗流场的变化时,斜坡的平衡就会被打破,从而导致坡面、边坡、坡体或山体病害的发生。如每年春融和雨季期间,都是公路工程斜坡病害的高发期,这正说明了水对公路工程斜坡的稳定性有着直接的影响。重视地下水和地表水的截、疏、排,是保证公路边坡稳定的重要手段。公路排水工程是一个完整的系统,在公路工程斜坡病害防治中,如果水的作用处理得好,就会大大提高斜坡的自身稳定性,从而大大降低防治工程的规模。目前,我国公路工程斜坡病害防护中主要采用堑顶截水沟、平台截水沟、路基边沟、边坡急流槽、仰斜排水孔、截水盲沟、渗水盲沟、排水隧洞与集水井等排水工程措施。

三、发展趋势

(1)坡面植物防护工程与公路工程斜坡的岩土体性质、坡率、加固工程的结合有待进一步加强,以进一步降低成本,提高绿化植物的成活率和减小现场施工难度。如主要应用于岩质陡坡率边坡绿化防护的喷混植生却应用于土质或类土质的缓坡率边坡,坡面绿化挂网多悬挂于框架梁面上的不合理现象需进一步改善。

(2)抗滑桩、挡墙等大圬工防护工程的应用比例相对较高,需进一步结合锚杆、锚索等轻型防护工程进行优化,以有效提升边坡防护工程的经济性和环保性。

(3)需进一步加强路基排水工程的设置,以改善工程处治措施偏重于工程支挡、加固的现状。如边坡渗沟、支撑渗沟、集水井、截水隧洞等排水工程的应用偏少,这不但增加了防护工程的成本,也不利于公路斜坡的长期稳定。

(4)作为岩土工程的重要组成部分,公路工程斜坡病害处治要求技术人员具有丰富的工程结构和工程地质知识。我国公路不断向地质条件复杂的山区延伸,对路基专业人员的技术要求提出了更高的标准。

(5)对国外成熟的工程防护技术引进、消化较慢,还需进一步提高技术的创新性。

第二节 埋入式抗滑桩的设置原则

埋入式抗滑桩由于桩体埋置于地面以下一定深度,可有效降低抗滑桩的圬工规模和工程造价,在一些滑面较深的滑坡病害处治中具有较好的应用。但埋入式抗滑桩的应用需具备一定的条件,设置不当可能导致工程治理失败。

(1)埋入式抗滑桩的设置必须严格核查是否存在越顶的问题,即以每5°为单位,试算滑面至桩顶一定范围内的下滑力是否为负值。若为正值,则表示埋入式抗滑桩存在越顶的可能,需要对桩顶标高进行调整,如图4-5。

(2)埋入式抗滑桩承担的下滑力不是滑坡的全部下滑力,而是考虑了滑体也可传递下滑力的属性,故不能由埋入式抗滑桩承担滑坡的全部下滑力,否则可能造成埋入式抗滑桩设置规模偏大,从而导致处治工程的经济性欠佳。

(3)埋入式抗滑桩设置时,不仅应考虑桩长范围内的滑坡下滑力,还应考虑到抗滑桩与滑体之间刚度差异形成的应力集中问题,承担大于自身桩长范围内滑体的下滑力。如果只考虑桩体范围内的滑坡下滑力,抗滑桩就可能无法有效抵抗滑坡的下滑力而导致工程失败,如图4-6。

(4)不宜在松散、富水堆积体中设置埋入式抗滑桩。一是性质较差的堆积体容易越顶;二是松散堆积体桩间土拱效应较差,坡体的下滑力可能从桩间穿越,造成桩体设置失败或抗滑性能大打折扣,如图4-7。这种欠合理的设置,多见于大型弃渣场或以富水、松散堆积体为主的坡体病害治理中。

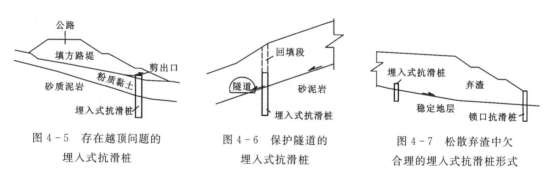

图4-5 存在越顶问题的埋入式抗滑桩　　图4-6 保护隧道的埋入式抗滑桩　　图4-7 松散弃渣中欠合理的埋入式抗滑桩形式

(5)埋入式抗滑桩最常应用于滑面上、下岩土体都具有相对较好的抗剪能力的滑坡。这类滑坡在滑床能有效提供锚固力的同时,也确保了滑体能提供较好的抗剪能力,从而确保了埋入式抗滑桩这类"抗滑键"的整体抗滑能力。

(6)埋入式抗滑桩在下部结构浇注完成后,上部回填段可采用普通填料夯实回填,不宜采用造价较高的素混凝土回填。

总之,埋入式抗滑桩虽然具有一定的经济性,但其安全性较常规抗滑桩要低一些,一旦设置不合理,就可能存在安全隐患。因此,埋入式抗滑桩的设置应具有更严格的考量,只要能合理地控制风险,埋入式抗滑桩还是有很大的应用空间。

第三节 抗滑桩病害分析及补救工程

随着我国工程建设向山区延伸,抗滑桩在大、中型滑坡和一些高大边坡的病害治理中应用越来越广泛,随之而来的是抗滑桩病害案例也越来越多。这与技术人员对抗滑桩具有结构与地质两方面属性特征认识不足密切相关。

一般来说,抗滑桩结构的钢筋混凝土性质具有较好的可控性,故结构失误造成的抗滑桩病害比例相对较低。抗滑桩病害的主要原因在于对滑坡下滑力计算失误或对抗滑桩的桩周地质体认识不足,如对岩土体性质、滑坡特征、滑面形态、地下水作用、库水位变化或河岸冲刷、桩体锚固段设置、桩前抗力等认知的偏差。在工程实践中,若桩体没有发生剪断、倾倒或其他不可再利用的情况,一般宜尽量对病害抗滑桩进行补救,减少抗滑桩报废的不利局面。

1. 抗滑桩锚固深度不足或下滑力计算失误及补救工程

理论上,抗滑桩的锚固能力是建立在锚固于滑床"半无限体"基础上的,但有时半坡桩的桩前不具备"半无限体"性质,锚固段往往因实际锚固能力不足而发生病害。因此,半坡桩的设置应严格控制桩前滑面以下的岩土体,在水平距离5～10m或3～5倍桩体宽度范围内的滑床不能作为抗滑桩锚固段,以确保抗滑桩锚固段的"半无限体"性质。

(1)半坡桩病害。半坡桩病害是抗滑桩病害的主要形式,半坡桩发生病害的主要原因是抗滑桩的锚固段设置深度不足,如图4-8,其补救工程如图4-9。

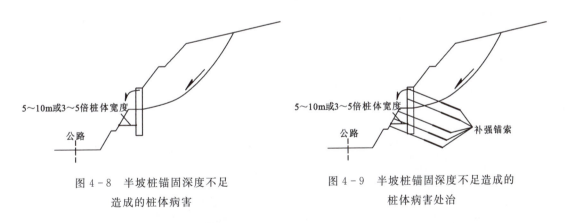

图4-8 半坡桩锚固深度不足　　　　图4-9 半坡桩锚固深度不足造成的
　　　　造成的桩体病害　　　　　　　　　　　　桩体病害处治

(2)河流冲刷造成的抗滑桩病害。指的是沿河流布置的抗滑桩受到河流冲刷导致桩体锚固力不足而形成的病害,如图4-10,其补救工程如图4-11。

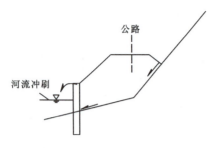
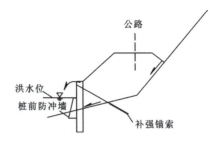

图4-10 河流冲刷造成的桩体病害　　　图4-11 河流冲刷造成的桩体病害处治

(3)滑面深度判断有误造成的抗滑桩病害。在坡体病害处治中,由于滑面深度判断失误,坡体的实际下滑力明显大于设计下滑力,或抗滑桩的锚固段长度明显小于设计要求的长度,导致抗滑桩发生病害,如图4-12,其补救工程如图4-13、图4-14。

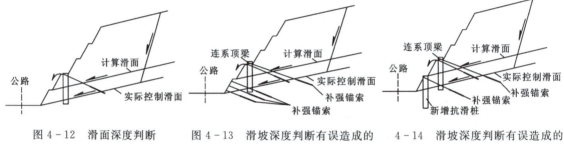

图4-12 滑面深度判断　　图4-13 滑坡深度判断有误造成的　　4-14 滑坡深度判断有误造成的
有误造成的桩体病害　　　桩体病害处治(一)　　　　　　桩体病害处治(二)

(4)滑坡下滑力计算有误造成的抗滑桩病害。在坡体病害处治中,由于滑面参数选取有误或下滑力计算有误,滑坡实际下滑力明显大于设计下滑力,抗滑桩所受的推力明显偏大,造成抗滑桩发生病害,如图4-15,其补救工程如图4-16。

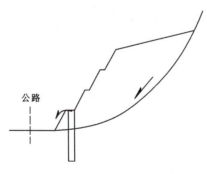
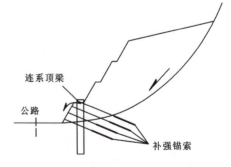

图4-15 滑坡下滑力计算　　　　图4-16 滑坡下滑力计算
　有误造成的桩体病害　　　　　　有误造成的桩体病害处治

(5)滑坡变形模式判断有误造成的抗滑桩病害。在坡体病害处治中,由于病害的控制性计算模型有误,滑坡范围、滑面与实际情况不符,抗滑桩所受的推力明显偏大,造成抗滑桩发生病害,如图4-17,其补救工程如图4-18。

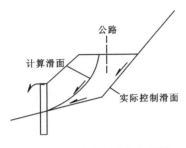

图4-17 滑坡变形模式判断有误造成的桩体病害

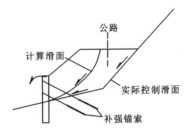

图4-18 滑坡变形模式判断有误造成的桩体病害处治

(6)滑坡范围预估有误造成的抗滑桩病害。由于病害范围预估有误,实际发生病害的范围明显大于设计预加固范围,抗滑桩所受的推力明显偏大,造成抗滑桩发生病害,如图4-19,其补救工程如图4-20。

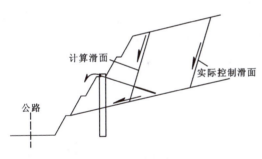

图4-19 滑坡范围预估有误造成的桩体病害

图4-20 滑坡范围预估有误造成的桩体病害处治

(7)覆盖层滑移造成的抗滑桩病害。在坡体病害处治中,依据圆弧滑面或原地面形成的滑面进行抗滑桩设置,但由于覆盖层软弱,在填方作用下,滑面依附于覆盖层出现滑移,使抗滑桩抗力不足形成病害,如图4-21,其补救工程如图4-22。

综上所述,由于抗滑桩锚固深度不足或下滑力计算失误导致的桩体病害,如果增加的下滑力或损失的锚固段较小时,可在抗滑桩前斜坡(边坡)上设置锚索补强工程,或在抗滑桩顶设置冠梁,或在桩间连系梁后施作锚索对滑坡推力进行平衡(注意补强锚索角度与长度的调节,防止出现群锚效应);如果增加的下滑力或损失的锚固段较大而无法采用轻型锚索工程进行补强时,可在抗滑桩前新增一排抗滑桩进行处治(一定要注意新增抗滑桩施工时对既有病害抗滑桩的扰动,必要时应设置临时加固工程)。当然,也可在既有病害抗滑桩顶或桩间设置连系梁后施作锚索对滑坡推力进行平衡,以减小抗滑桩工程的规模。

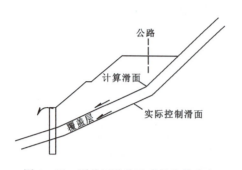
图4-21 覆盖层滑移造成的桩体病害

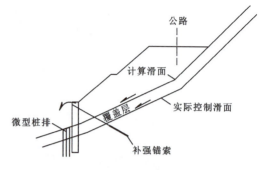
图4-22 覆盖层滑移造成的桩体病害处治

2. 多排桩布置失误及补救工程

在大型滑坡或高边坡病害处治中,多排桩布置失误,如对于正在变形的坡体,考虑了后排抗滑桩的桩前抗力,或考虑了后排抗滑桩对前排抗滑桩传递的下滑力等,会造成后排抗滑桩发生病害,严重的可能导致后排抗滑桩被"各个击破"而使得前排抗滑桩也发生病害,如图4-23。此类抗滑桩病害补救时,可在后排抗滑桩顶设置冠梁或在桩间设置连系梁后,施作锚索对滑坡推力进行平衡。如果后排抗滑桩所受下滑力偏大造成锚索无法补强时,可在既有抗滑桩的后部补设抗滑桩(一定是在既有抗滑桩的后面,且与既有抗滑桩错位布置),与既有抗滑桩形成桩排共同承担下滑力,继而在出现病害的前排抗滑桩桩顶设置锚索或在桩间挂板设置地梁锚索平衡坡体下滑力,如图4-24、图4-25。

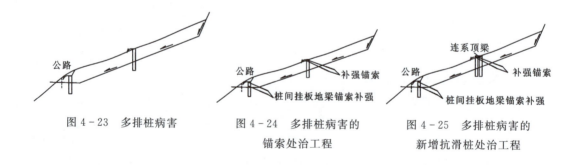

图4-23 多排桩病害 图4-24 多排桩病害的锚索处治工程 图4-25 多排桩病害的新增抗滑桩处治工程

3. 坡体地下水作用及补救工程

地下水的存在会使滑体水压力增加、滑面抗剪力减小,从而造成抗滑桩抗力不足发生病害,如图4-26。此类抗滑桩病害补救的关键是在迎水侧对地下水进行截排,在桩间设置仰斜排水孔对滑体地下水进行疏排,从而有效降低地下水对滑体的作用力,提高滑坡的自身稳定性。在此基础上,可在抗滑桩顶设置冠梁,或在桩间设置连系梁,或在桩间挂板设置地梁后,施作锚索提高滑坡的稳定性,如图4-27。

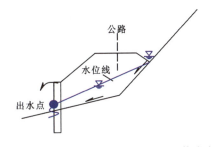

图 4-26 坡体地下水作用造成的桩体病害

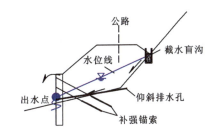

图 4-27 坡体地下水作用造成的桩体病害处治

4. 软弱地层锚固力不足及补救工程

抗滑桩部位存在断层、煤系地层等软弱地层时，会造成抗滑桩锚固力不足而发生病害，如图 4-28。此类抗滑桩病害补救措施主要是采用微型钢管桩排或钢锚管框架对抗滑桩锚固段注浆，提高桩周岩土体的锚固能力，并在抗滑桩顶设置冠梁，或在桩间设置连系梁，或在桩间挂板设置地梁后，施作采用二次注浆的锚索工程提高抗滑桩的抗滑能力，如图 4-29。

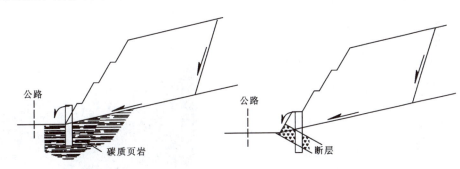

图 4-28 桩位处地层软弱造成的桩体病害

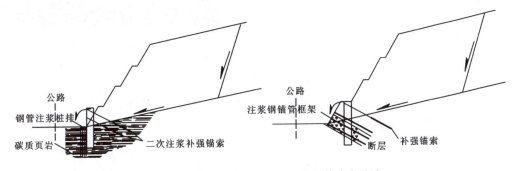

图 4-29 桩位处地层软弱造成的桩体病害处治

总之，抗滑桩病害的成因多种多样，工程实践中需根据具体病害情况进行分析。以上所举的案例并非全部，只是具有代表性的抗滑桩病害补救措施。但无论何种抗滑桩病害，由于其工程规模较大，工程造价较高，没有特殊原因宜尽量进行补救而不宜废弃，以免造成较大的工程报废规模和不良的社会影响。

第四节　半坡桩病害特征及处治

滑坡与高边坡病害治理中,抗滑桩的应用非常广泛,具有不可替代的作用。但是在工程实践中,因设置欠合理或不合理,抗滑桩病害案例层出不穷,其中的半坡桩病害案例更是居高不下。

1. 案例

1)案例一

某坡体上覆以厚层崩坡积为主的堆积体,线路以隧道的形式通过该坡体,为防止隧道开挖造成堆积体沿土岩界面发生滑移,技术人员在内侧隧道上部设置了一排抗滑桩进行预加固。但在工程施工过程中,由于半坡桩的锚固力不足,堆积体变形挤压左侧隧道,形成了很大的安全隐患,最终采用隧道外侧反压+抗滑桩上布置多束大吨位锚索弥补原抗滑桩锚固力以及对隧道环状钢管注浆(钢管保留)的工程措施进行处治,如图4-30、图4-31。

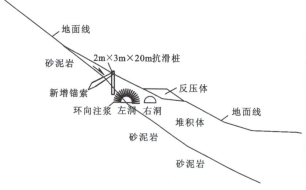

图4-30　案例一工程处治断面图

图4-31　案例一工程处治现场图

2)案例二

某坡体位于向斜轴部附近,主要由砂泥岩地层构成,岩体破碎,地下水丰富,路堑边坡高约45m。技术人员采用在第一、二、四级边坡设置锚索框架,第三级边坡设置锚杆框架,第二级平台部位设置锚索桩的方案对边坡进行加固。路基开挖至线路标高附近时,除第一级边坡锚索框架尚未施工外,在其余工程均已施作的情况下,坡体出现大规模变形而形成工程滑坡,抗滑桩外倾,锚索工程破损严重。最后不得不在第一级平台部位重新设置大截面抗滑桩,以及在原抗滑桩部位增设锚索,并在坡脚设置仰斜排水孔进行处治,如图4-32、图4-33。

3)案例三

某老滑坡地段原设计方案为"半路半桥",工程施工过程中滑坡复活导致左线桥墩桩孔发生变形,故采用"桥改路"对老滑坡进行反压,并在第二级平台设置半坡桩对路基内侧的滑体进行处治。反压工程实施后,老滑坡整体稳定性良好。但由于半坡桩设置失误,滑坡从路基开挖面剪出,半坡桩出现较大变形,最终不得不在坡脚挡墙后部重新布设抗滑桩对滑坡进行处治,如图4-34、图4-35。

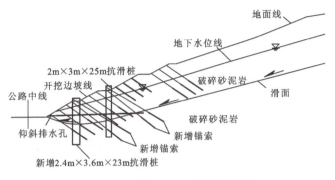

图4-32 案例二工程处治断面图　　　　图4-33 案例二工程处治现场图

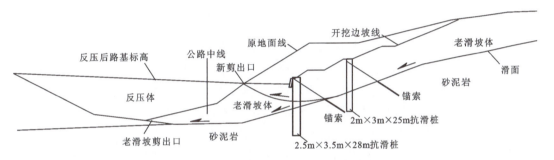

图4-34 案例三工程处治断面图

图4-35 案例三工程处治现场图

2. 半坡桩设置原理

锚固段设置欠合理是半坡桩发生病害的最主要原因之一。锚固段设置欠合理极易造成半坡桩桩体抗滑力不足而发生倾斜病害,故计算时应将桩前水平距离5～10m或3～5倍桩体宽度范围内的竖向长度扣除,不计入抗滑桩锚固段。这是因为桩前岩土体宽度太小,不能保证抗滑桩锚固段的"半无限体"形态。

此外,桩体的锚固段长度应严格核查控制性结构面的最低标高值,以确保满足锚固能力的需求。如滑面剪出口、人工开挖基准面等的最低标高为抗滑桩锚固段计算起点,如图4-36。

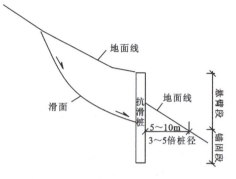

图4-36 半坡桩锚固段确定示意图

3. 半坡桩病害处治措施

(1)应急阶段可在桩前进行反压,提高半坡桩的锚固能力。
(2)在半坡桩间挂板上设置地梁锚索加固,减小作用于桩体的下滑力。
(3)在抗滑桩顶上设置联系冠梁后采用锚索加固,减小作用于桩体的下滑力。
(4)在桩后对滑体进行卸载,减小滑体作用于抗滑桩的下滑力。
(5)在桩前边坡上设置锚索工程,提高抗滑桩的锚固能力。
(6)在半坡桩的前部或后部新增抗滑桩,将原半坡桩当作"特殊滑体"的一部分重新进行滑坡参数和下滑力计算。
(7)有效截、疏、排坡体中的地表水和地下水,减小坡体水压力,提高滑坡的稳定性,也就间接减小了作用于半坡桩的推力。

需要说明的是,不建议在既有半坡桩的桩身设置锚索进行加固,防止锚索钻孔施钻打断抗滑桩主筋,影响桩体受力,如图4-37、图4-38。

图4-37 半坡桩桩身设置锚索时施工难度大

图4-38 半坡桩桩身设置锚索造成桩体结构受损严重

总的来说，由于半坡桩受力的局限性，设置时应充分考虑到影响其稳定性的各项不利因素。此外，半坡桩病害处治时，应尽量利用既有桩体。

第五节　抗滑桩设计关键之横向地基承载力

抗滑桩是典型的岩土工程结构，也就是说，抗滑桩的设置不但要满足其自身结构的受力要求，也要满足其与地质体之间的受力要求。

一般情况下，抗滑桩的结构计算方法是成熟的，故相对少有因抗滑桩结构计算失误造成的桩体病害。但对于抗滑桩与地质体之间的计算模型，即以地基容许承载力为控制的锚固段设置计算模型往往较为模糊，尤其是半坡桩的锚固段并不是严格地如计算公式中所要求的"半无限体"，造成桩体锚固力不足而出现病害，这是工程实践中最为常见的抗滑桩病害，如图4-39。

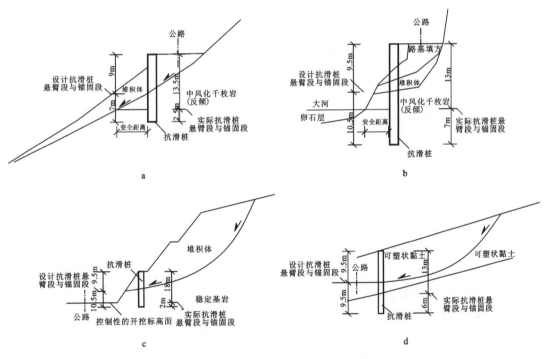

图4-39　抗滑桩地基承载力计算失误典型断面图（图中单位：m）

在抗滑桩设计中，应重点对桩前地基容许承载力、桩体位移、桩体弯矩、桩体剪力逐一进行计算分析，缺一不可。这里不再对相对简单的桩体弯矩和剪力计算进行说明。对于桩体位移，一般要求按锚索抗滑桩的桩顶位移不大于5cm、普通抗滑桩的桩顶位移不大于10cm的工程经验取值，且要求桩体倾斜度不大于悬臂段长度的1/100。下面对抗滑桩的桩前地基容许承载力进行说明。

一、桩前地基容许承载力

1. 锚固段位于岩体中

矩形抗滑桩桩前地基容许承载力计算公式:

$$[\sigma] \leqslant K_h \eta R \tag{4-1}$$

圆形抗滑桩桩前地基容许承载力计算公式:

$$[\sigma] \leqslant \frac{1}{1.27} K_h R \tag{4-2}$$

式中:K_h 为水平向换算系数,根据岩体构造选取 0.5~1;η 为折减系数,根据岩体节理、风化程度、软化程度选取 0.3~0.45;R 为岩体单轴极限抗压强度(kPa)。

2. 锚固段位于土质或类土质中

当地面坡度 $\theta \leqslant 10°$ 时:

$$[\sigma] = \frac{4}{\cos\varphi}(\gamma_1 \times h_1 + \gamma_2 \times y)\tan\varphi + c \tag{4-3}$$

当地面坡度 $\theta \geqslant 10°$ 时,且小于锚固段的综合摩擦角,即 $\theta \leqslant \theta_s$ 时:

$$[\sigma] = 4(\gamma_1 \times h_1 + \gamma_2 \times y)\frac{\cos^2\theta \times \sqrt{\cos^2\theta - \cos^2\varphi_0}}{\cos^2\varphi_0} \tag{4-4}$$

式中:γ_1 为滑体重度(kN/m³);γ_2 为锚固段土体重度(kN/m³);φ 为锚固段土体内摩擦角(°);c 为锚固段土体黏聚力(kPa);h_1 为滑面至地面距离(m);y 为滑面至计算点距离(m);φ_0 为锚固段土体综合内摩擦角(°)。

二、工程要求

为确保抗滑桩锚固段的"半无限体"性质,工程中要求如下:

(1)抗滑桩锚固段的桩前"三角体"水平距离 5~10m 范围内厚度的岩土体不计入锚固段(岩体完整时取小值,岩体较破碎或为土质与类土质时取大值)。对于存在人工开挖、河流冲刷等影响的坡体,要注意抗滑桩锚固段与开挖或冲刷标高之间的关系。

(2)《公路滑坡防治设计规范》(JTG/T 3334—2018)中要求,桩前宽度达到 3~5 倍的桩径时才能考虑"半无限体"属性,但并没有对地层要求和桩径情况进行说明。在此建议,岩体完整时桩前安全度取小值,岩体较破碎或为土质与类土质时桩前安全度取大值;对于桩径,圆形桩取值是明了的,矩形桩取桩体的宽边,即垂直滑坡主滑方向的桩体宽边,因为它是桩前横向承载力的直接受力边。

此外,桩前承载力偏小造成桩体锚固段长度过大时,宜在抗滑桩悬臂段设置锚索以减小桩体对桩前承载力的要求,或在桩前斜坡上设置锚索框架等工程,提高桩体锚固段的锚固能力,或在桩前设置钢管桩进行注浆形成复合地基,或加大抗滑桩宽度等降低桩体对地基承载力的要求。

第六节 抗滑桩桩间支护结构杂谈

自抗滑桩问世以来,桩间支护结构就与抗滑桩一起,共同在边坡、滑坡等病害治理中发挥了巨大的作用。

1. 桩间支护结构的前世今生

抗滑桩与桩间支护虽然是在 20 世纪 60 年代出现的,但其应用的雏形在我国劳动人民的田间地头早已出现。如南方农民为防止水田的田埂饱水坍塌,常在木桩与木桩间设置各种各样的板状物进行支撑。工程实践中,伴随着点式抗滑桩的出现,桩间支护结构也应运而生。桩间支护结构主要有浆砌或混凝土的护坡、护面墙、挡墙,以及挂网喷混凝土,直至后来出现的桩间预制或现浇钢筋混凝土挂板等形式。所用材料随着时代的发展逐渐由最初的浆砌材料向混凝土材料或钢筋混凝土材料过渡。

2. 桩间支护结构的使用原因

桩间支护结构物是抗滑桩的附属物。虽然抗滑桩通过合理设置桩间距可以对后部滑体起到有效的支挡作用,但抗滑桩以点式布置,桩与桩之间必然会形成一定的间隙,从而可能造成悬臂桩的桩间岩土体出现溜塌、滑塌、坍塌、落石掉块等小范围变形现象,故需依据岩土体性质在桩间设置结构物进行支护。

3. 桩间支护结构的选用

桩间支护结构的选用首先要区别岩与土这两种不同性质的地质体。

对于岩质边坡,抗滑桩间的边坡稳定性主要取决于不利结构面,尤其是小型结构面控制形成的楔形体、危岩落石等,故一般情况下桩间支护结构物受力较小,采用护坡、护面墙或挂网喷混凝土甚至是素喷混凝土就可以起到良好的防护作用。

对于土质或类土质边坡,抗滑桩间边坡的稳定性主要取决于土拱效应的形成,即桩后土体以桩为支撑点形成土拱,可以确保拱后坡体的稳定。但如若桩间土体饱水或富水时,桩间土拱往往难以形成,土体可能出现相对较大的滑塌或溜塌,故一般情况下桩间支护结构规模较岩质边坡要大一些,常采用加厚护面墙、挡墙或钢筋混凝土挂板进行防护。

4. 桩间支护结构的设置位置

抗滑桩桩间支护结构一般只应用于桩体的悬臂段,锚固段由于桩周岩土体的存在,一般不会使用桩间结构物。依据与桩体的相互位置,桩间钢筋混凝土挂板结构可分为桩后挂板、桩间挂板和桩前挂板 3 类形式。

桩后挂板主要应用于填方边坡,目的是方便现场填筑过程中机械设备的使用和填筑质量的控制,如图4-40。

桩前挂板主要应用于挖方边坡,目的是防止采用桩后挂板导致坡体开挖过量,尤其是桩后土体饱水或富水时形成滑塌病害。这样做的另一个优点是方便在饱水或富水坡体中,在挂板后部一定高度范围内的桩间设置透水性材料,从而达到有效疏排桩后岩土体地下水的效果,如图4-41。需要说明的是,桩前挂板宜尽量采用预留筋与桩体连接,防止掉板或挂板定位不佳而错位的事件,不宜采用在桩身上打孔的锚杆连接形式,防止钻孔对桩身钢筋造成损伤影响桩体抗弯能力。

桩间挂板主要应用于一些有特殊要求的填挖方边坡,由于悬臂段为"T"形的抗滑桩施工难度较大,故没有特殊要求一般应用较少,而植筋或预留筋的桩间挂板则应用相对较多,如图4-42。利用圬工抗压性能的桩间拱形挂板,由于施工难度较大,在工程中应用较少,如图4-43。护坡、护面墙、挡墙等工程,由于自身结构要求,往往在桩间以一定坡度的胸坡进行设置,其变化样式较少,布置相对单一,如图4-44。

图4-40 填方体边坡桩后挂板

图4-41 挖方边坡桩前现浇挂板

图4-42 悬臂段"T"形预制桩间挂板

此外,不建议在设置桩间挂板后再画蛇添足地对桩与挂板喷混凝土。这主要是因为在垂直的桩与挂板面上喷混凝土很难确保其长期稳定,尤其是在地下水丰富的地区,墙面混凝土常掉落而存在安全隐患,如图4-45。

图4-43 桩间拱形挂板

图4-44 桩间挡墙布置支护

图4-45 挂板上混凝土掉块

5. 桩间支护结构规格

桩间支护结构物在岩质边坡中由于受力往往较小，结构规格也相对较小。如挂板可只考虑规范要求的最小尺寸或结构配筋，厚度较小的护面墙或采用挂网喷混凝土进行防护。

桩间结构物在土质或类土质边坡中需要依据土拱效应合理选用计算模式，切忌采用"半无限体"进行土压力计算，故一般情况下，作为C30混凝土标号的桩间挂板厚度常采用25~35cm就可满足工程使用要求。但目前工程实践中，桩间挂板有越来越厚的趋势，甚至达到了60~70cm，这种"不良的风气"一定要刹一刹，不能任其发展。

此外，由于桩体后部土体在竖向同样存在拱效应，即介于桩与破裂面之间的拱效应，桩间支护结构物的截面厚度并不是随着防护高度的增加而呈线性增加，考虑到地震效应和方便现场施工，建议挂板取等厚为宜。

随着时代的发展和环保要求的提高，桩间挂板出现了易于绿化的"百叶窗"形式。这是笔者很多年前的一个发明专利，在工程中具有较好的推广应用价值。

第七节　锚索拉力对抗滑桩受力效果的探讨

锚索抗滑桩以其强大的抗滑能力、主动受力等特性，成为治理大型滑坡的主要工程措施之一，并逐渐演变出桩头设置锚索、悬臂上多点设置锚索的桩体结构。它们利用锚索形成的新增支点，大大优化了抗滑桩的内力和对岩土体的锚固力需求，减小了抗滑桩的结构截面、长度、配筋等规模，具有更高的抗滑力度和更好的工程经济性指标，是治理滑坡的"重型武器"之一。但在工程实践中，常见到抗滑桩结构上设置一孔锚索的欠合理形式。这种没有领会锚索抗滑桩内涵的设置，大大弱化了锚索的优点，实在可惜。

在此，以一个推力为1200kN/m、间距布置为6m、桩长为24m，其余的地基承载力、地基弹性抗力系数、锚索中心布置、倾角、滑面位置、滑坡推力分布、桩前抗力分布等参数均相同，但桩体上的锚索拉力变化的抗滑桩计算为例，分析其控制性参数的变化关系（表4-1、表4-2）。

根据分析结果，桩身锚索拉力的增加，对桩身弯矩、桩前承载力和桩身转角有着巨大的影响，但对桩身剪力影响相对较小。因此，不断在桩体的悬臂段增设锚索拉力，可以大大优化抗滑桩结构和对桩周岩土体的要求，且对抗滑桩弯矩、桩前承载力和转角的优化幅度远高于锚索增加的幅度。随着桩体受力性能的改善，抗滑桩的截面、锚固段长度、桩体配筋等不断减小，这就是锚索抗滑桩明显较普通抗滑桩更为经济的主要原因。需要说明的是，从表4-2可以看出，当锚索拉力与滑坡推力比值为20%左右时，其优化其他相关参数的增长率开始下降。因此，建议锚索抗滑桩工程的锚索拉力占锚索抗滑桩整体抗力的20%左右为佳。

表 4-1 不同锚索预应力的桩身最大转角、桩前最大承载力、桩身最大剪力和桩身最大弯矩关系

桩身最大锚索预应力/kN	0	500	1000	1500	2000
桩身最大转角/($\times 10^{-4}$ Rad)	3.906	3.455	3.004	2.467	2.103
桩前最大承载力/kPa	1 371.7	1 223.4	1 075.2	898.4	778.7
桩身最大剪力/kN	7200	6730	6260	5700	5320
桩身最大弯矩(kN/m)	48 100	41 100	34 100	25 900	20 400

表 4-2 锚索拉力占比与桩身最大弯矩、桩身最大剪力、桩前最大承载力、桩身最大转角占比关系

单位:%

锚索拉力与滑坡推力比值	0	6.94	13.9	20.8	27.8
桩身最大弯矩下降比值	—	14.55	29.11	46.49	57.59
桩身最大剪力下降比值	—	7.31	13.7	21.4	26.6
桩前最大承载力下降比值	—	10.8	21.6	34.5	43.3
桩身最大转角下降比值	—	11.5	23.3	36.8	46.3

根据理论分析,随着桩身锚索增加到一定程度,可以将抗滑桩当作大截面、具有一定锚固段的梁体结构。如有特殊工程需要,理论上可以不断加大锚索拉力在锚索抗滑桩体系中的抗力占比。比如用于收坡的长大悬臂锚索抗滑桩,就可增加设置于悬壁段预应力锚索占比从而一定程度上将抗滑桩看作是一个具有抗滑作用的大截面锚索反力结构梁体。笔者就曾设置悬臂为19m(抗滑桩锚固段长度为8m)和23m(抗滑桩锚固段长度为7m)的梁式锚索桩工程用于高边坡收坡,取得了良好的工程效果。当然,随着抗滑桩上锚索的增加和桩截面与长度的不断优化,最终锚索桩就会演变为锚索框架或锚索地梁形式的结构。

第八节 桩基托梁挡墙之高承台与低承台

在工程设计中,常有技术人员认为高填方体设置高承台桩基托梁挡墙是不合理的,而应只设置墙基位于地面的低承台桩基托梁挡墙。

桩基托梁挡墙的受力模式为挡墙承担承台以上墙背范围内的土压力或下滑力,而桩基承担挡墙墙顶至桩身锚固段以上部位的土压力或下滑力,即桩体需承担全部填土后部的土压力或下滑力,如图4-46、图4-47。有时会在衡重台部位设置承载板或在墙后设置土工格栅等来提高挡墙的稳定性。

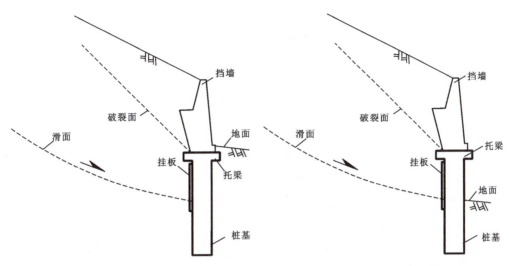

图 4-46　低承台式桩基托梁挡墙　　　　图 4-47　高承台式桩基托梁挡墙

从以上受力模式可以看出,所谓高承台桩基托梁挡墙和低承台桩基托梁挡墙的受力模式其实没有本质区别,这就说明了两者可以根据现场需要灵活选用。需要说明的是,桩基托梁挡墙结构中的挡墙高度一般不宜超过10m。

如某高速公路互通段出现9个滑坡,技术人员采用桥改路后设置3排抗滑桩的方案进行处治,且中间第二排桩的悬臂长12m,上部挡墙高约8m。近15年来,工程效果良好,如图4-48。

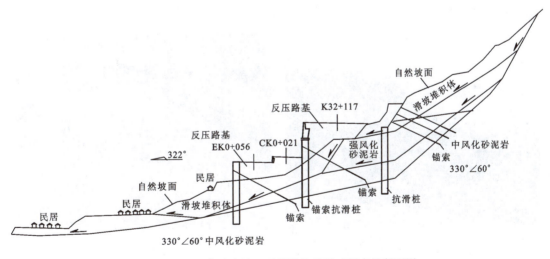

图 4-48　某高速公路互通段滑坡反压工程布置断面图

第九节　工程实践中双排桩设置要点

滑坡下滑力较大时可能需要设置双排桩进行支挡,但工程实践中双排桩的设置理念存在一定争议。笔者结合前人的研究、工程实践和自己的一些工程经验,在此进行探讨和总结,供参考。

(1)前后两排抗滑桩的间距大于10倍桩长边(桩径)时,为安全起见,应考虑分级支挡,不宜考虑抗力协调问题。这是因为滑坡的岩土体性质往往较差,前后两排抗滑桩之间进行抗力传递需桩间岩土体较大变形才能协调。而作为抗滑桩,尤其是锚索抗滑桩,桩体的大变形是不容许的。如锚索抗滑桩一般要求桩顶位移不宜超过5cm,普通抗滑桩的桩顶位移不宜超过10cm等。因此,即使在前后两排抗滑桩之间设置连系梁或连系面板,也由于间距过大很难起到协调变形的作用。

(2)前后两排抗滑桩的间距小于抗滑桩长边(桩径)的2倍时,由于间距过小,且考虑到工程的安全性和施工的便捷性,建议采用大型单排抗滑桩替换双排桩。

(3)前后两排抗滑桩的间距为桩长边(桩径)的2~6倍,是双排抗滑桩设置的理想范畴,可以通过在桩顶、桩身设置连系梁形成门形桩、椅式桩进行联合支挡。

前后两排抗滑桩的下滑力分配:一般情况下,后排抗滑桩需提供更大的抗力而作为主桩使用,前排抗滑桩主要对后排抗滑桩传递的下滑力和两桩之间的滑体下滑力进行支挡,故提供的抗力相对较小,应作为副桩使用,如图4-49、图4-50。前后两排抗滑桩对整个滑坡下滑力的支挡分配宜约为3.5∶6.5。

图4-49　分级支挡的双排桩工程

图4-50　正在施作的双排桩工程

前后两排抗滑桩桩身处的推力分布形式:对于后排抗滑桩,依据滑体岩土体性质和单排桩的受力模型可对桩背(后部)的推力分布进行确定。如松散地层可采用三角形分布模型进行计算,密实的堆积体可采用梯形分布模型进行计算,完整基岩滑体可采用矩形分布模型进行计算。对于前排抗滑桩,由于前后两排抗滑桩间距较小,且桩背受力主要由后排抗滑桩传递而来,故一般情况下建议采用矩形分布模型进行计算。

前后两排抗滑桩滑面以上抗力的应用:对于后排抗滑桩,由于桩前抗力的反力为向前排桩传递的下滑力,故不建议考虑桩前抗力。对于前排抗滑桩,依据滑体岩土体性质和单排桩的受力模型可对桩前抗力分布进行确定。如松散地层可采用三角形分布模型进行计算,密实的堆积体可采用梯形分布模型进行计算,完整的基岩滑体可采用矩形分布模型进行计算。

(4)前后两排抗滑桩的间距为 6～10 倍的桩长边(桩径)时,建议设置强大的连系梁用于抗滑桩的受力变形协调,并进行必要的安全系数折减。

前后两排抗滑桩的布置形式:桩前抗力理论上呈梯形扩散,当前后两排抗滑桩间距较小时,为更有效地应用桩前抗力,以及减小前后两排抗滑桩在施工过程中的扰动,抗滑桩宜采用梅花形布置,而不宜采用矩形布置。

前后两排抗滑桩的应用形式:为有效提高前后两排抗滑桩之间的受力协调,建议两排桩同时采用同一受力形式。如同时采用锚索抗滑桩或普通抗滑桩(图 4-51),而不宜一排采用锚索抗滑桩,另一排采用普通抗滑桩。

图 4-51　同时采用锚索抗滑桩或普通抗滑桩的应用形式

第十节　对人工挖孔抗滑桩被限制或禁止使用的思考

人工挖孔抗滑桩自 20 世纪 60 年代初由铁道部科学研究院西北分院(现中铁西北科学研究院)和铁道部第二勘察设计院(现中铁二院)研发以来,以其具有布置灵活、抗力大的特点,深受广大工程技术人员的喜爱,扭转了治理大中型滑坡的被动局面,成为我国滑坡治理的一种标志性工程措施。

近年来,我国公路、市政等行业对人工挖孔抗滑桩采取限制的措施,逐渐以机械成孔桩替代,机械成孔桩具有越来越大的占比,甚至有些省份及行业已完全禁止采用人工挖孔抗滑桩的使用。主要原因如下:一是我国的综合国力不断提升,机械制造业快速发展;二是我国人工成本不断提升,人工挖孔成本不断提高;三是有关管理人员认为人工挖孔桩的安全风险过大,一旦发生安全事故,将非常不利于工程的正常进行。

众所周知,作为以抵抗侧向力为主的抗滑桩,工字型截面抗弯效果最好,其次为矩形,再次为正方形,最后为圆形。但工字型截面抗滑桩由于施工难度大,在工程中几乎没有应用。因此,几十年来工程中最常用的抗滑桩截面为矩形或正方形。圆形抗滑桩由于抗弯能力较弱,抵抗相同的下滑力所要耗费的材料远大于矩形或正方形抗滑桩,故工程实践中一直很少使用。

10余年来,由于我国机械制造业的快速发展和人工成本的不断提高,在地质灾害、岩土工程治理中适时采用机械成孔的圆形抗滑桩是可行的,尤其是在一些工期偏紧、设备进出场方便或有特殊要求的岩土工程中有着较好的应用,有效解决了人工挖孔抗滑桩施工进度偏慢的问题。但由于圆形抗滑桩抗弯能力较差,工程应用中费用上升幅度较大。

此外,有些管理人员担心人工挖孔桩的安全风险,采用"一禁了之"的粗放管理模式。客观来说,人工挖孔桩与机械成孔桩相比,施工人员的确存在相对较高的安全风险,但这种风险是可控的。毕竟从几十年来人工挖孔桩使用的情况来看,施工人员伤亡的比例是非常低的。因此,对人工挖孔桩采取"一禁了之"的措施是非常可惜的,这导致了有的大中型滑坡治理费用急剧攀升。

可喜的是,为有效解决机械成孔圆形抗滑桩抗弯能力不足的问题,四川省率先使用机械成孔矩形桩,并取得了良好的工程效果。如仁沐新高速公路千余根矩形抗滑桩采用机械成孔,开创了我国交通行业的先河,具有良好的示范作用,且工程费用较人工挖孔抗滑桩低,但工作效率却大幅提升。

综上,虽然机械成孔桩应用越来越广泛,尤其是随着机械工艺的不断成熟,各种截面的机械成孔桩可能会在不久的将来百花齐放。但人工挖孔抗滑桩作为经典的抗滑桩形式,仍然占有一席之地。毕竟有的地方机械设备是无法使用的,有些滑坡忽视经济成本而大规模采用机械成孔桩是不可取的。

第十一节 抗滑桩桩周土体加固范围的确定

抗滑桩应用于工程支挡时应首先确保桩体结构的稳定,而桩体结构的稳定,最关键的是桩体自身的锚固力能有效平衡桩体所受的推力。尤其是当桩周岩土体力学性质较差而需要对其进行处治时,就需要确定合理的处治范围。范围过大,不利于工程经济性指标的实现;范围过小,桩体的锚固力无法得到有效保障。

如某路段右侧为一栋3层楼房(桩基础),距离辅道仅有3.1m,原方案在辅道左侧长240m的范围内设置桩板墙进行预加固。抗滑桩参数为1.8m×2.2m×18m@5.5m,其中桩体锚固段为8.8m,且为改善抗滑桩锚固段力学性质,在桩前全幅主线路基范围内设置了灰土挤密桩对地基进行加固处理。

工程施工时,发现部分桩体9.2～10.7m范围内的土体呈软塑状,并含5.1%～7.8%的有机质,其下为厚9.2m～19m的较湿中密含砾粉土,再向下为稍湿的中密状圆砾。由于土体力学性质较原方案差,故决定将抗滑桩从18m(悬臂长9.2m+锚固段8.8m)调整为22m(悬臂长为9.2m+锚固段12.8m),同时采用水泥搅拌桩对桩前全幅主线路基范围内和桩后6.05m范围内的土体进行处理。其中,搅拌桩的桩径为0.5m,桩间距为1.1m,桩长为20m,如图4-52。

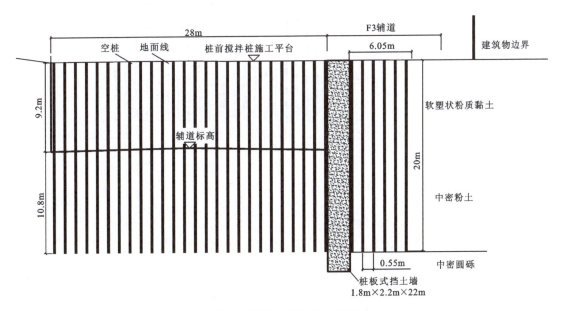

图4-52 拟变更方案工程地质断面图

从地质条件分析,桩后存在住房、辅道等重要结构物,采用桩板墙预加固是可行的。由于桩周土体处于软塑状,为确保桩体稳定,在桩前和桩后设置搅拌桩是可行的,但应注意如下3点:①为减小开挖桩后土体引发的潜在风险,桩间挂板宜采用桩前或桩中挂板,避免采用桩后挂板;②由于土体处于软塑状,桩间土拱效应较差,宜适当加大桩后搅拌桩处治范围;③桩板墙前部的土体与桩后搅拌桩取相同设置范围进行处治,即桩前取满足半坡桩要求的10m范围或3～5倍抗滑桩径范围,从而确保抗滑桩锚固段的有效锚固能力。也就是说,现方案桩前的搅拌桩范围取28m明显偏大,且考虑到抗滑桩悬臂段土体需要开挖,故桩前搅拌桩可在桩后搅拌桩和抗滑桩施工完毕后,下挖6m左右再行施作,有效减小施工规模。

该优化方案的工程规模较拟采用方案小,且工程的针对性强(图4-53),是一个相对较优的工程处治方案。

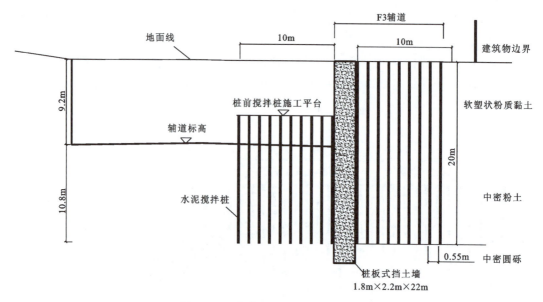

图 4-53 优化方案工程地质断面图

第十二节　锚固工程的一些问题讨论

锚固工程主要包括锚索、锚杆、钢锚管 3 类（抗滑桩和微型桩暂归入桩体）。作为轻型支挡结构，由于结构形式较抗滑桩、挡墙等圬工工程轻巧，锚固工程见效较快，在水电、公路、铁路、矿山、市政等工程中应用非常广泛。

但近年来由于多种原因，锚固工程在实践中的"信用值"不断被透支，造成有的省份不愿使用锚杆，有的省份不愿使用锚索，有的省份对钢锚管根本不认同。造成这种结果的原因有千千万，但对锚固工程的属性有所误解是主要原因，这直接导致锚固工程在实践中出现了不可避免的"弯路或歧途"。下面对锚固工程在实践应用中的一些问题进行探讨。

1. 锚固工程受力机制的问题

锚杆和钢锚管是典型的刚性工程，由于其在筋体全长范围内灌浆，筋体通过浆体与周边岩土体紧密胶结为一体，这使得筋体在理论上成为一种特殊的岩土体而与周边的岩土体"共进退"。因此，筋体与周边岩土体之间不允许出现相对位移，一旦坡体出现相对的变形趋势，它们就会即刻调动刚度相对较大的锚杆和钢锚管对潜在下滑力进行抵抗。因此，作为全黏结被动受力结构锚杆和钢锚管主要应用筋体的抗剪能力平衡坡体的潜在下滑力。

预应力锚索属于典型的柔性工程，可以在一定范围内通过自由段的伸长来避免锚索出现抗剪状态，是典型的"以柔克刚"型结构受力模式。也就是说，由于自由段的存在，锚索中仅全黏结锚固段的筋体与周边的岩土体"共进退"，而自由段筋体则在 PVC 套管等的隔离作用下与浆体隔绝,无法通过浆体与周边岩土体紧密胶结为一体。一旦坡体出现相对变形趋势,锚索将直接通过预应力对坡体潜在下滑力进行平衡,同时锚索自由段会出现一定的位移变形,用以协调锚索与周边坡岩土体的受力,防止锚索出现抗剪效应。锚固工程受力机制如图 4-54。

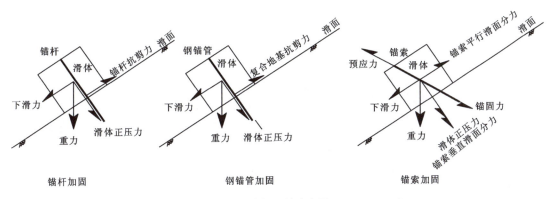

图 4-54 锚固工程受力机制示意图(假定滑体为刚体)

综上,认为锚索不抗剪而不愿应用锚索工程的做法是不合理的。此外,认为锚杆和钢锚管受力偏小而不愿应用的做法也是不合理的。

2. 锚索的锚固段是否一定要置于基岩的问题

锚索的锚固段一定要进入基岩,这是目前锚索工程应用中常常出现的一个说法,尤其是近年来有些规范也存在类似说法。规范一旦出现引导性偏差,将可能造成难以弥补的损失,因此,作为规范的编制者应具有丰富的理论、设计、施工经验和逐字逐句斟酌的严谨态度。

锚索工程在理论上是可以应用于任何地层的,只是需要考虑在一些特殊地质体中应用的性价比。如锚索应用于软弱地基,可利用搅拌桩等对地基进行处治后再应用,但其性价比偏低。因此,性价比是锚索工程应用的一个重要前提,但并不是说锚索的锚固段必须进入基岩。诚如我国北方黄土地区和华南岩土体风化深厚地区,几十年来的应用证明了锚索的锚固段是可以置于土层或类土层的。只是为确保锚固力,锚索的工艺需要依据实际地层岩土体性质进行调整而已。当然,如果锚索的锚固段距基岩非常近,在工程性价比变化不大的情况下,可通过很小的工程代价获得更大的安全储备时,宜将锚固段置于基岩中。

3. 锚固工程能否设置于地下水位线以下的问题

锚固工程能否设置于地下水位线以下常令很多技术人员感到困惑。由于地下水的存在,钻机成孔后孔中常有地下水渗入,甚至整个钻孔全是地下水。这时有些技术人员认为要将孔中的地下水排干才能确保有效注浆。暂且不说孔中地下水排干有多大的难度,其实只要确保孔底返浆,利用浆液将地下水如桥桩的水下灌注混凝土一样逼出钻孔,就基本可以忽略地下水对锚固工程的影响。正如三峡大坝等工程中广泛应用的锚固工程,就有很多设置于水下且一直在成功发挥作用。

需要说明的是,由于多种原因,我国的锚固工程在设计、施工的各个环节中存在多种问题,直接导致锚固工程的"信用值"不断被透支。如一个最简单的锚固工程注浆管严禁上拔的问题,就在设计、施工等各个环节不能贯彻,导致锚固工程在富水地层中问题迭出,这实在是一种遗憾。也正是很多的这些小问题,导致我国锚固工程在应用上受到了较大的限制。

4. 锚固工程注浆是采用纯水泥浆还是水泥砂浆

纯水泥浆或水泥砂浆均可作为锚固工程的注浆材料。这是因为采用砂浆的目的是提高注浆体的抗裂性,但考虑到浆体的可灌性,为防止浆体砂含量过高造成堵泵、堵管等致使锚固工程注浆失败,浆体中所掺入的砂含量是相当小的,对提高浆体抗裂性效果是相对有限的。因此,只要浆体材料强度达到设计或规范要求(如M30或M35),在注浆过程中确保注浆压力,就可有效防止或减少浆体凝固收缩造成的浆体开裂问题。

5. 锚固工程如何确保注浆压力

在设计文件中,往往要求锚固工程注浆压力不小于0.4~0.6MPa,这对于确保锚固工程的锚固力是非常必要的。但在一些设计文件中,由于技术人员对现场施作缺乏必要的认知,常出现以下问题:

(1)在设计图件中没有绘制出注浆管的布设形式,造成施工人员无法照图施工,从而出现孔口注浆的现象。

(2)要求施工人员对注浆管边灌边拔,造成注浆管拔管过快出现注浆压力无法保障或注浆管浮于注浆体上的断桩现象。

(3)要求在钻孔中设置贯穿锚杆或锚索的止浆塞,目的是为注浆压力创造条件,但由于止浆塞与钻孔孔壁、钢筋或钢绞线之间存在间隙而漏浆严重,无法有效止浆。

以上这些常见的不合理现象,其实均可将质量合格的注浆PVC管绑定在锚杆或锚索上,并严禁在注浆时上拔,采用孔底返浆工艺实现锚固工程的有效注浆压力。这是因为孔底返浆时,可利用浆体具有的较高黏度和重力达到注浆压力的要求。从笔者负责的多个工程来看,孔底返浆一般情况下均可满足注浆压力不小于0.4~0.6MPa的要求。

需要说明的是,对于长度超过30m,甚至达到50m以上的锚索,很难采用一根孔底注浆管实现孔底返浆,这时就宜采用接力返浆法,即分别在钻孔底部、中部绑定两根注浆管,当下部的注浆管超过中部注浆一定距离或过压报废时,继续采用中部注浆管接力注浆直至孔口出浆。

6. 溶洞或其他孔隙发育的边坡如何防止注浆量过大或注浆压力无法实现的问题

在一些不良坡体中,常有施工方反映某个孔灌注了几十甚至几百立方米的浆体,钻孔仍然没有注满的怪异现象。

锚固工程的注浆量若大于钻孔体积的1倍，就应停灌分析原因，而不能一味地盲目注浆。因为锚固工程是为了提高锚固力，而非对边坡体大量灌浆。

对于孔隙发育的破碎基岩或堆积体，一般可在搅拌罐中不断搅拌的浆体内加入1‰左右的水玻璃，使浆体呈流塑状灌入钻孔，从而实现有效注浆。这在笔者负责的多个工点中均得到良好的应用。

对于存在单个大空洞或溶洞的边坡，考虑到锚固工程的群锚性，取消个别锚固工程的注浆是不会影响边坡整体稳定性的。笔者就曾设置没有锚固工程的框架梁通过大空洞所在边坡区，不但提高了边坡的美观度，也保证了边坡的稳定性。

对于存在影响边坡稳定性的大空洞或溶洞的边坡，也可采用套袋法解决问题。即将多个水泥编织袋串接（最后一个编织袋封底）套住锚杆或锚索，进行适当绑扎后将注浆管置于串接编织袋中，从而确保注浆时编织袋起约束作用避免跑浆的发生，也有利于编织袋注浆扩张时填满整个注浆孔，这样能保证在不过量注浆的情况下实现注浆压力和锚固力。此工艺在笔者施作的多个工点中已成功应用。近些年来，国内的膜袋注浆方法其实就是将废弃编织袋更换为厂家生产的膜袋进行注浆，与笔者所使用的方法没有本质区别。

7. 什么时候进行锚索的二次注浆

当锚索的锚固力不足时，最常用的工艺为二次注浆。有些规范或参考书中要求在一次注浆后的24h或28d后进行二次注浆，或一次注浆浆体强度达到5MPa后进行二次注浆，这造成了二次注浆难以有效实施或现场施作难度加大。

根据笔者多年现场施工经验，在一次注浆完成2h后，即可快速进行二次注浆。这是因为一次注浆的良好封孔可为二次注浆压力提供有效的保障，而一、二次注浆间隔时间减短，可有效防止二次注浆难以劈裂或难以对孔壁形成高压挤压作用。这在笔者施工或指导的多种地层试验中得到了有效验证，并在国内多个省份的工程中成功应用。

8. 二次注浆提高锚固工程锚固力的原理

较多参考书认为二次注浆劈裂作用形成的树根状浆体有效扩大了锚固半径，从而实现锚固力的提高。但笔者在负责的多个工程施工中发现，多数锚索锚固段的注浆量往往不到0.2L/m，锚索的锚固力却基本上能实现翻番。然而，这样小的注浆量是很难实现劈裂注浆的，也谈不上所谓的树根状浆体有效扩大了锚固半径从而实现锚固力的提高。

因此，笔者认为锚固体只要能确保有效的注浆量与有效的注浆压力其中之一即可。这就是锚固工程注浆时要求确保注浆量或锚固压力的原因。

多数参考书所反映的劈裂注浆实现锚索锚固力提高的原因，主要是因在实验室进行二次注浆试验时，边坡模型多为重塑土体，其密实度相对于残坡积等自然坡体而言是偏低的，这使得二次注浆时往往会发生劈裂而扩大锚固半径，从而实现锚固力的提高。实践出真知，对于密实度较好的自然坡体，浆体进行劈裂时所需的压力明显较大，但这种劈裂压力在实现前，当二次注浆压力能满足锚固力的要求时，就没有必要求采用高压劈裂注浆。这种由压力实现的锚固力提高，在工程实践中较劈裂注浆比例高得多（黄土除外）。这在笔者施工的多种地层试验中得到了有效验证。

需要说明的是,有的技术人员认为一次注浆就可有效解决锚固力问题,除非坡体是"稀泥",才可能用到二次劈裂注浆,且采用旋喷桩可能效果会更好,以及二次注浆存在配比、材料、压力等一系列问题,现在几乎没有单位使用了。

在此,笔者认为二次注浆是特殊工艺,不会在所有的地层中应用,当然也不会在"稀泥"中应用(因为用了也形不成锚固力,若确需在"稀泥"中应用,采用搅拌桩可能更优于旋喷桩),但在煤系地层、高液限地层、残坡积体或有些全风化层(如花岗岩)、黄土、半成岩等地层之中有着广泛的应用。

此外,二次压力注浆工艺并不等同于劈裂注浆。其实无论是二次压力注浆还是劈裂注浆,施工工艺均比较简单,且工程实践中并不会对其配比、材料等进行调整,为的就是施工便捷。当然,工程实践中也有采用注浆过程中不断调整配比和材料的工艺,这是一种比较繁琐的工艺,不建议采用。

第十三节 锚固工程框架施作工艺争论杂谈

近年来,工程施工中锚固工程框架的现场施作,在设计方、施工方和业主方中争议较大,甚至造成锚固工程的质量隐患,现将主要问题归纳讨论如下。

1. 锚固工程框架的作用和目的

在讨论锚固工程框架施作工艺问题前,首先要明确锚固工程框架的作用和所要达到的目的。

其一,锚固工程框架的作用是为锚杆、锚索、钢锚管、精轧螺纹钢等锚固工程提供反力结构,这就要求框架底部有着良好的持力层。

其二,锚固工程框架的作用是利用框架对坡面形成正压力,减少坡面滑塌、坍塌、落石的发生。

其三,锚固工程框架的作用是提供坡面防护,即通过对坡面进行分割,尤其是对易于冲刷的土质或类土质边坡坡面进行分割,可大大减小降雨对坡面的冲刷作用。

2. 锚固工程框架面临的主要问题

(1)为了美观,片面追求框架在坡面上设置齐整是欠合理的,这是工程实践中表现最突出的问题,如图4-55。

锚固工程框架所要防护的边坡往往由多种性质的岩土体构成,为了追求美观度,现场施工人员将框架平整地布置在坡面上,这不但可能使施工难度增加,也可能大大降低工程质量。如框架大面积悬空,或框架大规模加大高度,这些都可能造成框架的反力效果和坡面防护效果大幅下降,同时也加大了施工难度。

其实,对于强度大于30MPa的硬岩、较硬岩,很难呈平面开挖(光面爆破、预裂爆破等除

图 4-55 片面追求框架平整造成的病害

外,但应在设计文件中反映工程数量),此时可要求将框架随坡就势地紧贴于坡面布设。这样施作的框架虽然具有一定的起伏度,但可以保证其实现主要作用。否则,单纯地追求美观,而忽略所要达到的目的,就得不偿失了。美观应服从质量,尤其是对于南方降雨量丰富的地区,植被恢复能力强,框架起伏的暂时不美观很快会被植物遮挡,因此不必牺牲质量去追求可能达不到的美观效果。当然,也要反对野蛮施工造成坡面过于凸凹不平而导致框架过于起伏。

(2)不区分岩土体性质,要求在坡面刻槽后将锚固工程框架全部或大部分埋入坡面以下的问题。

刻槽的主要目的是提高框架的稳定性,以及对坡面分割而起到坡面防护的作用。因此,在硬岩、较硬岩等抗冲刷能力较强且框架稳定性较好的岩层中,仍然要求在坡面刻槽后将锚固工程框架全部或大部分埋入坡面以下是不合理的。这会造成施工难度大幅提高,是没有必要的。

如花岗岩强度往往达到 60MPa 以上,在这种情况下要求施工人员刻槽是不现实的,也是没有必要的。但对抗冲刷能力较弱的软岩、极软岩或土质与类土质边坡,要求在坡面刻槽后将锚固工程框架大部分埋入坡面以下是合理的。

基于此,对于强度 $Q \geqslant 30$MPa 的硬岩、较硬岩,可要求框架紧贴坡面布设,即刻槽深度 $d \leqslant 5$cm;对于强度 $15\text{MPa} \leqslant Q < 30\text{MPa}$ 的较软岩,可要求在坡面适当刻槽,刻槽深度 $5 < d \leqslant 10$cm;对于强度 $5\text{MPa} \leqslant Q < 15\text{MPa}$ 的软岩,可要求加大坡面刻槽深度,刻槽深度 $10 < d \leqslant 15$cm;对于强度 $Q < 5$MPa 的极软岩、土质与类土质,可要求在坡面刻槽后将框架大部分埋入坡面以下。但为有效分割坡面,应确保框架露出坡面的高度不小于 5cm,反对将框架全部埋入坡面以下的做法。

(3)框架梁底部设置支撑墩的问题。

对于框架梁,由于锚固工程的存在,即使坡面呈竖直状也是可以确保框架的稳定的。即锚固工程框架一般情况下是不需要在纵梁底部设置支撑墩起所谓基础作用的,如图 4-56。

此外,当坡脚存在冲刷作用而使得框架梁悬空时,应结合坡脚截水沟的设置,利用截水沟的沟壁对框架进行保护。

(4)框架梁所在坡面的绿化问题。

工程施工时,很多技术人员要求将三维网、铁丝网悬挂于梁体之上,或将锚杆伸出梁外挂网,或在框架梁上设置挂网钢筋。这往往造成绿化植物悬空而无法生根,绿化质量大打折扣,如图4-57。针对此类问题,部分技术人员要求施工单位在框架格子内满格培土,从而确保植物生根。但由于挖方边坡坡率普遍较陡,不借助于其他辅助措施在3m×3m的框架格子内培土是不可行的。基于此,框架梁所在坡面的绿化应是将三维网或铁丝网切割成块后内紧贴坡面铺于框架格子内,并在四周钉上竹签或使用钢筋固定,使其成为植物生长的基材网。

图4-56 框架纵梁下部支撑墩的不合理设置　　图4-57 绿化挂网悬空于梁面的不合理设置

(5)锚固工程框架必须连续施作的问题。

锚固工程作为群锚工程,在条件受限个别锚固体无法施作框架时,在确保工程安全的前提下,可跨越或利用既有天然岩土体进行锚固,这样可以大大减小工程的施作难度。如笔者在某花岗岩风化球发育的边坡进行锚固工程施工时,就要求施工人员不对直径大于80cm的高强度花岗岩风化球部位施作框架,而是直接将锚索锚头设置于风化球,在取得了良好的工程效果。使用15年来,各个风化球锚固体预应力正常。

第十四节　锚索工程的几个概念答析

1. 点状布置的锚索如何实现边坡的全面加固

工程中无论是在破碎岩体或土层中应用的框架,还是在较破碎岩体中应用的地梁,亦或是在较完整岩体中应用的锚墩、十字梁等结构,当锚索施加预应力后就会在周边一定半径范围内形成压应力区。当工程以群锚形式存在时,形成的压应力重叠区会在坡面上形成虚拟的"连续面墙",从而使以点状布置于坡面的锚索工程对整个坡体实现全面加固。

2. 如何确保土体中锚索的锚固力

由于土体力学性质较差,预应力施加时,土体中会形成剪缩效应而出现应力塑性区,易发生徐变或锚固力不足的情况。因此,工程中多采用扩大钻孔调动更大范围内的土体抗力,或采用二次注浆、搅拌桩技术等来实现对土体力学性质的改善,从而确保锚索的锚固力。

3. 锚索不抗剪为何能提高坡体的稳定性

锚索是通过预应力实现对坡体的稳定性提高的,即对于完整性较好的坡体,锚索通过预应力沿滑面反向分力的"抗滑力"以及预应力垂直滑面的分力,增加滑面的摩擦力以平衡坡体的下滑力,从而实现对坡体的加固;对于完整性较差的堆积体,锚索通过坡面反力结构形成的"网兜"实现对坡体的加固。锚索不同于全黏结锚杆、钢锚管利用抗剪实现对下滑力的平衡,而是利用自身可以自由伸缩的自由段实现与周边坡岩土体的变形协调,直接调用预应力平衡下滑力,避免了出现剪应力。

4. 预应力锚索与全黏结锚杆结构的区别

(1)预应力锚索:结构分为自由段和锚固段。通过自由段编束平顺、套管隔离确保锚索预应力的实现。预应力施加后,在反力结构的作用下,被加固坡体在坡面以下较小的深度范围内即可处于三向应力状态,从而提高锚索控制坡体变形的能力。

(2)全黏结锚杆:通过注浆体与筋体的紧密黏结实现与周边地层的一体化,从而在坡体存在变形趋势时,可快速调动刚度相对较大的筋体的抗剪能力使坡体保持稳定。只要坡体出现的变形趋势接近主动土压力状态,全黏结锚杆就会受力,故其对地层形成的压缩区较小。

5. 锚索布置为何存在最小间距

锚索预应力的施加,会使锚固段的岩土体中出现剪胀效应,从而形成锥形受力体。为避免多个锚索共用受力于岩土体造成应力重叠而产生群锚效应,应依据锚索预应力大小、地层性质等特点,合理布置锚索间距。

6. 锚索预应力损失过大如何处理

(1)对于徐变较大而坡面承载力较小的土层,规范规定预应力锁定值不小于设计值的1.2倍;对于徐变较小而坡面承载力较大的岩层,规范规定预应力锁定值不小于设计值的1.1倍,从而在预留较大安全储备的情况下减小锚索设计预应力的损失。

(2)锚索初次张拉后,可在15~28d后进行二次补偿张拉,从而有效减小地层徐变、材料松弛等造成的预应力损失。

第十五节　锚固工程"家族"杂谈

锚固工程是一个"大家族",预应力锚索力量大,以柔克刚;预应力精轧螺纹钢强度大,是预应力锚索的"好帮手";钢锚管以硬制硬,容不得保护的坡体有一点脱离控制的位移,尤其是对软弱的坡体,更是通过复合地基提高它们的强度,增强它们的"筋骨";锚杆应用广泛,它紧密地联结周围岩土体一起受力,是刚性防护的典型代表。这"4个兄弟"与框架、地梁、十字梁、抗滑桩、挡墙……组合后形成的庞大"武器库"(图4-58~图4-63),为人类工程建设立下"汗马功劳",具有无可替代的位置和作用。

图4-58　锚索抗滑桩

图4-59　锚固工程框架

图4-60　锚固工程地梁

图4-61　锚固工程垫墩

图4-62　肋板式锚固挡墙

图4-63　锚固工程十字梁

但在实际工程中,由于锚固工程"家族""产业大",有些技术人员没有真正到过现场了解它们的特征而对它们辨识不清,尤其是在它们带上不同的反力结构组合后,常常被张冠李戴。笔者曾经见过锚索被扒光了自由段的PVC管,灌浆后成为全黏结锚固体进行张拉,如图4-64,以及全长被扎成"糖葫芦",自由段失去了自由,锚索倾角失去控制而朝上设置等情况的出现(图4-65)。

柔性的锚索被理解成不抗剪而常常得不到重用,预应力精轧螺纹钢被"扒了套"失去了自由,没有预应力后成为了普通锚杆。钢锚管虽然在有的地方已大面积应用,但有的地方因固有思想和抵触情绪而不愿应用,他们认为钢管只能竖向打入成为微型桩,而不能以其他角度打入成为适应变形特征的钢锚管框架;锚杆由于"直性子、硬脾气",特别受有些技术人员的喜爱而被用来取代锚索的位置,导致长度有时达30m,相反,有些技术人员却又把它理解为弱小的"矮个子"不愿应用,而不停地使用锚索。

锚固大家族里的"4个兄弟"均离不开注浆管,可是有些技术人员常常在图纸中取消注浆管,或在施工现场边灌边拔,甚至干脆"孔口吹"(图4-66)。这"4个兄弟"可以根据地质条件的不同,采用不同的角度置于坡体中,但均要有符合要求的锚固段,才能提供锚固力。

由于不同地域人们"审美观"不同,锚固"家族"的"兄弟们"时而成为"高富帅",时而成为"矮穷矬",时而"专宠",时而在"冷宫"里不见天日。笔者真诚地呼吁,应认真了解、掌握他们各自的特征,依据它们的特长合理"分配任务"。

图4-64 没有自由段的锚索

图4-65 锚固倾角朝上的锚索

图4-66 孔口注浆式锚索

第十六节 锚固工程的预应力设置

在国内咨询工作中,笔者发现有些坡体锚固工程的安全系数取值越来越大,预应力取值则越来越小。如ϕ15.24mm、1860MPa级的4根钢绞线预应力设置只有160kN/孔,5根钢绞线预应力设置只有200kN/孔,也就是每根钢绞线的预应力只有40kN左右,安全储备达到了钢绞线抗拉强度标准值的5倍以上;抗拉强度标准值为930MPa的精轧螺纹钢预应力取值为0或不大于100kN。这些都是令人非常难以置信和遗憾的。

以上这些情况的出现,究其原因是对预应力锚固工程的应用条件、材料性能和规范条文掌握不熟练造成的,下面依据规范和工程实践中的成功应用经验进行说明。

1. 预应力筋体材料性质决定的预应力设置

根据《公路路基设计规范》(JTG D30—2015),结合工程中的成功应用经验,预应力筋体材料控制应力如表4-3所示。

对于公路岩土工程中常用的ϕ15.24mm、抗拉强度标准值为1860MPa的钢绞线,永久工程中单根钢绞线的预应力以不大于$0.5\times14\times1860=130.2$(kN)为宜;临时工程中单根钢绞线的预应力以不大于$0.65\times14\times1860=169.3$(kN)为宜。

表 4-3 预应力筋体材料控制应力

锚固类型	钢绞线	精轧螺纹钢
永久	$\leqslant 0.5 f_{pk}$	$\leqslant 0.7 f_{pk}$
临时	$\leqslant 0.65 f_{pk}$	$\leqslant 0.8 f_{pk}$

注:f_{pk}为预应力筋体材料抗拉强度标准值(kPa)。

对于公路岩土工程中常用的$\phi 25mm$、抗拉强度标准值为930MPa的精轧螺纹钢,永久工程中单根精轧螺纹钢的预应力以不大于$0.7\times 4.91\times 930=319.6(kN)$为宜;临时工程中单根精轧螺纹钢的预应力以不大于$0.8\times 4.91\times 930=365.3(kN)$为宜。

对于公路岩土工程中常用的$\phi 32mm$、抗拉强度标准值为930MPa的精轧螺纹钢,永久工程中单根精轧螺纹钢的预应力以不大于$0.7\times 8.03\times 930=522.7(kN)$为宜;临时工程中单根精轧螺纹钢的预应力以不大于$0.8\times 8.03\times 930=597.4(kN)$为宜。

2. 地层锚固力决定的预应力设置

根据《公路路基设计规范》(JTG D30—2015),结合工程实践中的成功应用经验,锚固体安全系数规定如表4-4所示,其中二级及二级以下公路有重点对象保护时,可按高速公路、一级公路安全系数取值,边坡由土质或类土质构成或地下水丰富时,安全系数取高值。

表 4-4 锚固体安全系数

公路等级	安全系数	
	临时工程	永久工程
高速公路、一级公路	1.8~2.0	2.0~2.2
二级及二级以下公路	1.5~1.8	1.7~2.0

地层对预应力锚固工程提供的锚固力为浆体与孔壁之间的摩擦力,即岩土体黏结强度特征值取用一定安全系数后的折减数值,从而防止预应力锚固工程在有效使用期限内出现工程失效或过大损耗的情况。当地层提供的锚固力偏低不能满足设计要求时,可采用扩孔调动钻孔周围更大范围的岩土体提高锚固力,或采用二次注浆工艺提高钻孔周围地层的黏结强度,实现锚固力的提高。

综上,在确保预应力锚固工程安全和兼顾经济的基础上,一般情况下预应力设置如下:

对于$\phi 15.24mm$、抗拉强度标准值为1860MPa的单根钢绞线永久性预应力宜为$100kN\leqslant F\leqslant 130kN$,临时工程宜为$150kN\leqslant F\leqslant 180kN$。

对于$\phi 25mm$、抗拉强度标准值为930MPa的精轧螺纹钢,永久工程中单根精轧螺纹钢的预应力宜为$250kN\leqslant F\leqslant 320kN$,临时工程宜为$280kN\leqslant F\leqslant 365kN$。

对于$\phi 32mm$、抗拉强度标准值为930MPa的精轧螺纹钢,永久工程中单根精轧螺纹钢的预应力宜为$350kN\leqslant F\leqslant 520kN$,临时工程宜为$500kN\leqslant F\leqslant 600kN$。

第十七节　提高黄土锚固力的工艺

由于黄土的湿陷性和较低的摩阻力，许多管理人员、技术人员在工程实践中采用锚杆、锚索和钢锚管等加固工程时存在疑虑，造成边坡坡率设置过缓和边坡高度增加过快，导致工程弃方量急剧增大，过大的裸露坡面也非常不利于黄土边坡的坡面防护。这种疑虑使得锚固工程在黄土地区的应用受到了极大限制，尤其是目前有些规范也明确禁止锚索在土质边坡中应用，更是起到了推波助澜的作用，这对于我国这样一个黄土大国，造成了非常不好的影响。

从地层性质分析，午城黄土（Qp^1）、离石黄土（Qp^2）老黄土土质密实，不具有湿陷性，且地层的锚固性能较好；马兰黄土（Qp^3）和全新世早期黄土（Qh）结构相对疏松，具有不同程度的湿陷性问题，加之土层摩阻力相对较小，一般情况下较难满足锚固力需求。

从锚固工程性质分析，全黏结的锚杆和钢锚管工程由于锚固要求相对较低，且为全黏结工艺，因此对黄土地层质量的要求较低，一般情况下可在各种黄土地层中应用，尤其是对于具有强大锚固力的钢锚管工程，在黄土中具有更好的应用效果。

对于需要提供相对较大锚固力的预应力锚索工程，在工程中确保浆体的稠度和注浆压力非常关键。浆液稠度大就可以有效减小因浆体过稀造成的黄土湿陷问题，而注浆压力较大，甚至形成劈裂注浆，也能有效避免或减小黄土湿陷问题，以及黄土地层摩阻力相对较小的问题。

20多年前，笔者在黄土地区施作注浆式地基加固工程时，此类注浆工艺就得以有效应用。如果加固的浆体过稀或注浆压力偏小，黄土往往会出现较大湿陷沉降而影响地基的稳定性和锚固力；反之，如果浆体稠度较大，甚至在浆体中加入1‰～3‰的水玻璃，就可以基本消除黄土湿陷性问题从而有效提高工程锚固力，而如果再能实现高压劈裂注浆，就可以有效解决锚索锚固力不足的问题。其实，对于一些黄土病害处治，也可以采用大间距、小吨位的锚索工艺，有效降低锚索工程对黄土地层的锚固力需求。此外，若能确保施工质量，各类分散型锚索也是一种不错的选择，采用扩大锚索钻孔和钻孔偏心锤工艺是工程实践中有效提高锚固效果的主要手段。

综上，不同性质的黄土地层，只要采用合理的工艺，就可以有效解决锚杆、锚索、钢锚管的锚固力不足问题，不存在黄土地层不能应用锚固工程的问题。

第十八节　论压力分散型锚索

自20世纪50年代我国首次在安徽梅山水库中应用锚索工程以来，经过几十年的快速发展，锚索工程与抗滑桩、挡墙等一起，成为了工程加固中的主力军，在我国工程建设中具有不可替代的作用。几十年来，锚索工程逐渐发展出了多种受力形式的结构系统，如早期的普通拉力型锚索,以及后来的压力型锚索、压力分散型锚索、拉力分散型锚索、拉压分散型锚索、自锁型锚索等。

对于普通拉力型锚索,预应力施加后,注浆的砂浆或水泥浆材料会处于拉应力状态,其短板也就完全暴露。尤其是拉力型锚索的锚固段在靠近自由段部位,是最有可能在高应力作用下浆体开裂的薄弱部位,从而可能降低锚索的防腐和锚固能力。

此外,拉力型锚索的应力高度集中特征(图4-67)使得锚固力不能在整个锚固段合理分配,造成锚固段前部分应力非常集中,锚固段存在逐段破坏的可能。因此,一般情况下,在钻孔孔径小于150mm时,规范要求锚索的锚固段长度不宜大于10m。

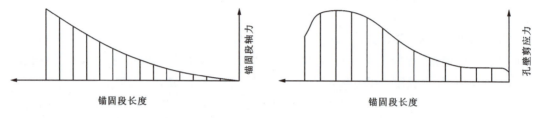

图4-67 普通拉力型锚索锚固段轴力与孔壁剪应力分布示意图

压力分散型锚索的出现,让人们看到了解决问题的"曙光"。压力分散型锚索预应力施加时,注浆体处于受压状态,其有效利用了圬工的抗压能力远高于抗拉能力的特点,大大弥补了锚固体在拉应力状态下易于开裂的不足。压力分散型锚索通过内锚头的承载体,在受压时对注浆体产生微压缩膨胀、压缩变形,继而将应力传到孔壁附近的岩土体上。理论上,这对于地层软弱、抗剪强度较低的岩土体有着非常好的应用前景。

尤其是压力分散型锚索实行的"按劳分配",将预应力分为几部分,由不同部位的承载板承担,有效调动了全长锚固段的锚固能力,如图4-68。因此,压力分散型锚索能通过不断增加压力单元而提高锚索的预应力。当然,每个压力单元在钻孔孔径小于150mm时,其长度也不宜大于10m。

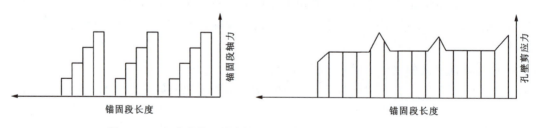

图4-68 压力分散型锚索锚固段轴力与孔壁剪应力分布示意图

因此,20世纪90年代压力分散型锚索大潮席卷全国,势不可挡。但在工程应用中,人们逐渐发现压力分散锚索存在一些难以调和,甚至是无法调和的问题,导致其犹如流星一般以耀眼的光芒闯入人们的视线,却快速地消失,至今在工程中应用的比例大幅降低。这主要是因为压力分散型锚索施工工艺相对复杂,控制因素较多,非常不利于我国以农民工为主体的施工人员应用,甚至一些技术人员也对压力分散锚索的受力机制认识模糊,导致其在管理、设计、施工、养护等各个方面受到了极大的限制。

首先,压力分散型锚索有多个承载板,锚索下孔时往往在承载板后部推入大量渣体,这就造成两个主要问题的出现。一是锚索下孔困难,甚至无法到位,施工人员素质较高时,可将锚索抽出重新扫孔后再次下孔;施工人员素质较低时,往往将锚索割断而导致其长度无法满足设计要求,也就失去了对滑面加固的作用。二是承载板后部聚集的渣体严重影响锚固段的注浆效果,导致注浆质量较差,锚索的锚固和防腐能力大幅下降。

其次,压力分散型锚索的自由段长度各异,在锚索张拉时必须采用分段张拉工艺,即按要求先对自由段长度较大的钢绞线进行张拉,然后再按要求与其他较短的钢绞线一起进行张拉,依此类推,从而最终达到锚索中各个钢绞线预应力相同的效果。因此,施工时必须预先使用不同颜色对组成锚索的不同长度钢绞线进行标注,否则锚索下索后无法对不同长度的钢绞线进行合理有序的张拉。但在工程实践中,往往存在同时对所有不同长度的钢绞线进行张拉的情况,这导致了各个钢绞线受力严重不匹配。

最后,压力分散型锚索最为致命的一点是,在钢绞线切割封锚后,就再也无法分辨钢绞线的自由段长短,这直接导致后期养护补偿张拉无从下手。

以上这些主要因素,直接导致了工程实践中压力分散型锚索的失败案例远高于普通拉力型锚索。因此,国内对压力分散型锚索的应用有了很大限制。尤其是随着技术的发展,拉力型锚索相继开发应用了扩大头、二次注浆等工艺,大大拓展了其应用范围,也就大大压缩了压力分散锚索的应用空间。

第十九节　微型桩工程应用探讨

微型桩自20世纪90年代由铁道部科学研究院西北分院(现中铁西北科学研究院)王恭先研究员等提出并成功应用以来,以其应用灵活、快速见效的特点,在地质病害处治工程中得到了快速推广,但也出现了一些失败或欠合理的案例,下面对微型桩的应用进行探讨。

1. 微型桩基本设计原则

微型桩一般是指桩径小于30cm的桩体,属于轻型支挡结构,它主要由多种形式的筋体置于钻孔后灌注混凝土而成,有时也可采用劈裂注浆,使桩体周围岩土体形成复合地基来达到使用效果。微型桩常采用"集团"作战方式,即利用多排、多列的小间距桩排,共同提高坡体的稳定性。微型桩筋体常采用集束钢筋、钢管、工字钢、钢轨等一切能放入钻孔中且能有效起到抗剪作用的材料制作。当微型桩用于应急抢险或临时工程时,其对筋体材料的要求就相对更为宽松,选择面也更广,没有严格的要求,只要能达到工程目的即可。如笔者就曾将现场仅有的废旧脚手架用于滑坡应急抢险并取得了成功。当然,如若微型桩用于永久工程,则筋体的选择应适当慎重些,要确保材料的性能以及性价比等。

由于微型桩长细比相对较大,工程中常在微型桩群的顶部设置框架、面板等结构进行串联,以提高其整体抗弯能力和相互协调能力。有时为改善微型桩群的受力,可在桩头的面板或框架上设置锚索工程,从而使被动受力的微型桩工程调整为主动受力的支挡工程结构,也可有效降低微型桩对岩土体的锚固力要求。

作为临时工程时,微型桩可应用于各类地层。笔者就曾利用密集微型桩排对某运营的高速公路高陡斜坡软—流塑状粉质黏土滑坡进行临时支挡,之后再在滑坡前部设置大型抗滑桩,对滑坡进行了有效治理。

作为永久工程时,微型桩主要应用于锚固力较好的岩质坡体中,而很少应用于松散、富水的可塑—软塑状地层。这主要是考虑到松散、富水地层很难提供微型桩所需的锚固力,造成微型桩在发挥筋体的抗剪能力前就已经大变形或破坏,如图4-69。

微型桩的锚固效果需从筋体的自身抗剪能力和桩周的岩土体锚固效果两方面考虑,不能单一考虑筋体材料的抗剪强度,否则在相对软弱的地层中采用过于强大的筋体就有些浪费,毕竟微型桩起到效果的前提是桩周岩土体能提供有效的锚固力。微型桩工程属于岩土工程,即为结构工程与地质工程的结合体,而非单纯的结构工程。这就类似于木桶效应,微型桩的加固能力取决于筋体强度与岩土体强度中的短板,筋体强度需与岩土体所能提供的锚固力相匹配。笔者就曾见到技术人员过于强调筋体抗剪强度而采用大截面、大壁厚、高强的筋体材料,而忽视了软弱地层的控制因素,造成了很大的工程浪费。

此外,如果采用合理的注浆模式,如采用劈裂注浆而非孔底返浆,利用各桩体的劈裂注浆半径搭接形成类似于加筋连续墙的结构形式,可考虑浆体对桩周一定范围内岩土体的加固作用,并按复合地基计算注浆后的岩土体强度,将筋体作为受弯主筋,按抗滑桩模式进行微型桩排结构计算,如图4-70。

图4-69 应用于松散、富水地层的微型桩病害

图4-70 微型桩群式注浆抗滑桩

对于微型桩的注浆,若筋体采用自带注浆功能的注浆管,且不利用注浆管进行二次注浆时,不应在注浆管周边打孔,也不宜将管底切割打造成锥形,而宜在管底设置高度不大于6cm的架立筋后,直接利用注浆管进行孔底返浆式注浆。而如果要采用二次注浆,且注浆管

作为二次高压劈裂注浆管使用时,才可在桩身打孔,且必须用带色胶带将其缠绕封闭,管底也必须是封闭的(防止一次注浆时的浆体进入注浆管,造成无法利用注浆管进行二次注浆)。一次注浆可利用高强 PVC 管进行孔底返浆。因此,采用一次注浆工艺时,在管身密集打孔、将管底切割成锥形是不合理的。这不但无法保障注浆时的压力,也造成现场施工难度加大,但的确是工程实践中最为常见的施工方式,应戒之。

采用钢筋束、型钢等其他材料制作微型桩时,应在筋体下孔时绑定高强 PVC 注浆管,以实现孔底返浆,确保注浆压力。

2. 微型桩应用案例

(1)由冰水堆积体(Qp^2)构成的某富水坡体发生滑坡时,技术人员在高大临空面附近设置 3 排 $\phi168mm$、长约 21m 的钢管桩进行抢险。因抢险人员过分强调钢管的结构抗剪能力,要求采用壁厚 1.2cm 的无缝钢管制作微型桩,导致钢管自身的抗剪能力与桩周富水的堆积体锚固力严重不匹配,也与桩前高大的临空面匹配性较差,造成了较大的工程浪费。为弥补此缺陷,笔者建议在微型桩顶的面板上设置锚索进行协调,有效减小钢管筋体对地层锚固力的需求。

(2)某坡体主要由强—中风化砂岩构成,坡体节理裂隙发育。技术人员经分析认为,公路桥墩场地的开挖可能会造成坡体卸荷引发后部民居开裂(附近桥墩开挖已造成局部民居开裂,如图 4-71),故为确保安全,拟采用锚索抗滑桩进行预加固,如图 4-72。

图 4-71 相邻桥墩场地平整造成民居开裂

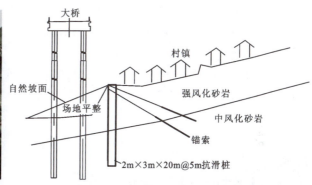

图 4-72 拟采用方案工程地质断面图

现场调查时,笔者认为抗滑桩工程规模大,桩体开挖爆破势必会影响民居安全而受到居民的抵触,且未对桩前边坡进行防护,影响桥梁施工的安全。基于此,建议结合地层岩性,在桥墩内侧设置 3 排 $\phi127mm$、长约 20m 的钢管桩进行预加固,且为有效提高预加固效果,在微型桩顶部的面板上设置间距 3m 的锚索,形成锚索微型桩群,继而在桥墩场地边坡开挖时,采用挂网喷混凝土+锚杆锚墩进行处治,如图 4-73。该方案利用微型桩布置灵活、施工快速的特点,大大降低了工程造价,解决了施工扰民的问题。

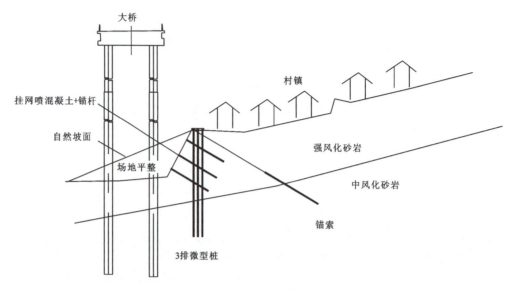

图 4-73 优化方案工程地质断面图

（3）某顺层砂泥岩边坡高约 18m，边坡开挖后，坡体依附于泥化夹层快速变形，在坡体前部无法有效实施反压、坡后无法有效进行卸载的情况下，在距坡口线约 10m 的部位设置了 3 排由钢筋束构成的微型桩，桩体顶部采用框架进行联结，如图 4-74。由于下部锚固段和上部悬臂段均位于完整性较好的基岩中，快速施工后，微型桩提供了良好的支挡力使坡体变形快速收敛，为永久工程的治理提供了充裕的时间。该工程应用于 20 世纪 90 年代末，是公路上最早应用微型桩的成功案例之一。

最后需要说明的是，微型桩并不一定都是竖直布设的，可根据工程需要以任意角度布设，如图 4-75，切忌教条地竖直布设。

图 4-74 微型桩应用于顺层滑坡抢险现场

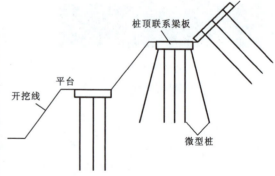

图 4-75 微型桩的布设形式

第二十节 青藏高原格宾挡墙和截水盲沟的应用

我国青藏高原作为"亚洲水塔",海拔高,地下水与地表水丰富,永久冻土和季节性冻土等病害发育(图4-76~图4-78),在此类地区修建的公路路基工程具有与低海拔地区不同的特点。利用丰富的石料因地制宜地处治冻害从而减轻人工劳动强度是该区内目前最常用的冻害处治手段之一。

图4-76 涎流冰和危岩落石边坡

图4-77 涎流冰病害边坡

图4-78 圬工冻害严重地段

格宾挡墙透水性能好、抗冻性强、耐变形,可采用钢丝笼、钢筋笼等作为约束体,在其内部装入块石、卵石,甚至是粗砾石,非常适合青藏高原物资贫乏但石料却相对丰富的地区使用。格宾挡墙具有以下3个主要特征:一是具有良好的透水性,可有效减少边坡冻害的发生;二是具有柔性特征,可有效缓解危岩落石的冲击能量,且耐变形,一旦有损坏也可快速修复;三是具有良好的抗滑作用,能有效对后部坡体的小型坡面滑塌、泥石流等病害进行支挡,如图4-79~图4-81。

图4-79 格宾挡墙用于排水和拦截落石

图4-80 格宾挡墙用于拦截边坡滑塌

图4-81 格宾挡墙用于拦截小型坡面泥石流

青藏高原地区地下水丰富地段,低填浅挖路基损坏非常严重,常造成公路通车不久即出现翻浆冒泥、冻胀等病害,如图4-82。此类病害的处治可在核实冻结深度的基础上,合理设置路基标高,如图4-83,宁填少挖,有效防止地下水或冻结对路基形成的影响。尽量采用透水性材料进行路基填筑,并在路基两侧边沟下部设置基底位于最大冻结线以下不小于0.5m的截水盲沟,降低路基所在部位的地下水位,如图4-84,从而有效减小地下水和冻胀对路基的影响,这是富水低填浅挖路基处治最有效的工程手段之一。

图4-82 低填浅挖段路基冻害　　图4-83 粗颗粒填料加高路堤标高　　图4-84 路基两侧设置截水盲沟处治冻害

第二十一节　崩塌病害处治工程措施应用探讨

无论是2008年"5·12"汶川地震、2013年"4·20"芦山地震、2018年"8·8"九寨沟地震的灾后重建,还是川藏高速公路等一批大国工程的兴建,川西地区的山体崩塌始终是一个重要的地质灾害类型。基于此,特对区内崩塌病害处治的工程措施应用进行探讨。

1. 挂网喷锚(护面墙等)、锚固工程、主动网、帘式网

挂网喷锚(护面墙等)、锚固工程、主动网、帘式网主要应用于坡体高度较小,危岩落石规模不大,可直接对崩塌源进行覆盖的工点。

挂网喷锚(护面墙等)(图4-85)环保性较差,也不宜在富水、松散地段应用;锚固工程(图4-86)主要应用框架、墩锚或面板等进行加固,约束力大;主动网(图4-87)环保性较好,可结合绿化使用,但需定期清理网中落石;帘式网(图4-88)可限制落石下落轨迹,并直接将落石导置于坡体下部,后期养护难度较小。

图4-85 挂网喷锚　　　　　　　　　图4-86 锚固工程

第四章　工程斜坡病害防治措施探讨

图 4-87　主动网　　　　　　　　　　　　　图 4-88　帘式网

2. 被动网、钢格栅、柔性棚洞、柔性明洞、轻型钢架棚洞

被动网、钢格栅、柔性明洞、柔性棚洞、轻型钢架棚洞主要应用于坡体高度大,危岩分布广泛,难以实现对崩塌源的主动防护,且危岩落石规模较小,可直接在坡脚、路基部位对崩塌落石进行被动防护的工点。

被动网(图 4-89)施工速度快,但施工质量需加强,且需定期清理网中落石;钢格栅(图 4-90)工程质量相对较好,是铁路部门最常采用的一种成熟的被动防护形式,但需注意钢格栅的骨架刚度。柔性明洞(图 4-91)、柔性棚洞(图 4-92)、轻型钢架棚洞(图 4-93)主要应用于线路部位,可直接对线路实现覆盖防护,美观大方,通透性好,主要依据落石的能量和坡体的地形地貌针对性地选用。

图 4-89　被动网　　　　　　　　　　　　　图 4-90　钢格栅

图 4-91　柔性明洞　　　　图 4-92　柔性棚洞　　　　图 4-93　轻型钢架棚洞

3. 拦石墙、刚性棚洞、刚性明洞

拦石墙、刚性棚洞、刚性明洞主要应用于坡体高度大,危岩分布广泛,难以实现崩塌源的主动防护,且危岩落石规模较大,可直接在坡脚、路基部位对崩塌落石进行被动防护的工点。

拦石墙(图4-94)施工简单,可就地取材,但需定期清理落石;刚性棚洞(图4-95)、刚性明洞(图4-96)应用于线路部位,可直接对线路实现覆盖防护。其中,明洞整体性好,但透视性相对较差(开窗除外),需现浇,故施工造价相对较高,施工速度相对较慢;棚洞通透性好,可现浇,也可预制结合现浇,故施工速度较快,造价相对较低。

图4-94 桩板式拦石墙

图4-95 刚性棚洞

图4-96 刚性明洞

4. 嵌补、支顶

嵌补主要应用于坡体相对破碎、风化强烈的地段(图4-97)。支顶主要应用于坡体完整性相对较好、下部地基承载力较高的地段(图4-98、图4-99)。

图4-97 危岩嵌补

图4-98 危岩桩式支顶

图4-99 危岩框架支顶

第二十二节 泡沫轻质土在路基工程中的应用

泡沫轻质土自国外引进并在沿海省份成功应用近20年以来,因其密度较小(0.25~1.65t/m³)、强度高(0.3~6MPa)、施工方便快捷(和混凝土一样)、自稳性较好(不陡于45°且底宽不小于2m时即可保持稳定)、占地少(胸坡可直立设置)等诸多优点,逐渐在软土地

基处治、路基加宽等工程中广泛应用。

1. 案例一

某段公路位于 3500m 的高海拔地区回头曲线的直线段。由于受地形限制，原方案回头曲线上下线之间距离较近，上下盘公路中线之间距离为 20.6m，高差为 15.8m。在下盘路堑边坡开挖过程中，坡体受丰富地下水和高原冰雪冻害影响发生了垮塌，导致上盘的路堤加宽挡墙无法施作，技术人员拟采用如下两个方案进行比选。

(1) 方案一：扶壁式挡墙+路堤填方。在下盘公路边沟外侧设置 12m 高的直立式钢筋混凝土扶壁式挡墙，墙后采用 1∶1.5 的坡率填筑加宽上盘公路，如图 4-100。

(2) 方案二：矮墙+注浆钢锚管框架梁。在下盘公路边沟外侧设置 6m 高的片石混凝土挡墙，上部采用加筋土填筑形成 1∶0.64 的坡率后，采用钢锚管框架梁加宽路堤，如图 4-101。

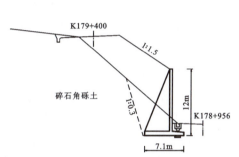

图 4-100 案例一方案一工程地质断面图　　图 4-101 案例一方案二工程地质断面图

从地质条件分析，以上两个方案在高海拔地区施工难度大，工程造价高，与坡体地质条件对应性较差。上下线之间土方填筑引起的土压力较大，造成下盘公路路基支挡加固工程规模偏大。

基于此，建议结合坡体松散、承载力小、线路加宽难度较大的特点，设置以泡沫轻质土为主的工程对路基进行处治，且在泡沫轻质土下部的原状土边坡施作锚杆框架+排水工程，如图 4-102。

经比选，以泡沫轻质土为主的方案造价约为扶壁式挡墙+路堤填方方案的 65%，为矮墙+注浆钢锚管框架梁方案的 40%，且工程施作速度快，既有国道保通压力小，特别适用于需减轻人工劳动强度的高海拔地区。

该方案经采纳后得以实施，为泡沫轻质土在我国高海拔地区的首次成功应用，也是四川省公路系统首次应用泡沫轻质土，揭开了泡沫轻质土在四川和西藏的应用序幕。工程完工近 10 年来，效果良好，如图 4-103。

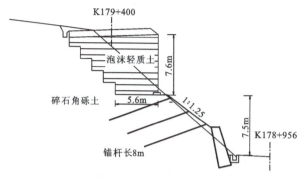

图 4-102 案例一优化方案工程地质断面图

图 4-103 案例一优化方案工后效果图

2. 案例二

某场坪填高约 18m，施工期间填方发生依附于下伏软弱粉质黏土层的滑坡，采用锚索框架进行处治后，多年来一直保持稳定。近期由于场坪面积扩容，技术人员拟采用以下两个方案进行比选（征地限制，不能放坡加宽）。

（1）方案一：在坡脚设置 2m×3m×20m@5m 的抗滑桩进行支挡收坡，桩后采用填方进行加宽，如图 4-104，工程造价为 A 元，施工周期约 B 月。

（2）方案二：在拟加宽的场坪边缘设置 1.8m×2.4m×33m@5m 的抗滑桩进行支挡收坡，桩后采用填方进行加宽，如图 4-105，工程造价为 1.1A 元，施工周期约 1.2B 月。

现场咨询时，笔者考虑到区内借方加宽难度较大，且抗滑桩工程造价高、施工周期长，故建议采用泡沫轻质土进行加宽。即在原填方一级平台部位设置泡沫轻质土直接对场坪进行加宽（图 4-106），由于泡沫轻质土密度小（0.5t/m³），对下伏既有填方坡体稳定性和既有锚索工程的影响较小（经核查，泡沫轻质土加宽后，既有坡体的安全系数由 1.28 降低为 1.24，仍满足规范要求），且泡沫轻质土施工一个月即可使用。经核查，泡沫轻质土加宽工程造价为 0.24A 元，施工周期约 0.2B 月。

该方案经相关单位采纳后进行施作，取得了良好的社会效益和经济效益。

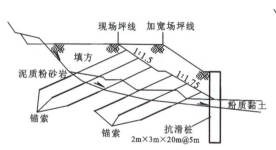

图 4-104 案例二方案一工程地质断面图

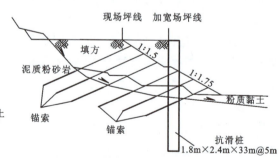

图 4-105 案例二方案一工程地质断面图

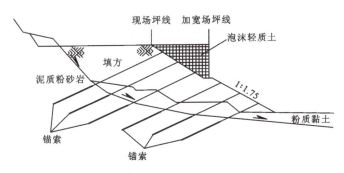

图 4-106 案例二优化方案工程地质断面图

3. 案例三

某公路沿金沙江河段因特大洪水冲刷外侧路堤（岸坡）发生水毁（图 4-107），需设置工程恢复路基。经勘察，该段路堤主要由中密—密实的块石土构成，下伏中风化花岗岩，岸坡高约 15m。技术人员拟采用长 30m、桩径 2m、间距 6m 的旋挖桩+桩间挂板，并在桩顶设置一孔由 5 根钢绞线编束而成的锚索进行处治，如图 4-108。

图 4-107 案例三岸坡坍塌局部照片

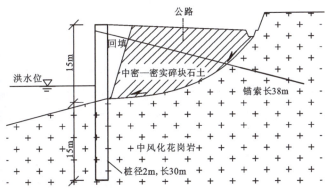

图 4-108 案例三拟采用方案工程地质断面图

从地质条件分析，该段以中密—密实碎石土为主的路堤（岸坡）使用多年来稳定性良好，本次发生滑塌主要由洪水冲刷淘蚀所致，故若能有效防止河岸冲刷，路堤自身是可以保持稳定的。因此，技术人员采用土岩界面的假设滑面以及偏离实际岩土体性质的参数计算得出的控制性下滑力是不存在的。也就是说，采用长大圆桩进行以支挡为主的工程处治针对性欠佳，工程不仅造价偏高，而且品质偏低，需对处治方案进行优化。

坡脚下部出露中风化花岗岩，且碎石土路堤（岸坡）自身稳定性良好，故宜采用泡沫轻质土恢复路堤，即水下采用 W8 级、水上采用 W5 级的泡沫轻质土对路基进行恢复，且为防止泡沫轻质土在高水位时上浮，特在其下部设置两排锚杆工程进行抗浮锚固，如图 4-109。

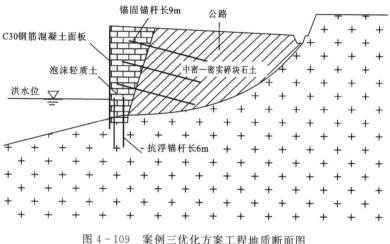

图 4-109 案例三优化方案工程地质断面图

此外,为提高泡沫轻质土的抗撞能力,在其外侧设置厚约 30cm 的 C30 钢筋混凝土面板,且面板进入下部中风化花岗岩 2m。另外,由于岸坡坡率约为 74°,为提高泡沫轻质土的稳定性,设置 3 排锚杆对其进行锚固。

该方案施工速度快,施工周期短(约为原方案的 1/4)、工程造价低(约为原方案的 30%),大大减小了不良的社会影响,且经实施后工程效果良好。

4. 案例四

某盘山公路位于自然坡度较陡的稍密—中密残坡积碎石土地段,下伏中风化砂岩,原方案拟采用高度约 9m 的高路肩衡重式挡墙对路基进行支挡加宽,如图 4-110。但在施工过程中,由于高大挡墙基底开挖,现场坡体出现变形,危及公路和陡坡路基下部紧邻民居的安全,故需对原方案进行调整。

基于此,考虑到路基加宽规模有限,原状碎石土在自然状态下稳定性较好,故建议采用泡沫轻质土进行处治,如图 4-111。这样不但加快了工程进度,减小了正在运营道路的保通压力,也利用泡沫轻质土的直立性特点,减小了工程占地和对下部民居的干扰,且降低了工程造价。此外,泡沫轻质土自带模板形成的路堤外形美观(图 4-112)。

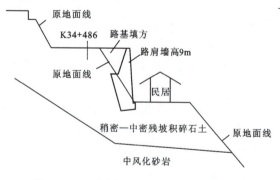

图 4-110 案例四原方案工程地质断面图

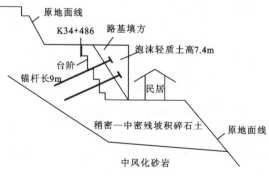

图 4-111 案例四优化方案工程地质断面图

图 4-112 案例四泡沫轻质土加宽路基施工现场照片

需要注意的是,该段斜坡较陡,坡度达到了 45°以上,故每隔 5m 左右设置了两排锚杆进一步提高泡沫轻质土的稳定性。

该方案经采纳后予以实施,取得了良好的社会效益和经济效益,是一个相对较优的方案。

第二十三节 轻型支挡工程之锚杆、锚索挡墙设置原理

锚杆挡墙自 1966 年于成昆铁路成功应用以来,随着锚固技术的发展,在我国的应用越来越广泛,技术人员也在设计与施工方面积累了丰富的经验,有了很多成功的案例。

锚杆、锚索挡墙作为轻型支挡结构,由钢筋混凝土面墙、锚杆和锚索共同组成。其中,钢筋混凝土面墙依据结构形式的不同可分为钢筋混凝土面板式和肋板式两大类,面墙可以是倾斜的,也可以是直立的。肋板式挡墙可应用于路堑挖方边坡和路堤填方边坡,面板式挡墙主要应用于挖方路堑边坡。锚杆、锚索挡墙的受力模式为锚杆、锚索提供的稳定锚固力和面墙提供的反力共同维持边坡的稳定。也就是说,锚杆、锚索的锚固段应进入稳定地层,即为了确保安全不建议将锚固段置于填方体中,确实需要置于填方体的应有严格的工程施作与注浆工艺作为设置依据。

1. 锚杆、锚索挡墙

肋板式锚杆、锚索挡墙主要由肋柱、柱间挂板和锚杆与锚索组成,采用预制拼装或现场浇注两种模式,为了便于施工,多直立设置;面板式锚杆、锚索挡墙主要由面板和锚杆与锚索组成,采用现场浇注模式进行施作,多倾斜设置。依据不同的地质条件和设置要求,挡墙可以为单级或多级,但两级之间应有不小于 2m 的分隔平台,以有效缓解上下级挡墙的应力集中问题和方便现场施工,并且为确保面墙的稳定,平台宜硬化处理。此外,单级挡墙的高度不宜大于 8m,如图 4-113~图 4-115。

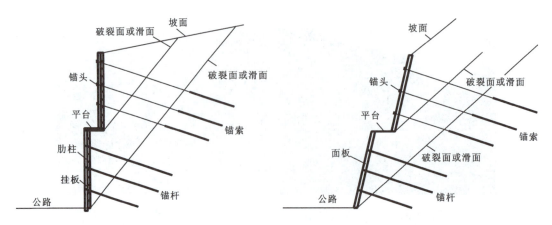

图 4-113 锚索、锚杆挡墙示意图

图 4-114 肋板式轻型锚索挡墙

图 4-115 面板式轻型锚索挡墙

(1) 面墙构造:面墙的肋柱和面板构造主要依据锚杆、锚索所要提供的平衡坡体土压力或下滑力的锚固力以及坡面的地基承载力共同确定。若为预制拼装式面墙,则应考虑到现场吊装设备的起吊能力和运输过程中的起吊影响因素,且依据规范的结构设计要求,肋柱和面板的厚度不应小于30cm。锚杆、锚索的间距多采用2~3m,每个肋柱或单位宽度面板可根据锚固力需要设置多孔锚杆或锚索,并应尽量确保在锚固工程的作用下,肋柱或单位宽度面板中的正负弯矩基本相当。肋柱式面墙中挂板可采用钢筋混凝土矩形板、槽形板等多种形式,与肋柱搭接长度不能小于10cm,且厚度不宜小于20cm。

(2) 锚杆、锚索构造:锚杆、锚索多采用潜孔钻机成孔,其中锚杆孔径多采用90~110mm,锚索孔径多采用130~150mm。为方便注浆和提高注浆压力,锚杆、锚索一般倾斜设置,角度多为20°~30°。锚杆、锚索规格依据锚固力需求确定,一般情况下不建议采用小直径钢筋或钢筋束制作锚杆,而宜采用单根 $\phi 32$ 钢筋制作,以有效提高筋体的抗拔或抗剪能力和方便现场施作。在岩土体较为松散、煤系或高液限等不利地层中,有时也可采用钢锚管代替钢筋制作。注浆材料应采用标号 M30 以上的水泥净浆或水泥砂浆,待其强度达到70%以上时才可安装肋柱或挂板。锚杆与面墙之间可采用螺栓+垫板连接,或采用钢筋弯折搭接于面墙主筋的形式连接。

2. 锚杆、锚索挡墙主要作用力计算

锚杆、锚索挡墙主要作用力包括墙背作用力、面墙结构内力、地基承载力和锚杆、锚索的锚固力。

（1）墙背作用力。主要包括土压力和下滑力两部分，并取两者之间的大值为设计控制值。墙背土压力为主动土压力，多级挡墙的墙背土压力采用延长墙背法计算。下滑力依据后部岩土体的性质针对性计算。需要说明的是，锚杆、锚索应确保多级边坡的整体稳定性与各级边坡的局部稳定性均能满足需求。

（2）面墙结构内力。每根肋柱承受的反力为相邻肋柱之间的土压力或下滑力，面板承受的反力为相邻锚杆、锚索之间的土压力或下滑力。内力应结合下伏岩土体的性质，采用弹性地基梁模型进行计算，当然有时也可粗略地采用连续梁或简支梁模型进行计算。

（3）地基承载力。面墙底部的地基承载力主要承受面墙的重力和锚杆、锚索的竖向分力。但一般情况下，由于锚杆、锚索的锚固力作用，面墙对地基的承载力要求很低，甚至可以忽略。因此，除排水和结构设计要求，或地基为软弱地层等需适当处治基底外，工程设置时往往不另行要求设置面墙基础。当然，面墙基底应确保是稳定的，应有必要的襟边设置。

（4）锚杆、锚索的锚固力。锚固力是依据锚杆、锚索的设计进行计算，属于成熟的工艺，在此只强调几个关键点：一是锚杆和锚索的锚固段，宜从破裂面或滑面以下2m起算，且锚固段长度不宜大于10m；二是为方便加预应力，锚索的自由段不宜小于5m，且间距不宜小于2m，防止群锚效应的产生；三是锚杆、锚索严格采用孔底返浆式注浆，即注浆PVC管与筋体共同绑定后置于孔中，在注浆过程中严禁上拔注浆管，这是锚杆、锚索确保锚固力的一个关键环节，必要时应依据拉拔试验确定是否需要采用二次注浆。需要说明的是，轻型锚杆、锚索挡墙对施工的组织、衔接要求较高，应有较好的施工质量作为保障。

第二十四节　轻型支挡工程之加筋土挡墙设置原理

加筋土挡墙是一种适用于填方路堤的轻型支挡结构，因其占地较少、外形美观、施工简便、造价低廉，在我国交通、市政等部门的非浸水和非不良地质体地段填方工程中应用广泛，取得了良好的工程效果。

一、加筋墙构造

加筋墙主要由面墙、拉筋、填料三部分构成。加筋墙主要利用填料与拉筋之间的摩擦力平衡面板所受到的土压力，即加筋墙内部稳定性，并利用这一复合结构体抵抗拉筋后部填料所产生的土压力，即加筋墙外部稳定性。

加筋墙多为路肩式，主要分竖向布置和斜向布置两种形式。对于竖向布置的加筋墙，主要应用于墙高一般不超过10m的地段，且考虑到工程特性，不宜应用于地震烈度为Ⅷ度及

以上地段；对于斜向布置的加筋墙，可依据工程需要合理设置墙高与墙身坡度，且可多级设置。如四川攀枝花机场的加筋墙以 1∶0.5 的坡率设置，在预留 8m 宽平台的基础上，加筋墙的高度达到了 50m。

1. 面墙构造

加筋墙的面墙主要起防止填土挤出，与拉筋与填料形成一个整体的作用。近垂直竖向布置的加筋墙，多采用刚性面板（图 4-116），面板形状有矩形、十字形、六边形等多种形式。安装时面板楔口衔接，用钢筋插入面板小孔将整个面板从上至下串联成一个整体。墙面板上设置泄水孔，必要时在墙后设置反滤层。斜向布置的加筋墙多采用柔性面墙，如土工袋、土工格栅反包等多种形式（图 4-117），可在袋中装入绿化植物种子，或在坡面上利用反包土工格栅与格室直接进行绿化。

图 4-116　刚性面板式加筋墙　　　　　图 4-117　柔性面墙式加筋墙

2. 拉筋构造

拉筋必须具有足够的抗拉强度和良好的柔性与韧性。随着我国材料工艺的不断成熟，目前应用的拉筋由原来的钢筋、钢条逐渐转变为土工材料。

3. 填料及基础与帽石

加筋墙填料优先选用级配良好的碎石类、砾石类土，其次采用砂土、粉土等符合规范的细料土，不宜采用黏土、风化严重的软质块石等，严禁采用有机土、膨胀土、盐渍土和块石类土等。竖向布置加筋挡墙须设置基础，基础可采用条形槽，且宜在墙顶设置帽石，并间隔一定距离预留伸缩缝。斜向布置加筋墙在地基压实后即可填筑，不需要设置专用基础、帽石或伸缩缝等。

二、加筋墙设计

1. 加筋长度的确定

竖向布置加筋墙：对于墙面板所承受的土压力，在面板附近为主动区，远离面板则为稳定区，两区之间的界面一般按 $0.3H$ 倍（H 为墙高）折线确定。因此，拉筋应有足够的长度位于稳定区，而位于主动区的拉筋为摩擦力无效长度段。拉筋无效长度段确定：高度 $h_i \leqslant H/2$

时,拉筋无效长度段长 $0.3H$;高度 $h_i > H/2$ 时,拉筋无效长度段长 $0.6(H-h_i)$。竖向加筋墙拉筋长度确定如图 4-118 所示。

斜向布置加筋墙:拉筋一般按圆弧搜索法确定,位于满足规定安全系数圆弧内的为摩擦力无效长度段,位于圆弧外的稳定区为有效长度段,如图 4-119。

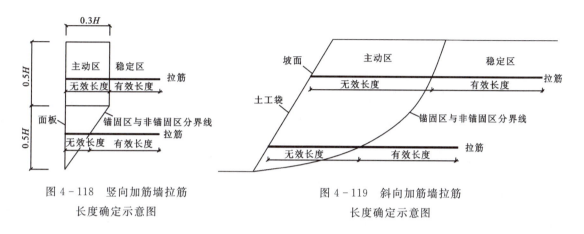

图 4-118 竖向加筋墙拉筋长度确定示意图

图 4-119 斜向加筋墙拉筋长度确定示意图

拉筋有效长度段确定:依据相应的计算拉力与填料和拉筋之间的有效摩擦力确定。墙高大于 3m 时,拉筋最小长度应大于 0.8 倍墙高,并且不小于 5m;墙高小于 3m 时,拉筋最小长度应不小于 4m,并采用等长拉筋。

2. 墙背作用力

墙背作用力主要依据竖向加筋墙或斜向加筋墙两种形式分别采用土压力和下滑力计算与校核。对于土压力,一般取静止土压力,应力图呈折线分布;对于下滑力,按一定安全系数下的圆弧搜索法计算确定,如图 4-120、图 4-121。

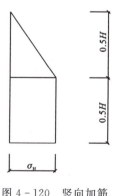 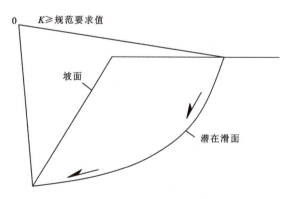

图 4-120 竖向加筋墙土压力计算示意图

图 4-121 斜向加筋墙土压力计算示意图

3. 安全系数

加筋墙全墙拉筋抗拔安全系数不应小于2.0,全墙按一般重力式挡墙进行稳定性检算。需要注意的是,加筋墙应有较好的施工质量作为保障。

第二十五节　轻型微型桩挡墙的应用

由于受到地基承载力、墙身结构抗剪力、挡墙抗滑与抗倾覆力等因素的影响,以及场地占用限制、工程造价限制、大截面圬工墙基的开挖安全要求,不能设置重力式、衡重式、悬臂式或扶臂式等形式的常规挡墙时,可将微型桩与圬工材料相结合,形成的轻型微型桩挡墙具有独特的应用效果。

1. 案例一

某小区仰斜式挡墙高约7m,墙后岩土体从上至下依次为全风化花岗岩、强风化花岗岩,挡墙顶部和前部紧邻住宅楼。在使用多年后,由于多种原因,挡墙墙身发生变形开裂,若不能及时对挡墙进行处治,将严重威胁挡墙前后的住宅楼安全。

从现场实际情况分析,挡墙稳定性直接关系到前后的住宅楼安全,故不能采取拆除重建的方案。而在既有挡墙前部重新修建重力式挡墙进行支挡的方案,由于新建挡墙开挖墙基必然会扰动病害挡墙,病害挡墙极可能发生失稳而威胁住宅楼的安全,故也不能采用。

此外,由于挡墙前部紧邻住宅楼,场地狭窄,无法采用轻型锚杆或锚索挡墙对病害挡墙进行加固,而挡墙前部采用抗滑桩支挡方案虽然可行,但施工难度较大,工程造价偏高,桩体的开挖必然会对挡墙和住宅楼基础产生一定的影响,故也不予采用。

基于此,最终选用在挡墙与住宅楼之间约2.5m的场地上设置轻型微型桩挡墙的方案对既有病害挡墙进行支顶处治。即设置两排直径为140mm、长12m、纵向间距0.6m、前后排距0.9m的梅花型布置的钢管微型桩,桩体露出地面6m,地下埋深6m。地面适当清表后(不开挖墙基),在地面标高处直接浇注混凝土挡墙,利用微型桩提供可靠的承载力、抗滑力和抗倾覆力,结合混凝土墙身结构的抗剪力,实现了对病害挡墙的处治,如图4-122。

2. 案例二

某路堑边坡主要由松散粉质黏土构成,坡高约5.5m。降雨后,坡体向临空面滑移,造成道路对侧的路肩上拱,坡后约30m的民居院坝出现了长约15m、宽约15cm、下错15cm的贯通性裂缝,如图4-123、图4-124。滑坡厚度为7~8m,滑坡下滑力约250kN。

从现场情况分析,道路紧邻人行涵洞,且受道路宽度限制,无法采用反压进行处治。而坡脚覆盖层厚约2.5m,地基承载力低,坡体地下水丰富,如若设置挡墙支挡,墙基开挖势必会扰动坡体,继而可能影响后部紧邻民居的安全,加之道路宽度限制,故无法采用大截面挡墙进行支挡。此外,抗滑桩治理方案由于性价比较低,故也不予采用。

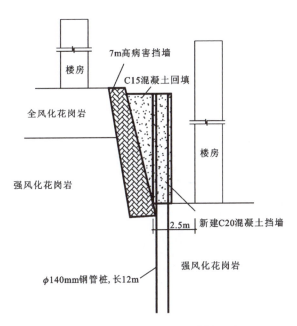

图4-122 案例一工程地质断面图

图4-123 坡体前部滑塌、溜滑严重

图4-124 滑体后缘民居院坝发育贯通性裂缝

基于此,最终选用在坡脚设置轻型微型桩挡墙的方案对既有病害进行处治。即对地面适当清表后设置两排直径为140mm、长15m的钢管微型桩,桩体露出地面4m,地下埋深11m。在地面标高处直接浇注混凝土小截面挡墙,利用微型桩提供的可靠承载力、抗滑力、抗倾覆力和抗剪力,大大减小了挡墙的圬工规模,继而结合墙后透水性材料的回填反压和坡脚设置的长25m的仰斜排水孔,实现了对滑坡的有效处治,如图4-125。

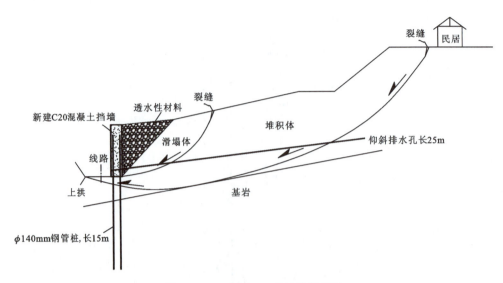

图 4-125 案例二工程地质断面图

第二十六节 轻型锚杆挡墙在路堑和路堤边坡中的应用

轻型锚杆或锚索挡墙是采用厚度较小的钢筋混凝土面板或截面较小的混凝土圬工挡墙搭配锚杆或锚索使用的轻型挡墙。它与传统挡墙相比具有占用空间较小、对坡体扰动较小、圬工规模较小、工程造价较低的特点,在路堑与路堤边坡中有着良好的应用。

1. 案例一

某公路边坡由马兰黄土(Qp^3)构成,下部坡度约 65°,上部陡坎坡度约 78°,坡后 25m 左右为成片高层居民楼,边坡高约 19.2m。正常使用多年后,由于暴雨冲刷等作用,黄土边坡发生坍塌、崩塌,威胁后部高层居民楼的安全,如图 4-126。

基于此,技术人员拟在坡脚设置间距 1.5m、桩长 20m、悬臂长 8m、桩径 0.8m 的抗滑桩,在桩顶设置 0.6m×0.6m 冠梁,桩身上设置 3 排腰梁后,布置 3 孔长 17m 锚索形成锚索桩对边坡进行"固脚",其中锚索由 4 根钢绞线构成,设计拉力为 140kN/孔。桩后边坡采用 1∶0.5 的坡率削坡后,设置锚杆长 9m 的框架进行加固,如图 4-127。工程造价约为 A 万元,工期约为 B 月。

从地质条件分析,坡体主要由马兰黄土(Qp^3)构成,整体稳定性较好,但边坡受到暴雨侵蚀发生坍塌和崩塌,故坡脚采用抗滑桩进行局部加固,工程性价比偏低。

从工程条件分析,病害边坡若采用以抗滑桩为主的工程进行加固,则由于工程规模较大和施工速度较慢,公路可能需长期保通管制,存在较大的社会成本。

图4-126 黄土边坡现状

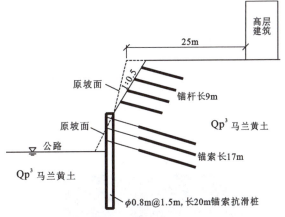

图4-127 案例一拟采用方案工程地质断面图

从工程效果分析,拟设置的抗滑桩桩径为0.8m,间距为1.5m,不满足桩间距应为3~5桩径的要求。此外,由4根钢绞线构成的锚索设计拉力为140kN/孔,其设置参数偏低的原因可能是考虑到马兰黄土(Qp^3)的锚固力偏弱,但造成锚索结构安全储备过高,不利于工程的经济性。

基于此,结合坡体的地质条件、工程条件等因素,设置1∶0.3和1∶0.5的坡率对边坡进行必要的平整,并采用厚约20cm的钢筋混凝土面板进行护坡后,设置长为12m的锚杆形成轻型面板式锚杆挡墙对边坡进行加固,如图4-128。

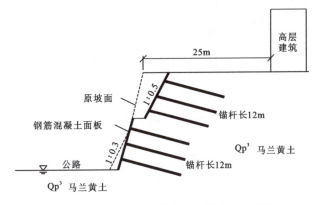

图4-128 案例一优化方案工程地质断面图

该优化方案不但确保了边坡整体与局部的稳定性,也有利于黄土边坡的冲刷防护,工程施工对坡体的扰动很小,且施工方便快捷,工程造价约为0.15A万元,工期约为0.2B月,是一个相对较优的方案。

2. 案例二

某沿河路基位于河流顶冲段,因受洪水冲刷岸坡垮塌,需采取工程措施进行修复。该段岸坡高约 20m，坡体主要由花岗岩残坡积体和全风化层构成，滑塌后的岸坡坡度为 50°～72°，如图 4-129。

路基需加宽约 4m，考虑到岸坡高度较大，若采用大截面挡墙加宽的措施，不但会使得河流不能满足行洪要求，大截面挡墙施工开挖墙基对路基扰动过大，也可能会导致路基进一步垮塌。因此，可因地制宜地在坡脚设置混凝土圬工的锚杆挡墙，对岸坡进行护脚，并起到防冲作用，之后适当清理挡墙上部洪水位以上坡面，采用泡沫轻质土进行填筑加宽，如图 4-130。

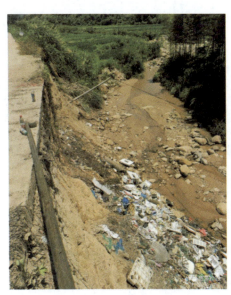

图 4-129　岸坡滑塌现场

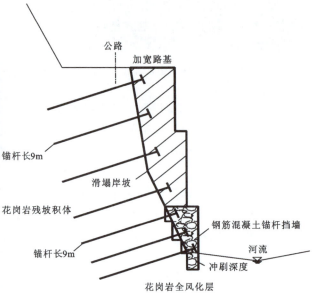

图 4-130　案例二优化方案工程地质断面图

该优化方案的优点是利用加强的混凝土圬工护脚，利用重量轻的泡沫轻质土进行路基加宽，不侵占河道的行洪通道，施工速度快，能在短时间内恢复交通，且利用圬工挡墙和泡沫轻质土中的锚杆对滑塌后形成的较陡岸坡进行了有效加固，进一步提高了边坡的稳定性。综合来看，该方案是一个相对较优的方案。

第二十七节　路堤桩板墙设计优化探讨

抗滑桩作为路基工程的"重型武器"，可有效地对一些潜在下滑力较大的路堤填方进行支挡加固，但考虑到路基工程支挡加固"武器库"中有"十八般兵器"，每种"兵器"都有其独特的用武之地，因地制宜地使用它们，不但可以让抗滑桩获得的"喘息"的机会，也可以有效减轻工程投资压力。

1. 案例一

某稳定性良好的公路升级改造,需对路堤加宽、加高,因路基外侧地形较陡,技术人员采用 2.2m×3.4m×34m@5m 的路肩式锚索抗滑桩进行支挡加宽,并在桩体接近地面的部位设置两孔长 30m 和 40m 的锚索工程对桩体较大的悬臂进行限制,防止桩顶产生较大位移导致路堤开裂,如图 4-131。工程造价约 A 万元,工期约 B 月。

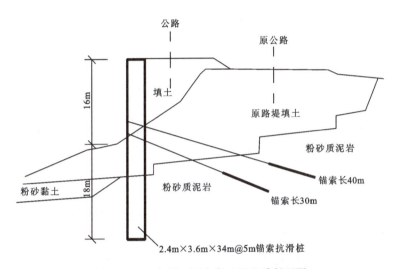

图 4-131 案例一原方案工程地质断面图

从地质资料分析,原路基稳定性良好,原方案采用大截面、小间距锚索抗滑桩存在如下缺点:

(1)加宽填方规模有限,所产生的下滑力或有限范围内的土压力较小,故采用锚索抗滑桩处治工程规模明显偏大,甚至钢筋混凝土的方量都比填方规模大。这是地质模型定性失真,造成计算模型出现偏差,从而导致定量计算与设计出现较大偏差的典型案例。

(2)锚索设置于接近地面的桩身,直接造成桩顶位移控制有限,锚索对桩身弯矩的改善欠佳,不能有效优化桩身结构设置。

(3)桩后"三角体"空间狭小,不利于填方压实施作,可能导致新旧路基出现较大的差异沉降。

(4)路肩式锚索桩工程规模大,造价高,施工速度慢,造成既有公路保通压力大。

基于此,建议对稳定的原路堤进行大台阶开挖后,设置重量轻、施工速度快、工程美观的泡沫轻质土进行加宽,且考虑到原地形坡度较陡,泡沫轻质土高度较大,采用 3 排长 12m 的锚杆进行加固,如图 4-132。该优化方案不但可以大幅降低工程规模,减小新旧路基的差异沉降,而且施工方便快捷,工程造价约 $0.6A$ 万元,工期约 $0.1B$ 月,是一个相对较优的方案。

需要注意的是,该案例在工程实践中存在以下两个误区:

(1)泡沫轻质土的单价高的问题。泡沫轻质土自 20 年前从日本引进以后,伴随着其在国内被迅速推广应用,国内厂家的生产能力大幅提高,单价一直呈下降趋势。目前公路路堤

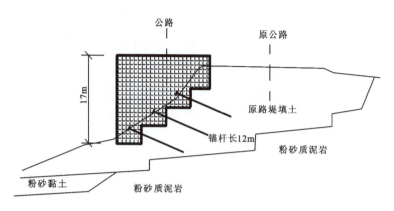

图 4-132 案例一优化方案工程地质断面图

和路床分别使用的强度为 CF0.4、CF0.5 和 CF0.8 及容重为 W3 与 W5 的泡沫轻质土,单价一般为 220~350 元/m³,因用量或地域的不同存在些许的差异。

(2)锚索不能应用于填方体中的问题。笔者一直强调锚索可应用于任何地层,但需针对不同的地层采用不同的工艺。在填方体中设置锚索,存在填方沉降导致锚索附加应力增加的问题。针对此类问题,可以通过合理设置锚索的锁定拉力或张拉工艺进行调整,从而使锚索的最终实际拉力控制在设计拉力范围内。这在攀枝花机场长 87m 锚索在填方体中成功应用等工程案例中已获得证实。

2. 案例二

某公路升级改造需对路堤加宽、加高,由于原公路外侧存在较大的陡坎,且原地表降雨时有小型冲沟汇水,技术人员在清除 5m 厚的软弱粉质黏土后,设置高 8m 的路堤,在坡脚设置 2m×3m×22m@5m 的桩板墙进行支挡,如图 4-133。工程造价约 C 万元,工期约 D 月。

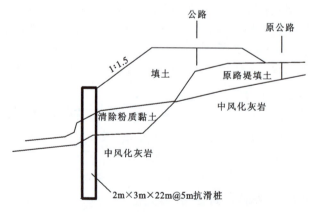

图 4-133 案例二原方案工程地质断面图

从地质资料分析,原方案采用路堤式桩板墙的处治措施存在如下缺点:

(1)原路堤稳定性良好,本次加宽填方规模有限,故计算模型的边界不宜超过新旧路基的接触面,即新增填方所产生的下滑力或有限范围内的土压力较小,尤其是在清除地表软弱地基的情况下,形成的宽大平台是有利于路堤填方稳定的。

(2)坡体下伏中风化灰岩,岩体强度高,即抗滑桩周边的地层锚固力好,因此抗滑桩的锚固段偏长。

(3)路堤桩板墙工程规模大,造价高,施工速度慢,造成既有公路保通压力大。

(4)软弱的粉质黏土地段换填缺乏必要的排水措施,不利于填方路堤的"长治久安"。

综上,从地质资料分析,原路堤外侧地形陡缓相间,下伏软弱粉质黏土较薄,而区内弃方严重过剩。因此,可以结合地质条件对处治方案进行如下优化(图4-134):

(1)结合陡缓相间地形地貌,在清除地表软弱粉质黏土的基础上,利用区内丰富的弃方进行放坡,消化区内弃方。

(2)在软弱粉质黏土地段冲沟中设置排水盲沟,防止路堤填筑后在不利工况下富水而影响路堤的稳定。

(3)在填方体坡脚地形平缓段外侧设置高约5m的衡重式挡墙进行收坡支挡。

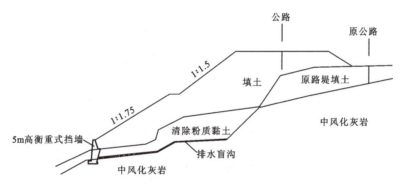

图4-134 案例二优化方案工程地质断面图

该优化方案取消了抗滑桩工程,大幅降低了工程造价,填方工程施工方便快捷,工程造价约0.3C万元,工期约0.7D月,是一个相对较优的方案。

需要注意的是:

(1)作为高填方工程,应加强地表水的截排和地下水的疏排,这是填方工程实施前的首要任务。

(2)路堤填方应依据地形地貌等地质条件,结合公路建设的土石方平衡与调配合理设置路堤形式,从而达到在确保路堤安全的前提下有效消化弃方。

3. 案例三

某公路采用较高填方路堤的形式通过较陡的自然斜坡,斜坡上分布有小型冲沟,降雨时有地表水汇集。斜坡体主要由强—中风化粉砂质泥岩构成,其中强风化层厚约4.4m。由于自然坡度较陡,技术人员在开挖台阶后,设置2.4m×3.6m×35m@5m的路肩式锚索桩板墙进行支挡,并在桩身近地面处设置两孔长20m和25m的锚索工程,如图4-135。工程造价

约 E 万元,工期约 F 月。

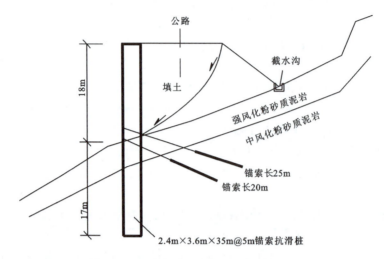

图 4-135 案例三原方案工程地质断面图

从地质资料分析,原方案采用路堤式桩板墙的处治措施存在如下缺点:

(1)抗滑桩支挡的填方体边界应依据较陡的土岩界面、填方体内剪应力面和主动破裂面等综合确定,并取最大值作为支挡结构的设置依据。但本次设计只采用剪应力控制的圆弧搜索法进行计算是欠合理的,且由于参数取值偏差,计算得出了约 1750kN/m 的下滑力偏大,直接造成工程支挡规模偏大。

(2)桩板墙长 35m,其中悬臂长 18m,桩体弯矩过大,非常不利于抗滑桩结构的合理设置,导致抗滑桩结构截面和配筋用量偏大。加之桩体悬臂过长,桩顶位移过大易造成桩后填方开裂。

(3)锚索设置于接近地面的桩身,直接造成桩顶位移控制有限,尤其是作为 2.4m×3.6m×35m 的大截面抗滑桩,桩身上只设置两孔锚索,对桩身结构的受力改善有限。

(4)填方体下部原小型冲沟部位没有合理设置排水措施,填方工程存在一定的安全隐患。

(5)路肩式锚索桩工程规模大,造价高,施工速度慢,造成既有公路保通压力大。

综上,建议采用桩基托梁挡墙对原方案进行如下优化(图 4-136):

(1)依据合理的计算模型核查,填方体控制性的下滑力为 1224kN/m,为原方案的 76%。

(2)采用长 17m 的桩板墙对整个填方的稳定性进行平衡,其中桩体悬臂长 8m,大幅减小了桩体弯矩和桩体截面与长度。

(3)桩上采用墙高 8m 的衡重式挡墙对墙后范围内的土压力进行平衡,且为进一步提高挡墙稳定性,特在挡墙衡重台部位设置长 4m 的承载板。

(4)为进一步减小桩身的结构转角,控制上部挡墙的稳定性,在抗滑桩顶设置 2 排、4 孔长 27m 和 31m 的锚索,有效改善抗滑桩的结构受力。

(5)在内侧坡脚设置截水沟的基础上,于原自然斜坡的小型冲沟部位设置排水盲沟,防止地下水影响填方体的稳定。

该优化方案有效减小了工程规模,且路基变形小,工程造价约 0.6E 万元,工期约 F 月,是一个相对较优的方案。

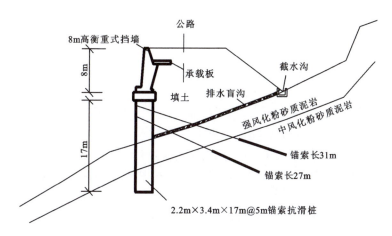

图 4-136 案例三优化方案工程地质断面图

需要注意的是:

(1)作为高填方工程,应加强地表水的截排和地下水的疏排,这是填方工程实施前的首要任务。

(2)桩板墙的悬臂长度超过 15m 时应与桥梁或桩基托梁挡墙方案进行比选。

(3)有些技术人员认为桩基托梁挡墙的墙基只能设置于地面标高部位,即所谓低承台式桩基托梁挡墙,这是不合理的。因为只要工程安全,满足抗滑桩、挡墙的稳定性,就可以将挡墙设置于露出地面一定高度的抗滑桩悬臂之上,这在国内很多工程中已广泛应用。笔者就曾设置一处抗滑桩悬臂长 13m、承台厚 2m、上部挡墙高 10m 的高承台式桩基托梁挡墙工程,10 余年来该工点运行良好,显示了良好的工程支挡效果。

(4)作为锚索抗滑桩,桩体上的锚索预应力宜占整个锚索抗滑桩所受推力的 15%~25%,从而有效改善抗滑桩结构和地层锚固段受力,否则很难起到锚索的应用效果。

第二十八节 病害挡墙分析及补救

挡墙作为历史久远的支挡工程,在工程建设中应用广泛。近年来虽然由于环保等原因,挡墙在高等级公路中的应用比例有所下降,但在低等级公路和一些特殊要求的高等级公路中仍有着难以替代的作用。挡墙施工简单,可以就地取材,目前仍是工程建设中一种重要的工程措施。挡墙材料可采用浆砌片(块)石、片石混凝土或混凝土 3 种材料。但由于近年来浆砌圬工施工质量难以控制,浆砌片(块)石材料挡墙圬工比例大幅下降。

挡墙病害主要指挡墙因抗滑能力不足、抗倾覆能力不足、结构抗剪能力不足和地基承载力不足形成的病害,除挡墙被推倒或被推移原位等不可再用的情况外,一般宜尽量对病害挡墙进行补救。这样可大幅减少重新修建挡墙或工程报废的不利局面。尤其是近30年来,随着锚固工程、注浆工程的蓬勃发展,轻型防护工程因施工便捷、便于道路保通、造价相对较低的特点,成为了补救挡墙病害的重要手段。

一、挡墙病害分类

1. 挡墙抗滑能力不足形成的病害

当挡墙前部岩土体抗滑能力不足、挡墙后部岩土体土压力或下滑力增加,挡墙会整体向前平移,当平移量较小,没有影响公路或铁路等被保护对象的正常使用时,宜结合挡墙需要补偿的抗力大小,在挡墙胸坡上设置锚杆、钢锚管或锚索工程等进行补救,如图4-137(a)(b)。一般情况下,补偿锚固工程设置时,需在挡墙胸坡上设置钢筋混凝土竖梁、框架或面板等反力结构(图4-138)。

此外,也可在挡墙墙顶上设置锚杆、钢锚管、钢轨等形成微型桩,利用全黏结锚固材料的抗剪能力提高挡墙的抗剪、抗滑、抗倾覆或地基承载力性能(图4-137c)。但这种方式由于不能有效减小作用于墙背的土压力或下滑力,与在挡墙胸坡上设置锚固工程相比,效果较差,当墙前没有施工条件时,此方法具有独到的一面。

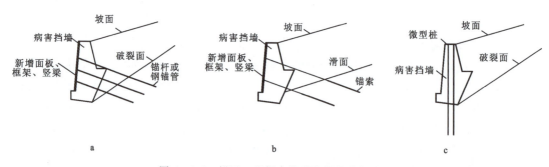

图4-137 锚固工程提高挡墙抗滑性能示意图

图4-138 路堤工程中的肋板式锚索挡墙应用

2. 挡墙抗倾覆能力不足形成的病害

挡墙后部岩土体下滑力、土压力增大造成挡墙抗倾覆弯矩不足时,若挡墙倾斜程度较小没有影响公路或铁路等被保护对象的正常使用时,宜结合挡墙需要补偿的抗倾覆力矩大小,在挡墙胸坡上设置位于挡墙重心以上的锚杆、钢锚管或锚索工程等综合加固工程提高挡墙的稳定性,如图4-139、图4-140。当然,一般情况下,补偿锚固工程设置时需在挡墙胸坡上设置钢筋混凝土竖梁、框架或面板等反力结构。

图4-139 锚固工程提高挡墙抗倾覆性能示意图

图4-140 锚固工程提高挡墙抗倾覆性能现场照片

3. 挡墙结构抗剪能力不足形成的病害

挡墙结构抗剪能力不足分两种情况:一是挡墙截面设计得偏小,造成结构抗剪能力不足。若挡墙结构破损程度较高,可通过在胸坡上优先设置钢筋混凝土面板式锚固工程进行加固。若挡墙结构破损程度较低,可通过在胸坡上设置钢筋混凝土竖梁、框架反力结构的锚固工程进行加固。二是挡墙施工质量欠佳,造成结构抗剪能力不足。这种情况主要出现在挡墙由浆砌圬工材料构成的工程中。施工时片石、块石强度不足或砂浆不饱满等因素造成挡墙结构抗剪能力不足,其补救工程应优先设置钢筋混凝土面板式锚固工程进行加固,并在既有病害挡墙上设置小导管进行注浆,提高挡墙圬工的胶结能力,从而增强抗剪能力,如图4-141、图4-142。

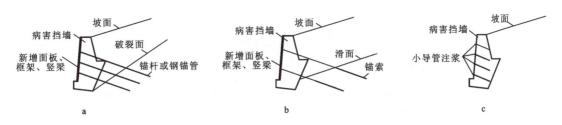

图4-141 锚固工程(a、b)和墙身小导管注浆(c)提高挡墙抗剪性能示意图

这种锚固工程的设置,在有效减小挡墙后部作用于墙身的土压力或下滑力的同时,对病害挡墙也进行了补救,是一种便捷、快速的工程措施。

图4-142　锚固工程提高挡墙抗剪性能现场照片

4. 挡墙地基承载力不足形成的病害

挡墙因下伏地基软化、潜蚀、溶蚀等原因造成地基承载力不足时,可通过基底注浆或采用桩基托换等措施进行补救,如图4-143。基底注浆主要是利用浆体形成的复合地基,或充填空洞、裂隙提高挡墙的地基承载力,适用于任何形式的挡墙。桩基托换主要是将小型桩体压入下伏稳定地层,对挡墙地基进行托换,从而提高挡墙的地基承载力。需要注意的是,桩基托换主要应用于结构相对完整的混凝土或片石混凝土挡墙,否则墙基托换开挖时易造成垮塌。

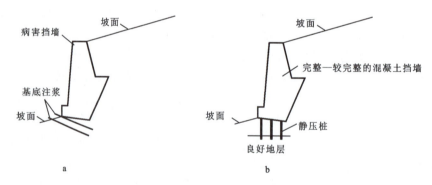

图4-143　基底注浆(a)和桩基托换(b)提高挡墙地基承载力

5. 其他原因形成的挡墙病害

(1)因地表水或地下水作用形成的病害,应首先设置截、疏、排的工程措施,在此基础上才可进行挡墙自身病害的处治。

(2)锚杆工程补救措施主要应用于墙后土压力或下滑力较小的地段;挡墙后部土体松散、锚固效果较差时,需采用锚固能力更强、对岩土体具有一定加固作用的钢锚管进行处治;挡墙后部土压力或下滑力较大,无法采用锚杆和钢锚管处治时,需设置加固力度更大的锚索工程进行处治。

(3)不建议采用新增"嵌套"挡墙的处治措施补救病害挡墙。这主要是因为新增"嵌套"

挡墙的开挖以及新增的地基附加应力非常不利于病害挡墙的稳定,且新旧挡墙之间的衔接较差,施工工期较长,非常不利于所保护的公路或铁路的正常运营,加之工程造价较高,一般没有特殊原因,不建议采用。

(4)考虑到工程造价、施工难度、施工安全等因素,一般也不建议采用在挡墙前部设置抗滑桩支挡的补救措施。

综上,只要条件允许,病害挡墙补救宜尽量采用轻型支挡结构的锚杆、钢锚管或锚索工程,其施工速度快、见效快、造价较低、外型美观,具有独到的工程效果。

二、挡墙病害施救案例

1. 案例一

某盘山公路路肩挡墙高为 11~16.2m,位于全风化砂泥岩地层的斜坡段,采用 M10 浆砌片石砌筑。工程完工一个雨季后,挡墙墙身出现鼓胀和密集开裂现象,挡墙外移并发生沉降,墙基部位涵洞流水对墙前斜坡冲刷严重,如图 4-144~图 146。

图 4-144 挡墙鼓胀严重

图 4-145 挡墙开裂后的密集勾缝

图 4-146 墙基部位涵洞流水

技术人员拟采用以下两个方案进行比选。

(1)方案一:在现有挡墙外侧新增片石混凝土挡墙,并设置长 2m 的锚杆与旧挡墙进行衔接,基础部位设置长 8m 的锚杆加固(图 4-147),工程造价约 100 万元。

(2)方案二:在现有挡墙外侧前部斜坡下部新增片石混凝土挡墙反压(图 4-148),工程造价约 80 万元。

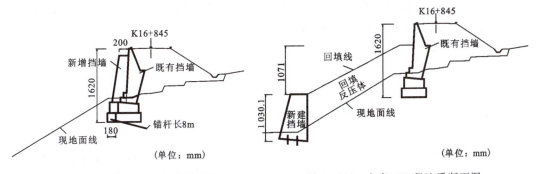

图 4-147 方案一工程地质断面图　　　　图 4-148 方案二工程地质断面图

从工程实际情况分析,上述两个方案存在如下不足:

(1)方案一。原挡墙出现沉降和水平位移病害,新挡墙基底标高与原挡墙一致,这对原挡墙的稳定性和沉降没有任何帮助,且新增挡墙的基础开挖会进一步恶化原挡墙的稳定性,在新增挡墙附加应力的作用下,原挡墙变形会加剧。加之原挡墙采用浆砌片石砌筑,质量较差,结构完整性欠佳。如果不对墙身结构进行补强,工程的永久性安全很难得到保证。

(2)方案二。斜坡下部新增挡墙高度大,距下盘公路边坡的坡口线距离很小,挡墙自身稳定性难以保障。且墙后反压体位于含水量较高的自然斜坡上,加之涵洞流水冲刷严重,非常不利于反压体的自身稳定。再者,施工场地狭窄,无法保证反压体的压实度,难以对原挡墙起到有效的反压作用。

综上,采用以下优化方案进行补救:

首先,在原挡墙胸坡上设置厚约 30cm 的钢筋混凝土面板,并采用 3 排长 12~18m 的锚杆有效提高挡墙的稳定性,从而防止挡墙发生位移,并利用锚杆钻孔对挡墙的墙身进行注浆,填充原浆砌片石的空隙,提高挡墙的结构完整性。

其次,为确保锚固力,锚杆采用直径 130mm 钻孔。考虑到墙后填方形式和地下水,为使锚杆尽快进入稳定地层,特将锚杆下倾角设为 35°,并要求锚杆进入稳定地层的长度不小于 7m。

最后,在挡墙基底斜向打入长 6m 的钢管进行注浆加固,提高挡墙地基承载力。挡墙下部设置长 20m 的仰斜排水孔,疏排墙后地下水,在涵洞出口设置耐沉降的钢波纹管引排涵洞汇水,防止其冲刷墙基,如图 4-149。

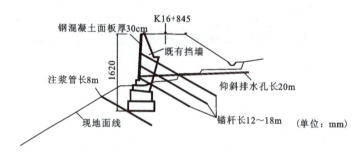

图 4-149 案例一优化方案工程地质断面图

该优化方案的工程造价低(为方案一的 30% 左右,为方案二的 36% 左右),工程安全性较高,施工速度快,经采纳后得以实施,取得了良好的工程效果。

2. 案例二

某段公路位于长大纵坡的半挖半填段,在公路外侧高约 6m、坡度 40°~60° 的堆积体陡坎之上,设置了高 10~14m 的浆砌块石衡重式路肩挡墙。公路使用 7 年后,路肩挡墙逐渐发生倾斜,最大倾斜量为 32cm。墙背、线路填挖交界部位和内侧路肩与内侧边沟多处开裂,裂缝最宽 30cm,最长 110m,墙背部位路基下沉约 10cm,挡墙中部渗水严重,如图 4-150~图 4-154。

图 4-150　高大挡墙正面图

图 4-151　外侧路肩挡墙墙背贯通性开裂、沉降

图 4-152　路面填挖交界部位贯通性开裂

图 4-153　路基内侧路肩贯通性开裂

图 4-154　内侧边沟贯通性开裂

技术人员拟在挡墙墙面上设置 5 排横向间距为 2.5m 的预应力锚索框架进行加固,如图 4-155,每孔锚索由 6 根钢绞线组成,孔径为 110mm,设计拉力为 580kN。

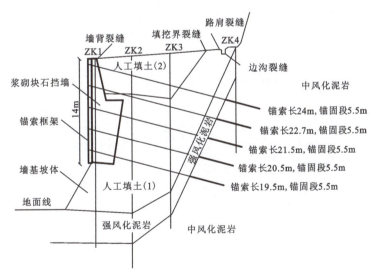

图 4-155　案例二拟采用方案工程地质断面图

从工程地质条件分析,拟采用方案存在如下缺点:

(1)挡墙病害的主要原因是路基内侧长大边沟渗水使得路基富水,富水路基填方体崩解、潜蚀,墙基陡坎承载力降低,导致路基发生开裂和沉降。因此,处治工程应首先加强排水工程的设置。

(2)根据核查,挡墙抗力约欠缺 300kN/m,加固方案设置 5 排横向间距为 2.5m、设计拉力为 580kN 的锚索框架,换算后抗力为 1160kN/m,明显偏大,且挡墙完整性相对较好,没有必要在全墙面布置锚索框架,而采用 110mm 的孔径钻孔后进行 6 根钢绞线的编束,锚索保护层明显不足。

(3)病害挡墙高度较大,且位于 6m 高的堆积体斜坡之上,地基存在较大的安全隐患,尤其是采用锚索对挡墙加固后,下倾的锚索必然存在竖向分力,势必会增加挡墙基底的压力。

综上,采用以下方案进行补救:

首先,修复路基内侧边沟,防止丰富的地表水从边沟渗入路基;加强挡墙部位泄水孔和仰斜排水孔的设置,有效疏排路基中的地下水,减小水压力作用;修复破损涵洞,并在涵洞出口坡面上设置防冲坎,防止涵水从高处掉落时损坏挡墙地基。

其次,依据挡墙规格、变形特征,在挡墙重心及偏上部位设置两排横向间距为 3m、竖向间距为 4m 的锚索框架,提高挡墙抗倾覆力、抗滑力,并兼顾该部位的局部挡墙外鼓段结构抗剪力。其中,锚索孔径调整为 130mm,钢绞线由 6 根调整为 4 根,设计拉力为 480kN,锚固段长度取 10m。

最后,在挡墙基底的斜坡上设置长 12m 的锚杆框架,对下伏堆填土坡体进行加固,通过锚固提高斜坡的稳定性,通过注浆提高基底的承载力,如图 4-156。

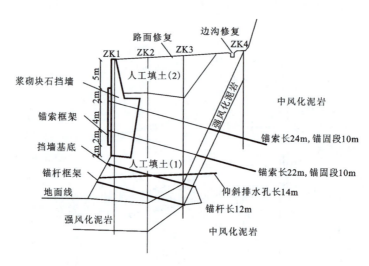

图 4-156 方案二优化方案工程地质断面图

优化后,处治工程的安全性大为提高,造价降低 35% 以上,实施后取得了良好的工程效果。

3. 案例三

某二级公路运营多年后,路基出现了150m的大范围开裂和沉降。其中,路肩部位出现贯通性直线裂缝,路基中部出现贯通性弧状裂缝,路面出现沉降,路基下部高约12m的路堤挡墙发生局部垮塌和变形,如图4-157、图4-158。

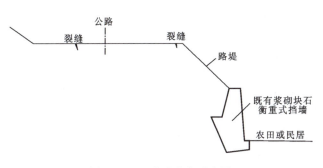

图4-157 路基病害示意图

图4-158 路堤挡墙发生局部垮塌和变形

技术人员拟采用以两级挡墙支挡为主的方案一与以抗滑桩支挡为主的方案二进行比选。

(1)方案一:拆除原路堤部位垮塌挡墙,在原位设置衡重式挡墙,并在路肩部位设置悬臂式挡墙进行处治,如图4-159。

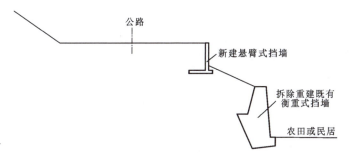

图4-159 两级挡墙处治方案示意图

(2)方案二:喷射混凝土对既有路堤垮塌挡墙进行封闭,继而在路肩部位设置长23m的抗滑桩进行处治,如图4-160。

从工程地质条件分析,拟采用的两个方案存在如下缺点:

(1)方案一。拆除原高大挡墙,在路肩部位设置悬臂式挡墙,工程规模大,上下级挡墙存在依次施工的问题,将造成公路在较长的一段时间内断道,存在较大的社会压力,且工程需对挖除的路面进行恢复,性价比偏低。

(2)方案二。喷射混凝土封闭既有挡墙,安全度过低,且会直接影响路肩部位设置的抗滑桩锚固段,一旦挡墙继续变形,上部抗滑桩将可能随之变形,也就是说该方案是不安全的。

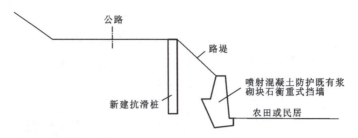

图 4-160　以抗滑桩为主的处治方案示意图

综上,优化方案如下:

(1)病害原因。路堤挡墙发生局部垮塌和变形,形成的外倾空间造成上部路基发生开裂和下沉。因此,只要对既有挡墙进行必要的加固,就可有效处治路基病害,故首先对局部垮塌的挡墙部位喷射混凝土,从而为施工期间的临时工程提供安全保障。

(2)在原挡墙部位设置易于施工的面板式锚杆挡墙进行加固。其中面板厚约30cm,采用钢筋混凝土浇注,从而在对锚杆提供反力的基础上,对既有浆砌块石挡墙进行加固。

(3)为有效提高既有浆砌块石挡墙的抗剪能力,利用面板部位预留的小导管,在后期对既有浆砌挡墙进行注浆加固,如图4-161。

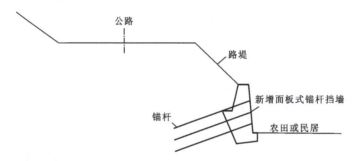

图 4-161　优化的面板式锚杆挡墙处治方案示意图

该优化方案工程造价约为原方案一和方案二的40%～50%,且对公路的正常运营几乎没有影响,经采纳予以实施后,取得了良好的工程效果。

第二十九节　挡墙在路堤工程中的应用

结合地形地貌等地质条件合理设置挡墙,可有效提高路基工程的安全性和经济性,切忌一味地通过放坡至与自然地形线相交进行路堤填筑。

1. 自然斜坡顺直陡坡地段

此类地段填筑,属于典型的陡坡路堤填筑,若不能合理地设置支挡工程进行收坡,则可能造成填方边坡高度较大,坡体极易出现整体或局部失稳问题。

如某填方路堤采用常规的1∶1.5～1∶2的坡率填筑后,形成了高约22m的填方边坡。由于斜坡自然坡度较陡,且填方边坡局部厚度较小,22m高的填方边坡极易出现沿较陡自然斜坡整体失稳的情况,或在二级边坡下部出现半坡越顶剪出的局部失稳情况,如图4-162。

基于此,结合坡体地质条件和潜在滑面,在第二级边坡中下部设置5m高的挡墙对填方路堤进行收坡支挡,在该部位设置挡墙的好处是工程规模适中。若挡墙下移,则填方体仍存在依附于较陡自然坡面从墙顶越出的可能;若挡墙上移,则造成工程规模增加过快。

此外,考虑到陡坡路堤的潜在下滑力较大,采用小规模的挡墙不能确保填方体的稳定性,故在挡墙后部开挖大台阶以增大填方体抗力,并在其上设置多层土工格栅,利用土工格栅的良好抗剪性能共同与挡墙有效支挡填方体潜在下滑力,如图4-163。

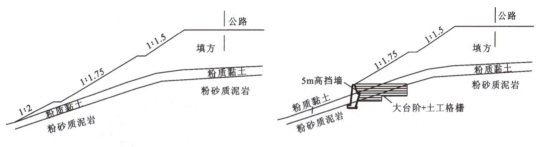

图4-162 存在安全隐患的填方路堤工程地质断面图(一)　　图4-163 优化后的填方路堤工程地质断面图(一)

2. 自然斜坡陡缓交接地段

该类自然斜坡填筑时若不能有效利用缓坡地段设置支挡工程进行收坡,则可能造成填方边坡高度较大,坡体极易出现局部失稳问题。

如某填方路堤采用常规的1∶1.5和1∶1.75的坡率填筑后,形成了高约17m的填方边坡,由于填方体没有合理利用较宽的缓坡段设置支挡工程收坡,缓坡平台下部的填方边坡局部稳定性欠佳,且失稳后填方边坡存在牵引后部坡体的可能性,如图4-164。

基于此,结合坡体地质条件,在自然斜坡较宽的缓坡段前部设置6m高的衡重式挡墙,对填方路堤进行收坡支挡。在该部位设置挡墙的好处是工程规模适中,且利用了缓坡段的抗滑力,有效减小了挡墙的支挡规模,如图4-165。

3. 自然斜坡与填方线近平行地段

填筑后的坡体与自然斜坡近于平行,是典型的"填山皮"现象。若不能结合地质条件合理地设置支挡工程进行收坡,则填方线与自然斜坡不能在短距离内相交,导致填方边坡高度较大,坡体极易出现整体和局部失稳问题。

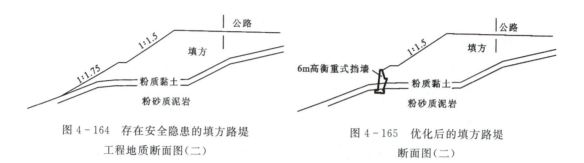

图 4-164 存在安全隐患的填方路堤工程地质断面图(二)

图 4-165 优化后的填方路堤断面图(二)

如某填方路堤采用常规的 1:1.5 和 1:1.75 的坡率填筑后,填方线与自然斜坡在很长一段距离内近于平行,形成了高约 17.3m 的填方边坡。这不但导致坡体存在依附于较陡自然斜坡发生整体或局部失稳的安全隐患,也造成填方边坡高度增长过快和路堤填筑压实困难,如图 4-166。

基于此,结合路基部位自然边坡较为平缓的有利条件,在路肩部位设置衡重式挡墙进行收坡支挡,从而有效避免了"填山皮"现象的发生。这不但大大降低了工程规模,而且保障了边坡的稳定性,如图 4-167。

图 4-166 "填山皮"式的不合理填方示意图

图 4-167 优化后大幅减小填方规模的示意图

以上仅是挡墙在多种多样填方路堤中常见的优化方案探讨,在此只是起到了"抛砖引玉"的作用。

第三十节 轻型微型桩挡墙在富水二元结构边坡病害中的应用

轻型微型桩挡墙因墙基开挖对坡体扰动小,能有效利用钢结构微型桩形成的地基承载力、结构抗剪力或抗倾覆力,大幅减小传统圬工挡墙的工程规模,在地基承载力较低或锚固能力较好的二元结构边坡中有着良好的应用。

如某二元结构边坡上部为厚 5~10m、局部含少量碎石的可塑状堆积体,下伏近水平产状中风化泥岩。由于连续降雨,富水堆积体依附于相对隔水的泥岩顶面发生滑坡。滑坡主轴长50m,宽约100m,体积约$2.5×10^4 m^3$,为小型堆积体滑坡。其中,边坡部位土岩界面位于路基标高以上4.3m左右,滑坡后缘发育贯通性裂缝(图4-168、图4-169)。

图4-168 二元结构坡体滑坡俯视图

图4-169 滑坡后缘贯通性裂缝

滑坡发生后,技术人员依据后缘裂缝位置、滑坡前缘剪出口,结合堆积体类均质体中的圆弧形滑面和近直线的土岩界面勾绘滑面,并结合反算选用滑面参数$c=10kPa$、$\varphi=11.3°$,计算得出控制性暴雨工况下滑坡的剩余下滑力为420.4kN/m。因此,技术人员拟采用如下方案对病害进行处治:在开挖边坡的土岩界面处设置宽5m的平台后,修建高6.5m、顶宽3.0m、底宽5.1m、单位截面积$27.8m^3$的C20片石混凝土抗滑挡土墙,并在墙后采用1∶2.00和1∶2.34的坡率进行削坡减载,如图4-170。处治工程造价为A万元。

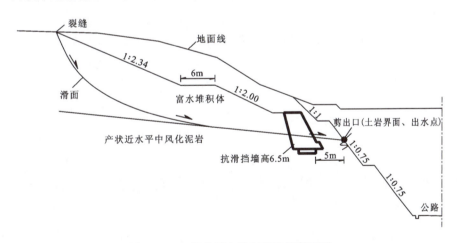

图4-170 拟采用方案工程地质断面图

从坡体的地质条件分析,在开挖边坡的土岩界面处设置支挡工程是可行的。从坡体的工程条件分析,在开挖边坡的土岩界面处设置宽5m的平台后,设置大截面抗滑挡墙对病害堆积体扰动较大,不利于工程的安全。从工程经济性分析,没有采取有效的地下水疏排措施,而采用大截面挡墙强行进行支挡,工程造价偏高。加之坡体富水,如果不能有效疏排地下水,后期在地下水浸泡下,泥岩挡墙地基可能发生病害。

综上,宜对拟采用方案进行优化,即采用轻型微型桩挡墙对滑坡进行治理,如图4-171。

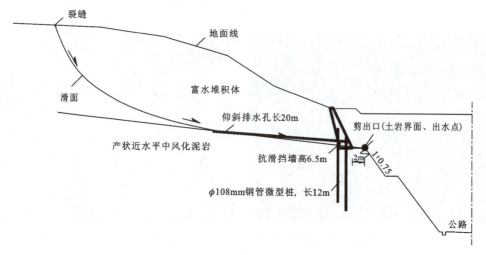

图4-171 优化方案工程地质断面图

(1)在开挖边坡的土岩界面处设置宽2m的平台后,设置两排ϕ108mm、长12.0m、横向间距1.5m、纵向间距1.0m左右的梅花型布置的微型桩,微型桩露出地面2~3m,利用微型桩提供抗滑力、抗倾覆力。

(2)在微型桩部位修建高6.5m、顶宽0.6m、底宽2.0m,对堆积体扰动较小且无需开挖墙基中风化泥岩的挡墙,从而与微型桩形成一个整体受力系统,利用挡墙传递微型桩的抗力,从而平衡滑体下滑力,且因挡墙位置前移,无需对墙后坡体进行削方。

(3)在挡墙胸坡上设置长约20m的仰斜排水孔疏排地下水,有效提高坡体的自身稳定性。

该优化方案工程造价为0.46A万元,与原方案大截面挡墙工程相比具有较大的经济优势,且施工时对滑体的扰动小,并有效疏排了地下水,工程的耐久性更好,是一个相对较优的方案。

第三十一节 路基通过堆填土的处治方案探讨

在工程实践中,不同等级的公路往往会经过不同性质的人工堆填物,甚至经过下伏软弱地基的堆填物,有些技术人员采用换填工艺进行处治,工程规模巨大。笔者以曾经成功处治过的几处人工堆填物作为案例与大家讨论。

1. 案例一

某高速公路以填方3m的形式通过12m厚的人工弃渣,弃渣主要为材料性能较好的城市建筑垃圾,弃置时间约7年,弃渣下伏厚约7m的软弱地基。技术人员拟全部挖除弃渣,采用复合地基对软弱地基进行处治,然后采用砂砾石填料进行逐级换填处治。施工过程中,开挖形成了深约10m的"基坑"仍没有到位,局面十分被动。

现场咨询时笔者认为,该段路基在建筑弃渣的标高基础上加高约3m,填方高度较小,且建筑弃渣材料性能较好,经过长达7年的弃置,下伏软弱地基已固结,弃渣对上部填方体也具有较高的垫层作用,路基加高形成的附加应力可以通过建筑弃渣有效扩散,故建议停止开挖建筑弃渣,而只对厚约3m的弃渣进行翻挖处治。

该建议经相关单位采纳后予以实施,多年来路基稳定性良好,节约了大笔工程费用。

2. 案例二

某绕城公路路基以不大于1.5m的低填浅挖形式通过位于长大沟谷段的人工弃渣,弃渣厚6～13m,主要为工程性能较好的城市建筑弃渣,弃置时间约5年,弃渣下伏厚5～9m的软弱地基。技术人员拟全部挖除弃渣后,采用水泥搅拌桩对下伏软弱地基进行处治,工程造价在930万元以上。

现场调查时笔者认为,该段路基在原建筑弃渣标高基础上加高不大于1.5m,属于低填浅挖路基,且建筑弃渣材料性能较好,经过长达5年的弃置,下伏软弱地基再次固结,因此建议对工程性能较好的建筑弃渣进行冲击碾压形成"硬壳层"。在此基础上,在路基两侧边沟下部设置截水盲沟截排路外汇水。

该建议经相关单位采纳后予以实施,取得了良好的工程效果,多年来路基的稳定性和沉降均满足规范要求,节约了约850万元的工程费用。

3. 案例三

某城市连接线经过电厂粉煤灰段,粉煤灰弃置时间5～50年,厚30～50m。该粉煤灰段硫酸盐含量高,具强腐蚀性,地下水较为发育。其中,表层5～10m范围内粉煤灰呈松散状,干—稍湿,下部呈稍密状,路基以2～8m高的填方通过。技术人员拟采用基坑式翻挖的方案进行处治。

笔者认为粉煤灰属于超细颗粒物质,为良好的路基填料,尤其是除表层5～10m范围内呈松散状外,下部粉煤灰密实度较好。基于此,建议合理截排路基范围内的地表水和地下水,继而翻挖上部3m左右的松散粉煤灰层,采用分层碾压＋强夯进行处治,不建议采用以大开挖为主的工程进行处治。

该建议经相关单位采纳后予以实施,取得了良好的工程效果,多年来路基的稳定性和沉降均满足规范要求,节约了大量的工程费用。

总之,对于公路经过的不同性质堆填物,技术人员应依据地质资料、弃置年限、弃渣性质、下伏地层等,结合路基通过的特征,合理设置处治工程,不应采用"一竿子插到底"的方式过度处治。

对于公路工程,路基是有一定的容错能力的。如路堤的工后沉降,可依据不同等级公路、不同工程位置取10～50cm的容错值。因此,只要人工堆填物的安全系数和工后沉降满足公路规范就是容许使用的。当然,如果人工堆填物中有不良材料,应尽量置于"包芯"部位,严禁置于上路堤、路床。

对于人工堆填物,由于其成分复杂,一定要区别对待,但不一定要全都当作废物处置。工程实践中,核实其成分、弃置时间、地表水和地下水位等,基本上就可以快速得出相应的处治方案。并且,人工堆填物并不是只有全部挖除换填这样最保险的方案,在确保安全的前提下,应兼顾工程的经济性指标和现场的可操作性。

第三十二节　富水软弱杂填土边坡与路基病害处治

对于由富水工业废弃物、渣体等形成的软弱杂填土,应在查明成分的基础上,合理确定其物理力学参数,在加强地表水和地下水截、疏、排的基础上,根据杂填土的特征有针对性地采用工程措施进行处治。

一、基本情况

某场地上覆堆积时间约18年、厚10~22m的杂填土。杂填土主要由造纸白泥夹大量的生活垃圾及工业垃圾组成,结构松散,地基容许承载力为80kPa。拟建公路从杂填土斜坡中部挖方通过,路基宽度约34m,边坡坡率设置为1:1.5,高约15m。地质勘察报告所提交的杂填土黏聚力$c=5$kPa、内摩擦角$\varphi=5°$,物理力学参数较低,故技术人员拟采用旋喷桩对路堑边坡和路基所在的软弱地基进行处治。

二、处治方案合理性分析

(1)从杂填土的地基容许承载力为80kPa分析,地质勘察报告所提交的杂填土黏聚力$c=5$kPa、内摩擦角$\varphi=5°$明显偏小,如果依据此参数进行处治则工程经济性指标明显偏低。

(2)工业杂填土中多有腐蚀性成分,不利于钢筋、水泥等材料的应用。因此,采用旋喷桩可能会出现桩体腐蚀病害,永久工程存在一定的安全隐患。

(3)路基挖深0~15m,大部分位置挖除规模大,只有右侧路肩附近约8m的范围内挖除厚度小于3m。也就是说,在路基大部分部位挖除的重量远大于公路荷载重量后,不建议"满堂彩"式地采用高压旋喷桩对路基进行处治,而只需进行必要的换填处治即可。

三、处治方案探讨

1. 路堑边坡处治

(1)"治坡先治水",对于富水路堑边坡,尤其是边坡开挖后临空面进一步成为地下水的排泄通道时,结合原地面线形态采用适应杂填土性质的坡率,将路堑边坡坡率进一步放缓至1:1.75,提高坡体自身的稳定性。此时,放缓后的边坡与原杂填土边坡近于平行,边坡稳定性较好。在此基础上,采用挖深约2.5m、宽1.5m、间距4.5m的边坡渗沟对路堑边坡进行处治。渗沟采用硬岩碎块石材料填筑,从而实现对坡体地下水的疏排和对边坡的支挡。

(2)考虑到边坡坡率较缓,坡面汇水面积较大,结合边坡渗沟形成的骨架,在坡面设置拱形骨架对坡面进行分割,并种植根系发达的灌木种子和草籽进行坡面绿化,防止汇水冲刷坡面。

(3)边坡平台设置上挡式截水沟,有效截排边坡汇水,防止流入下级边坡导致冲刷病害。

2. 路基处治

(1)在路基边沟下部设置截水盲沟,有效降低地下水位。

(2)在路堤上设置深约1.5m、间距5m左右的纵横向排水盲沟进行换填处治,并在路床设置粒径80~120cm的碎砾石进行换填。

需要注意的是,路基右侧路肩附近约8m范围内的杂填土挖除厚度小于3m,为确保安全,对右侧路肩10m范围内3m深的杂填土进行挖除换填。

综上,该优化方案针对性强,工程耐久性好,造价低,施工便捷,是一个相对较优的方案(图4-172)。

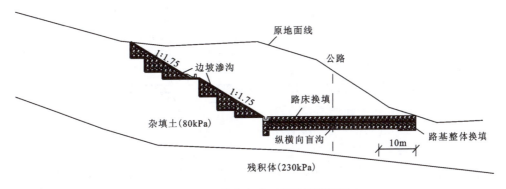

图4-172 优化方案工程地质断面图

第三十三节 公路路基"三背"注浆杂谈

1."三背"面临的主要问题

公路路基"三背"主要指桥台背填方段、涵背填方段、挡墙墙背填方段及其过渡段。这3个部位由于结构物与填方体之间存在较大刚度差、沉降差,往往容易引起"三背跳车"。为有效防止或减小"跳车"对行车安全与舒适的影响,规范规定"三背"段的路基压实度要明显较其他路段高。如规定过渡段路基压实度应大于或等于路床压实度,且过渡段长度宜为2~3倍的路基填土高度。因此,工程实践中多采用级配较好的粗骨料对"三背"进行填筑,如图4-173、图4-174。

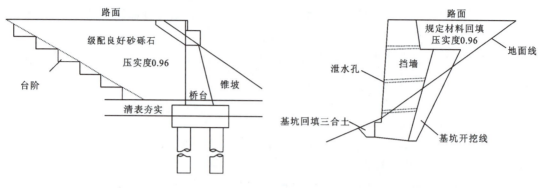

图4-173 桥背及墙背回填示意图

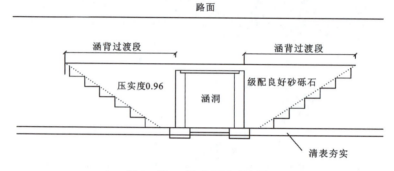

图4-174 涵背回填示意图

但在工程实践中,"三背跳车"仍是一个"老大难"的问题。因"三背"回填作业面较小,往往导致回填物压实度难以保证,或材料不能满足规定要求,或过渡段设置不足,或"三背"反挖质量欠佳……因此,"三背"在工程实践中常需进行后期注浆处治,使得工程造价上升过快,社会影响较差。尤其是"三背"注浆在工程实践中应用越来越广泛,甚至成为有些省份的"规定动作",这是非常不好的现象。

2. "三背"注浆中存在的问题

首先要说明的是,"三背"注浆属于非规范规定工序,即若能依据规范合理进行填筑,除非是非常特殊的地质条件或工程有非常特殊的要求,否则不应出现后续的注浆补强环节。

目前,工程实践中多采用在"三背"灌注纯水泥浆进行补强,此方法工程造价高昂,甚至由于注浆效果不佳而出现重复注浆的现象。如某公路通车前进行了一次大规模的"三背"注浆,工程造价近亿元。通车后不久,由于"三背跳车"严重,又进行了第二次注浆,工程造价达2.2亿元之巨。

3. "三背"注浆工艺

(1)"三背"注浆前应明确材料性质、孔隙率、密实度、承载力等基础参数,从而为注浆方式、注浆量等提供依据。

(2)"三背"注浆应有明确的质量控制及工后效果检测程序。现在很多"三背"注浆要求以浆体结石的强度指标进行控制,这对于注浆后的复合地基来说是明显不够的。此外,质量采用复灌法检测,即采用注浆量不大于规定含量的方法进行补灌检测,检测工艺复杂,检测质量难以控制,故宜采用重型动探、标贯、抽芯等可以反映复合地基强度的方法进行检测。

(3)工程实践中,采用纯水泥浆进行注浆是欠合理的,应以提高填方体密实度为宗旨设置注浆工艺。即应采用水泥、粉土等混合填料配置浆液,且水泥在浆液中应处于附属地位,从而在保障"三背"质量的前提下,有效降低工程造价。笔者曾用配比为1∶5的水泥与黄土处治了大量的"三背"病害,并取得了良好的工程效果,处治后的工点基本消除了"三背跳车"问题。

(4)"三背"注浆的压力、注浆量、配比应依据具体工点的填料性质合理设置,不应"一刀切"地统一。如"三背"填方有的采用粉土等细颗粒,有的采用碎石角砾土、砂砾石等粗颗粒,若采用统一的比例,注浆压力将会出现问题。如粗颗粒填方段就可能需要采用渗透灌浆,以提高浆液浓度,甚至有时在浆液中配入1%~3%的水玻璃以提高浆液的稠度,从而在保证安全的前提下,减小"三背"中过大的注浆量。

(5)工程实践中,"三背"注浆多采用取芯钻机、打入式钻机或潜孔钻机等成孔注浆,这些工艺造价高,但工效却差。考虑到"三背"回填材料的性质,完全可以采用振动钻机将注浆管振入成孔。该工艺的优点是成孔速度较取芯钻机或潜孔钻机成孔快几十倍,单价也低几十倍,且钻机轻巧,转场方便。

(6)"三背"注浆多采用孔底返浆工艺是欠合理的,孔底返浆工艺可能造成粗骨料段孔底返不上浆,或在粉土段注浆时出现注满钻孔的现象。有些施工现场甚至采用孔口灌浆,这实在是令人遗憾。因此,为确保注浆质量,宜采用分层注浆法,且只在注浆管最下部的1~1.5m范围内设置出浆孔,从而实现注浆孔中的全长、分层注浆,或实现注浆压力和注浆工艺的有效调整。需要说明的,笔者不建议采用高压旋喷注浆,这是因为该工艺注浆量过大,且浆液外溢浪费严重。

(7)注浆管材料的选用。一般情况下,为确保注浆质量,多采用钢花管注浆。考虑到注浆主要解决"三背"差异沉降问题而非稳定性问题,故钢花管是需要回收重复利用的,笔者就曾一套注浆管用了5年之久。因此,工程实践中,将注浆管留于钻孔中,或采用PVC管注浆都是欠合理或不合理的。

总之,路基工程中应严格控制"三背"回填质量,尽量避免"三背"注浆的发生。确需进行注浆的,应有严格的试验、工艺、检测等作为保障,避免注浆质量不合格或注浆量过大。

第三十四节 公路路基注浆工艺杂谈

笔者20多年前毕业时分配到了铁道科学研究院西北分院(现中铁西北科学研究院)加固组,从事注浆的施工、设计和科研工作,近5年的时间里,在单位老一辈技术人员的指导和现场农民工兄弟的帮助下,完成了多处房屋与桥梁地基、铁路与公路路基和文物注浆工程,获得了良好的施工口碑。近年来,笔者从事公路路基工程和地质灾害工作时,发现有些技术人员对路基注浆工艺认识模糊,造成注浆在设计与施工过程中存在较多的欠合理现象,故对现行的公路路基注浆进行必要的探讨。

1. 注浆材料的选择问题

某高速公路路堤原地面以下约8m的部位,下伏体积约3000m³的无水溶洞,技术人员要求采用钻机成孔,之后设置注浆管利用纯水泥浆进行灌注,造成工程费用异常高昂。其实,该溶洞完全可以在采用较大直径的人工挖孔后,回填大量工程弃渣,且填筑的过程中可利用一定配比的水泥与泥浆混合体进行回填。这样做的优点是可以在满足路堤沉降和稳定性要求的前提下,大大降低工程造价。也就是说,并不一定所有的注浆都要采用水泥浆,只要浆体能满足工程的使用要求,材料完全可以根据具体工程需要灵活选择。但对于目前的公路路基工程,只要一提到注浆,就好像非纯水泥浆不可。

笔者多年前设计和施工时,应用最多的就是黄土:粉煤灰:水泥=5:2:1的配比,加固了多处楼房地基、礼堂地基等结构物,工程效果良好,如曾用纯黄土注浆加固公路路堤沉降段,有效提高了其密实度,多年来公路行车状况良好;曾用能快速凝结的水玻璃和水泥双液注浆工艺,有效加固了包兰铁路某信号楼湿陷性黄土地基,完美解决了因注浆造成地基沉降使信号线崩断的问题;曾用石灰与黄土配置的浆体对某库房黄土地基进行了加固;曾用水玻璃或超细水泥对某砂层地基进行了注浆加固;曾用混凝土灌入法有效解决了宝成铁路的岳村大桥因溶洞地下水位下降造成的桥梁沉降问题。

总的来说,应用什么样的材料取决于被加固体的地质结构、结构物性质、所要达到的标准和工程经济性指标等。

2. 注浆封孔问题

目前,工程实践中最常见的注浆工艺是袖阀法,该方法也是相关规范和书籍中最常见的推荐方法。但该工艺施工难度较大,效果较差,存在封孔困难、容易冒浆的问题,尤其是多层注浆工艺难以有效应用,导致很多施工单位将钻孔灌满就宣告注浆完成。

其实注浆封孔完全可以采用更简单易行的方法,只是在相关书籍上很少见到而已,或者说没有形成理论在书籍上出现。在施工过程中,笔者曾与施工人员一起琢磨了很多简单易行的很"土"的封孔方法。如振动钻机成孔或打入钻成孔时,可在孔口开挖的碗口大槽口中放置水泥粉,注浆管在不断被振入或打入地层时,可源源不断地将水泥粉带入,形成全断面封孔。对于潜孔钻机成孔的注浆孔,可在孔中放入注浆管后,回填以黄土为主的材料(偶用水泥粉),然后在回填的过程中不断摇动注浆管使回填黄土处于密实状,从而在整个钻孔中有效地对注浆管实现全断面封孔。以上的"土方子",封孔工艺相当简单,但封孔效果奇好。

3. 注浆工艺的选用问题

注浆工艺多种多样,选用什么样的工艺由待处治的地质体性质决定。目前公路路基中最常见的是灌满注浆孔、高压旋喷注浆和将注浆钢管留于地层的注浆工艺。对于解决路基稳定性问题的注浆,采用"孔中留管"的工艺是可行的,即所谓微型桩工艺。但对于解决压实度问题的注浆,一味采用灌满注浆孔、高压旋喷注浆和将注浆钢管留于地层的工艺就欠合理了。

因此,在工程实践中就常有多次重复注浆的不正常情况出现,造成了很不好的社会影响。笔者在处理地基或填方体密实度注浆时,最常用的是全断面压力注浆,即在全断面封孔的基础上,在注浆过程中通过间歇性不断上拔注浆喷管而实现整个待加固区的压力注浆。此工艺不但可回收和重复利用注浆管,而且有效提高了工程注浆效果,降低了工程造价。

4. 注浆敏感性较高的问题

有些地层注浆时对浆体的反应较为敏感,稍有不慎可能会诱发注浆副作用。

在湿陷性黄土地区,不能有效控制注浆工艺就可能导致黄土湿陷而使上部建筑物开裂。如某楼房的湿陷性黄土地基加固时,由于工人操作失误,浆液配比失控,导致楼房地基沉陷量过大而最终不得不拆除楼房。

稳定性欠佳的路堤,若盲目注浆就可能造成路堤稳定性进一步降低。如某铁路路堤因稳定性不足发生变形时,技术人员采用注浆法加固,导致路堤含水量快速上升,路堤变形急剧加大,在多次调轨后不得不采用抗滑桩+锚索框架工程进行加固。

5. 高饱和度黏性土的注浆问题

在工程实践中,有些技术人员采用劈裂注浆对高饱和度黏性土进行处治,但由于黏性土含水量很高,浆体很难进入土体孔隙。即使加大压力强行注浆,也往往因浆泡导致土体中形成超静水压力而出现地面抬升或侧向变形现象,且后期随着浆泡孔压消散,土体松弛。因此,不建议在高饱和黏性土体中进行压力注浆,而宜采用高压旋喷或搅拌桩工艺。

6. 注浆管的出浆孔设置问题

注浆工程中,有些技术人员要求注浆管上均设置出浆孔,这可能造成注浆时上覆压力较小,大量浆液从距地表较近处的浆孔中流出,导致深部地层注浆时出浆不理想,从而使处治工程质量下降,尤其是当孔内存在地下水时,将导致浆体无法对地基进行有效处治。

因此,为确保注浆效果,一般只宜在最下一节注浆管(一般为1~1.5m)设置出浆孔,在完成一定的注浆量或达到一定的压力后,上拔带孔注浆管1~1.5m后继续注浆,依此类推,从而形成全长钻孔中的分层注浆,有效提高注浆质量。